石油和化工行业"十四五"规划教材

职业教育国家在线精品课程配套教材

江苏省高等学校重点教材

高等职业教育教材

药物制剂技术

权 静　王世娟　主编

吴 昊　主审

化学工业出版社

·北京·

内容简介

《药物制剂技术》共12章：药物制剂工作基本知识，药物制剂的稳定性，液体制剂，灭菌制剂与无菌制剂，中药制剂，散剂、颗粒剂及胶囊剂，片剂，滴丸剂及丸剂，软膏剂、乳膏剂及凝胶剂，膜剂、涂膜剂及栓剂，气雾剂、粉雾剂及喷雾剂，药物制剂的新剂型，并配套药物制剂技术实训工作任务单（可灵活取下）。

本教材是江苏省高等学校重点教材（编号2020-2-271）、2023年职业教育国家在线精品课程"药物制剂技术"的配套教材。教材定位于高等职业教育药品类专业，教材设计既考虑行业对高素质技术技能型人才的需求，又充分考虑职业人才的成长规律，突出了职业教育的特色。教材的内容编排以技能培养为目的，以制剂生产技术为主线，使学生在逐步了解制剂生产岗位工作实践、掌握工作技能的过程中获取相应知识。

为适用新的教学模式，本教材同步建设了以纸质教材内容为核心的多样化数字教学资源，通过在纸质教材中的二维码链接视频、音频、动画、实训教程讲解等数字资源，丰富纸质教材的表现形式，为多元化的人才培养提供更多的信息知识支持。

本书可作为高等职业院校药学、药品生产技术、药品生物技术、化学制药技术、生物制药技术、药品经营与管理、药品质量与安全等药学相关专业学生的教材。本书还可作为药学类相关专业的函授参考教材和制药企业工作人员的学习参考资料。

图书在版编目（CIP）数据

药物制剂技术／权静，王世娟主编. —北京：化学工业出版社，2022.7（2025.1重印）
高等职业教育教材
ISBN 978-7-122-41256-0

Ⅰ.①药⋯ Ⅱ.①权⋯②王⋯ Ⅲ.①药物-制剂-技术-高等职业教育-教材 Ⅳ.①TQ460.6

中国版本图书馆CIP数据核字（2022）第066956号

责任编辑：王海燕　李　瑾　　　装帧设计：关　飞
责任校对：李雨晴

出版发行：化学工业出版社
　　　　（北京市东城区青年湖南街13号　邮政编码100011）
印　　装：中煤（北京）印务有限公司
787mm×1092mm　1/16　印张20½　字数419千字
2025年1月北京第1版第2次印刷

购书咨询：010-64518888　　售后服务：010-64518899
网　　址：http://www.cip.com.cn
凡购买本书，如有缺损质量问题，本社销售中心负责调换。

定　价：58.00元　　　　　　　　版权所有　违者必究

前言

"药物制剂技术"是高等职业院校药学、药品生产技术、药品生物技术、化学制药技术、生物制药技术、药品经营与管理、药品质量与安全等专业或方向的一门专业必修课程。本教材参考高等职业院校药学类专业教学标准编写而成，编写重点突出药物制剂技术的基本知识、常用剂型的有关概念、制备过程与药品质量要求，具体讲述各剂型特点、处方组成、制备工艺及质量控制要求等知识与技能。本教材充分吸收现代药剂学教材及医药行业最新成果，以2020年版《中华人民共和国药典》为标准，对本学科涉及的有关定义、质量要求进行了修订，突出药物制剂技术的时代特点。

高素质技术技能型人才的培养是高等职业教育的根本任务，对学生的知识传输、技能培养和素质提升都是通过课程来实现的，而课程的载体是教材。编写一本贴近岗位能力要求的高质量的教材是编者的目标，本教材的编者把多年的教学经验归纳总结、教学改革的探索和教学素材的积累融合到新教材中。本教材具有以下特点：一是以药剂生产岗位需求为导向，按照知识与技能的应用的重要程度和内容的先进程度加以取舍，突出新工艺、新技术、新剂型，删除落后的工艺。以2020年版《中华人民共和国药典》为依据，规范剂型概念、质量要求和质量控制。二是在教材主体内容基础上，增加了"案例分析""迁移知识"和"素质拓展"等栏目内容，提升教材的可读性，提高学生分析解决问题的能力。三是教材通过二维码链接视频、音频、动画、实训教程讲解等数字资源，丰富纸质教材的表现形式，为多元化的人才培养提供更多的信息知识支持。

本教材由权静、王世娟主编，吴昊主审。参加教材编写的老师具体分工如下（按章节先后顺序排列）：权静负责编写第一章，孟祥斌负责编写第二章、第四章和第五章，刘媛负责编写第三章，刘竺云负责编写第六~八章，王世娟负责编写第九章，刘蕾负责编写第十章（第三节）内容和第十一章，冷柏榕负责编写第十章（第一节、第二节）和第十二章（第一节、第二节）内容，宋俊松负责编写第十二章（第三节、第四节）内容。

本书可供高等职业院校药学、药品生产技术、药品生物技术、化学制药技术、生物制药技术、药品经营与管理、药品质量与安全等药学相关专业的学生选用。本书还可作为药学类相关专业的函授参考教材和制药企业工作人员的学习参考资料。

编者尽可能将最新的、准确的资料收入教材，但限于时间、水平等因素，书中疏漏之处在所难免，敬请批评指正。

编者

2022年3月

目录

第一章 药物制剂工作基本知识 001

第一节 药物制剂概述 /002
    一、药物剂型的历史与发展 /002
    二、药物制剂基本概念 /003
    三、药物剂型的重要性 /005
    四、药物剂型的分类 /006
    五、药物制剂技术的任务 /008

第二节 药品标准与药品质量管理规范 /009
    一、药典 /009
    二、《药品生产质量管理规范》 /010
    三、《药物非临床研究质量管理规范》 /010
    四、《药物临床试验质量管理规范》 /011

  学习测试题 /011

第二章 药物制剂的稳定性 013

第一节 药物制剂稳定性概述 /013
    一、研究药物制剂稳定性的意义 /013
    二、药物制剂稳定性研究的范围 /014

第二节 药物制剂的化学稳定性 /014
    一、稳定性研究的化学动力学基础 /014
    二、制剂中药物的化学降解途径 /016

第三节 影响药物制剂稳定性的因素及稳定化方法 /019
    一、处方因素的影响及稳定化方法 /019
    二、外界因素的影响及稳定化方法 /021
    三、药物制剂稳定化的其他方法 /024

第四节 药物制剂稳定性试验方法 /025
    一、影响因素试验 /026
    二、加速试验 /026

三、长期试验　/027
　　四、稳定性重点考察项目　/028
学习测试题　/028

第三章　液体制剂　031

第一节　液体制剂概述　/032
　　一、液体制剂定义与特点　/032
　　二、液体制剂的分类　/033
　　三、液体制剂的质量要求　/033
第二节　药物的溶解度与溶解速率　/034
　　一、药物溶解、溶解度与溶解速率的定义　/034
　　二、药物溶解度的影响因素　/035
　　三、提高药物溶解度的方法　/036
第三节　表面活性剂　/038
　　一、表面活性剂分类　/038
　　二、表面活性剂的基本性质　/042
　　三、表面活性剂增溶原理　/045
　　四、表面活性剂的应用　/046
第四节　液体制剂的溶剂与附加剂　/047
　　一、液体制剂的溶剂　/047
　　二、液体制剂的附加剂　/049
第五节　溶液型液体制剂　/053
　　一、溶液型液体制剂的制备技术　/053
　　二、糖浆剂　/055
第六节　胶体型液体制剂　/058
　　一、高分子溶液剂概述　/058
　　二、高分子溶液的制备　/059
　　三、溶胶剂概述　/059
　　四、溶胶剂的制备　/060
　　五、溶胶剂制备的影响因素　/060
第七节　乳剂　/061
　　一、乳剂的基本概念　/061
　　二、乳化剂的种类　/062
　　三、乳剂形成理论　/063
　　四、乳剂制备方法　/064
　　五、影响乳化的因素　/065

六、乳剂中药物的加入方法 / 066
　　七、乳剂制备举例 / 066
　　八、乳剂的稳定性 / 067
　　九、乳剂质量评定 / 068
第八节　混悬剂 / 070
　　一、混悬剂的基本概念 / 070
　　二、混悬剂的稳定性 / 070
　　三、混悬剂的稳定剂 / 073
　　四、混悬剂制备方法 / 073
　　五、混悬剂的质量评定 / 075
学习测试题 / 076

第四章　灭菌制剂与无菌制剂　　080

第一节　灭菌制剂与无菌制剂概述 / 081
　　一、灭菌制剂与无菌制剂的定义 / 081
　　二、灭菌制剂与无菌制剂的类型 / 082
第二节　灭菌技术和空气净化技术 / 082
　　一、灭菌技术 / 083
　　二、空气净化技术 / 085
第三节　注射剂 / 087
　　一、注射剂概述 / 087
　　二、注射剂的溶剂和附加剂 / 089
　　三、注射剂的等渗与等张调节 / 091
　　四、注射用水的制备 / 093
　　五、注射剂的制备 / 094
　　六、注射剂热原的去除 / 096
　　七、注射剂配伍禁忌 / 098
第四节　眼用液体制剂 / 100
　　一、眼用液体制剂概述 / 100
　　二、眼用液体型制剂的制备 / 101
学习测试题 / 103

第五章　中药制剂　　106

第一节　中药制剂概述 / 107
　　一、中药制剂的定义与特点 / 107

二、中药制剂的质量要求　/108
　　三、中药制剂的分类　/109
第二节　中药浸出制剂　/110
　　一、浸出制剂的定义　/110
　　二、浸出制剂的分类与特点　/110
　　三、溶剂及辅助剂　/111
　　四、浸出方法　/111
　　五、浸出液的蒸发与干燥　/114
　　六、浸出制剂的精制　/115
　　七、常用浸出制剂的制备　/116
　学习测试题　/119

第六章　散剂、颗粒剂及胶囊剂　122

第一节　粉体学基础　/123
　　一、粒子的大小　/123
　　二、粉体的比表面积　/125
　　三、粉体的密度与孔隙率　/125
　　四、粉体流动性和充填性　/126
　　五、粉体的压缩性质　/127
第二节　粉体基本制备技术　/128
　　一、粉碎　/128
　　二、筛分　/132
　　三、混合　/135
第三节　散剂　/138
　　一、散剂概述　/138
　　二、散剂的制备技术　/139
　　三、散剂举例　/141
第四节　颗粒剂　/143
　　一、颗粒剂概述　/143
　　二、颗粒剂的制备技术　/144
　　三、颗粒剂的质量控制　/151
　　四、颗粒剂举例　/152
第五节　胶囊剂　/152
　　一、胶囊剂概述　/152
　　二、硬胶囊剂的制备技术　/154
　　三、软胶囊剂的制备技术　/158

四、胶囊剂的质量控制 /160
　学习测试题 /161

第七章　片剂　165

　第一节　片剂的基本概念及辅料 /166
　　一、片剂的基本概念 /166
　　二、片剂的辅料 /167
　第二节　片剂制备 /173
　　一、片剂的制备技术 /173
　　二、湿法制粒压片法 /174
　　三、干法制粒压片法 /177
　　四、直接压片法 /177
　　五、压片机的使用 /178
　　六、制备过程中容易出现的问题和处理方法 /182
　　七、片剂的质量检查 /184
　第三节　片剂的包衣 /187
　　一、片剂包衣的目的及要求 /187
　　二、包衣材料及包衣过程 /188
　　三、包衣方法及设备 /190
　　四、包衣过程中容易出现的问题和处理方法 /192
　第四节　片剂举例 /193
　学习测试题 /197

第八章　滴丸剂及丸剂　200

　第一节　丸剂 /201
　　一、丸剂概述 /201
　　二、丸剂的制备技术 /204
　　三、丸剂的质量检查与包装 /206
　　四、中药制丸机操作规程 /208
　　五、丸剂举例 /209
　第二节　滴丸剂 /210
　　一、滴丸剂概述 /210
　　二、滴丸剂的制备技术 /212
　　三、实验用滴丸机操作规程 /216
　学习测试题 /218

第九章　软膏剂、乳膏剂及凝胶剂 ———————————————— 220

第一节　软膏剂　/220

　　一、软膏剂概述　/220

　　二、软膏剂基质　/221

　　三、软膏剂的制备　/224

　　四、软膏剂包装贮存与质量检查　/225

　　五、软膏剂举例　/226

第二节　乳膏剂　/226

　　一、乳膏剂概述　/226

　　二、乳膏剂的基质　/227

　　三、乳膏剂的制备　/227

　　四、乳膏剂举例　/228

第三节　凝胶剂　/228

　　一、凝胶剂概述　/228

　　二、凝胶基质　/229

　　三、凝胶剂的制备　/230

　　四、凝胶剂的质量控制与包装、贮藏　/230

　　五、凝胶剂举例　/230

　学习测试题　/231

第十章　膜剂、涂膜剂及栓剂 ———————————————— 233

第一节　膜剂　/234

　　一、膜剂概述　/234

　　二、膜剂成膜材料与附加剂　/235

　　三、膜剂的制备方法　/236

　　四、膜剂质量检查　/236

　　五、膜剂举例　/237

第二节　涂膜剂　/237

　　一、涂膜剂概述　/237

　　二、涂膜剂的制备工艺　/238

　　三、涂膜剂举例　/238

第三节　栓剂　/238

　　一、栓剂概述　/238

　　二、栓剂的制备技术　/240

三、栓剂的质量评价 /242
　　　四、栓剂的包装与贮存 /243
　　　五、栓剂药物吸收的途径与影响药物吸收的因素 /244
　学习测试题 /245

第十一章　气雾剂、粉雾剂及喷雾剂　247

　第一节　气雾剂 /248
　　　一、气雾剂的定义 /248
　　　二、气雾剂的特点 /248
　　　三、气雾剂的分类 /249
　　　四、气雾剂的吸收 /249
　　　五、气雾剂的制备技术 /250
　　　六、气雾剂的质量评定 /251
　第二节　粉雾剂 /252
　　　一、粉雾剂的定义 /252
　　　二、粉雾剂的特点 /252
　　　三、粉雾剂的分类 /253
　　　四、吸入粉雾剂的组成 /253
　　　五、粉雾剂的制备技术 /254
　　　六、吸入粉雾剂的质量要求 /254
　　　七、粉雾剂的质量检查 /254
　第三节　喷雾剂 /255
　　　一、喷雾剂的定义 /255
　　　二、喷雾剂的特点 /255
　　　三、喷雾剂的分类 /255
　　　四、喷雾剂的质量要求 /255
　学习测试题 /256

第十二章　药物制剂的新剂型　258

　第一节　包合技术 /259
　　　一、包合技术概述 /259
　　　二、包合材料 /259
　　　三、包合物的制备 /260
　　　四、包合物的验证 /261
　第二节　微囊化技术 /263

一、微囊化概述 /263
　　二、囊心物与囊材 /263
　　三、微囊的制备技术 /264
　　四、微囊的质量评价 /266

第三节　缓释、控释制剂 /268
　　一、缓释、控释制剂概述 /268
　　二、缓释、控释制剂的载体材料 /268
　　三、缓释、控释制剂的设计 /269
　　四、缓释、控释制剂的制备 /271
　　五、缓释、控释制剂释药原理 /272
　　六、缓释、控释制剂的体内外评价方法 /273

第四节　靶向制剂 /278
　　一、靶向制剂概述 /278
　　二、脂质体制备技术 /280
　　三、被动靶向制剂 /282
　　四、主动靶向制剂 /283
　　五、物理化学靶向制剂 /284

　学习测试题 /285

实训部分（活页） 289

　　实训一　溶液型液体制剂的制备 /291
　　实训二　混悬型液体制剂的制备 /293
　　实训三　乳浊型液体制剂的制备 /297
　　实训四　维生素C注射液的制备 /299
　　实训五　吲哚美辛片的制备 /301
　　实训六　滴丸剂的制备 /303
　　实训七　软膏剂的制备 /305
　　实训八　栓剂的制备 /307
　　实训九　膜剂的制备 /309

学习测试题参考答案 /311

参考文献 /315

二维码数字资源一览表

序号	名称	页码	序号	名称	页码
M1-1	药物制剂的历史与发展	3	M6-3	散剂的特点	138
M1-2	药物制剂技术的性质	3	M6-4	散剂的分剂量与包装	140
M1-3	药物制剂常用术语	4	M6-5	颗粒剂的制备	144
M1-4	认识药物剂型与药效	5	M6-6	胶囊剂的制备	154
M1-5	区分制剂与剂型	7	M7-1	片剂概述	166
M1-6	药物制剂技术的主要任务	8	M7-2	片剂的分类	167
M2-1	药物制剂稳定性概述	13	M7-3	填充剂	168
M2-2	药物的化学降解途径	17	M7-4	润湿剂与黏合剂	169
M2-3	处方因素对药物制剂稳定性的影响	19	M7-5	崩解剂	170
M2-4	外界因素对药物制剂稳定性的影响	21	M7-6	润滑剂	172
M3-1	液体制剂概述	32	M7-7	片剂的制备技术	173
M3-2	溶解度与溶解速率	34	M7-8	片剂的制备-粉碎	174
M3-3	表面活性剂概述	38	M7-9	片剂的制备-过筛	174
M3-4	表面活性剂的分类	38	M7-10	片剂的制备-混合	174
M3-5	表面活性剂的性质	42	M7-11	片剂的制备-制粒	174
M3-6	表面活性剂的应用	46	M7-12	片剂的制备-干燥	175
M3-7	液体制剂的溶剂和附加剂	47	M7-13	片剂的制备-压片	177
M3-8	低分子溶液剂	53	M7-14	片剂制备过程中常见的问题	182
M3-9	高分子溶液剂	58	M7-15	片剂的质量检查	184
M3-10	溶胶剂的制备	60	M7-16	片剂的包衣	187
M3-11	乳剂的类型及鉴别	62	M8-1	丸剂概述	201
M3-12	乳剂的制备	64	M8-2	丸剂的辅料	202
M3-13	混悬剂的稳定性	70	M8-3	丸剂的制备	204
M3-14	混悬剂的制备	73	M8-4	滴丸剂概述	210
M4-1	无菌制剂概述	81	M8-5	滴丸剂的基质与冷凝剂	212
M4-2	物理灭菌法	83	M8-6	滴丸剂的质量检查	215
M4-3	化学灭菌法	85	M9-1	软膏剂	220
M4-4	注射剂概述	87	M9-2	凝胶剂	228
M4-5	等渗调节	91	M10-1	膜剂的制备	236
M4-6	注射用水的制备	93	M10-2	认识栓剂	238
M4-7	注射剂的制备	95	M11-1	气雾剂的组成	249
M4-8	热原的去除方法	97	M11-2	气雾剂的制备	250
M5-1	中药制剂概述	107	M11-3	粉雾剂	252
M5-2	中药材的提取	111	M11-4	喷雾剂	255
M5-3	影响中药材浸出率的因素	112	M12-1	微囊制剂	263
M5-4	中药材的浓缩与干燥	114	M12-2	缓释、控释制剂	268
M5-5	中药提取物的分离与纯化	115	M12-3	靶向制剂	278
M6-1	散剂的粉碎	128	M12-4	脂质体概述	280
M6-2	散剂的筛分	132			

第一章

药物制剂工作基本知识

学科素养构建

必备知识

1. 掌握药物制剂技术的性质和常用术语;
2. 熟悉药物剂型的分类;
3. 了解药典与药品标准;
4. 了解药品注册管理规定;
5. 了解药物制剂的设计与开发流程。

素养提升

1. 学会辨别药物制剂的类型;
2. 能够查阅药典及相关药品标准;
3. 能够用所学的知识制定新药开发的基本流程。

案例分析

患者,女,20岁,近两天出现发热头痛等感冒症状,她打开了网上药店APP,想到了在《药物化学》中学过的非甾体抗炎药布洛芬具有解热镇痛作用,她在查询系统里输入了"布洛芬",结果看到,布洛芬有缓释胶囊、片剂、分散片、颗粒剂、混悬液、栓剂等10余个品种,最后选择了以前用过的布洛芬分散片,用水溶解后服用。

分析 日常生活中用于防病治病的药物,并非是以原药材、原料药的粉末或结晶形式直接给患者使用的,而是根据药物性质、治疗目的和病症等不同情况,将原料药物加工制成适合预防、治疗疾病应用的片剂、胶囊剂、注射剂等各种给药形式(剂型)。

问题提出

患者用水溶解分散片后服用,这种服用方法是否正确?

知识迁移

同一种药物由于医疗用途的不同可以制成不同的剂型,例如双氯芬酸钠可制成片剂供口服给药,也可制成栓剂用于腔道给药,还可以制成滴眼剂用于眼部给药。从另一个角度看,在同一种剂型中可以有多种不同的药物,如片剂中有对乙酰氨基酚泡腾片、对乙酰氨基酚咀嚼片、对氨基水杨酸钠肠溶片、尼莫地平分散片、左氧氟沙星片、吲哚美辛缓释片等,这些具体品种,常被称为药物制剂。

> **素质拓展**
>
> 分散片的服用方法是放入水中分散溶解后服食,或含于嘴中吮服或吞服。分散片能在水中迅速崩解分散,吸收快、生物利用度高。

第一节 药物制剂概述

一、药物剂型的历史与发展

1. 药物剂型的历史

我国古代,早有"神农尝本草,始有医药"的传说,生动反映了我国古代劳动人民在寻找食物及与疾病作斗争的长期实践中发现药物、创造剂型的过程。汤剂是我国应用最早的中药剂型,在商代时已有使用。夏商周时期医书《五十二病方》《甲乙经》《山海经》已记载将药材加工制成汤剂、酒剂、洗浴剂、饼剂、曲剂、丸剂、膏剂等剂型使用。东汉张仲景的《伤寒论》和《金匮要略》著作中共收载有栓剂、糖浆剂、洗剂等10余种剂型。晋代葛洪的《肘后备急方》中记载了铅硬膏、干浸、丸剂、锭剂和条剂等剂型。唐代颁布的《新修本草》是我国第一部,也是世界上最早的国家药典,收载药物844种。宋代成方制剂已有规模生产,并出现了官办药厂及我国最早的国家制剂规范——《太平惠民和剂局方》,记载788种成方。明代李时珍编著《本草纲目》收载药物1892种、剂型40余种。这些充分体现了中华民族在药剂学漫长发展史中作出的重要贡献。

国外药剂学发展最早的是古埃及与巴比伦王国,大约公元前1552年的《伊伯氏本草》记载有散剂、软膏剂、硬膏剂、模印片等剂型,并有药物的处方、制法及用途。希腊医药学家格林奠定了欧洲医药学基础,由他制备的各种植物药浸出制剂称为格林制剂。19世纪两次工业革命促进了制药机械的发展,极大地推动了药物制剂技术的发展和进步,先后有了软胶囊剂、压制片、硬胶囊剂、注射剂、气雾剂等剂型,药剂生产终于从医生诊所和个体生产者的小作坊走出,进入到机械化生产的阶段。物理学、化学、生物学等自然科学的巨大进步又为药剂学这门学科的出现奠定了理论基础。1847年德国药师莫尔总结了以往和当时的药剂学研究和实践成果,出版了第一本药剂学教科书《药剂工艺学》,标志着药剂学已成为一门独立的学科。

2. 药剂学的发展

药物都应制成一定的剂型,以制剂的形式应用于治疗、预防或诊断疾病。药剂学的发展和进步就是剂型和制剂技术的发展和进步；制剂的安全性、有效性、合理性和精密性等，则反映了医药的水平，决定了用药的效果。随着医学的发展，目前认为，对人体危害最大的疾病集中在四个方面，即癌症、心脑血管病、传染病和老龄化疾病。要提高药物的疗效、降低药物的毒副作用和减少药源性疾病，对药物制剂新剂型和新技术的研发提出了更高的要求。随着科学技术的飞速发展，各学科之间相互渗透、互相促进，新辅料、新材料、新设备、新工艺的不断涌现和药物载体的修饰、单克隆抗体的应用等，大大促进了药物新剂型与新技术的发展和完善。

20世纪90年代以来，药物新剂型与新技术已进入到一个新阶段。这一阶段的特点是理论发展和工艺研究已趋于成熟，药物新的给药系统在临床较广泛的应用已经开始。今后除开发特效药物，包括治疗遗传疾病及肿瘤的基因工程药物，更多地应用肽类、蛋白质类和天然产物作药物或疫苗外，药物新剂型的应用将使缓释和控释给药系统进一步代替普通剂型，靶向性、脉冲式、自调式给药系统也将逐步增多。虽然在相当长的时期内，第二代剂型仍将是人们使用的主要剂型，但是第二代剂型会不断与第三、第四代等新剂型、新技术相结合，形成具有新内容的给药系统。

M1-1 药物制剂的历史与发展

知识迁移

药物剂型发展的四个阶段

第一代剂型：将药物经简单加工制成的传统药物剂型，如汤剂、散剂、丸剂、软膏剂、浸膏剂、醑剂、栓剂等。

第二代剂型：以机械化和自动化生产为标志，对药物释放未进行精确控制的近代药物剂型，如片剂、胶囊剂、注射剂、气雾剂等。

第三代剂型：以减慢药物释放、延长药物作用时间、减少给药次数为目的的缓、控释给药系统，如缓释胶囊、渗透泵片、透皮贴剂、植入剂等。

第四代剂型：可以使药物相对浓集于靶器官、靶组织、靶细胞，提高药物疗效并降低药物全身毒副作用的靶向给药系统，如脂质体、微球、纳米粒给药系统。

二、药物制剂基本概念

1. 药物制剂技术的概念与性质

不论是化学合成药、植物提取药或是生物药物，一般都是粉末状态、结晶状态或浸膏状态，很多药物有不良臭味，同时剂量一般较小，所以病人无法直接安全方便地使用。因此任何药物在供临床使用前，都必须制成适合于治疗或预防应用的、与一定给药途径相适应的给药形式，称为药物剂型，简称剂型，如丸剂、颗粒剂、片剂、膜剂、栓剂、软膏剂、胶囊剂、气雾剂、滴鼻剂、乳剂等。

药物制剂技术具有工艺学的性质，即研究药物制剂的制备工艺和质量控制问

M1-2 药物制剂技术的性质

问题提出

药剂学研究还涉及哪些学科？

题；同时，药物制剂技术又必须密切联系临床实践，具有临床医疗实践性质，即研究制备安全、有效、稳定、经济、便于使用的药物制剂，以确保临床医疗的质量。开展药物制剂研究工作是在化学、药物化学、天然药物化学、药理学、药物分析等学科研究成果的基础上进行的。为使药剂学的产品符合安全性、有效性、稳定性的要求，还须经过药理学、药物分析等学科进行相关验证后才能最终进入到临床应用阶段。同时，药物制剂在临床实践中的应用情况要及时反馈给药品生产或研究机构以促进其不断改进或提高制剂质量。药物剂型与临床用药的依从性密切相关，随着生活水平的改善和提高，人们对生存质量和用药水平提出了更高的要求，药剂学的重要性将会更加显著。

药物制剂技术与物理药剂学、工业药剂学、生物药剂学、药物动力学、临床药剂学和药用高分子材料学有着紧密的联系，相互渗透、相互促进。物理药剂学是应用物理化学的原理和手段，研究药剂学中有关剂型、制剂的处方、工艺设计与优化、质量控制等内容的学科。工业药剂学是研究药物制剂工业化生产的基本理论、工艺技术、生产设备、质量控制和生产管理的学科。生物药剂学是研究药物及其剂型在体内的吸收、分布、代谢与排泄过程，阐明剂型因素、生物因素与药效之间关系的学科。药物动力学是应用动力学原理与数学处理方法，研究药物及其代谢物在体内吸收、分布、代谢和排泄过程量变规律的学科。临床药剂学是以患者为研究对象，研究安全、有效、合理用药等内容的学科。药用高分子材料学是研究各种药用高分子材料的结构、合成和理化性能的学科。

2. 药物制剂相关术语

（1）**药物** 是指用以防治人类和动物疾病以及对人体生理机能有影响的物质，按来源可分为天然药物、合成药物和生物技术药物。

M1-3 药物制剂常用术语

（2）**药品** 是指用于预防、治疗、诊断人的疾病，有目的地调节人的生理功能并规定有适应证或者功能主治、用法和用量的物质，包括中药材、中药饮片、中成药、化学原料药及其制剂、抗生素、生化药品、放射性药品、血清、疫苗、血液制品和诊断药品等。

（3）**剂型** 是指药物经加工制成适合于治疗或预防应用的形式，称为药物剂型，简称剂型。一般是指药物制剂的类别，如片剂、注射剂、胶囊剂、软膏剂等。

问题提出

药物与药品哪个范围更大？

（4）**制剂** 根据药典、药品监督管理部门批准的标准或其他规定的处方，将原料药物按某种剂型制成的具有一定规格的药物制品，称为药物制剂，简称制剂。制剂可直接用于临床治疗或预防疾病，也可作为其他制剂或方剂的原料。制剂多在药厂中生产，也可在医院制剂室中制备。

（5）**方剂** 方剂是根据医师处方专为某一病人或为某种疾病配制的药剂。方剂具有明确的使用对象、剂量和用法。方剂的配制一般都在医院制剂室中进行，可在持有《药品经营许可证》且符合《药品经营质量管理规范》（GSP）的销售机构中调配。

（6）**成药** 成药是根据疗效确切、性质稳定、应用广泛的处方，以原料药物加工配制成的具有一定剂型和规格的制剂。其特点是一般都给予通俗名称（如风油精），标明其作用、用法、用量等。

（7）毒药、剧药和麻醉药品　毒药是指药理作用剧烈，极量与致死量很接近，虽服用量很小，但在超过极量时即有可能引起中毒或死亡的药品，如洋地黄毒苷、砒霜等。

剧药是指药理作用强烈，极量与致死量比较接近，在服用量超过极量时，有可能严重危害人体健康，甚至引起死亡的药品，如巴比妥、水合氯醛等。

麻醉药品是指连续使用后易产生生理依赖性、能成瘾癖的药品，如吗啡、可待因等。麻醉药品应与临床应用的麻醉剂如乙醚、氯仿和普鲁卡因等有所区别，后者虽具有麻醉作用，但不会成瘾，所以不属于麻醉药品。

毒药、剧药和麻醉药品应该由专人、专柜加锁保管，并有指定医师的正式处方时才可发出，处方医师还应在用量上签字或盖章。毒药、剧药和麻醉药品的标签式样和颜色亦应与普通药品有明显的区别，在购用、调配、保管和使用等方面也都必须严格执行有关规定。

（8）传统药　一般是指各国历史上流传下来的药物并在传统医学、药学理论指导下用于疾病治疗的物质，包括动物、植物和矿物药，又称天然药物。我国的传统药即为中药，包括中药材、中药饮片、中成药、民族药等。

> **问题提出**
> 你知道有哪些民族药吗？

（9）现代药　一般是指19世纪以来发展起来的化学药品、抗生素、生化药品、放射性药品、血清、疫苗、血液制品等。其特点是应用现代医学的理论和方法筛选确定其药效，并按照现代医学理论用以防治疾病，如阿司匹林、青霉素、干扰素等。

> **知识迁移**
>
> 　　药物和药品都是能够防病治病的物质，药品一定是药物，而药物不一定是药品。药物的含义要比药品含义更宽泛，主要表现在以下几个方面：
> ① 使用对象扩展，不单指人体使用。
> ② 处于药品的研制阶段。
> ③ 在适应证或者功能主治、用法和用量等内容方面规定得不十分准确。
> ④ 不一定具备药品必须是已经上市或正在申请上市的商品这个特征。如处于实验室研制阶段、尚未申报临床试验的药，只能称之为药物，而不能称为药品；民间使用的草药，也是药物，而不属于药品的范畴。

三、药物剂型的重要性

剂型是药物应用于临床的最终形式。药物和剂型之间存在着辨证关系，药物本身的疗效虽然是主要的，但在一定条件下，剂型对药物疗效的发挥也起着积极的作用。药物的剂型不同，将直接影响药物的有效性、安全性、稳定性以及患者的依从性。可根据药物的性质、不同的用药目的和用药人群选择合适的剂型，以满足临床需要。剂型的重要性主要体现在以下几个方面。

视频扫一扫

M1-4　认识药物剂型与药效

① 剂型可改变药物作用性质，如硫酸镁制成口服剂型表现为致泻作用，而将硫酸镁注射液静脉滴注后则表现为抗惊厥作用。

② 剂型可影响药物治疗效果，如硝酸甘油，其首过效应明显，口服生物利用度低，故可制成舌下片、吸入气雾剂、注射剂或贴剂供临床防治心绞痛使用。

③ 剂型可改变药物作用速度，注射剂、吸入气雾剂等起效快，常用于急救；普通片剂、胶囊剂因口服后需要崩解、溶解再吸收，故作用缓慢；而缓释制剂、植入剂等作用更为缓慢，属长效制剂。

④ 剂型可降低或消除药物的毒副作用，如将阿司匹林制成肠溶衣片或栓剂就可以降低其对胃黏膜的刺激作用；氨茶碱口服能引起心悸，若制成栓剂可减轻或消除其加快心跳的不良反应。

⑤ 剂型可使药物产生靶向作用，如含有脂质体、微囊、微球、纳米粒等微粒分散体的注射剂，进入血液循环后，容易被单核-吞噬细胞系统的巨噬细胞吞噬，从而使药物浓集于肝脏、脾脏等器官，发挥肝、脾被动靶向作用。

⑥ 剂型可改善患者的依从性，如将某些抗生素由注射剂改为水果口味的口服颗粒以适合儿童用药需求；将降血压药改为缓-控释片后，既可克服血药浓度的峰谷现象，减轻患者的不良反应，又可减少服药次数。

⑦ 剂型可以提高药物的稳定性，固体剂型中药物的稳定性通常高于液体剂型；包衣片的稳定性往往比素片要高；冻干粉针剂的稳定性明显好于常规注射剂。

四、药物剂型的分类

1. 按给药途径分类

人体有多种给药途径，如口腔、消化道、呼吸道、血管、皮肤、皮下肌肉、直肠、阴道等，不同给药途径对剂型的要求存在很大不同，如注射给药要求无菌，呼吸道给药要求特定的粒度。将给药途径相同的剂型分为一类，与临床使用密切结合，能反映出给药途径与应用方法对剂型制备的特殊要求。其缺点是一种制剂由于给药途径或给药方法的不同，可能在多种剂型中出现。如氯化钠溶液，可在注射剂、滴眼剂、灌洗剂等许多剂型中出现。

(1) 经胃肠道给药剂型 这类剂型是指药物制剂经口服给药进入胃肠道，在胃肠道被吸收而发挥药效的剂型，其给药方法比较简单，也比较安全，但吸收相对较慢，存在肝脏的首过效应。

(2) 非经胃肠道给药剂型 除口服给药以外的其他所有剂型，这些剂型有的在给药部位发挥局部作用，有的吸收入血液发挥全身作用。

① 注射给药 如注射剂，包括静脉注射、肌内注射、皮下注射、皮内注射等多种注射途径。

② 呼吸道给药 如喷雾剂、气雾剂、粉雾剂等。

③ 皮肤给药 通过皮肤给药，药物在皮肤局部起作用或经过皮肤吸收发挥全身作用，如外用溶液剂、洗剂、搽剂、软膏剂、外用膜剂和贴剂等。

④ 黏膜给药 如滴眼剂、滴鼻剂、眼用软膏剂、含漱剂、舌下片剂等，黏

膜给药可起局部作用或经黏膜吸收发挥全身作用。

⑤ 腔道给药 如栓剂、气雾剂等，用于直肠、阴道、尿道、鼻腔、耳道等，腔道给药可起局部作用或吸收后发挥全身作用。

问题提出
儿童退热栓剂的优点有哪些？

2. 按分散系统分类

这种分类方法，便于应用物理化学的原理来阐明各类制剂热力学和动力学等特征，但不能反映用药部位与用药方法对剂型的要求，甚至一种剂型由于分散介质和制法不同，可以分到几个分散体系中，如注射剂就可分为溶液型、混悬型、乳剂型等。

(1) 溶液型 药物以分子或离子状态（直径小于 1nm）分散于分散介质中形成的均匀分散体系，也称为低分子溶液，如芳香水剂、溶液剂、甘油剂、醑剂等。

(2) 胶体溶液型 一种是由高分子物质以分子状态（直径 1～100nm）均匀分散于液体分散介质中形成的高分子溶液，如明胶溶液；另一种是由不溶性纳米粒子分散于液体分散介质中形成的非均匀的分散体系，如氧化银溶胶。

(3) 乳剂型 由两种互不相溶的液体组成，其中一种液体作为分散相（直径 0.1～50μm）分散于另一种液体中形成的非均匀分散体系，如鱼肝油乳剂、静脉注射乳剂。

(4) 混悬型 固体药物以微粒状态（直径 0.1～100μm）分散于液体分散介质中形成的非均匀分散体系，如混悬剂、混悬滴剂、混悬注射液等。

(5) 气体分散型 液体或固体药物以微粒状态分散于气体分散介质中形成的分散体系，如气雾剂等。

(6) 固体分散型 固体分散剂型是指药物与辅料混合呈固体状态存在的制剂，如散剂、丸剂、片剂等。

3. 按形态分类

① 液体剂型如溶液剂、洗剂、注射剂等。
② 半固体剂型如软膏剂、凝胶剂、糊剂等。
③ 固体剂型如片剂、胶囊剂、颗粒剂等。
④ 气体剂型如气雾剂、喷雾剂等。

形态相同的剂型，其制备特点和医疗效果有类似之处。如在制备时液体剂型需溶解；固体剂型需粉碎、混合、成型；半固体剂型需熔化或研匀。而不同形态的剂型对机体的作用速度往往也不相同，一般液体剂型作用最快，固体剂型则较慢。这种分类方法比较简单，没有考虑到制剂的内在特性和使用方法等，但在制备、贮存和运输上具有一定指导意义。

4. 按制备方法分类

这种分类方法是将用同样方法制备的剂型列为一类。如浸出制剂（包括酊剂、流浸膏剂及浸膏剂等）是指用浸出方法制备的剂型；无菌制剂是经灭菌处

视频扫一扫

M1-5 区分制剂与剂型

理或无菌操作法制备的制剂，如注射剂、滴眼剂、眼膏剂、眼用膜剂等。这种分类方法较少应用，因为制备方法可随着科学的发展而改变，所以其指导意义不大。

以上剂型的分类方法，各有其特点也各有其不全面和不完善之处，因此本教材采用综合分类的方法。

五、药物制剂技术的任务

1. 研究药剂学基本理论

M1-6 药物制剂技术的主要任务

研究药剂学基本理论对促进新剂型和新制剂的开发，提高药物制剂的生产水平，改进生产工艺，优化药物制剂质量均具有重要的意义。粉体学理论、表面活性剂理论、化学动力学理论、微粒分散系统理论等药剂学基本理论，既是药剂学发展的基础，也是药剂学发展的动力，还能为临床安全、合理有效应用药物制剂提供科学依据。

2. 研发新剂型与新技术

随着医学科学技术的进步和生活水平的提高，人们对健康和"精准医疗"的需求日益增加，普通的片剂、注射剂、胶囊和丸剂等剂型已经不能完全满足高效、速效、长效、低毒、速释、缓释、控释、迟释、定位和靶向等要求。利用新技术不断开发新剂型及新制剂是药剂学的重要任务和研究热点。

3. 开发新型药用辅料

问题提出

药用辅料的研发主要涉及哪些领域？

药物制剂中除主药外，还含有各种辅料。辅料是剂型的基础，新剂型、新技术的研究离不开新辅料的有力支撑，没有优质的辅料就没有优质的药品。新型药用辅料可促进新剂型和新技术的发展，同时新型药物传递系统对药用辅料又提出了更高的要求。

4. 开发新型制药机械和设备

制药机械和设备是制剂生产的重要工具，研究和开发新型制药机械和设备，对发展新剂型与新技术，提高生产效率，降低成本，减少污染，提高制剂质量，缩小我国与先进国家的差距，使更多制剂产品进入国际市场，均具有重要的意义。目前制药机械和设备正朝着自动化、智能化、多功能、连续化、全封闭方向发展。

5. 开发中药新剂型

中医药是中华民族的宝贵遗产，在继承、整理发展中医药理论和膏、丹、丸、散、胶剂、露剂等中药传统剂型的同时，运用现代科学技术和方法，研究开发现代化的中药新剂型，是中医药走向世界的重要途径。现已开发了中药注射剂、中药片剂、中药胶囊剂、中药气雾剂等20余种中药新剂型，提高了中药疗效，扩大了临床应用范围。但中药制剂也存在成分复杂、有效成分不明确、稳定性差等问题。进一步丰富和发展中药新剂型和新品种，充分发挥中医药在我国医药卫生事业中的作用，仍然是我国药剂工作者面临的一项长期而艰巨的任务。

第二节 药品标准与药品质量管理规范

一、药典

药典是一个国家记载药品规格、标准的法典。一般由国家药品监督管理部门组织编纂、出版，并由政府颁布、执行，具有法律约束力。药典中收载的是疗效确切、副作用小、质量较稳定的常用药物及其制剂，规定其质量标准、制备要求、鉴别、杂质检查与含量测定等，作为药品生产、检验、供应与使用的依据。药典是一个国家药品标准体系的核心，对保证药品质量，确保人民用药安全有效，促进药品的研究和生产具有重要意义。在一定程度上药典还可反映这个国家药品生产医疗保健和科学技术发展水平。

1.《中华人民共和国药典》

随着医药科学的发展，新的药物和试验方法亦不断出现，为使药典的内容能及时反映医药学方面的新成就，新中国成立后的第一版药典于1953年8月出版，定名为《中华人民共和国药典》（简称《中国药典》）。药典出版后一般每隔几年须修订一次，我国药典自1985年后，每隔5年修订一次。为了使新的药物和制剂能及时在临床上得到应用，往往在下一版新药典出版前，还出版一些增补版。

> **小提示**
> 了解《中国药典》的构成。

现行药典是《中华人民共和国药典》2020年版，是新中国第11版药典，自2020年12月30日起实施，共收载品种5911种，其中，新增319种，修订3177种，不再收载10种，品种调整合并4种。与2015年版药典相比，本版的变化主要体现在以下几方面。

① 与2015年版《中国药典》收载品种5608种相比，新版《中国药典》收载品种增长5.5%。新版药典收载品种以临床需求为导向，扩大了国家基本药物目录和国家基本医疗保险用药目录品种的收载，临床常用药品的质量得到进一步保障。

② 扩大成熟检测技术在药品质量控制中的应用，提高检测方法的灵敏度、专属性、适用性和可靠性。建立分子生物学检测标准体系，新增聚合酶链反应（PCR）法、DNA测序技术指导原则；新增X射线荧光光谱法用于元素杂质控制等。扩大成熟检验方法在药品质量控制中的应用，如将液质联用法用于中药中多种真菌毒素的检测等。

③ 药品的安全保障得到进一步加强。加强了对中药材（饮片）中农药残留、

微生物毒素及内源性毒素的控制。加强了化学药品杂质控制、工艺评估及高风险制剂涉及安全性的控制。加强了对生物制品的病毒安全性控制，如增订生物制品病毒安全控制通则等。

④ 对药品质量可控性、有效性的技术保障得到进一步提升。建立了显微检查法、薄层色谱法等一系列专属性高的中药材（饮片）鉴别方法。完善药品制剂的有效性指标项目，针对不同剂型特点，增订相应控制项目。

2. 其他国家和地区药典

据不完全统计，世界有近40个国家编制了国家药典，另外还有区域性药典和国际卫生组织编制的《国际药典》。比较有影响的其他国家和地区药典主要有以下几部。

《美国药典/国家处方集》（英文简称USP-NF）由美国政府所属的美国药典委员会编辑出版。《英国药典》（英文简称BP）是英国药品委员会的正式出版物，是英国制药标准的重要来源。《欧洲药典》（英文简称EP）是2007年经欧洲36个国家和欧盟批准共同制定的，是欧洲法定药品质量控制标准。《日本药局方》（英文简称JP）由日本药局方编辑委员会编纂，由厚生省颁布执行。《国际药典》，是世界卫生组织（WHO）为了统一世界各国药品的质量标准和质量控制的方法而编纂的，对各国无法律约束力，仅作为各国编纂药典时的参考标准。

二、《药品生产质量管理规范》

> 小提示
> 了解GMP的发展历史。

《药品生产质量管理规范》（good manufacture practice，GMP）是药品生产和质量全面管理监控的通用准则。GMP是世界卫生组织（WHO）对世界医药工业生产和药品质量的要求指南，是加强国际医药贸易相互监督、检查的统一标准。

我国自1988年第一次颁布GMP，期间经历了1992年和1998年两次修订，截至2004年6月30日，我国药品生产企业均实施了GMP认证。新版GMP是2011年3月1日起施行的《药品生产质量管理规范》（2010年修订），整体内容更加原则化、更科学、更易于操作，对企业生产药品所需要的原材料、厂房、设备、卫生、人员培训和质量管理等均提出了明确要求，对药品生产全过程实施了监督管理，为减少药品生产过程中污染和交叉污染提供了重要保障，是确保所生产药品安全有效、质量稳定可控的重要措施。

三、《药物非临床研究质量管理规范》

> 小提示
> "反应停"事件与GLP。

《药物非临床研究质量管理规范》（good laboratory practice，GLP）是试验条件下，进行药理、动物试验（包括体内和体外试验）的准则，如急性、亚急性、慢性毒性试验、生殖试验、致癌、致畸、致突变以及其他毒性试验等临床前试验，是保证药品安全有效的法规。《药物非临床研究质量管理规范》是药物进行非临床试验从方案设计、实施、质量保证、记录、报告到归档的指南和准则，以保证新药临床前研究安全性试验数据和资料的真实性与可靠性。

四、《药物临床试验质量管理规范》

问题提出

请同学总结查阅《中国药典》的方法有哪些？

《药物临床试验质量管理规范》（good clinical practice，GCP）是为保证临床试验数据的质量、保护受试者的安全和权益而制定的进行临床试验的准则。GCP的内容主要涵盖了临床试验方案的设计、实施、组织、监察、记录、分析、统计、总结、报告、审核等全过程。GCP旨在保证药物临床试验过程的规范化，使结果具有科学性、可靠性、准确性、完整性。

学习测试题

一、选择题

（一）单项选择题

1. 不属于药品的是（　　）。
   A. 血清　　　　　　　B. 兽用药　　　　　　C. 抗生素
   D. 中药材　　　　　　E. 疫苗

2. 生理盐水按分散系统属于（　　）。
   A. 胶体溶液型　　　　B. 混悬型　　　　　　C. 乳剂型
   D. 溶液型　　　　　　E. 气体分散型

3. 我们把注射剂称为（　　）。
   A. 药品　　　　　　　B. 剂型　　　　　　　C. 制剂
   D. 医疗机构制剂　　　E. 新药

4. 特殊药品不包括（　　）。
   A. 麻醉药品　　　　　B. 精神药品　　　　　C. 贵重药品
   D. 放射性药品　　　　E. 医疗用毒性药品

5. BP 是指（　　）。
   A.《中国药典》　　　　B.《美国药典》　　　　C.《英国药典》
   D.《日本药局方》　　　E.《欧洲药典》

（二）多项选择题

1. 药剂学研究的内容包括（　　）。
   A. 药物作用机制　　　B. 药品质量控制　　　C. 基本理论
   D. 药品制备技术　　　E. 药品的销售价

2. 同一药物选择不同药物剂型，可能会（　　）。
   A. 影响药物的毒副作用　B. 影响起效时间　　　C. 影响药物的稳定性
   D. 影响药物的半衰期　　E. 影响患者的依从性

3. 辅料是指生产药品和调配处方时所用的（　　）。
   A. 包装材料　　　　　B. 制剂设备　　　　　C. 赋形剂

D. 附加剂 　　　　　　　E. 原料药物

4. 阿司匹林肠溶片（100mg）称为（　　）。
A. 药品　　　　　　　B. 剂型　　　　　　　C. 制剂
D. 医疗机构制剂　　　E. 特殊药品

5. 我国药品管理法规确定国家药品标准包括（　　）。
A.《中国药典》　　　B. 药品注册标准　　　C. 医疗机构制剂标准
D. 省、自治区、直辖市人民政府药品监督管理部门制定的中药饮片炮制规范
E. 企业内控标准

二、简答题

1. 简述药物剂型的重要性。

2. 举例说明不同剂型药物的作用强度、作用速度、维持时间及其产生的不良反应有何不同。

三、分析题

1. 药物剂型按分散系统一般分为几类？并在《中国药典》中各找一种制剂举例说明。

2. 查阅《中国药典》2020年版二部，说明剂型对药物作用的影响。

第二章

药物制剂的稳定性

学科素养构建

必备知识
1. 理解药物制剂稳定性的意义及内容；
2. 掌握药物制剂主要化学降解途径；
3. 掌握影响药物降解的因素及稳定性方法；
4. 理解药物制剂稳定性试验方法。

素养提升
1. 学会分析药物降解的途径；
2. 能够判断影响药物制剂稳定性的因素；
3. 能够分析改进制剂稳定性的方法。

案例分析

患者，男，55岁，为预防血栓的形成经常服用阿司匹林。一天，他打开了放在窗台边的阿司匹林的瓶子，闻到了较浓的乙酸味，怀疑药品有问题，未服用，并向医师进行了询问。

阿司匹林是一种历史悠久的解热镇痛药，用于治感冒发热、头痛、牙痛、关节痛风湿病，还能抑制血小板聚集，用于预防和治疗缺血性心脏病、心绞痛、心肌梗死、脑血栓等。阿司匹林含有酚酯结构，在干燥的空气中尚稳定，遇湿气即缓慢水解成水杨酸和乙酸。因此若贮存不当，会导致阿司匹林水解，产生酸味。

第一节

药物制剂稳定性概述

一、研究药物制剂稳定性的意义

药物制剂的稳定性是指药物在体外的稳定性，它贯穿于药物制剂的研制、生产、贮存、运输和使用全过程。药物制剂应符合安全、有效、稳定的基本要求。

视频扫一扫

M2-1 药物制剂稳定性概述

问题提出
有效期内的药品是否一定不会发生稳定性变化？

稳定性研究的目的是考察原料药物或制剂的质量在温度、湿度、光线等条件的影响下随时间变化的规律，为药品的生产、包装、贮存、运输条件和有效期的确定提供科学依据。药物制剂如不稳定，则会产生物理和化学等方面的变化，如吸湿结块、分解变质等，有的除外观变化外，还会导致药效下降，产生毒副作用，甚至可能危及生命，给个人和企业带来极大的精神和经济损失。我国的《新药审批办法》明确规定，在新药研究和申报过程中必须呈报稳定性资料。所以重视和研究药物制剂的稳定性，合理地进行剂型设计，提高制剂质量，保证药效和安全就显得尤为重要。

二、药物制剂稳定性研究的范围

问题提出
你还知道哪些物理性能的变化？

药物制剂稳定性一般包括化学、物理和生物学三个方面。化学稳定性是指由于温度、湿度、光线、pH等的影响，药物制剂产生水解氧化等化学降解反应，使药物含量（或效价）降低及色泽产生变化，从而影响制剂外观、破坏药品的内在质量，甚至增大药品的毒性等。物理稳定性主要是指药物制剂的物理性能发生变化，如混悬剂中药物颗粒结块、结晶生长、乳剂分层、破裂，胶体制剂老化，片剂崩解度、溶出度的改变，散剂的结块变色等。生物学稳定性一般指药物制剂由于受微生物的污染，而使产品变质、腐败，尤其是一些含有蛋白质、氨基酸、糖类等成分的制剂更易发生此类问题，如糖浆剂的霉败、乳剂的酸败等。

第二节 药物制剂的化学稳定性

一、稳定性研究的化学动力学基础

化学动力学是研究化学反应在一定条件下的速度规律、反应条件对反应速率与方向的影响以及化学反应的历程的科学。化学动力学在制药工业中有着广泛的应用，如在药物制备中，可用于计算或估计反应进行到某种程度所需要的时间，可通过反应速率计算单位时间的产量，还能用于选择制备药物的最佳工艺路线；在药物制剂的制备、贮存、使用过程中，可用于研究药物在体外与体内的反应速率及其影响因素，如药物在体内的变化规律及与疗效强度之间的关系等；预测药物体外贮存时一定条件下药物的贮存期等。

研究药物降解的化学反应速率，首先遇到的问题是药物浓度对反应速率的影响，根据质量作用定律，药物的降解速率与浓度的关系为：

$$-\frac{dc}{dt} = kc^n \tag{2-1}$$

式中，dc/dt 为降解速率；k 为反应速率常数；c 为反应物浓度；n 为反应级数。

当 $n=0$ 时，为零级反应；当 $n=1$ 时为一级反应；当 $n=2$ 时，为二级反应；以此类推。在药物的各类降解反应中，尽管反应机制复杂，但大部分药物及其制剂的降解反应都可以按照零级、一级或伪一级反应处理。

1. 零级反应

反应速率与反应物浓度无关，而受其他因素的影响，如反应物的溶解度或某些光化反应中光的照度等影响，零级反应的速率方程为：

$$-\frac{dc}{dt} = k_0 \tag{2-2}$$

积分式为：
$$c = c_0 - k_0 t \tag{2-3}$$

式中 c_0——$t=0$ 时的反应物浓度；

c——t 时的反应物浓度；

k_0——零级速率常数，$mol/(L·s)$。

c 与 t 呈线性关系，直线的斜率为 $-k_0$，截距为 c_0。

半衰期（$t_{1/2}$）是指反应物消耗一半所需要的时间，记为 $t_{1/2}$。零级反应的半衰期为：

$$t_{1/2} = \frac{c_0}{2k_0} \tag{2-4}$$

有效期（$t_{0.9}$）相对于药物降解而言，常用降解 10% 所需的时间，即称之为 1/10 衰期作为药物的有效期，记为 $t_{0.9}$。零级反应的有效期为：

$$t_{0.9} = \frac{c_0}{10k_0} \tag{2-5}$$

> **问题提出**
> 哪些药物的降解表现被认为是零级反应？

> **知识迁移**
>
> 混悬剂中药物的降解表现被认为是零级反应。一些固体状态药物的降解反应表现出现零级反应，如对氨基水杨酸降解为间氨基酚和二氧化碳的反应。

2. 一级反应

反应速率与反应物浓度成正比，一级反应的速率方程为：

$$-\frac{dc}{dt} = kc \tag{2-6}$$

积分式为：
$$\lg c = -kt/2.303 + \lg c_0 \tag{2-7}$$

式中，k 为一级速率常数，s^{-1}（或 min^{-1}、h^{-1}、d^{-1} 等）。

$\lg c$ 与 t 作图呈直线，直线斜率为 $-k/2.303$，截距为 $\lg c_0$。

一级反应的半衰期为：
$$t_{1/2} = \frac{0.693}{k} \tag{2-8}$$

> **问题提出**
> 反应速率常数与哪些因素有关？

一级反应的有效期为:
$$t_{0.9} = \frac{0.1054}{k} \tag{2-9}$$

由式（2-8）和式（2-9）可知，恒温时一级反应的半衰期与有效期均与反应物浓度无关。

二、制剂中药物的化学降解途径

化学稳定性是指药物由于水解、氧化等化学降解反应，使药物含量（或效价）、色泽产生变化。药物的化学降解途径取决于药物的化学结构，水解和氧化是药物降解的两个主要途径，某些药物也有可能发生异构化、聚合、脱羧等反应，有时一种药物还可能同时发生两种或两种以上的降解反应。

1. 水解反应

水解是药物降解的主要途径，酯类（包括内酯）、酰胺类（包括内酰胺）、苷类等药物易发生水解。

（1）酯类药物的水解 含有酯键药物的水溶液或吸收水分后，在 H^+ 或 OH^- 或广义酸碱的催化下水解反应加速。特别是在碱性溶液中，由于酯分子中氧的电负性比碳大，故酰基被极化，亲核性的 OH^- 易于进攻酰基上的碳原子，而使酯键断裂，生成醇和酸，酸与 OH^- 反应，使反应进行完全。在酸碱催化下，酯类药物的水解常可用一级或伪一级反应处理。

> **问题提出**
> 含有内酯结构的药物是否也容易发生水解？

盐酸普鲁卡因的水解可作为这类药物的代表，因其结构中含有酯键，易发生水解反应，生成对氨基苯甲酸与二乙氨基乙醇而失去麻醉活性。这类药物还有盐酸丁卡因、盐酸可卡因、溴丙胺太林、硫酸阿托品、氢溴酸后马托品等，均应注意由于水解而造成的稳定性问题。

盐酸普鲁卡因的水解过程如下：

$$H_2N-C_6H_4-COOCH_2CH_2N(C_2H_5)_2 \cdot HCl \xrightarrow[H_2O]{\text{盐酸普鲁卡因}} H_2N-C_6H_4-COOH + HOCH_2CH_2N(C_2H_5)_2 + HCl$$

知识迁移

> 阿司匹林吸收空气中的水分后易水解，酯键断裂生成对胃肠道刺激性更大的水杨酸。

（2）酰胺类药物的水解 酰胺类药物水解后生成酸与胺。属于这类的药物有氯霉素、青霉素类、头孢菌素类、巴比妥类等。此外如利多卡因、对乙酰氨基酚等也属于此类药物。

① 氯霉素　氯霉素比青霉素稳定，但其水溶液仍易水解。在pH为7以下时，主要发生酰胺水解，生成氨基物和二氯乙酸。在pH为2～7时，pH对氯霉素水解速率影响不大，在pH为6时最稳定，在pH为2以下或8以上时，水解加速，而且在pH大于8时，还有脱氯的水解作用。氯霉素水溶液120℃加热，氨基物可能进一步发生分解，生成对硝基苯甲醇。氯霉素除水解反应外，其水溶液也能发生光解。在pH为5.4时，暴露于日光下时，出现黄色沉淀，可能是由于氯霉素的降解产物进一步发生氧化、还原和缩合反应产生的。

问题提出
找出氯霉素结构中的酰胺键。

氯霉素的水解过程如下：

$$O_2N-\!\!\!\!\bigcirc\!\!\!\!-\overset{\overset{H}{|}}{\underset{\underset{OH}{|}}{C}}-\overset{\overset{NHCOCHCl_2}{|}}{\underset{\underset{H}{|}}{C}}-CH_2OH$$

$$\xrightarrow[\text{氯霉素}]{H_2O}$$

$$O_2N-\!\!\!\!\bigcirc\!\!\!\!-\overset{\overset{H}{|}}{\underset{\underset{OH}{|}}{C}}-\overset{\overset{NH_2}{|}}{\underset{\underset{H}{|}}{C}}-CH_2OH + CHCl_2COOH$$

② 青霉素和头孢菌素类　青霉素类药物分子中存在不稳定的β-内酰胺环，容易降解。如氨苄西林只宜制成注射用无菌粉末，乳酸钠注射液对其水解有明显的催化作用故不宜配伍使用，10%葡萄糖注射液对其有一定的影响故最好不要配伍使用，可用0.9%氯化钠注射液临用前溶解后输液。头孢菌素类分子中也有β-内酰胺环，故易水解。如头孢唑林在酸性或碱性环境中均会水解失效，pH为4～7时较稳定，可与0.9%氯化钠注射液、5%葡萄糖注射液、维生素C注射液等配伍使用。

③ 巴比妥类　也属于酰胺类药物，在碱性溶液中容易水解。巴比妥类的钠盐水溶液灌封于安瓿中（未充CO_2）灭菌或室温贮藏时间较长，就会发生分解，pH较高时，分解速率显著增加。有些酰胺类药物，如利多卡因，邻近酰胺基有较大的基团，由于空间效应，故不易水解。

(3) 其他药物的水解　阿糖胞苷在酸性溶液中，脱氨水解为阿糖脲苷。在碱性溶液中，嘧啶环破裂，水解速率加快。在pH为6.9时阿糖胞苷的水溶液最稳定，经稳定性预测$t_{0.9}$约为11个月，因此常制成注射粉针剂使用。另外，如B族维生素、地西泮、碘苷、苯丁酸氮芥、克林霉素等药物的降解，主要也是因为发生水解反应。

2. 氧化反应

药物氧化分解一般是在空气中氧的作用下自动缓慢进行的自氧化反应，又称自由基反应或空气氧化反应。氧化过程通常比较复杂，受热、光、微量金属离子等影响较大，有时多种反应同时存在。容易被氧化的药物通常包括酚类、芳胺类、烯醇类、噻嗪类、吡唑酮类等。药物氧化后可产生颜色或沉淀，同时效价降低。

视频扫一扫

M2-2 药物的化学降解途径

(1) 酚类药物 分子结构中具有酚羟基的药物如肾上腺素、左旋多巴、吗啡、阿扑吗啡、水杨酸钠等极易被氧化，氧化后的药物发生变色或产生沉淀，酚类药物的氧化是由于酚羟基变成醌等结构，因而呈现黄→棕→黑等色。水杨酸的氧化过程如下：

问题提出
为什么维生素C常作为抗氧剂使用？

(2) 烯醇类药物 该类的代表药物为维生素C，极易氧化且过程复杂。其水溶液放置过久或贮藏条件不良，常可引起颜色发黄。这是因为维生素C分子中含有烯醇基，在有氧或无氧条件下都会发生氧化反应。有氧时先氧化形成去氢维生素C，然后水解形成2,3-二酮古罗糖酸，最后再氧化形成草酸与L-丁糖酸。无氧时则发生脱水反应和水解反应，生成呋喃甲醛和二氧化碳，由于H^+的催化作用，在酸性介质中脱水反应比在碱性介质中快。

维生素C的氧化过程如下：

问题提出
什么是游离基链反应？

(3) 其他类药物 芳胺类（如磺胺嘧啶钠）、吡唑酮类（如氨基比林、安乃近）、噻嗪类（如盐酸氯丙嗪、盐酸异丙嗪）等，这些药物都易被氧化，其中有些药物氧化过程极为复杂，常生成有色物质。此外，含有碳碳双键的药物如维生素A、维生素D也易发生氧化，且该氧化过程是典型的游离基链反应。因此，易氧化药物要特别注意光、氧、金属离子对它们的影响，以保证产品质量。

3. 光解反应

光解是指化合物在光的作用下所发生的有关降解反应，许多药物对光不稳定，如硝苯吡啶类、喹诺酮类等药物都会发生光解。应注意的是，某些药物光降解会产生光毒性，例如呋塞米、喹诺酮类、氯噻酮等。

4. 其他反应

(1) 异构化反应 异构化通常分光学异构化和几何异构化两种。光学异构化又分成外消旋化作用和差向异构化；几何异构化包括反式异构体和顺式异构体。

四环素、维生素 A、麦角新碱、毛果芸香碱等因发生异构化反应而致生理活性下降，易发生异构或失去活性。四环素在酸性条件下，4 位上的碳原子发生差向异构化形成差向四环素。

（2）聚合反应 聚合是两个或多个分子结合在一起形成的复杂分子。氨苄西林水溶液在贮存中会发生聚合反应，所生成的聚合物可诱发氨苄西林过敏反应。用聚乙二醇 400 作溶剂制成塞替派注射液，可避免塞替派在水中的聚合。

> **问题提出**
> 聚乙二醇400，其中数字400表示何含义？

（3）脱羧反应 对氨基水杨酸钠会因水、光、热的影响而脱羧生成间氨基酚。盐酸普鲁卡因注射液变黄，是因为普鲁卡因水解产物对氨基苯甲酸发生脱羧反应而得的苯胺经氧化生成了有色物质。

> **素质拓展**
>
> 同分异构体的疗效有差别，含有双键的有机药物存在顺式和反式几何异构体，它们的生理活性往往也不相同。如维生素 A 分子中存在 5 个共轭双键，其生理活性以反式的异构体为最高，在 2，6 位形成顺式异构化后活性降低。

> **小提示**
> 制剂中两种药物之间会发生化学反应或药物与辅料之间也会发生作用。

第三节　影响药物制剂稳定性的因素及稳定化方法

影响药物制剂降解的因素包括处方因素和外界因素。处方因素主要包括 pH、广义酸碱催化、溶剂、离子强度、表面活性剂、基质或赋形剂等；外界因素即环境因素，包括温度、光线、空气、金属离子、湿度与水分、包装材料等。这些因素对于制剂处方的设计、剂型的选择、产品生产工艺条件和包装设计都是十分重要的。

一、处方因素的影响及稳定化方法

制备任何一种制剂，首先要进行处方设计，因为处方的组成可直接影响药物制剂的稳定性。pH、广义酸碱催化、溶剂、离子强度、表面活性剂等因素，均可影响易于水解药物的稳定性。溶液 pH 与药物氧化反应也有密切关系。半固体、固体制剂的某些赋形剂或附加剂，有时对主药的稳定性也有影响，都应加以考虑。

1. pH 的影响

处方的 pH 是处方因素中影响制剂稳定性的重要因素，它无论对于药物的水解反应还是氧化反应，均有影响。许多药物的降解受 H^+ 或 OH^- 催化，降解速率很大程度上受 pH 的影响。pH 较低时主要是 H^+ 催化，pH 较高时主要是 OH^- 催化，pH 中等时为 H^+ 与 OH^- 共同催化或与 pH 无关。许多酯类、酰胺类药物常受

视频扫一扫

M2-3　处方因素对药物制剂稳定性的影响

H^+ 或 OH^- 催化水解，这种催化作用也叫专属酸碱催化或特殊酸碱催化，此类药物的水解速率主要取决于 pH。

> **问题提出**
> 如何获得药物的最稳定 pH？

药物的氧化反应也受溶液 pH 的影响，通常 pH 较低时溶液较稳定，pH 增大有利于氧化反应进行。如维生素 B_1 于 120℃ 热压灭菌 30min，在 pH 为 3.5 时几乎无变化，在 pH 为 5.3 时分解 20%，在 pH 为 6.3 时分解 50%。

处方设计中的 pH 调节应同时兼顾三个方面的问题：一是有利于制剂的稳定性；二是不影响药物的溶解性能；三是要注意药效及用药安全性与刺激性，特别是注射剂与眼用制剂 pH 过高或过低均会造成血管、肌肉或眼部黏膜的刺激性。所以应综合考虑稳定性、溶解度和药效三个方面。如大部分生物碱在偏酸性溶液中比较稳定，故注射剂常调节在偏酸范围。但将它们制成滴眼剂时，就应调节在偏中性范围，以减少刺激性，提高疗效。

2. 广义酸碱催化的影响

按照布朗斯特 - 劳里（Bronsted-Lowry）酸碱理论，给出质子的物质叫广义的酸，接受质子的物质叫广义的碱。有些药物也可被广义的酸碱催化水解，这种催化作用叫广义的酸碱催化或一般酸碱催化。

在配制液体制剂时，常用缓冲剂（缓冲盐）来调节溶液的 pH，缓冲剂可使溶液的 pH 保持恒定，但有时也对溶液中药物的降解反应有催化作用。常用的缓冲剂如醋酸盐、磷酸盐、枸橼酸盐、硼酸盐对溶液中药物的降解均有催化作用。例如磷酸盐可催化青霉素 G 钾盐、苯氧乙基青霉素降解；醋酸盐、枸橼酸盐可催化氯霉素分解。

> **问题提出**
> 溶液中离子所带的电荷对反应速率常数有无影响？

为了观察缓冲剂对药物的催化作用，可增加缓冲剂的浓度，但应保持盐与酸的比例不变（即 pH 恒定），配制一系列不同浓度的缓冲溶液，然后观察药物在这一系列缓冲溶液中的分解情况。如果分解速率随缓冲剂浓度的增加而增加，则可确定该缓冲剂对药物有广义酸碱催化作用。为了减少这种催化作用的影响，在实际生产处方中，缓冲剂应用尽可能低的浓度或选用没有催化作用的缓冲系统。

3. 溶剂的影响

根据药物和溶剂的性质，溶剂可能由于溶剂化解离、改变反应活化能等而对药物制剂的稳定性产生显著的影响，但一般情况较复杂，对具体的药物应通过试验来选择溶剂。对于易水解的药物，有时可用乙醇、丙二醇、甘油等非水溶剂以提高其稳定性。

4. 表面活性剂的影响

表面活性剂可增加某些易水解药物制剂的稳定性，这是由于表面活性剂在溶液中形成的胶束可减少药物受到的攻击。如苯佐卡因易受 OH^- 催化水解，但在溶液中加入十二烷基硫酸钠可明显增加稳定性，就是由于胶束阻止了 OH^- 对酯键的攻击。表面活性剂也可加快某些药物的分解，降低药物制剂的稳定性，如聚山梨酯80可降低维生素D的稳定性。对具体药物制剂应通过试验来选用表面活性剂。

5. 离子强度的影响

在制剂处方中,往往加入电解质调节等渗或加入盐(如一些抗氧剂)防止氧化,加入缓冲剂调节pH。因而离子强度对降解速率具有一定的影响,相同电荷离子之间的反应,如药物离子带负电荷,并受OH^-催化,则由于盐的加入会增大离子强度,从而使分解反应的速率加快,如青霉素在磷酸盐缓冲液中(pH为6.8)的水解速率随离子强度的增加而增加;如果是受H^+催化则分解反应的速率随着离子强度的增大而减慢。对于中性分子的药物而言,分解速率与离子强度无关。

> **问题提出**
> 你知道离子强度与降解速率常数的关系吗?

6. 辅料的影响

处方中的基质及赋形剂均称为辅料,对处方的稳定性也会产生影响,影响机制主要包括:①起表面催化作用;②改变了液层中的pH;③直接与药物产生作用。例如聚乙二醇基质,可以促进氢化可的松的水解而使有效期明显缩短,当其作为乙酰水杨酸栓剂基质时,也可使乙酰水杨酸分解,产生水杨酸和乙酰聚乙二醇;维生素U片采用糖粉和淀粉为赋形剂,则产品变色,若应用磷酸氢钙,再辅以其他措施,产品质量则有所提高;一些片剂的润滑剂对乙酰水杨酸的稳定性有一定影响,硬脂酸钙、硬脂酸镁可能与乙酰水杨酸反应形成相应的乙酰水杨酸钙及乙酰水杨酸镁,提高了系统的pH,使乙酰水杨酸溶解度增加,分解速率加快,因此生产乙酰水杨酸片时不应使用硬脂酸镁这类润滑剂,而需用影响较小的滑石粉或硬脂酸等。

由于药物在固体制剂中的降解很复杂,特别是在含有填充剂、润滑剂及黏合剂的片剂、胶囊剂中,很难对其中的药物降解机制做出明确的解释。药物的辅料性质、药物的结晶性和残留水分对稳定性有重要影响。不仅药物的含水量会对固体制剂的稳定性有影响,辅料的吸湿性也对固体制剂稳定性有较大的影响。如巯甲丙普酸本身对热和湿都很稳定,但在辅料存在下会迅速氧化,研究发现淀粉比微晶纤维素、乳糖吸湿性大,但前者制成的巯甲丙普酸的降解却小于后二者,这可能与辅料同水的结合强度有关。

二、外界因素的影响及稳定化方法

外界因素主要指温度、光线、空气、金属离子、湿度和水分、包装材料等。温度对各种降解途径都有影响,光线、空气、金属离子主要影响易氧化的药物,湿度和水分主要影响固体药物,而各种药物制剂都要考虑包装材料的影响。

1. 温度的影响

温度是外界环境中影响制剂稳定性的重要因素之一,对水解、氧化等反应影响较大,而对光解反应影响较小。一般来说,温度升高,药物的降解速率增加。根据范托夫(van't Hoff)规则,温度每升高10℃,反应速率加快2~4倍。药

M2-4 外界因素对药物制剂稳定性的影响

物制剂的制备过程中，常有干燥、加热溶解、灭菌等操作，应制定合理的工艺条件，减少温度对药物制剂稳定性的影响。生物制品、抗生素等一些对热特别敏感的药物，应依其性质设计处方及生产工艺，如采用固体剂型、使用冷冻干燥技术和无菌操作、产品低温贮存等，以保证质量。

2. 光线的影响

> **问题提出**
> 若静脉滴注的药物为光敏药物应如何避光？

光是一种辐射能，易激发化学反应。药物分子因受辐射发生分解的反应称为光化降解，其降解速率与药物的化学结构有关，与系统的温度无关。易被光降解的物质称为光敏物质。光敏感药物有硝普钠、氯丙嗪、异丙嗪、叶酸、维生素A、复合维生素B、维生素B_2、氢化可的松、硝苯地平、辅酶Q_{10}等。光敏感的药物制剂在制备及贮存中应避光，并合理设计处方工艺，如采用在处方中加入抗氧剂、在包衣材料中加入遮光剂、在包装上使用棕色玻璃瓶或容器内衬垫黑纸等避光技术，以提高稳定性。

素质拓展

硝普钠为强效、速效的降压药，该药物制剂的半衰期和有效期分别为72.2天和11天，其2%的水溶硝普钠液经100℃或115℃灭菌20min，仍很稳定；但对光却极为敏感，临床上静脉滴注时用5%葡萄糖注射液配成0.05%硝普钠注射液，在阳光下照射10min即分解13.5%，颜色也开始变化，同时pH下降。在室内光线条件下，本品的半衰期为4h。

3. 空气（氧）的影响

空气中的氧是药物制剂发生氧化降解的重要因素。氧可溶解在水中以及存在于药物容器空间和固体颗粒的间隙中，所以药物制剂几乎都有可能与氧接触。只要有少量的氧，就可以发生氧化反应。因此，为了减小药物的氧化降解，目前生产上常采用惰性气体（如N_2或CO_2）驱除氧以及加抗氧剂来消耗氧的方法。如向水中通氮气至饱和时，水中残氧量为0.36mL/L；通入二氧化碳至饱和时，残氧量为0.05mL/L。通惰性气体能除去容器空间和药液中的绝大部分氧，但是选择哪种惰性气体应视药物的性质而定，二氧化碳溶于水中呈酸性，可使pH降低，并可使某些药物如钙盐产生$CaCO_3$沉淀，这时以选用氮气为好。

为了防止易氧化药物的自动氧化，在制剂中必须加入抗氧剂。一些抗氧剂本身为强还原剂，它首先被氧化而保护主药免遭氧化，在此过程中抗氧剂逐渐被消耗（如亚硫酸盐类）。一些抗氧剂是链反应的阻化剂，能与游离基结合，中断链反应的进行，在此过程中抗氧剂本身不被消耗。

根据抗氧剂的溶解性，将抗氧剂分为水溶性抗氧剂和油溶性抗氧剂。水溶性抗氧剂主要用于水溶性药物的抗氧化，油溶性抗氧剂主要用于油溶性药物的抗氧化，另外还有一些药物能显著增强抗氧剂的效果，称为协同剂，如酒石酸、枸橼酸、磷酸等。亚硫酸氢钠和焦亚硫酸钠具有强的还原性，水溶液呈酸性，主要用作弱酸性药物的抗氧剂；硫代硫酸钠主要用于碱性药液中，如磺胺类注射液。维生素E亦称为生育酚，属于酚类化合物，是人们最早发现的维生素之一，是一种有效的强抗氧剂，一般使用维生素E和维生素C复配，或维生素E和茶多酚复配再加入柠檬酸增效剂，具有良好的协同抗氧化作用，可用作动植物油及脂溶性药物的抗氧剂。

近年来，氨基酸类抗氧剂也在使用，如半胱氨酸、蛋氨酸等，此类抗氧剂的毒性小，本身也不易变色，但价格稍贵。使用抗氧剂时，还应注意抗氧剂与主药是否发生相互作用。早有报道亚硫酸氢盐可以与对羟基苯甲醇衍生物发生反应；肾上腺素与亚硫酸氢钠在水溶液中可形成无光学与生理活性的磺酸盐化合物。还应注意甘露醇、酚类、醛类、酮类物质可降低亚硫酸盐类的活性。

4. 金属离子的影响

微量的铜、铁、钴、镍、锌、铅等金属离子对自动氧化反应有显著的催化作用。如 0.2mmol/L 铜可使维生素 C 的氧化速率增大 10000 倍。药物制剂中的微量金属离子一般来源于原辅料、溶剂、容器、工具等，故可采取选用较高纯度的原辅料、制备过程中不使用金属器具等方法予以避免。同时还可以加入依地酸盐等金属螯合剂或酒石酸、枸橼酸、磷酸等附加剂以提高药物制剂的稳定性。

5. 湿度与水分

空气中湿度与物料中含水量对固体药物制剂的稳定性有重要影响。许多反应没有水分存在就不会进行，对于化学稳定性差的固体制剂由于湿度和水分影响，在固体表面吸附了一层液膜，药物在液膜中发生降解反应，如维生素 C 片、乙酰水杨酸片、维生素 B_{12}、青霉素盐类粉针、硫酸亚铁等。一般固体药物受水分影响的降解速率与相对湿度成正比，相对湿度越大，反应越快。所以在药物制剂的生产和贮存过程中应多考虑湿度和水分的影响，采用适当的包装材料来降低湿度和水分，以提高制剂的稳定性。

6. 包装材料

药物制剂在室温下贮存，主要受光、热、水汽和空气等因素的影响。包装设计的重要目的就是既要防止这些因素的影响，又要避免包装材料与药物制剂间的相互作用。常用的包装材料有玻璃、塑料、橡胶和某些金属。

玻璃是应用最广的容器，其理化性质稳定，不易和药物产生作用，气体不能透过。棕色玻璃还能阻挡波长 <470nm 的光线透过，适合包装光敏感药物。玻璃的缺点是能释放碱性物质以及脱落不溶性碎片，这是注射剂应特别重视的问题。

塑料是聚氯乙烯、聚苯乙烯、聚乙烯、聚丙烯、聚酯、聚碳酸酯等一类高分子聚合物的总称，具有质轻、价廉、易成型的优点。塑料中常加入的增塑剂、防老剂等附加剂有些具有毒性，药用包装必须使用无毒的塑料制品。塑料的缺点是有透气性、透湿性、吸着性，使药物制剂中的气体或液体可以与大气或周围环境进行物质交换，同时塑料中的物质能迁移进入溶液，溶液中的物质也能被塑料吸着，这些都会影响其稳定性。如聚乙烯瓶中的硝酸甘油挥发逸失，多种抑菌剂能被尼龙吸着等。

橡胶是制备塞子、垫圈、滴头等的主要材料，其缺点是能吸附主药和抑菌剂，其成型时加入的附加剂，如硫化剂、填充剂、防老剂等能被药物溶液浸出而致污染，这对大输液尤应引起重视。金属具有牢固、密封性好等优点，但易被氧化剂、酸性物质腐蚀。包装材料应通过"装样试验"加以选择。

> **问题提出**
> 包装材料相容性试验包括哪些方面？

三、药物制剂稳定化的其他方法

除了上述从处方因素和非处方因素着手提高药物制剂稳定化的方法外，对于化学稳定性差的药物进行药物设计时，还可以采用下列方法来提高制剂的稳定性。

1. 改进剂型或生产工艺

在水溶液中不稳定的药物，可制成固体制剂、微囊或包合物来增加药物的稳定性；对于一些遇湿、遇热不稳定的药物，可以采用直接压片或包衣工艺。

(1) 制成固体制剂 凡是被证明在水溶液中不稳定的药物，一般可制成固体制剂。供口服药物可以制成片剂、胶囊剂、颗粒剂、干糖浆等；供注射用药物则可制成注射用无菌粉末，如青霉素类的无菌注射粉针，稳定性提高；也可将药物制成膜剂，如将硝酸甘油制成片剂时易发生内迁移现象，药物含量的均匀性降低，国内一些单位将其制成膜剂，增加了稳定性。

(2) 制成微囊或包合物 某些药物制成微囊可增加药物的稳定性。如易氧化的 β-胡萝卜素、γ-亚麻酸甲酯、盐酸异丙嗪、维生素 C、硫酸亚铁等药物；见光易分解的维 A 酸等药物；吸潮易降解的阿司匹林等药物，制成微囊或包合物后，可防止氧化和水解，其稳定性得到提高。

(3) 采用直接压片或包衣工艺 一些对湿热不稳定的药物，可以采用干法制粒或直接压片。包衣是解决片剂稳定性的常规方法之一，如氯丙嗪、盐酸异丙嗪、对氨基水杨酸钠等，均可制成包衣片。个别对光、热、水很敏感的药物如酒石麦角胺，一些药厂采用联合式干压包衣机制成包衣片，起到良好效果。

2. 制成稳定的衍生物

(1) 制成难溶盐 一般在混悬液中药物的水解只与药物在溶液中的浓度有关，而与固体状态无关，此时可以将药物制成难溶性盐或难溶性脂类衍生物，可增加其稳定性。水溶性越低，稳定性越好。例如青霉素 G 钾盐，可以制成溶解度小的普鲁卡因青霉素（水中溶解度为 1∶250），稳定性明显提高。青霉素 G 还可以与 N,N-双乙二胺生成苄星青霉素 G（长效西林），其溶解度进一步减小（1∶6000），故稳定性更佳，可以口服，作用时间由 5h 延长到 4 周。

(2) 制成复合物 酯链在 OH^- 作用下水解，若此时加入咖啡因，可增加药物的稳定性，如苯佐卡因在咖啡因的存在下，形成复合物，使其水解速率大大降低，而且随着咖啡因浓度的增加，稳定性显著提高。

(3) 制成前体药物 利用化学方法制备的前体药物，可使药物水解反应速率降低。氨苄西林是碱性药物，稳定性极差，如果与酮反应生成缩酮氨苄西林（海他西林），药物的稳定性得到显著提高。

第四节 药物制剂稳定性试验方法

稳定性试验是为了考察原料药物或制剂在温度、湿度、光线的影响下随时间变化的规律，为药品的生产、包装、贮存、运输条件提供科学依据，同时通过试验确立药品的有效期。药物制剂稳定性试验方法主要指《中国药典》（2020年版）四部所收载的原料药物与制剂稳定性试验指导原则中的内容和方法。稳定性试验的基本要求有以下几个方面：

① 稳定性试验包括影响因素试验、加速试验与长期试验。影响因素试验用1批原料药物或1批制剂进行。加速试验与长期试验要求用3批供试品进行。

② 原料药物供试品应是一定规模生产的，供试品量相当于制剂稳定性试验所要求的批量，原料药物合成工艺路线、方法、步骤应与大生产一致。药物制剂的供试品应是放大试验的产品，其处方与工艺应与大生产一致。药物制剂如片剂、胶囊剂，每批放大试验的规模，片剂至少应为10000片；胶囊剂至少应为10000粒。大体积包装的制剂如静脉输液等，每批放大规模的数量至少应为各项试验所需总量的10倍。特殊品种、特殊剂型所需的数量根据情况另定。

③ 供试品的质量标准应与临床前研究及临床试验和规模生产所使用的供试品质量标准一致。

④ 加速试验与长期试验所用供试品的包装应与上市产品一致。

⑤ 研究药物的稳定性要采用专属性强、准确、精密、灵敏的药物分析方法与有关物质（含降解产物及其他变化所生成的产物）检查方法，并对方法进行验证，以保证药物稳定性试验结果的可靠性。在稳定性试验中，应重视降解产物的检查。

⑥ 由于放大试验比规模生产的数量要小，故申报者应承诺在获得批准后，从放大试验转入规模生产时，对最初通过生产验证的3批规模生产的产品仍需要进行加速试验与长期稳定性试验。

根据《中国药典》（2020年版）及法规要求，我国的稳定性研究可以分为以下几类：上市前的稳定性研究包括影响因素试验、加速试验和长期试验，上市后的稳定性研究包括持续稳定性考察（条件等同于长期稳定性试验）和承诺稳定性试验（条件等同于加速试验和长期稳定性试验）。

一、影响因素试验

> **问题提出**
> 常用的定量分析仪器有哪些?

影响因素试验是在比加速试验更激烈的条件下进行。原料药进行此试验的目的是探讨药物的固有稳定性、了解影响其稳定性的因素及可能的降解途径与降解产物,为制剂生产工艺、包装、贮存条件和建立降解产物分析方法提供科学依据。供试品可以用 1 批原料药进行,将供试品置于适宜的开口容器中(如称量瓶或培养皿),摊成 ≤ 5mm 厚的薄层,疏松原料药摊成 ≤ 10mm 厚的薄层,进行以下试验。当试验结果发现降解产物有明显的变化,应考虑其潜在的危险性,必要时应对降解产物进行定性或定量分析。

1. 高温试验

供试品开口置于适宜的洁净容器中,60℃温度下放置 10 天,于第 5 天和第 10 天取样,按稳定性重点考察项目进行检测。如供试品含量低于规定限度则在 40℃条件下同法进行试验。若 60℃无明显变化,不再进行 40℃试验。

2. 高湿度试验

供试品开口置于恒湿密闭容器中,在 25℃分别于相对湿度 90%±5% 条件下放置 10 天,于第 5 天和第 10 天取样,按稳定性重点考察项目要求检测,同时准确称量试验前后供试品的重量,以考察供试品的吸湿潮解性能。若吸湿增重 5% 以上,则在相对湿度 75%±5% 条件下,进行试验。恒湿条件可在密闭容器如干燥器下部放置饱和盐溶液,根据不同相对湿度的要求,可以选择 NaCl 饱和溶液(相对湿度 75%±1%,15.5～60℃)、KNO_3 饱和溶液(相对湿度 92.5%,25℃)。

3. 强光照射试验

供试品开口放在装有日光灯的光照箱或其他适宜的光照装置内,于照度为 4500lx±50lx 的条件下放置 10 天,于第 5 天和第 10 天取样,按稳定性重点考察项目进行检测,特别要注意供试品的外观变化。

此外,根据药物的性质必要时可设计试验,探讨 pH 与氧及其他条件对药物稳定性的影响,并研究分解产物的分析方法。创新药物应对分解产物的性质进行必要的分析。

药物制剂进行此项试验的目的是考察制剂处方的合理性与生产工艺及包装条件。供试品用 1 批进行,将供试品如片剂、胶囊剂、注射剂(注射用无菌粉末如为西林瓶装,不能打开瓶盖,以保持严封的完整性),除去外包装,置于适宜的开口容器中,进行高温试验、高湿度试验与强光照射试验,试验条件、方法、取样时间与原料药相同。

二、加速试验

此项试验是在加速条件下进行,其目的是通过加速药物的化学或物理变化,探讨原料药和药物制剂的稳定性，为制剂处方设计、工艺改进、质量研究、包装改进、运输、贮存提供必要的资料。原料药物与药物制剂均需要进行此项试验。供试品要求3批，按市售包装，在温度40℃±2℃、相对湿度75%±5%的条件下放置6个月。所用设备应能控制温度在±2℃、相对湿度±5%，并能对真实温度与湿度进行监测。在试验期间第1个月、第2个月、第3个月、第6个月末分别取样一次，按稳定性重点考察项目检测。在上述条件下，如6个月内供试品经检测不符合制定的质量标准，则应在中间条件下即在温度30℃±2℃、相对湿度65%±5%的情况下（可用Na_2CrO_4饱和溶液，30℃，相对湿度64.8%）进行加速试验，时间仍为6个月。溶液剂、混悬剂、乳剂、注射液等含有水性介质的制剂可不要求相对湿度。

对温度特别敏感的药物，预计只能在冰箱中（4～8℃）保存，此种原料药或药物制剂的加速试验，可在温度25℃±2℃、相对湿度60%±10%的条件下进行，时间为6个月。乳剂、混悬剂、软膏剂、乳膏剂、糊剂、凝胶剂、眼膏剂、栓剂、气雾剂、泡腾片及泡腾颗粒宜直接采用温度30℃±2℃、相对湿度65%±5%的条件进行试验，其他要求与上述相同。

对于包装在半渗透性容器中的药物制剂，例如低密度聚乙烯制备的输液袋、塑料安瓿、眼用制剂容器等，则应在温度40℃±2℃、相对湿度25%±5%（可用$CH_3COOK \cdot 1.5H_2O$饱和溶液）条件下进行试验。

三、长期试验

长期试验是在接近药物的实际贮存条件下进行，其目的是为制定原料药或药物制剂的有效期提供依据。供试品3批，市售包装，在温度25℃±2℃、相对湿度60%±10%的条件下放置12个月，或在温度30℃±2℃、相对湿度65%±5%的条件下放置12个月，这是从我国南方与北方气候的差异考虑的，至于上述两种条件选择哪一种由研究者确定。每3个月取样一次，分别于0个月、3个月、6个月、9个月、12个月取样按稳定性重点考察项目进行检测。12个月以后，仍需继续考察的，分别于18个月、24个月、36个月，取样进行检测。将结果与0个月比较，以确定药物的有效期。由于实验数据的分散性，一般应按5%可信限进行统计分析，得出合理的有效期。如3批统计分析结果差别较小，则取其平均值为有效期，若差别较大则取其最短的为有效期。如果数据表明，测定结果变化很小，说明药物是很稳定的，则不做统计分析。

对温度敏感的药物，长期试验可在温度6℃±2℃的条件下放置12个月，按上述时间要求进行检测，12个月以后，仍需按规定继续考察，制定在低温贮存条件下的有效期。

对于包装在半渗透性容器中的药物制剂，则应在温度25℃±2℃、相对湿度40%±5%，或30℃±2℃、相对湿度35%±5%的条件下进行试验，至于上述两种条件选择哪一种由研究者确定。此外，有些药物制剂还应考察临用时配制和使用过程中的稳定性。原料药进行加速试验与长期试验所用包装应采用模拟小桶，但所用材料与封装条件应与大桶一致。

四、稳定性重点考察项目

一般情况下,考察项目可分为物理、化学和生物学等几个方面。稳定性研究的考察项目或指标应根据所含成分或制剂特性、质量要求设置,应选择在药品贮存期间易于变化,可能会影响到药品的质量、安全性和有效性的项目,以便客观、全面地评价药品的稳定性。一般以质量标准及《中国药典》制剂通则中与稳定性相关的指标为考察项目,必要时,应超出质量标准的范围选择稳定性考察指标。原料药及其制剂应考察有关物质(含降解产物及其变化所生成的产物)的变化,重点考察降解产物,如有可能应说明有关物质的数目及量的变化,何者为原料中的中间体,何者为降解产物;复方制剂应注意考察项目的选择,注意试验中信息量的采集和分析。

学习测试题

一、选择题

(一) 单项选择题

1. 药物制剂的稳定性一般包括( )。
   A. 化学稳定性　　　　　B. 物理稳定性　　　　C. 生物学稳定性
   D. 光学稳定性　　　　　E. 化学稳定性、物理稳定性和生物学稳定性

2. 药物制剂稳定性重点考察项目一般都包括( )。
   A. 性状、含量　　　　　B. 性状、澄明度　　　C. 含量、pH
   D. 含量、澄明度　　　　E. 澄明度、含量

3. 维生素 B_1 于 120℃ 热压灭菌 30min,在 pH 为 3.5 时( )。
   A. 分解 60%　　　　　B. 分解 50%　　　　　C. 分解 30%
   D. 分解 20%　　　　　E. 几乎无变化

4. 下列哪组中有非光敏物质。( )
   A. 氨磺丁脲、氯磺丙脲、甲苯磺丁脲
   B. 四环素类、灰黄霉素、萘啶酸
   C. 阿司匹林、水杨酸钠、卡托普利
   D. 氯噻嗪、氢氯噻嗪、苯海拉明
   E. 曲吡那敏、氯喹、氯氮䓬

5. 按照 Bronsted-Lowry 酸碱理论,关于广义酸碱催化叙述正确的是( )。
   A. 许多酯类、酰胺类药物常受 H^+ 或 OH^- 催化水解,这种催化作用也叫广义酸碱催化
   B. 有些药物也可被广义酸碱催化水解
   C. 接受质子的物质叫广义的酸

D. 给出质子的物质叫广义的碱
E. 常用的缓冲剂如乙酸盐、磷酸盐、硼酸盐均为专属的酸碱

6. 在接近药品的实际贮存条件下进行的稳定性试验方法为（　　）。
   A. 影响因素试验　　　　B. 加速试验　　　　C. 长期试验
   D. 高温试验　　　　　　E. 高湿度试验

7. 属于影响药物制剂稳定性的处方因素是（　　）。
   A. pH　　　　　　　　B. 光线　　　　　　C. 温度
   D. 湿度　　　　　　　E. 包装材料

8. 容易水解的药物，如果制成注射剂最佳可以选择（　　）。
   A. 溶液型注射剂　　　　B. 大输液　　　　　C. 冻干粉针
   D. 混悬注射剂　　　　　E. 乳剂注射剂

9. 一般药物的有效期是指（　　）。
   A. 药物的含量降解为原含量的50%所需要的时间
   B. 药物的含量降解为原含量的60%所需要的时间
   C. 药物的含量降解为原含量的70%所需要的时间
   D. 药物的含量降解为原含量的90%所需要的时间
   E. 药物的含量降解为原含量的95%所需要的时间

10. 关于稳定性试验的基本要求叙述错误的是（　　）。
    A. 稳定性试验包括影响因素试验、加速试验与长期试验
    B. 影响因素试验适用于原料药和制剂处方筛选时的稳定性考察
    C. 加速试验与长期试验适用于原料药与药物制剂，要求用1批供试品进行
    D. 供试品质量标准应与基础研究及临床验证所使用的供试品质量标准一致
    E. 长期试验供试品所用的容器和包装材料及包装应与上市产品一致

（二）多项选择题

1. 可作为阿司匹林的润滑剂的是（　　）。
   A. 硬脂酸钙　　　　　B. 滑石粉　　　　　C. 硬脂酸
   D. 硬脂酸镁　　　　　E. 硬脂酸钠

2. 研究药物制剂稳定性的意义包括（　　）。
   A. 指导剂型设计　　　B. 提高制剂质量　　　C. 保证药效
   D. 保障安全　　　　　E. 促进经济发展

3. 下列关于常用包装材料的缺点叙述正确的是（　　）。
   A. 玻璃会释放碱性物质以及脱落不溶性碎片
   B. 塑料有透气性、透湿性、吸着性
   C. 橡胶会吸附主药和抑菌剂
   D. 橡胶所含的附加剂不会被药物溶液浸出而致污染
   E. 金属易被氧化剂、酸性物质腐蚀

4. 常用的水溶性抗氧剂有（　　）。
   A. 亚硫酸钠　　　　　B. 硫脲　　　　　　C. 维生素C
   D. 茴香醚　　　　　　E. 没食子酸丙酯

5. 提高药物制剂稳定性的方法有（   ）。
A. 制备稳定的衍生物　　　B. 制备难溶性盐类　　　C. 制备固体剂型
D. 制备微囊　　　　　　　E. 制备包合物

6. 关于药物水解反应的正确表述是（   ）。
A. 水解反应大部分符合一级动力学规律
B. 一级水解的速率常数 $k=0.693/t_{0.9}$
C. 水解反应速率与介质的 pH 有关
D. 酯类、烯醇类药物易发生水解反应
E. 水解反应与溶剂的极性无关

二、简答题

1. 药物制剂稳定性包括哪些内容？
2. 影响药物制剂稳定性的处方因素有哪些？如何解决？举例说明。
3. 影响药物制剂稳定性的外界因素有哪些？如何解决？举例说明。

三、分析题

1. 为什么青霉素钠盐需制成粉针剂？
2. 维生素 A 在包装上应采用何种技术以增加其稳定性？
3. 硬脂酸镁是常用的片剂润滑剂，为何阿司匹林片中不能选用？

第三章
液体制剂

学科素养构建

必备知识

1. 掌握液体制剂的定义和特点；
2. 掌握液体制剂的常用溶剂；
3. 掌握各种液体制剂的性质及制备方法；
4. 掌握影响液体制剂稳定性的因素；
5. 了解常用液体制剂的防腐性、矫味剂和着色剂。

素养提升

1. 学会液体制剂处方分析，了解液体制剂增容方法；
2. 能够制备各种液体制剂剂型；
3. 能够判断液体制剂稳定性，并进行质量评定。

案例分析

患者，女，6 岁，因"癫痫"，医师开具处方"丙戊酸钠片（缓释）400mg，一日一次；苯巴比妥片 37.5mg，一日一次"。药剂师在调配处方时认为丙戊酸钠缓释片不能拆分使用，建议医师换用丙戊酸钠口服液。

分析 丙戊酸钠缓释片规格为 500mg/片，本患儿单次服用剂量为 400mg，须分割药片。分割缓释片一方面破坏了其原本结构，可能造成药物突释引起不良反应；另一方面，片剂分割服用难以保证其剂量准确性，也就难以达到理想的稳定血药浓度，因此，选用丙戊酸钠口服液更为合适。

问题提出
液体制剂与颗粒剂分剂量哪个更准确？

问题提出
液体制剂具有哪些优点？

知识迁移

市场上的药品规格有限，难以满足从新生儿到青春期不同年龄儿童用药需求，因此药品分剂量在儿科十分常见，但并非所有剂型都适宜拆分剂量，当需要分剂量使用时，医师要考虑到药品的剂型是否适宜拆分，如控释、缓释制剂不宜拆分；薄膜衣片或糖衣片硬度较大不易掰开，且掰开后会影响口感和稳定性；肠溶衣片掰开后在胃内释放可能刺激胃黏膜引起不良反应；有些药物由于其自身性质也不易拆分使用，如苯巴比妥、卡马西平、环孢素等药物，若分剂量不准确会导致血药浓度波动较大。因此，应尽可能选择方便剂量拆分的液体制剂、颗粒剂等剂型。

> **素质拓展**
>
> 在儿科临床中，常需要将 1 片药分为 1/8 片、1/4 片、2/3 片等，给不同年龄段的患儿使用，如果家长理解错误会将 1/3 片看作 3 片给患儿服用，而造成不良后果。作为药剂工作者要尽可能开发便于儿童服用的剂型，最大限度保障人民生命安全。

第一节 液体制剂概述

一、液体制剂定义与特点

1. 液体制剂的定义

视频扫一扫

M3-1 液体制剂概述

液体制剂是指药物分散在液体分散介质中所制成的口服或外用制剂。液体制剂的分散相，可以是固体、液体或气体药物，在一定条件下分别以颗粒、液滴、分子、离子或其混合形式存在于分散介质中。药物在这样的分散系统中，分散介质的种类、性质和药物分散粒子的大小对药物的作用、疗效和毒性等有很大影响，液体制剂是最常用的剂型之一，包括很多种剂型和制剂，是一个非常复杂的系统。

问题提出

简述液体制剂的优缺点。

2. 液体制剂的特点

液体制剂分散度大，比表面积大，药物与生理环境接触面积大，药物溶出速率快，确保液体制剂的吸收快。由于分散度大，单位体积药物的分散浓度比较小，故刺激性较小。液体制剂和固体制剂（散剂、片剂等）相比有以下优点：

① 药物以分子或微粒状态分散在液体介质中，分散度大，吸收快，能较迅速地发挥药效；

② 给药途径广泛，可用于口服，也可经皮肤、黏膜和腔道给药；

③ 便于分取剂量，服用方便，特别适用于婴幼儿和老年患者；

④ 能减少某些药物的刺激性，一些易溶性固体药物如溴化物、碘化物等口服后，因局部浓度过高，对胃肠道有刺激性，若制成液体制剂则可减少刺激；

⑤ 油或油性药物制成乳剂后易服用，吸收好；

⑥ 某些液体制剂制成混悬液、水包油型乳剂可掩盖药物的不良味道；

⑦ 某些药物制成混悬液可增加药物的稳定性或有缓释作用。

但液体制剂也存在许多需要注意和有待解决的问题，如化学稳定性差，药物之间容易发生作用而失去原有的效能；以水为溶剂者易发生水解或酶解，非水溶剂的生理作用大、成本高，且有携带、运输、贮存不便等缺点。

二、液体制剂的分类

液体制剂目前常用的分类方法有两种,即按分散系统分类和按给药途径分类。

1. 按分散系统分类

(1) 均相(单相)液体制剂 药物以分子或离子状态在分散介质中形成均匀分散的热力学稳定体系,其外观为澄明溶液,包括低分子溶液剂和高分子溶液剂。

① 低分子溶液剂 是小分子药物以分子态或离子态分散在分散介质中形成的液体制剂。

② 高分子溶液剂 是由高分子化合物分散在分散介质中形成的液体制剂。亲水性高分子化合物溶解在水相中亦称亲水胶体溶液。

(2) 非均相(多相)液体制剂 药物是以微粒成液滴状态分散在分散介质中形成的液体制剂,系多相分散系统,热力学不稳定体系。非均相液体制剂包括以下三种:

① 溶胶剂 固体药物分子以微细粒子(<100nm)分散在介质中形成的非均匀态液体制剂。

② 乳剂 在乳化剂作用下,两种互不相溶的液体混合后,其中一种液体以液滴态分散在另一液体中形成的分散体系。

③ 混悬剂 难溶性固体药物分散在液体介质中形成的液体制剂。

2. 按给药途径与应用方法分类

(1) 内服液体制剂 如用于口服的乳剂、糖浆剂、滴剂、混悬剂等。

(2) 外用液体制剂 包括:

① 皮肤用液体制剂,如洗剂、搽剂等;

② 五官科用液体制剂,如洗耳剂、滴鼻剂、含漱剂;

③ 直肠、阴道、尿道用液体制剂,如灌肠剂等。

三、液体制剂的质量要求

为了满足临床应用的需要,液体制剂的质量要求包括:

① 均相液体制剂应是澄清溶液,非均相液体制剂(如乳剂型或混悬型制剂)应分散均匀或振摇后可重新均匀分散;

② 液体制剂的有效成分浓度应准确,长久贮存含量不发生变化;

③ 最佳分散介质为水,也可选用水与其他溶剂(如乙醇、丙二醇、甘油等)的混合液;

④ 可加入适宜的附加剂,用以改善液体制剂的性质,且附加剂品种与用量应严格遵循国家标准的有关规定;

⑤ 口服液体制剂应口感适宜,便于吞咽,外用液体制剂应无刺激性;

⑥ 液体制剂应采用方便携带和便于用药的容器包装。

第二节
药物的溶解度与溶解速率

问题提出
溶解度与哪些因素有关？

药物在液体介质中的溶解度、溶解速率及溶解过程是液体制剂处方前研究的必要内容，而且它们直接影响液体制剂的质量和性状，以及液体制剂在体内的吸收与疗效等。

一、药物溶解、溶解度与溶解速率的定义

1. 药物溶解

溶解是指一种或一种以上的物质（固体、液体或气体）以分子或离子状态分散在液体分散介质中的过程。其中，被分散的物质称为溶质，分散介质称为溶剂。一般来说，含量相对较多的物质称为溶剂，而含量相对较少的物质称为溶质。

2. 药物的溶解度

M3-2 溶解度与溶解速率

溶解度系指在一定温度（气体在一定压力）下，药物在一定量溶剂中能溶解的最大量，即药物溶解达到饱和时所溶解的量。溶解度是反映药物溶解性的重要指标。《中国药典》（2020年版）中溶解度通常以溶质1g（mL）溶于若干毫升溶剂中表示。关于药物溶解度有以下描述术语：

极易溶解：系指1g（mL）溶质能在不到1mL溶剂中溶解。
易溶：系指1g（mL）溶质能在1～10mL溶剂中溶解。
溶解：系指1g（mL）溶质能在10～30mL溶剂中溶解。
略溶：系指1g（mL）溶质能在30～100mL溶剂中溶解。
微溶：系指1g（mL）溶质能在100～1000mL溶剂中溶解。
极微溶解：系指1g（mL）溶质能在1000～10000mL溶剂中溶解。
几乎不溶或不溶：系指1g（mL）溶质在10000mL溶剂中不能完全溶解。

3. 溶解速率

溶解速率是指在某一溶剂中单位时间内溶解溶质的量。溶解速率的快慢，取决于溶剂与溶质之间的吸引力胜过固体溶质中结合力的程度及溶质的扩散速率。固体药物的溶出（溶解）过程包括两个连续的阶段：先是溶质分子从固体表面释放进入溶液中，再是在扩散或对流的作用下将溶解的分子从固液界面转送到溶液中。有些药物虽然有较大的溶解度，但要达到溶解平衡却需要较长时间，即溶解速率较小，直接影响到药物的吸收与疗效，这就需要设法增加其溶解速率。

二、药物溶解度的影响因素

1. 药物分子结构点

药物在溶剂中的溶解过程是药物分子与溶剂分子相互作用的结果。若药物分子间的作用力比药物分子与溶剂分子间的作用力大，则药物溶解度小；反之则溶解度大。

药物在溶剂中的溶解性符合"相似相溶"原则，即极性相似者相溶。极性大的药物易溶于极性大的溶剂中；极性小的药物易溶于极性小的溶剂中；药物和溶剂的极性越相近，药物越易溶解。

各种药物都具有不同的化学结构，因而其极性和晶型也不相同，如上所述一般结构相似的药物易溶于结构相似的溶剂中。许多结晶型药物都具有多晶现象（即具有多晶型），因为晶格排列不同，分子间的吸引力不同，以致使溶解度有所差别。晶格排列紧密稳定，分子间吸引力较大，则表现为熔点高，化学稳定性强，溶解度小。

2. 药物粒子大小

一般情况下药物的溶解度与药物粒子的大小无关。而对难溶性药物来说，在一定温度下，固体的溶解度和溶解速率与固体的比表面积成正比。当比表面积增大时，溶解度和溶解速率均随之增大，这是因为微小颗粒表面的质点受微粒本身的吸引力降低，而受到溶剂分子的吸引力增大而溶解。同时，固体药物越细比表面积也越大，在其表面形成饱和溶液也越快，从而溶解速率也越大。因此，对溶解较慢的药物可先行粉碎后再溶解。

3. 温度

温度对药物溶解度的影响取决于溶解过程是吸热还是放热。若溶解过程是吸热的（$\Delta H>0$），溶解度随温度升高而升高；反之，若溶解过程为放热的（$\Delta H<0$），溶解度则随温度升高而降低。固体药物在溶解时，通常需要破坏晶格，因而必须吸收热量，所以大多数固体药物的溶解度随温度的升高而增加。而气体在液体中的溶解一般属于放热过程，所以气体的溶解度通常随温度的升高而下降。对于热不稳定的药物，温度过高会使药物分解，故溶解温度不宜太高。

> **问题提出**
> 你知道哪些化学物质的溶解是放热过程，哪些是吸热过程？

4. 同离子效应

两种含有相同离子的盐（或酸、碱）溶于水时，它们的溶解度或酸度系数都会降低，这种现象称为同离子效应。例如许多盐酸盐类药物在0.9%氯化钠或0.1mol/L盐酸中的溶解度比在单纯水中的溶解度低。若药物的解离型或盐是限制药物溶解的成分，则它在溶液中相同离子的浓度就会成为决定该药物溶解度大小的主要因素。在溶解过程中，常把处方中难溶性的药物先溶解于溶剂中以减小同离子效应的影响。

5. 其他影响因素

临床应用的药物多数为有机弱酸、弱碱及其盐类，它们在水中的溶解度会受到 pH 的影响。另外，搅拌能加速溶质饱和层的扩散，从而提高溶解速率。

三、提高药物溶解度的方法

有些药物溶解度较小，如氯霉素、长春碱等，即使制成饱和溶液也达不到治疗所需的有效浓度，导致治疗效果不明显且生物利用度差。因此，提高难溶性药物的溶解度成为剂型设计的关键。提高药物溶解度的方法主要有以下几种。

1. 制成可溶性盐

> **问题提出**
> 举例哪些药物制成盐增加了溶解度？

一些难溶的弱酸性和弱碱性药物，由于其极性较小，在水中溶解度很小或不溶，但如果加入适量的酸（弱碱性药物）或碱（弱酸性药物）制成盐使之成为离子型极性化合物后，则可增加其在水（极性溶剂）中的溶解度。根据反离子的带电性，可将其分为阴离子和阳离子两种类型。常见的阴离子型反离子包括无机酸类、磺酸类、羧酸类、氨基酸类以及脂肪酸类等，阳离子型反离子主要包括有机胺类、钠离子以及精氨酸、赖氨酸等阳离子氨基酸类。其中盐酸盐和钠盐是两种最常见的盐。

选用的盐类除考虑到溶解度应满足临床需要外，还需考虑到溶液的 pH、稳定性、吸湿性、毒性及刺激性等因素。因为同一种酸性或碱性药物，往往可与多种不同的碱或酸生成不同的盐类，而它们的溶解度、稳定性、刺激性、毒性甚至疗效等常常也不一样。

2. 选用混合溶剂

一些能与水任意比例混合的溶剂，如乙醇、丙二醇、聚乙二醇、甘油等，通过氢键与水分子结合，能增加难溶性药物的溶解度。混合溶剂中药物的溶解度与混合溶剂的种类和比例有关。药物分子在某一比例的混合溶剂中溶解度出现极大值，这一现象称为潜溶。

> **问题提出**
> 二甲基亚砜使用时注意事项有哪些？

常用作混合溶剂的有水、乙醇、甘油、丙二醇、聚乙二醇、二甲基亚砜等。如氯霉素在水中的溶解度仅 0.25%，若用水中含有 25% 乙醇、55% 甘油的混合溶剂，则可制成 12.5% 氯霉素溶液。又如苯巴比妥难溶于水，若制成钠盐虽能溶于水，但水溶液极不稳定，可因水解而引起沉淀或分解后变色，故改为聚乙二醇与水的混合溶剂应用，药物在混合溶剂中的溶解度通常是在各溶剂中溶解度相加的平均值，药物在混合溶剂中的溶解度，除与混合溶剂的种类有关外，还与溶剂在混合溶剂中的比例有关，这些都可以通过实验加以确定。

选用混合溶剂时，需要充分考虑其安全性，如生理活性、刺激性、溶血性等。常用混合溶剂的介电常数在 25～80 之间，如丙二醇与水的混合溶剂可用于提高复方新诺明的溶解度；外用的倍他米松戊酸酯溶解于异丙醇与水的混合溶剂系统使用。

3. 加入助溶剂

助溶剂为一种在溶剂中与难溶性药物形成可溶性络合物、复盐或分子缔合物等，从而提高药物溶解度的小分子化合物。由于溶质和助溶剂的种类很多，助溶的机制有许多至今尚不清楚，但一般认为主要是由于形成了可溶性的配合物，形成可溶性有机分子复合物、缔合物和通过复分解而形成了可溶性复盐等的结果。如碘在水中的溶解度小于 0.0003%，但加入适量的碘化钾可配制成 5% 的水溶液，碘化钾即为助溶剂，加入后与碘形成了分子间络合物 KI_3。咖啡因在水中的溶解度为 1∶50，用苯甲酸钠助溶，形成分子复合物苯甲酸钠咖啡因，溶解度可增大到 1∶1.2。

常用的助溶剂可分为三类：①无机化合物如碘化钾、氯化钠；②某些有机酸及其钠盐，如苯甲酸钠、水杨酸钠、对氨基苯甲酸钠等；③酰胺化合物，如乌拉坦、烟酰胺、乙酰胺等。很多其他的类似的物质也都有较好的助溶作用。常用的助溶剂见表 3-1。

表 3-1 常用的助溶剂

难溶性药物	助溶剂
茶碱	乙二胺、烟酰胺、苯甲酸钠、水杨酸钠
咖啡因	苯甲酸钠、水杨酸钠、柠檬酸钠、烟酰胺
氯霉素	二甲基甲酰胺、二甲基乙酰胺
四环素、土霉素	烟酰胺、水杨酸钠、甘氨酸钠
安络血	水杨酸钠、烟酰胺、乙酰胺
氢化可的松	苯甲酸钠、羟基苯酸钠
核黄素	烟酰胺、水杨酸钠、乙酰胺
葡萄糖酸钙	乳酸钙、氯化钠、柠檬酸钠
碘	碘化钾

> **问题提出**
> 简述助溶剂和增溶剂的区别。

4. 加入增溶剂

增溶剂即具有增溶能力的表面活性剂，增溶质为被增溶的物质。每 1g 增溶剂能增溶药物的质量（以 g 计）称为增溶量。在液体制剂的制备过程中，有些药物即使在溶剂中达到饱和浓度，仍满足不了临床治疗所需的药物浓度，可加入增溶剂提高药物的溶解度。如煤酚在水中的溶解度仅 3% 左右，而在肥皂溶液中，高达 50% 左右，即所谓的"煤酚皂"溶液。

5. 引入亲水基团

难溶性药物分子中引入亲水基团可增加在水中的溶解度。如维生素 B_2 在水中溶解度为 1∶3000 以上，而引入—PO_5HNa 形成维生素 B_2 磷酸酯钠，溶解度增加 300 倍；又如维生素 K_3 不溶于水，分子中引入—SO_3HNa 则成为维生素 K_3

亚硫酸氢钠，可制成注射剂。但应注意，在有些药物中引入某种亲水基团后，不仅在水中的溶解度有所增加，其药理作用也可能有或多或少的改变。

第三节
表面活性剂

M3-3 表面活性剂概述

表面活性剂是指能使目标溶液表面张力显著下降的物质，其具有固定的亲水亲油基团，在溶液的表面能定向排列。表面活性剂的分子结构具有两性：一端为亲水基团，另一端为疏水基团。亲水基团常为极性基团，如羧酸、磺酸、硫酸、氨基或胺基及其盐，羟基、酰胺基、醚键等也可作为极性亲水基团；而疏水基团常为非极性烃链，如8个碳原子以上的烃链。表面活性剂分为离子型表面活性剂（包括阳离子表面活性剂与阴离子表面活性剂）、非离子型表面活性剂、两性表面活性剂、复配表面活性剂、其他表面活性剂等。

表面活性剂除能显著降低溶液的表面张力外，在医药和其他领域还可用于增溶、乳化、润湿、杀菌、消泡、起泡、絮凝和反絮凝等作用。

在固体表面的吸附：表面活性剂溶液与固体接触时，表面活性剂分子可能在固体表面发生吸附使固体表面性质发生改变，使之易于润湿。

一、表面活性剂分类

M3-4 表面活性剂的分类

表面活性剂的分类方法有多种：①根据来源可分为天然、合成两大类；②根据分子组成特点和极性基团的解离性质，分为离子型表面活性剂和非离子型表面活性剂，根据离子型表面活性剂所带电荷，又可分为阳离子表面活性剂、阴离子表面活性剂和两性离子表面活性剂；③根据溶解性可分为水溶性表面活性剂和油溶性表面活性剂；④具有较强的表面活性的水溶性高分子，称为高分子表面活性剂，如海藻酸钠、羧甲基纤维素钠、甲基纤维素、聚乙烯醇、聚维酮等，但与低分子表面活性剂相比，高分子表面活性剂降低表面张力的能力较小，增溶力、渗透力弱，乳化力较强，常用作保护胶体。近年来，还出现了一些新型表面活性剂，如碳氟表面活性剂、含硅表面活性剂、冠醚型表面活性剂等。

1. 离子型表面活性剂

根据极性基团解离后性质不同，离子型表面活性剂又可分为：阴离子表面活性剂、阳离子表面活性剂和两性离子表面活性剂等。

（1）阴离子表面活性剂 阴离子表面活性剂起表面活性作用的部位是阴离子，带有负电荷。

① 高级脂肪酸盐 系肥皂类，通式为 $(RCOO—)_nM^+$。脂肪酸烃链 R 一般在 $C_{11} \sim C_{17}$ 之间，以硬脂酸、油酸、月桂酸等较为常见。根据 M 的不同，又

可分为碱金属皂、碱土金属皂和有机胺皂等。易被酸破坏，碱金属皂还可被钙、镁盐等破坏，电解质可使之盐析。一般只用于外用制剂。

a. 碱金属皂（一价皂） 为可溶性皂，是脂肪酸的碱金属盐类，一般为钠盐或钾盐等。如常用的脂肪酸有月桂酸（C12）、棕榈酸（C16）和硬脂酸（C18）等。如硬脂酸钾即为常用的软肥皂，常用于硫黄洗剂的润湿剂。这类表面活性剂HLB值一般在15～18，降低水相表面张力的作用强于降低油相表面张力，均具有良好的乳化性能和分散油的能力，常用作O/W型乳化剂。

b. 碱土金属皂 为不溶性皂，是脂肪酸的二价或三价金属皂，以Ca^{2+}、Mg^{2+}、Zn^{2+}、Al^{3+}等为主，脂肪酸为C12～C18的饱和或不饱和脂肪酸。该类皂的亲油基强于亲水基，常用作W/O型乳化剂。

c. 有机胺皂 是脂肪酸和有机胺反应形成的皂类。常用的脂肪酸是C12～C18的饱和或不饱和脂肪酸，有机胺主要是三乙醇胺等有机胺。硬脂酸三乙醇胺常用作O/W型乳膏剂的乳化剂。

② 硫酸化物 主要是硫酸化油和高级脂肪醇硫酸酯类，通式为R·O·$SO_3^-M^+$，其中脂肪烃链R在C12～C18范围。硫酸化油的代表是硫酸化蓖麻油，俗称土耳其红油，为黄色或橘黄色黏稠液体，有微臭，约含48.5%的总脂肪油，可与水混合，为无刺激性的去污剂和润湿剂，可代替肥皂洗涤皮肤，也可用于挥发油或水不溶性杀菌剂的增溶。高级脂肪醇硫酸酯类中常用的是十二烷基硫酸钠（SLS）、十六烷基硫酸钠、十八烷基硫酸钠等。它们的乳化性也很强，并较肥皂类稳定，较耐酸和钙、镁盐，但可与一些高分子阳离子药物发生作用而产生沉淀，对黏膜有一定的刺激性，主要用作外用乳膏的乳化剂。

③ 磺酸化物 是脂肪酸或脂肪醇经磺酸化后，用碱中和所得的化合物，主要有脂肪族磺酸化物、烷基芳基磺酸化物和烷基萘磺酸化物。通式为R·$SO_3^-M^+$。它们的水溶性钠（阿洛索-OT）二己基琥珀酸磺酸钠、十二烷基苯磺酸钠等，均为广泛应用的表面活性剂，有较好地保护胶体的性质，黏度低，去污力、起泡性和油脂分散能力都很强，为优良的洗涤剂。

(2) 阳离子表面活性剂 此类表面活性剂起表面活性作用的部位是阳离子，带有正电荷，又称为阳性皂。其分子结构的主要部分是一个五价的氮原子，故又称季铵化合物，通式为（$R^1R^2N^+R^3R^4$）Y^-。其特点是水溶性好，在酸性与碱性溶液中较稳定，具有良好的表面活性作用和杀菌、防腐作用，但与大分子的阴离子药物合用产生结合而失去活性，甚至产生沉淀。此类表面活性剂毒性较大，只能外用，临床上主要用于皮肤黏膜和手术器材的消毒。常用的品种有苯扎氯铵、苯扎溴铵、度米芬等。

(3) 两性离子表面活性剂 此类表面活性剂分子结构中同时具有正、负电荷基团，随着溶液pH的变化表现为不同的性质，pH在等电点范围内表面活性剂呈中性；在等电点以上呈阴离子表面活性剂的性质，具有很好的起泡、去污作用；在等电点以下则呈阳离子表面活性剂的性质，具有很强的杀菌性。

① 卵磷脂 卵磷脂是天然的两性离子表面活性剂。由磷酸型的阴离子部分和季铵盐型的阳离子部分组成，主要来源于大豆和蛋黄，根据来源不同又分为豆

> **问题提出**
> W/O与O/W型乳化剂有何区别？

> **问题提出**
> 离子型表面活性剂分为哪几类？

磷脂和卵磷脂。卵磷脂的成分复杂，包括各种磷脂，如脑磷脂、磷脂酰胆碱、磷脂酰乙醇胺、丝氨酸磷脂、肌醇磷脂、磷脂酸等，还有糖脂、中性脂胆固醇和神经鞘脂等。其基本结构为：

$$\begin{array}{l} CH_2-O-OCR^1 \\ CH-O-OCR^2 \\ OH CH_3 \\ CH_2-O-P-O-CH_2-CH_2-N^+-CH_3 \\ \parallel | \\ O CH_3 \end{array}$$

问题提出

大豆卵磷脂与蛋黄卵磷脂有哪些区别？

在不同来源和不同制备过程的卵磷脂中，各组分的比例可发生很大的变化，从而影响其使用性能。如磷脂酰胆碱含量高时可作为 O/W 型乳化剂，而在肌醇磷脂含量高时则作为 W/O 型乳化剂。

卵磷脂为透明或半透明黄色或黄褐色油脂状物质，对热十分敏感，在 60℃ 以上数天内即变为不透明褐色，在酸性和碱性条件下以及酯酶作用下容易水解。由于分子中有两个疏水基团，故不溶于水，溶于氯仿、乙醚、石油醚等有机溶剂，对油脂的乳化作用很强，制得乳剂的乳滴很细且稳定，无毒，可用作注射用乳剂的乳化剂，也可作为脂质微粒制剂的主要辅料。近年来国外已经开发出氢化和部分氢化磷脂，稳定性较天然磷脂有很大提高。

② 氨基酸型和甜菜碱型　这两类表面活性剂为合成化合物，阴离子部分主要是羧酸盐，其阳离子部分为季铵盐或胺盐，由胺盐构成者即为氨基酸型（$R·^+NH_3·CH_2CH_2·COO^-$）；由季铵盐构成者即为甜菜碱型 [$R·^+N·(CH_3)_2·CH_2·COO^-$]。氨基酸型在等电点时亲水性减弱，并可能产生沉淀，而甜菜碱型则无论在酸性、中性及碱性溶液中均易溶，在等电点时也无沉淀。

2. 非离子型表面活性剂

这类表面活性剂在水中不解离，其分子的亲水基团是甘油、聚乙二醇和山梨醇等多元醇；其亲油基团是长链脂肪酸或长链脂肪醇以及烷基或芳基，它们以酯键或醚键与亲水基团结合。这类表面活性剂毒性低，不解离，不受溶液 pH 的影响，能与大多数药物配伍，广泛用于外用、内服制剂及注射剂。

(1) 脂肪酸甘油酯　主要有脂肪酸单甘油酯和脂肪酸二甘油酯，如单硬脂酸甘油酯等。根据脂肪酸甘油酯的纯度，其外观可以是褐色、黄色或白色的油状或蜡状物质，熔点在 30～60℃，不溶于水，在热酸、碱及酶等作用下在水中易水解成甘油和脂肪酸。其表面活性较弱，HLB 为 3～4，主要用作 W/O 型辅助乳化剂。

(2) 多元醇型

① 蔗糖脂肪酸酯　蔗糖脂肪酸酯简称蔗糖酯，是蔗糖与脂肪酸反应生成的一大类化合物，根据与脂肪酸反应生成酯的取代数不同，有单酯、二酯、三酯及多酯。改变取代脂肪酸及酯化度，可得到不同 HLB 值（5～13）的产品。蔗糖脂肪酸酯为白色至黄色粉末，随脂肪酸酯含量增加，可呈蜡状、膏状或油状，在

室温下稳定，高温时可分解或发生蔗糖的焦化，在酸、碱和酶的作用下可水解成游离脂肪酸和蔗糖。蔗糖脂肪酸酯不溶于水，但在水和甘油中加热可形成凝胶，可溶于丙二醇、乙醇及一些有机溶剂，但不溶于油。主要用作水包油型乳化剂、分散剂。

② 脂肪酸山梨坦　脂肪酸山梨坦是失水山梨醇脂肪酸酯，是由山梨糖醇及其单酐和二酐与脂肪酸反应而成的酯类化合物的混合物，商品名为司盘（Span）。根据脂肪酸的不同，可分为司盘20（月桂山梨坦）、司盘40（棕榈山梨坦）、司盘60（硬脂山梨坦）、司盘65（三硬脂山梨坦）、司盘80（油酸山梨坦）和司盘85（三油酸山梨坦）等多个品种。其结构如下：

$$\text{结构式} \quad RCOO\text{为脂肪酸根}$$

脂肪酸山梨坦是黏稠状、白色至黄色的油状液体或蜡状固体。不溶于水，易溶于乙醇，在酸、碱和酶的作用下容易水解，其HLB值从1.8～8.6，是常用的油包水型乳化剂。在水包油型乳剂中，司盘20和司盘40常与吐温配伍用作混合乳化剂；而司盘60、司盘65等则适合在油包水型乳剂中与吐温配合使用。

③ 聚山梨酯　是聚氧乙烯失水山梨醇脂肪酸酯，是由失水山梨醇脂肪酸酯与环氧乙烷反应生成的亲水性化合物。氧乙烯链节数约为20，可加成在山梨醇的多个羟基上，是一种复杂的混合物。商品名为吐温（Tween），与司盘的命名相对应，根据脂肪酸不同，有聚山梨酯20（吐温20）、聚山梨酯40（吐温40）、聚山梨酯60（吐温60）、聚山梨酯65（吐温65）、聚山梨酯80（吐温80）和聚山梨酯85（吐温85）等多种型号（见表3-2）。

表3-2　不同聚山梨酯的HLB值

化学名	商品名	HLB值
聚氧乙烯脱水山梨醇单月桂酸酯	聚山梨酯20	16.7
聚氧乙烯脱水山梨醇单棕榈酸酯	聚山梨酯40	15.6
聚氧乙烯脱水山梨醇单硬脂酸酯	聚山梨酯60	14.9
聚氧乙烯脱水山梨醇三硬脂酸酯	聚山梨酯65	10.5
聚氧乙烯脱水山梨醇单油酸酯	聚山梨酯80	15.0
聚氧乙烯脱水山梨醇三油酸酯	聚山梨酯85	11.0

聚山梨酯是黏稠的黄色液体，对热稳定，但在酸、碱和酶作用下也会水解。在水和乙醇以及多种有机溶剂中易溶，不溶于油，低浓度时在水中形成胶束，其增溶作用不受溶液pH影响。聚山梨酯常用作O/W型乳剂的乳化剂，也可用作增溶剂、分散剂和润湿剂。

(3) 聚氧乙烯型

① 聚氧乙烯脂肪酸酯　系由聚乙二醇与长链脂肪酸缩合而成的酯，通式为 $RCOOCH_2(CH_2OCH_2)_nCH_2OH$，其中 n 是聚合度，商品名为卖泽（Myrj）。亲油基脂肪酸和亲水基聚乙二醇以不同比例结合，可合成疏水性和亲水性不同的表面活性剂。这类表面活性剂有较强水溶性，乳化能力强，为水包油型乳化剂，常用的有聚氧乙烯 40 硬脂酸酯等。

② 聚氧乙烯脂肪醇醚　是由聚乙二醇与脂肪醇缩合而成的醚，通式为 $RO(CH_2OCH_2)_nH$，其中 n 是聚合度，因聚乙二醇的聚合度和脂肪醇的种类不同而有不同的品种。商品名为苄泽（Brij），如苄泽 30 与苄泽 35 是由不同数目聚乙二醇与月桂醇缩聚而成，都可作为 O/W 型乳化剂。

(4) 聚氧乙烯-聚氧丙烯共聚物　此类表面活性剂又称泊洛沙姆（Poloxamer），商品名为普朗尼克（Pluronic），是由聚氧乙烯和聚氧丙烯聚合而成，通式为 $HO(C_2H_4O)_a(C_3H_6O)_b(C_2H_4O)CH$，其中聚氧乙烯为亲水基，分子量从 1000 到 10000 以上，随着分子量的增加，本品由液体变为固体，其水溶性可以从不溶于水到溶于水；分子中聚氧乙烯部分比例增加，水溶性增加，聚氧丙烯部分比例增加，则水溶性下降，亲油性增强。根据共聚物比例不同，本品有各种不同分子量的产品（表 3-3），具有乳化、润湿、分散、起泡和消泡等多种优良性能，但增溶能力较弱。

> **小提示**
> 可用于注射剂的两种表面活性剂：泊洛沙姆和卵磷脂。

表 3-3　泊洛沙姆及对应普朗尼克型号及其分子量

泊洛沙姆	普朗尼克	平均分子量	a	b
124	L44	2090～2360	12	20
188	F68	7680～9510	79	28
237	F87	6840～8830	64	37
338	F108	12700～10400	141	44
407	F127	9840～14600	101	56

3. 其他新型表面活性剂

近年来，出现了一些新型表面活性剂，如碳氟表面活性剂、含硅表面活性剂、生物表面活性剂、冠醚型表面活性剂等，具体参见相关文献。

碳氟表面活性剂与传统表面活性剂中碳氢疏水链不同，由氟原子部分或全部代替氢原子，即碳氟键代替了碳氢键，因此表面活性剂的非极性基不仅具有疏水性质，而且具有疏油性质。碳氟表面活性剂也可分为离子型和非离子型两大类，离子型又可以分为阴离子、阳离子和两性离子碳氟表面活性剂。

二、表面活性剂的基本性质

1. 表面活性

在液体表面上分布的分子并不像在液体内部的分子一样受力平衡，来自

视频扫一扫

M3-5　表面活性剂的性质

溶液内部的作用力远大于来自大气的作用力，这种力使表面有收缩的趋势，即表面张力。表面活性剂在较低浓度时，几乎完全吸附在溶液表面形成单分子层，可降低溶液的表面张力。表面活性剂的表面活性除与浓度有关外，其分子结构、碳链的长短、不饱和程度及亲水亲油平衡程度等均可影响其表面活性的大小。

2. 表面活性剂胶束

形成胶束是表面活性剂的重要性质之一，是产生增溶、乳化、去污、分散和絮凝作用的根本原因。

(1) 临界胶束浓度（critical micell concentration，CMC） 表面活性剂在水溶液中的浓度达到一定程度后，在表面的正吸附达到饱和，此时溶液的表面张力达到最低值，表面活性剂分子开始转入溶液中，因其亲油基团的存在，水分子与表面活性剂分子相互间的排斥力远大于吸引力，导致表面活性剂分子自身依靠范德华力相互聚集，形成亲油基向内、亲水基向外，在水中稳定分散，大小在胶体粒子范围的缔合体，称为胶束或胶团。在一定温度和一定浓度范围内，表面活性剂胶束有一定的分子缔合数，但不同表面活性剂胶束的分子缔合数各不相同，离子型表面活性剂的缔合数约在 10~100，少数大于 1000；非离子型表面活性剂的缔合数一般较大，例如月桂醇聚氧乙烯醚在 25℃ 的缔合数为 5000。当溶液达到 CMC 时，溶液的表面张力基本上达到最低值。在一定范围内，单位体积内胶束数量和表面活性剂的总浓度几乎成正比。不同表面活性剂有其自己的临界胶束浓度，除与结构和组成有关外，还可随外部条件变化而不同，如温度、溶液的 pH 及电解质等均影响 CMC 的大小。

(2) 胶束的结构 在一定浓度范围内，表面活性剂的胶束呈球形结构，其碳氢链无序缠绕构成内核，具非极性液态性质。碳氢链上一些与亲水基相邻的次甲基形成整齐排列的栅状层。亲水基则分布在胶束表面，由于亲水基与水分子的相互作用，水分子可深入到栅状层内。对于离子型表面活性剂，则有反离子吸附在胶束表面。随着溶液中表面活性剂浓度增加（20% 以上），胶束不再保持球形结构，则转变成具有更高分子缔合数的棒状胶束，甚至六角束状结构，表面活性剂浓度更大时，成为板状或层状结构。从球形结构到层状结构，表面活性剂的碳氢链从紊乱分布转变成规则排列，完成了从液态向液晶态的转变，表现出明显的光学各向异性性质，在层状结构中，表面活性剂分子的排列已接近于双分子层结构。在高浓度的表面活性剂水溶液中，如有少量的非极性溶剂存在，则可能形成反向胶束，即亲水基团向内，亲油基团朝向非极性液体。油溶性表面活性剂，如钙肥皂、丁二酸二辛基磺酸钠和司盘类表面活性剂在非极性溶剂中也可形成类似反向胶束。

> **问题提出**
> 胶束有哪些构型？

(3) 临界胶束浓度的测定 当表面活性剂的溶液浓度达到临界胶束浓度时，除溶液的表面张力外，溶液的多种物理性质，如摩尔电导、黏度、渗透压、密度、光散射等急剧发生变化。或者说，溶液物理性质急剧发生变化时的浓度即为该表面活性剂的 CMC。

(4)影响临界胶束浓度的因素 临界胶束浓度是衡量表面活性剂表面活性高低的一种度量,其影响因素较多。

① 碳氢链的长度 离子型表面活性剂碳氢链的碳原子数通常在 8～16 范围,其临界胶束浓度随碳原子数的增加而降低。一般在同系物中,每增加一个碳原子,临界胶束浓度下降约一半。对于非离子型表面活性剂,增加疏水基的碳原子的个数,临界胶束浓度的降低更加显著,即增加 2 个碳原子,临界胶束浓度下降至约原来的 1/10。

② 碳氢链的分支 通常情况下,疏水基团碳氢链带有分支时,比相同碳原子数的直链化合物的临界胶束浓度大很多。如二辛基二甲基氯化铵和十六烷基三甲基氯化铵的临界胶束浓度分别为 2.7×10^{-3} mol/L 和 1.4×10^{-3} mol/L。

③ 极性基团的位置 通常极性基团越靠近碳氢链的中间位置,临界胶束浓度越大。

④ 疏水链性质的影响 疏水基团的种类、疏水基团的结构不同等,其临界胶束浓度不同。例如全氟代化合物,通常具有很高的表面活性,与相同碳原子数的普通表面活性剂相比,临界胶束浓度低很多。

⑤ 亲水基团的种类 离子型表面活性剂亲水基团的种类对其临界胶束浓度影响不大。

⑥ 表面活性剂的种类 离子型表面活性剂的临界胶束浓度通常远大于非离子型表面活性剂。当疏水基相同时,离子型表面活性剂的临界胶束浓度约为聚氧乙烯型非离子型表面活性剂的 100 倍。两性离子型表面活性剂的临界胶束浓度与相同碳原子数疏水基的离子型表面活性剂相近。

⑦ 温度对胶束形成的影响 与其他物质一样,温度高低也能影响表面活性剂的溶解度。

3. 亲水亲油平衡值

亲水亲油平衡值:表面活性剂分子中亲水和亲油基团对油或水的综合亲和力称为亲水亲油平衡值(hydrophile-lipophile balance,HLB)。根据经验,将表面活性剂的 HLB 值范围限定在 0～40,其中非离子表面活性剂的 HLB 值范围为 0～20,即完全由疏水碳氢基团组成的石蜡分子的 HLB 值为 0,完全由亲水性的氧乙烯基组成的聚氧乙烯的 HLB 值为 20,既有碳氢链又有氧乙烯链的表面活性剂的 HLB 值则介于两者之间。HLB 值越高亲水性越强;反之,亲油性强。亲油性或亲水性较大的表面活性剂易溶于油或水中,因此在溶液界面的正吸附量较少,故降低表面张力的作用较弱。

表面活性剂的 HLB 值与其应用有密切关系(图3-1),HLB 值在 3～8 的表面活性剂适合用作 W/O 型乳化剂,HLB 值在 8～16 的表面活性剂适合用作 O/W 型乳化

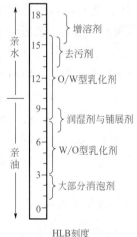

图 3-1 不同 HLB 值表面活性剂的适用范围

剂。增溶剂的 HLB 值在 15～18，润湿剂的 HLB 值在 7～9 等。

4. 表面活性剂对药物吸收的影响

研究发现表面活性剂的存在可影响药物的吸收。如果药物被增溶在胶束内，对药物从胶束中扩散的速度和程度及胶束与胃肠生物膜融合的难易程度具有重要影响。如果药物可以顺利从胶束内扩散或胶束本身迅速与胃肠黏膜融合，则增加吸收。例如应用吐温 80 明显促进螺内酯的口服吸收。

表面活性剂溶解生物膜脂质，增加上皮细胞的通透性，从而改善吸收，如十二烷基硫酸钠改善头孢菌素钠、四环素、磺胺脒、氨基苯磺酸等药物的吸收。但长期的类脂质的损失可能造成对肠黏膜的损害。

5. 表面活性剂的毒性

一般而言，阳离子表面活性剂的毒性最大，其次是阴离子表面活性剂，非离子表面活性剂毒性最小。两性离子表面活性剂的毒性小于阳离子表面活性剂。非离子表面活性剂口服一般认为无毒性。表面活性剂用于静脉给药的毒性大于口服。

> **小提示**
> 表面活性剂静脉给药的毒性大于口服给药。

阴离子及阳离子表面活性剂不仅毒性较大，而且还有较强的溶血作用。非离子表面活性剂的溶血作用较轻微，在亲水基为聚氧乙烯基的非离子表面活性剂中，以吐温类的溶血作用相对较小，其毒性大小顺序为：聚氧乙烯烷基醚＞聚氧乙烯芳基醚＞聚氧乙烯脂肪酸酯＞吐温类；吐温 20＞吐温 60＞吐温 40＞吐温 80。尽管如此，目前吐温类表面活性剂仍只用于某些肌内注射剂中，一般不能用于静脉注射。

6. 表面活性剂的刺激性

虽然各类表面活性剂都可以用于外用制剂，但长期应用或高浓度使用可能出现皮肤或黏膜损害。例如季铵盐类化合物高于 1% 即可对皮肤产生损害，十二烷基硫酸钠产生损害的浓度为 20% 以上，吐温类对皮肤和黏膜的刺激性很低，但同样一些聚氧乙烯醚类表面活性剂在 5% 以上浓度即产生损害作用。

7. 表面活性剂的生物降解

生物降解是指含碳有机化合物在微生物作用下转化为可供细胞代谢使用的碳源，分解成二氧化碳和水的现象。在提倡环保的今天，一般要求在法定试验时间（19 天）内，初级生物降解应达到 80% 以上，否则禁止使用。

三、表面活性剂增溶原理

表面活性剂之所以能增大难溶性药物的溶解度，是由于胶束的作用。胶束内部是由亲油基团排列而成的一个极小的非极性疏水空间，而外部是由亲水基团形成的极性区。由于胶束的大小属于胶体溶液范围，因此药物被胶束增溶后仍为澄明溶液，溶解度增大。非极性物质可完全进入胶束内核的非极性中心区而被增溶。带极性基团的物质如水杨酸、甲酚、脂肪酸等，则以其非极性基团（如苯环、烃链）插入胶束的内部，极性基团（如酚羟基、羧基等）则伸入胶束外层的极性区中。极性物质如对羟基苯甲酸由于分子两端均含有极性基团，可完全被胶束外层的聚氧乙烯链所吸附而被增溶。增溶体系是由溶剂、增溶剂和增溶质组成的三元体系，三元体系的最佳配比常通过实验制作三元相图来确定。

四、表面活性剂的应用

1. 润湿作用

所谓润湿即固体表面吸附的气体为液体所取代的现象，能增强这一取代能力的物质称为润湿剂。润湿一般分为三类：接触润湿——沾湿；浸入润湿——浸湿；铺展润湿——铺展。其中铺展是润湿的最高标准，常以铺展系数作为体系之间润湿性能的指标。此外，接触角大小也是润湿好坏的判据，使用表面活性剂可以控制液、固之间的润湿程度。农药行业中在粒剂及供喷粉用的粉剂中，有的也含有一定量的表面活性剂，其目的是提高药剂在受药表面的附着性和沉积量，提高有效成分在有水分条件下的释放速率和扩展面积，提高防病、治病效果。在化妆品行业中，乳化剂是乳霜、乳液、洁面、卸妆等护肤产品中不可或缺的成分。

视频扫一扫

M3-6 表面活性剂的应用

2. 胶束与增溶作用

当表面活性剂分子缔合形成胶束的浓度高于 CMC 值时，表面活性剂排列成球状、棒状、束状、层状/板状等结构。增溶体系为热力学平衡体系；CMC 越低、缔合数越大，增溶量（MAC）就越高。温度对增溶的影响：温度影响胶束的形成，影响增溶质的溶解，影响表面活性剂的溶解度。离子型表面活性剂的溶解度随温度增加而急剧增大，这一温度称为 Krafft 点，Krafft 点越高，其临界胶束浓度越小。对于聚氧乙烯型非离子表面活性剂，温度升高到一定程度时，溶解度急剧下降并析出，溶液出现混浊，这一现象称为起昙，此温度称为昙点。在聚氧乙烯链相同时，碳氢链越长，浊点越低；在碳氢链相同时，聚氧乙烯链越长则浊点越高。

> **小提示**
> Krafft 点和昙点分别是两类不同类型的表面活性剂的性质。

3. 乳化作用

表面活性剂分子中亲水和亲油基团对油或水的综合亲和力。根据经验，将表面活性剂的 HLB 值范围限定在 0～40，非离子型表面活性剂的 HLB 值在 0～20。一种或几种液体以大于 10^{-7}m 直径的液珠分散在另一不相混溶的液体之中形成的粗分散体系称为乳状液。要使它稳定存在必须加乳化剂。根据乳化剂结构的不同可以形成以水为连续相的水包油乳状液（O/W），或以油为连续相的油包水乳状液（W/O）。有时为了破坏乳状液需加入另一种表面活性剂，称为破乳剂，将乳状液中的分散相和分散介质分开。例如原油中需要加入破乳剂将油与水分开。

4. 起泡和消泡作用

表面活性剂在医药行业也有广泛应用。在药剂中，一些挥发油脂溶性纤维素、甾体激素等许多难溶性药物利用表面活性剂的增溶作用可形成透明溶液及增加浓度；药剂制备过程中，它是不可缺少的乳化剂、润湿剂、助悬剂、起泡剂和消泡剂等。"泡"是由液体薄膜包围着的气体。有的表面活性剂和水可以形成一定强度的薄膜，包围着空气而形成泡沫，用于浮游选矿、泡沫灭火和洗涤去污等，这种活性剂称为起泡剂。有时要使用消泡剂，在制糖、制中药过程中泡沫太多，要加入适当的表面活性剂降低薄膜强度，消除气泡，防止事故。

5. 助悬作用

在农药行业，可湿性粉剂、乳油及浓乳剂都需要有一定量的表面活性剂，如可湿性粉剂中原药多为有机化合物，具有憎水性，只有在表面活性剂存在的条件下，降低水的表面张力，药粒才有可能被水所润湿，形成水悬液。

表面活性剂用于矿石的浮选，就是运用助浮作用。搅拌并从池底鼓气，带有有效矿粉的气泡聚集于表面，收集并灭泡浓缩，从而达到富集的目的。不含矿石的泥沙、岩石留在池底，定时清除。当矿砂表面有 5% 被捕集剂覆盖时，就使表面产生憎水性，它会附在气泡上一起升到液面，便于收集。选择合适的捕集剂，使它的亲水基团只吸在矿砂的表面，憎水基朝向水。

6. 消毒、杀菌

表面活性剂在医药行业中可作为杀菌剂和消毒剂使用，其杀菌和消毒作用归结于它们与细菌生物膜蛋白质的强烈相互作用使之变性或失去功能，这些消毒剂在水中都有比较大的溶解度，根据使用浓度，可用于手术前皮肤消毒、伤口或黏膜消毒、器械消毒和环境消毒。

> **小提示**
>
> 阳离子型表面活性剂消毒效果较好。

7. 去垢、洗涤作用

去除油脂污垢是一个比较复杂的过程，它与上面提到的润湿、起泡等作用均有关。洗涤剂中通常要加入多种辅助成分，以增加对被清洗物体的润湿作用，还应有起泡、增白、占领清洁表面不被再次污染等功能。其中作为主要成分的表面活性剂的去污过程是：水的表面张力大，对油污润湿性能差，不容易把油污洗掉。加入表面活性剂后，憎水基团朝向织物表面和吸附在污垢上，使污垢逐步脱离表面。污垢悬在水中或随泡沫浮到水面后被去除，洁净表面被表面活性剂分子占领。

> **问题提出**
>
> 洗涤剂为什么会造成水体污染？

第四节　液体制剂的溶剂与附加剂

一、液体制剂的溶剂

由于药物性质和医药要求不同，所以在制备液体制剂时，应选用不同的溶剂。溶剂选择是否得当与药物的质量和疗效有直接关系，优良的溶剂应该具有化

视频扫一扫

M3-7　液体制剂的溶剂和附加剂

学性质稳定、不影响主药的作用和含量测定，毒性小、成本低、无臭味且具有防腐等特点。但同时符合这些条件的溶剂很少，所以需要在掌握常用溶剂性质的基础上适当选择。

> **小提示**
> "相似相溶"原则：极性物质易溶于极性溶剂，非极性物质易溶于非极性溶剂。

1. 极性溶剂

常用的极性溶剂除水外，还有甘油和二甲基亚砜等，它们的特性与应用见表3-4。

表3-4 常用极性溶剂的特性与应用

溶剂品种	主要特性	应用及注意事项
水	可与乙醇、甘油、丙二醇等以任意比例混合，并能溶解大多数无机盐、生物碱类、糖类、蛋白质等多种极性有机物	最常用。易污染，不易久贮
甘油	味甜。能与乙醇、丙二醇、水以任意比例混合。对皮肤有保湿、滋润、延长药效等作用。含水10%无刺激性，可缓解药物刺激性，30%以上可防腐	可供内服，但常用于外用液体制剂
二甲基亚砜	无色澄清液体，具有大蒜臭味。能与水、乙醇、丙二醇等以任意比例混合。溶解范围广，有"万能溶剂"之称。可促进药物在皮肤上的渗透	用于皮肤科药剂，但对皮肤有轻度刺激性，孕妇禁用

2. 半极性溶剂

一些有一定极性的溶剂，如乙醇、丙二醇、聚乙二醇和丙酮等，能诱导某些非极性分子产生一定程度的极性而溶解，这类溶剂称为半极性溶剂。半极性溶剂可作为中间溶剂，使极性溶剂和非极性溶剂混溶或增加非极性药物在极性溶剂中的溶解度。它们的特性与应用见表3-5。

表3-5 常用半极性溶剂的特性与应用

溶剂品种	主要特性	应用及注意事项
乙醇	可与水、甘油、丙二醇以任意比例混合，可溶解大部分有机药物和药材中的有效成分。20%以上具有防腐作用，40%以上能抑制某些药物的水解	常用溶剂。具有一定药理作用，与水混合时产生热效应和体积效应
丙二醇	药用为1,2-丙二醇，性质与甘油相似，但黏度小。可与水、乙醇、甘油以任意比例混合，能溶解许多有机物，同时可抑制某些药物的水解	内服及肌内注射用药的溶剂。价格较贵
聚乙二醇	常用低聚合度的PEG300～600等。可与水、乙醇等以任意比例混合，并能溶解许多水溶性无机盐及水不溶性药物。对易水解药物具有一定的稳定作用，兼具有保湿作用	常用于外用液体制剂，如搽剂等

3. 非极性溶剂

常用的非极性溶剂有氯仿、苯、液状石蜡、植物油、乙醚等。它们的特性与应用见表 3-6。

> **小提示**
> 氯仿、苯等有机溶剂使用时应注意其毒性。

表 3-6 常用非极性溶剂的特性与应用

溶剂品种	主要特性	应用及注意事项
脂肪油	常用非极性溶剂，如花生油、麻油、豆油等植物油。能溶解固醇类激素、油溶性维生素、游离生物碱、有机碱、挥发油和许多芳香族药物	多用于外用液体制剂，如搽剂、洗剂等。易氧化、酸败
液状石蜡	饱和烷烃化合物，化学性质稳定，分为轻质（0.828～0.860g/mL）与重质（0.860～0.960g/mL）两种	轻质液状石蜡多用于外用液体制剂，重质液状石蜡多用于软膏剂及糊剂
乙酸乙酯	无色微臭油状液体，可溶解挥发油、甾体药物及其他油溶性药物，具有挥发性和可燃性	常作为搽剂的溶剂。易氧化，需加入抗氧剂

素质拓展

实验室安全：安全生产无小事，实验室和生产中用到的一些试剂均存在危险，一定要树立安全操作的意识，时刻牢记安全操作规范。

乙醇的安全使用规范：

（1）使用方法

① 皮肤消毒，使用 75% 酒精擦拭消毒 2 遍，作用 3min，酒精过敏者慎用。

② 物体消毒，可直接擦拭或涂抹，擦拭后应当将表面残留的酒精擦拭干净。

③ 不可将酒精用于大面积喷洒消毒。

（2）使用安全

① 酒精为外用消毒剂，不得口服。

② 酒精燃点低，遇火、遇热易自燃，使用时不要靠近热源、避免明火，远离吸烟人群。

③ 存储安全。酒精是易燃易挥发的液体，存放时要密封、避光、远离火种、热源；贮存地点应当保持通风干燥，温度 < 30℃。

> **问题提出**
> 为什么皮肤消毒用 75% 乙醇而不用无水乙醇？

二、液体制剂的附加剂

1. 液体制剂的防腐

防腐剂是指在药剂中防止或抑制病原微生物生长的添加剂。在外用和口服制剂中，通常称为防腐剂，在滴眼剂和注射剂中一般称为抑菌剂。防腐剂对微生物繁殖体有杀灭作用，对芽孢也有抑制其发育为繁殖体而逐渐杀灭的作用。液体制剂一旦被微生物污染就会引起理化性质的变化，严重影响制剂质量，甚至还会产生细菌毒素，对人体有害。在《中国药典》2020年版关于药品的卫生标准中，对液体制剂规定了染菌数的限量要求，即在每 1g 或每 1mL 内不得超过 100 个，并不得检出有大肠杆菌、沙门菌、痢疾杆菌、金黄色葡萄球菌、绿脓杆菌等。用于烧伤、溃疡及无菌体腔用的制剂，则不得含有活的微生物。非无菌化学药品制剂、生物制品制剂、不含药材原粉的中药制剂的微生物限度也有规定，具体可参考药典标准。

> **问题提出**
> 不添加防腐剂的食品是否最健康？

严格按照 GMP 生产是防止细菌污染的根本措施，包括加强生产环境的管理，清除周围环境的污染源和加强操作人员的卫生管理等。但即使是严格灭菌后的制剂在贮存或使用过程中，也会与外界环境接触而滋生微生物，因此需要在液体制剂以及一些半固体乳膏剂、凝胶剂中添加防腐剂。为了提高防腐剂的杀菌和抑菌能力，可采用复合防腐剂，多种防腐剂之间产生协同作用，扩大杀菌和抑菌谱范围，防腐作用强而迅速。液体制剂的防腐措施主要有以下几方面。

(1) 防止污染 防止微生物污染是防腐的重要措施，特别是容易引起发霉的一些霉菌如青霉素、酵母菌等。在尘土和空气中常引起污染的细菌有枯草杆菌、产气杆菌。为了防止微生物污染，在制剂的整个配制过程中，应尽量注意避免或减少污染微生物的机会。例如缩短生产周期和暴露时间；缩小与空气的接触面积；加防腐剂前不宜久存；用具容器最好进行灭菌处理，瓶盖、瓶塞可用水煮沸 15min 后使用；还应加强制剂室环境卫生和操作者的个人卫生；成品应在阴凉、干燥处贮存，以防长菌变质。

(2) 添加防腐剂 尽管在配置过程中，注意了防菌，但并不能完全保证不受细菌的污染。因此加入适量防腐剂用以抑制微生物的生长繁殖，甚至杀灭已经存在的微生物，也是有效防腐措施之一。

防腐剂本身应无毒，无刺激性，能溶解达到有效的浓度时，不改变药物的作用，也不受药物的影响而降低防腐作用，不影响药剂的色香味等。同一种防腐剂在不同溶液中或不同防腐剂在同一种溶液中，其防腐作用的强弱和防腐浓度都有很大差别。所以在实际应用时，必须根据制剂的品种和性质来选择不同的防腐剂和不同的浓度。防腐剂的用量因季节亦有不同。乳剂中使用的防腐剂还应考虑到防腐剂的油、水分配系数，避免防腐剂集中分散在油相中而不足以防止水相中微生物的繁殖。

2. 液体制剂中常用的防腐剂

(1) 羟苯酯类（对羟基苯甲酸酯类或尼泊金类） 包括羟苯甲酯、乙酯、丙酯及丁酯。用量小，对霉菌抑制能力强，对细菌抑制能力较差。在偏酸性及中性溶液中，氢离子浓度增大，抑菌力相对较强；在弱碱性溶液中因酚羟基解离而抑菌力减弱。对羟基苯甲酸酯类的抑菌作用随烃基的碳原子数增多而逐渐增大，而溶解度则随碳原子数增加而降低，两种以上对羟基苯甲酸酯混合使用具有协同防腐作用，常用配比为乙酯和丙酯（1∶1）或甲酯与乙酯（1∶3）或丁酯和乙酯（1∶4），浓度范围为 0.01%～0.25%。对含有聚山梨酯类的药液，防腐能力下降，不宜选用对羟基苯甲酸酯类防腐剂，因对羟基苯甲酸酯类在水中较难溶解，故可采用加热或溶于少量乙醇溶液的方式加入制剂中。

（2）苯甲酸与苯甲酸钠 苯甲酸有较好的抑制霉菌作用，在药剂中用作内服和外用制剂的防腐剂。pH较低时抑菌能力强，最适pH为4.0，一般用量为0.03%～0.1%。苯甲酸防霉作用较尼泊金类弱，但防发酵能力比尼泊金类强。0.25%苯甲酸和0.05%～0.1%尼泊金联合应用具有比较好地防止发霉和发酵效果，适用于中药液体制剂。苯甲酸在水中溶解度较小，因此在多数液体制剂中，使用在水中溶解度较大的苯甲酸钠。苯甲酸钠作防腐剂适用于微酸性或中性制剂，也用于食品和化妆品的抑菌防腐。苯甲酸钠在酸性溶液中具有与苯甲酸相当的防腐作用。

> **小提示**
> 看一下食品包装袋上标识的防腐剂有哪些？

（3）乙醇 20%（mL/mL）以上的乙醇制剂具有防腐作用。若溶液中同时含有甘油、挥发油等物质时（亦属抑菌性物质），低于20%的乙醇制剂也可达到防腐目的。在中性或碱性溶液中含醇量需在25%以上才能防腐。

（4）季铵盐类 本类药物常用作防腐剂的有：新洁尔灭（苯扎溴铵），为淡黄色橙色液体，有特臭，无刺激性，在酸性和碱性水溶液中均稳定，耐热压。此外还有度米芬、洁尔灭（苯扎氯铵）及消毒净等。

> **问题提出**
> 防腐与消毒的区别是什么？

（5）其他 30%以上的甘油溶液具有防腐作用；苯甲醇（0.5%）也具有一定的防腐作用。其他一些天然挥发油也可作为防腐剂使用，如肉桂油、紫苏油、茶树油、桉叶油、薰衣草油、芥子油等。

3. 液体制剂的矫味剂

药物制剂除了保证其应有的疗效和稳定性外，还应注意其味道可口和外观美好。许多药物具有不良臭味，往往在下咽时引起恶心和呕吐，特别是儿童患者往往拒绝服用，不仅影响了及时治疗而且还浪费了药物。对于慢性病人，由于长期服用同一药剂，往往也会引起厌恶，因此酌加适宜的矫味剂与着色剂，则在一定程度上可以掩盖与矫正药物的异味与美化药物的外观，使病人乐于服用。

矫味剂亦称为调味剂，是一种能改变味觉的物质，药剂中常用来掩盖药物的异味，也可用来改进药剂的味道。有些矫味剂同时兼有矫臭作用，而有些则需要加芳香剂矫臭。选用矫味剂必须通过小量试验，不要过于特殊，以免产生厌恶感。

药剂中常有的矫味剂有：甜味剂、芳香剂、胶浆剂及泡腾剂等。

（1）甜味剂 常用的甜味剂有蔗糖、单糖浆及各种芳香糖浆，如橙皮糖浆、柠檬酸等。它们不仅可矫味，也可矫臭，在应用单糖浆时，往往加入适量山梨醇、甘油或其他多元醇，可防止蔗糖结晶析出。

表3-7 常用甜味剂特点及应用

甜味剂	特点、常用量及应用
蔗糖	常用单糖浆或果汁糖浆（如橙皮糖浆、桂皮糖浆），应用广泛。果汁糖浆兼具矫臭作用

续表

甜味剂	特点、常用量及应用
甜菊苷	有清凉甜味，甜度比蔗糖大约300倍，常用量为0.025%~0.05%，但甜中带苦，故常与蔗糖或糖精钠合用
糖精钠	甜度为蔗糖的200~700倍，常用量为0.03%，常与单糖浆或甜菊苷合用，作咸味药物的矫味剂
阿司帕坦（蛋白糖、天冬甜精）	甜度为蔗糖的150~200倍，无后苦味，不致龋齿，可以有效地降低热量。适用于糖尿病、肥胖症患者

小提示
食品中芳香剂的用量应按标准添加。

（2）**芳香剂** 在制剂中可能需要添加少量香料和香精，改善制剂的气味，这类香料与香精统称为芳香剂。主要分为天然芳香剂和人造香料两大类。天然香料包括从植物中提取的芳香性挥发油及其制剂，如柠檬、樱桃、薄荷、薄荷水、橙皮酊等。天然香料还包括动物来源的芳香物质，一般要经过提取、浓缩、纯化和鉴定四个步骤才可使用。人造香料是由人工香料添加一定量的溶剂调和而成的混合香料，包括醇、酯、醛、酮、萜等香料组成的香精，如苹果香精、香蕉香精等。

（3）**胶浆剂** 胶浆剂具有黏稠、缓和的性质。它既能降低药物刺激性，又能干扰味蕾的味觉，因而达到矫味效果。常用胶浆剂有阿拉伯胶、琼脂、明胶、羧甲基纤维素钠、甲基纤维素、海藻酸钠等。为增强矫味作用，可在胶浆剂中加入适量的糖精钠或甜菊苷等甜味剂。

（4）**泡腾剂** 在制剂中加有碳酸氢钠和有机酸如酒石酸等，可产生二氧化碳，而二氧化碳溶于水呈酸性，能麻痹味蕾而矫味。常用于苦味制剂中，有时与甜味剂、芳香剂合用，可得到清凉饮料类的佳味。

4. 着色剂

应用着色剂改善药物制剂的颜色，可用于识别药物的浓度或区分应用方法，也可改变制剂的外观，减少病人对服药的厌恶感。尤其是选用的颜色与矫味剂能配合协调，更易为病人所接受。用作着色剂的色素可分为天然与人工合成的两类。

（1）**天然色素** 常用的天然色素分为植物性和矿物性色素。植物性色素包括苏木、甜菜红等红色色素；姜黄、胡萝卜素等黄色色素；松叶兰、乌饭树叶等蓝色色素；叶绿酸铜钠盐等绿色色素；焦糖等棕色色素。矿物性色素有棕红色色素氧化铁等。

问题提出
国家规定可用于食品的人工合成色素有哪些？

（2）**人工合成色素** 人工合成的色素色泽鲜艳，着色力强，色调多样，价格低廉，但多数具有毒性。色素使用时应注意务必使用经国家批准的食用色素，使用量、使用范围也应符合《食品安全国家标准食品添加剂使用标准》（GB 2760—2014）中有关规定。我国批准的内服合成色素有苋菜红、柠檬黄、胭脂红、胭脂蓝和日落黄，通常配成1%贮备液使用，用量不得超过万分之一。

外用色素有伊红、品红、亚甲基蓝、苏丹黄G等。选用着色剂时，色、味、嗅应与天然物或习惯相协调，如用薄荷作芳香剂时选用绿色，而橙皮味矫味剂应选用橙黄色，樱桃味矫味剂选用红色等；着色剂直接使用会使粉末出现分布不均匀的问题，因此通常配制为一定浓度的溶液使用。

第五节　溶液型液体制剂

一、溶液型液体制剂的制备技术

溶液型液体制剂是指小分子药物以分子或离子（直径在1nm以下）状态分散在溶剂中形成的供内服或外用的真溶液。真溶液中由于药物的分散度大，其总表面积及与机体的接触面积最大。口服后药物均能较好地吸收，故其作用和疗效比同一药物的混悬液或乳浊液快而高。

药物在真溶液中高度分散，固然为其优点，但其化学活性也随之增高，特别是某些药物的水溶液很不稳定，如青霉素、抗坏血酸等在干燥粉末时相对稳定，但其在水溶液中就极易氧化或水解而失效。此外，多数药物的水溶液在贮存过程中易发生变质，所以在制备溶液型液体制剂时，应注意药物的稳定性和防腐问题。

M3-8　低分子溶液剂

1. 溶液剂

溶液剂：一般系指化学药物（非挥发性药物）的内服或外用的均相澄明溶液。其溶剂多为水，少数则以乙醇或油为溶剂，如硝酸甘油乙醇溶液、维生素D油溶液等。溶液剂应保持澄清，不得有沉淀、浑浊、异物等。药物制成溶液剂后可以用量取代替称取，使剂量准确、服用方便，特别对小量或毒性大的药物更为重要。溶液剂可供内服或外用，内服者应注意其剂量准确，并适当改善其色、香、味；外用者应注意其浓度和使用部位的特点。

2. 制法与举例

溶液剂的一般制备流程如下：药物的称量→溶解→过滤→质量检查→包装。

溶液剂的制备方法有三种，即溶解法、稀释法和化学反应法。

（1）溶解法　此法适用于较稳定的化学药物，多数溶液剂都采用此法制备。其制备过程见图3-2。

【问题提出】
溶解速率慢的药物如何加快溶解速率？

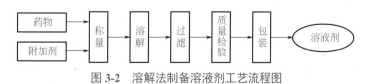

图3-2　溶解法制备溶液剂工艺流程图

操作方法：取处方总量 1/2～3/4 量的溶剂，加入称好的药物，搅拌使其溶解，过滤，并通过滤器加溶剂至全量。过滤后的药液进行质量检查。制得的药物溶液应及时分装、密封、贴标签并进行包装。

例 3-1　碘酊

【处方】碘　　20g　　碘化钾　15g
　　　　乙醇　500mL　纯化水　加至 1000mL

【制法】取碘化钾，加纯化水 20mL 溶解后，加碘及乙醇，搅拌使之溶解，再加纯化水适量至 1000mL，即得。

【作用与用途】消毒防腐药，用于皮肤感染和消毒。

【注解】①碘极微溶于水（1:2950），溶解于乙醇（1:13），碘的溶解度较小，加入碘化钾使其形成可溶性络合物，起到助溶作用，能加速碘的溶解，且使碘稳定；②碘化钾在水中的溶解度为 1:0.7，制备本品时加入约一倍量纯化水使其溶解，随即加入碘和全量的乙醇，可使碘溶解较快，若开始加水过多，则不利于碘的溶解；③碘为氧化剂。本品在长期贮存过程中受光作用发生降解，生成乙醛、三碘乙醛、碘乙烷及乙酸等杂质。为减少光对本品的作用，置于棕色玻璃瓶内，在冷暗处保存。包装不宜用橡胶、软木及金属瓶塞。

（2）稀释法　先将药物制成高浓度溶液，再用溶剂稀释至所需浓度即得。用稀释法制备溶液时应注意浓度换算，挥发性药物浓溶液稀释过程中应注意挥发损失，以免影响浓度的准确性。本法适用于制备高浓度溶液或易溶性药物的浓贮备液等。例如，工厂生产的过氧化氢溶液含 H_2O_2 为 30%（g/mL），而常用浓度为 2.5%～3.5%（g/mL）；工业生产的浓氨溶液含 NH_3 为 25%～30%（g/g），而医药常用氨溶液的浓度一般为 9.5%～10.5%（g/mL）。又如 50% 硫酸镁、50% 溴化钾或溴化钠等，一般均需用稀释法调至所需浓度后方可使用。

根据稀释前后溶液中所含溶质的量不变，稀释公式应为：

$$c_1V_1=c_2V_2$$

式中，c_1、c_2 为稀释前后的浓度；V_1、V_2 为稀释前后的体积。

用稀释法制备溶液剂时，应搞清原料浓度和所需稀溶液浓度，计算时应细心，还应注意单位。对有较大挥发性和腐蚀性的浓溶液如浓氨水，稀释操作应迅速，操作完毕应立即密塞，以免过多挥散损失，影响浓度准确性。此外，还应注意量取操作的准确性。

例 3-2　苯扎溴铵溶液（新洁尔灭溶液）

【处方】苯扎溴铵　1g　　蒸馏水　加至 1000mL

【制法】取苯扎溴铵于 800mL 热蒸馏水中，过滤后加蒸馏水使成 1000mL，即得。

【作用与用途】本品属阳离子表面活性杀菌剂。具有消毒防腐作用。常用于手术器械及皮肤消毒。用于创面的消毒一般浓度为 0.01%；皮肤与器械的消毒浓度为 0.1%（其中加入 0.5% 亚硝酸钠作防锈剂），器械可浸泡 30min。

【注解】①本品不宜用于膀胱镜、眼科器械及合成橡胶制品的消毒；②稀释或溶解时不宜剧烈振摇，以免产生大量气泡；③本品亦可用5%苯扎溴铵溶液以稀释法制备；④本品不宜久贮，空气中微生物污染能使其浑浊、变质、失效；⑤苯扎溴铵常温下为黄色胶状体，低温时可呈蜡状固体；气芳香，味极苦；水溶液呈碱性反应，振摇可产生大量泡沫；⑥本品应遮光密闭贮藏。

（3）化学反应法 本法适用于原料药物缺乏或不符合医疗要求的情况，此时可将两种或两种以上的药物配伍在一起，经过化学反应而生成所需药物的溶液。如复方硼砂溶液的制备。

> **问题提出**
> 化学反应法制备溶液剂可应用于哪些情况？

例 3-3 复方硼砂溶液

【处方】硼砂　　　　15g　　　碳酸氢钠　　15g
　　　　液化苯酚　　3mL　　　甘油　　　　35mL
　　　　纯化水　　　加至1000mL

【制法】取硼砂及碳酸氢钠溶于约700mL纯化水中，另取液化苯酚加入甘油中，搅拌均匀，倾入上述溶液中，随加随搅拌，静置半小时或待气泡不再发生后，过滤，自滤器上添加纯化水至1000mL，搅拌均匀，加曙红着色成粉红色，即得。

【作用与用途】本品为含漱剂。用于扁桃体炎、口腔炎、齿龈炎、咽喉炎等。

【注解】①本品是经化学反应制备而成，硼砂与甘油反应生成甘油硼酸钠和硼酸甘油，后者又与碳酸氢钠反应生成甘油硼酸钠，同时放出二氧化碳气体（当无气泡产生时即反应完成）。②甘油硼酸钠，呈碱性，具有去除酸性分泌物的作用。③苯酚具有抑菌和轻微局麻作用。④用食用色素着色成红色，以示外用。

3. 制备溶液剂时应注意的问题

① 有些药物虽然易溶，但溶解缓慢，此种药物在溶解过程中应采用粉碎、搅拌、加热等措施；

② 易氧化的药物溶解时，宜将溶剂加热放冷后再溶解药物，同时应加适量抗氧剂，以减少药物氧化损失；

③ 对易挥发性药物应在最后加入，以免在制备过程中损失；

④ 处方中如有溶解度较小的药物，应先将其溶解后再加入其他药物；

⑤ 难溶性药物可加入适宜的助溶剂或增溶剂使其溶解。

二、糖浆剂

糖浆剂系指含有药物或芳香物质的浓蔗糖水溶液，供口服应用。纯蔗糖的近饱和水溶液称为单糖浆，浓度为85%（g/mL）或64.7%（g/g）。糖浆剂中的药物可以是化学药物也可以是药材的提取物。蔗糖能掩盖某些药物的苦味、咸味及其他不适臭味，容易服用，尤其受儿童欢迎。糖浆剂易被真菌、酵母菌和其他微生物污染，使糖浆剂浑浊或变质。糖浆剂中含蔗糖浓度高时，渗透压大，微生物的生长繁殖受到抑制。低浓度的糖浆剂应添加防腐剂。

1. 糖浆剂的质量要求

> **小提示**
> 糖浆剂中加入过量乙醇会出现沉淀。

糖浆剂含蔗糖量应不低于65%（g/mL）；糖浆剂应澄清，在贮存期间不得有酸败、异臭、产生气体或其他变质现象；含药材提取物的糖浆剂，允许含少量轻摇即散的沉淀，糖浆剂中必要时可添加适量的乙醇、甘油和其他多元醇作稳定剂；如需加防腐剂，尼泊金类的用量不得超过0.05%，苯甲酸的用量不得超过0.3%，必要时可加入色素。

2. 糖浆剂的分类（表3-8）

表3-8 糖浆剂的分类

分类	特点和应用	举例
单糖浆	不含药物，供制备含药糖浆剂作为矫味剂、助悬剂使用	单糖浆
芳香糖浆	含芳香挥发性物质，用作矫味剂	橙皮糖浆、姜糖浆
药用糖浆	含有药物，用于疾病的预防和治疗	磷酸可待因糖浆

3. 糖浆剂的制备方法

(1) 溶解法

> **问题提出**
> 糖浆液变色的原因是什么？

① 热溶法 是将蔗糖溶于新沸的纯化水中，继续加热使其全溶，降温后加入其他药物，搅拌溶解、过滤，再通过滤器加纯化水至全量，分装，即得。热溶法有很多优点，蔗糖在水中的溶解度随温度升高而增加，在加热条件下蔗糖溶解速率快，趁热容易过滤，且可以杀死微生物，但加热过久或超过100℃时使转化糖的含量增加，糖浆剂颜色容易变深，热溶法适合于对热稳定的药物和有色糖浆的制备。热溶法制备糖浆剂工艺流程图见图3-3。

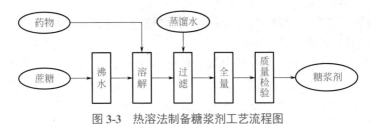

图3-3 热溶法制备糖浆剂工艺流程图

② 冷溶法 是将蔗糖溶于冷纯化水或含药的溶液中制备糖浆剂的方法。本法适用于对热不稳定或挥发性药物，制备的糖浆剂颜色较浅。但制备所需时间较长并容易污染微生物。

(2) 混合法 混合法是将含药溶液与单糖浆均匀混合制备糖浆剂的方法。这种方法适合于制备含药糖浆剂。本法的优点是方法简便、灵活，可大量配制、也可小量配制。一般含药糖浆的含糖量较低，要注意防腐。

（3）举例

例 3-4　单糖浆

【处方】蔗糖　850g　　纯化水　加至 1000mL。

【制法】取纯化水 450mL，煮沸，加蔗糖搅拌溶解后，继续加热至 100℃，布或薄层脱脂棉保温过滤。自滤器上添加纯化水至 1000mL，搅匀，制得。

【注解】本品主要供作矫味剂和赋形剂用。

例 3-5　枸橼酸哌嗪糖浆

【处方】枸橼酸哌嗪　160g　　蔗糖　　650g
　　　　羟苯乙酯　　0.5g　　矫味剂　适量
　　　　纯化水　　　加至 1000mL

【制法】取纯化水 500mL 煮沸，加入蔗糖与羟苯乙酯，搅拌溶解后，过滤，滤液中加入枸橼酸哌嗪，搅拌溶解，放冷，加矫味剂与适量纯化水，使全量为1000mL，搅匀，即得。

【作用与用途】驱肠虫药，用于蛔虫病、蛲虫病。

【注解】①枸橼酸哌嗪为白色结晶性粉末或半透明性颗粒，微有引湿性，在水中易溶，5% 水溶液 pH 为 5～6；②本品为澄清的带有矫味剂芳香气味的糖浆状溶液，矫味剂常用柠檬香精、桑子汁香精的乙醇溶液。

4. 制备糖浆剂时应注意的问题

① 加入药物的方法：水溶性固体药物，可先用少量纯化水使其溶解再与单糖浆混合；水中溶解度小的药物可酌加少量其他适宜的溶剂使药物溶解，然后加入单糖浆中，搅匀即得；药物为可溶性液体或药物的液体制剂时，可将其直接加入单糖浆中，必要时过滤；药物为含乙醇的液体制剂，与单糖浆混合时发生浑浊，为此可加入适量甘油助溶；药物为水性浸出制剂，因含多种杂质，需纯化后再加到单糖浆中。

② 制备时应注意的问题：应在避菌环境中制备，各种用具、容器应进行洁净或灭菌处理，并及时灌装；应选择药用白砂糖；生产中宜用夹层锅加热，温度和时间应严格控制。

5. 糖浆剂的包装与贮存

糖浆剂应装于清洁、干燥、灭菌的密闭容器中，宜密封。贮存应不超过 30℃。

> **素质拓展**
>
> 低浓度的糖溶液易染菌，而高浓度的糖却有防腐作用，这是我国古人从生活中总结的经验，是古人智慧的体现。这种传统的保存食物的方法沿用至今。

小提示
古人也常用盐来保存食物。

第六节 胶体型液体制剂

视频扫一扫

M3-9 高分子溶液剂

问题提出
什么是蛋白质的等电点？

胶体型液体制剂包括高分子溶液剂和溶胶剂。

一、高分子溶液剂概述

一些分子量较大的药物（通常为高分子化合物或高聚物）以分子状态分散在溶剂中，所形成的均相分散体系称为高分子溶液剂。如蛋白质、酶类、纤维素类溶液、淀粉浆、胶浆右旋糖作溶液等，常称为亲水胶体，属于热力学稳定体系。高分子溶液的性质如下：

(1) 带电性 很多高分子化合物在溶液中带有电荷，这些电荷主要是由于高分子结构中某些基团解离的结果。由于种类不同，高分子溶液所带的电荷也不一样，如纤维素及其衍生物、阿拉伯胶、海藻酸钠等高分子化合物的水溶液一般都带有负电荷，蛋白质分子溶液随 pH 不同可带正电或负电。由于胶体质点带电，所以具有电泳现象。

(2) 稳定性 高分子溶液的稳定性主要取决于水化作用，即在水中高分子周围可形成一层较为坚固的水化膜，水化膜能阻碍高分子质点相互凝集，而使之稳定。一些高分子质点带有电荷，由于排斥作用对其稳定性也有一定作用，但对高分子溶液来说，电荷对其稳定性并不像疏水胶体那么重要。如果向高分子溶液中加入少量电解质，不会由于反离子作用（电位降低）而聚集。但若破坏其水化膜，则会发生聚集而引起沉淀。破坏水化膜的方法之一是加入脱水剂如乙醇、丙酮等。另一破坏高分子水化膜的方法是加入大量电解质，由于电解质的强烈水化作用夺去高分子质点水化膜的水分而使其沉淀，这一过程称为盐析。

高分子溶液不如低分子溶液稳定，在放置过程中，会自发地聚集而沉淀或漂浮在表面称为陈化现象。

高分子溶液由于其他因素如光线、空气、盐类、pH、絮凝剂、射线等的影响，使高分子先聚集成大粒子而后沉淀或漂浮在表面的现象，称为絮凝现象。

问题提出
渗透压对高分子溶液剂有何影响？

(3) 渗透压 高分子溶液和疏水胶体水溶液一样，具有一定的渗透压，但由于高分子溶液的溶解度和浓度较大，所以其渗透压反常增大。

(4) 胶凝 一些高分子溶液如明胶和琼脂的水溶液等，在热条件下，为黏稠性流动的液体，但当温度降低时，呈溶解分离的高分子形成网状结构，把分散介质水全部包在网状结构中，形成不流动的半固体状物，称为凝胶，形成凝胶的过程称为胶凝。凝胶有脆性与弹性两种，前者失去网状结构内部的水分后变脆，易研磨成粉末，如硅胶；而弹性凝胶脱水后不变脆，体积缩小而变得有弹性，如琼脂和明胶。有些高分子溶液，当温度升高时，高分子化合物中的亲水基团与水形成的氢键被破坏而降低其水化作用，形成凝胶分离出来。当温度下降至原来温度时，又重新胶溶成高分子溶液，如甲基纤维素、聚山梨酯类等属于此类。

二、高分子溶液的制备

制备高分子溶液时，首先要经过溶胀过程。溶胀是指水分子钻到高分子化合物分子间的空隙中去，与高分子中的极性基团发生水化作用而使体积膨大，其结果使高分子空隙间充满水分子，这个过程称为有限溶胀。由于高分子间隙中存在水分子，从而降低了高分子化合物分子间的作用力（范德华力），溶胀过程不断进行，最后是高分子化合物分散在水中而形成高分子溶液，此过程称为无限溶胀。无限溶胀往往较慢，需要加以搅拌或加热才能完成。如制备明胶溶液时，可先将明胶碎成小块，于水中浸泡3～4h，这是有限溶胀的过程，然后加热并搅拌使成明胶溶液。胃蛋白酶、汞溴红、蛋白银等，其有限溶胀及无限溶胀过程进行得都较快，这类高分子化合物可撒在水面上，待其自然膨胀然后才能搅拌形成高分子溶液。若撒在水面上立即搅拌，则易形成团块，团块周围形成水化膜，能阻碍水分向团块内部扩散，影响膨胀过程。

例3-6 胃蛋白酶合剂

【处方】胃蛋白酶　20g　　稀盐酸　20mL
　　　　橙皮酊　　20mL　　单糖浆　100mL
　　　　尼泊金乙酯醇溶液（5%）　10mL　　纯化水　加至1000mL

【制法】取约750mL纯化水加稀盐酸、单糖浆搅匀，缓缓加入橙皮酊、尼泊金乙酯溶液，边加边搅拌，然后将胃蛋白酶撒在液面上，待其自然膨胀溶解后，再加蒸馏水配成1000mL，轻轻搅匀即得。

【注解】①胃蛋白酶活性最大的pH范围是1.5～2.5，盐酸的含量不可超过0.5%，否则能使蛋白酶失去活性，故配制时应先将稀盐酸用适量纯化水稀释。②配制时应将胃蛋白酶撒在上述液面上，静置使其膨胀后，再缓慢搅匀即得；不得用热水溶解，以防失去活性。③本品一般不宜过滤，因胃蛋白酶等电点为2.75～3.00，在上述溶液中它带正电荷，而湿润的滤纸或棉花带负电荷，会吸附胃蛋白酶。④本品水溶液不稳定，容易减效，故不宜大量配制。⑤本品所用胃蛋白酶消化力为1:3000，即1g胃蛋白酶至少能使3000g凝固卵蛋白完全消化。

三、溶胶剂概述

溶胶剂是由固体微粒（多分子聚集体）作为分散相的质点，分散在液体分散介质中所形成的非均相分散体系。溶胶剂中微粒的大小一般在1～100nm，其外观与溶液一样是透明的。由于胶粒有着极大的分散度，微粒与水的水化作用很弱，它们之间存在着物理界面，胶粒之间极易合并，所以溶胶属于高度分散的热力学不稳定体系。但由于溶胶粒子很小，分散度大，在水中呈现强烈的布朗运动，从而克服重力作用而不易下沉，这是溶胶剂的动力学稳定因素。

> **问题提出**
> 溶胶剂与高分子溶液剂有何区别？

（1）带电性　胶粒本身带有电荷，具有双电层（吸附层与扩散层）的结构，双电层之间存在着电位差，称为ζ电位。ζ电位的大小可以表示当胶粒碰撞时，由相同电荷相互排斥，阻碍胶粒合并的能力，这是溶胶剂稳定的主要因素。由于双电层水化而在胶粒周围形成了水化膜，在一定程度上也增加了溶胶剂的稳定性，但它与电荷所起的稳定作用（排斥作用）则是次要的作用。

（2）**溶胶的稳定性**　溶胶的稳定性，可因加入一定量电解质而破坏。加入电解质时会有较多的反离子进入，而且反离子的价数越高，凝结能力越强。但加入一定浓度的高分子溶液也使溶胶剂不易发生聚集，这种现象称为保护作用，所形成的溶液称为保护胶体。保护作用的原因是有足够数量的高分子物质被吸附在胶粒的表面上，形成了类似高分子粒子的表面结构，因而稳定性增高。

（3）**丁达尔效应**　由于溶胶粒子大小比自然光的波长小，所以当光线通过溶胶剂时，有部分光被散射，溶胶剂的侧面可见到亮的光束，称为丁达尔效应。这种现象可用于对溶胶剂的鉴别。

> **小提示**
> "触变胶"：用机械力（振摇）可使凝胶变成溶胶。

四、溶胶剂的制备

溶胶剂的制备有分散法和凝聚法两种。

（1）**分散法**　系把粗分散物质分散成胶体微粒的方法。

① 研磨法　适用于脆而易碎的药物，生产上常采用胶体磨。将分散相、分散介质及稳定剂加入胶体磨中，经研磨后流出即可。

② 胶溶法　系使新生的粗分散颗粒重新分散的方法。

③ 超声波分散法　用超声波的能量使粗分散相粒子分散成为胶体粒子的方法。

（2）**凝聚法**　系利用物理条件的改变或化学反应使以分子或离子分散的物质，结合成胶体粒子的方法。

① 物理凝聚法　改变分散介质的性质使溶解的药物凝聚成溶胶。

② 化学凝聚法　系借助氧化、还原、水解、复分解等化学反应，制备溶胶。

M3-10　溶胶剂的制备

五、溶胶剂制备的影响因素

（1）**溶胶胶粒的分散度**　制备较稳定的溶胶剂，首先要将较大的颗粒粉碎到胶粒大小范围。

（2）**胶粒的聚集性**　胶粒大小在1～100nm范围内，分散度高，离子表面能大，聚集性也随之增强，因而要加稳定剂进行保护，以防粒子聚结变大。

（3）**电解质的影响**　溶胶的稳定性与ξ电位的高低有关，在选择电解质时要根据胶粒表面所吸附离子的电荷种类而定。

> **素质拓展**
> 心电图导电胶为具有流动性的无色黏稠液体，供心电图及脑电图检查时电极导电用。主要成分为氯化钠、淀粉、甘油和防腐剂。

第七节 乳　剂

一、乳剂的基本概念

乳剂也称乳浊液，是两种互不相溶的液相组成的非均相分散体系，其中一种液体往往是水或水溶液，称为水相；另一种液体则是与水不相溶的有机液体，称为油相。乳剂中分散的液滴称为分散相、内相或不连续相，包在液滴外面的另一侧称为分散介质、外相或连续相（见表3-9）。分散相液滴的直径一般在 0.1～100μm 范围内，若乳滴直径在 100nm 以下时，称为微乳（microemulsion），因其乳滴约为光波长的 1/4，故可产生散射，即呈现丁达尔现象。一般乳滴在 50nm 以下的微乳是透明的，100nm 以上则呈现白色。由于乳剂分散相液滴表面积大，表面自由能大，因而具有热力学不稳定性。为了得到稳定的乳剂，除水、油两相外，还必须加入第三种物质——乳化剂。

问题提出
乳剂有哪些给药途径？

表 3-9　乳剂按照内、外相不同分类

类型	内向	外向
O/W	油相	水相
W/O	水相	油相
O/W/O	O/W 型乳滴	油相
W/O/W	W/O 型乳滴	水相

O/W 型和 W/O 型乳剂的区别见表 3-10。

表 3-10　O/W 型和 W/O 型乳剂的区别

项目	O/W 型乳剂	W/O 型乳剂
稀释法	能与水混溶	不能与水混溶，能与油混溶
外相染色法	能被水溶性染料（如亚甲基蓝）染色	能被油溶性染料（如苏丹红）染色

乳剂的类型主要取决于乳化剂的种类及两相的比例。乳剂可供内服、外用，也可供注射给药。乳剂在应用方面有以下特点：

① 油类与水不能混合，因此分剂量不准确，制成乳剂后，分剂量较准确、方便。
② 乳剂的液滴（分散相）分散很细，使药物能较快地被吸收并发挥药效。
③ 水包油型乳剂能掩盖油的不良臭味，还可加入矫味剂，使其易于服用。
④ 能改善药物对皮肤、黏膜的渗透及刺激性。
⑤ 静脉注射乳剂不但作用快、药效高，而且有一定的靶向性。

二、乳化剂的种类

M3-11 乳剂的类型及鉴别

小提示
天然乳化剂根据原料的来源不同其性质也有所不同。

分散相分散于介质中，形成乳剂的过程称为乳化。乳化时，除所需油、水两相外，还需加入能够使分散相分散的物质，称为乳化剂。乳化剂的作用是降低界面张力，在液滴周围形成坚固的界面膜或形成双电层。

1. 乳化剂的种类

根据来源和性质不同，乳化剂可分为以下几类。

(1) 天然乳化剂 一般为复杂的高分子化合物，由于其亲水性强，故能形成O/W型乳剂。同时这类乳化剂都有较大的黏度，有利于增加乳剂的稳定性。由于天然乳化剂容易霉败而失去乳化作用，使用时除注意新鲜配制外，还应注意防腐。

阿拉伯胶为阿拉伯酸的钙、镁、钠盐的混合物，可形成O/W型乳剂。适于制备植物油、挥发油的乳剂，因阿拉伯胶黏性较低，单独使用制成的乳剂容易分层，故常与西黄蓍胶、果胶、琼脂等混合使用。常用浓度为10%～15%，pH在4～10范围内乳剂稳定。

西黄蓍胶水溶液黏度高，但乳化能力较小，很少单独使用，常与阿拉伯胶合用，以增加乳剂的黏度，其黏度在pH5时最大。

明胶可作为O/W型乳化剂和稳定剂使用，用量为油的1%～2%，但易腐败，需加防腐剂。明胶为两性化合物，使用时需注意pH的变化及其他乳化剂如阿拉伯胶所带的电荷，防止产生配伍禁忌。

磷脂由卵黄和大豆中提取，为O/W型乳化剂。一般用量为1%～3%，乳化能力较强。可作为口服、注射用乳剂的乳化剂。

(2) 合成乳化剂 合成乳化剂发展很快，种类很多，其中大部分为合成的表面活性剂，少数为半合成的高分子化合物，如甲基纤维素、羧甲基纤维素钠、羟甲基纤维素等。

口服乳剂常用非离子型表面活性剂作乳化剂，如脂肪酸山梨坦类，HLB值在3～8，能降低油的表面张力，常作为W/O型乳剂的乳化剂。聚山梨酯类常用HLB值在8～16，能降低水的表面张力，常作为O/W型乳剂的乳化剂。另外还有聚氧乙烯脂肪醇醚类和聚氧乙烯-聚氧丙烯共聚物等。

(3) 固体粉末乳化剂 许多不溶性的固体粉末，可作为乳化剂使用。能形成何种类型的乳剂，决定于固体在两相中的接触角，接触角较大，易被水润湿的固体粉末可作O/W型乳化剂；接触角较大，易被油润湿的固体粉末可作W/O型乳化剂。O/W型乳化剂有：氢氧化镁、氢氧化铝、二氧化硅、皂土等；W/O型乳化剂有：氢氧化钙、氢氧化锌、硬脂酸镁等。

2. 乳化剂的要求与选择

(1) 乳化剂的要求 优良的乳化剂所制成的乳剂，分散度大、稳定性好、受外界因素影响小、分散相浓度增大时不易转相；不易被微生物分解和破坏；毒性和刺激性小；价廉易得。目前没有一种乳化剂能具备上述的全部条件，但可根据两相液体的性质来考虑所要求的主要条件。

（2）乳化剂的选择

① 根据乳化剂的类型选择　O/W 型乳剂应选择 O/W 型乳化剂，W/O 型乳剂应选择 W/O 型乳化剂。乳化剂的 HLB 值可作为选择的依据。

② 根据乳剂给药途径选择　口服应选择无毒的天然乳化剂或某些亲水性高分子乳化剂等。外用乳剂应选择局部无刺激性乳化剂，长期使用无毒性。注射用应选择卵磷脂、泊洛沙姆等乳化剂。

③ 根据乳化剂性能选择　应选择乳化性能强、性能稳定、受外界因素影响小、无毒无刺激性的乳化剂。

④ 根据乳化剂混合比例选择　乳化剂混合使用有许多特点，可改变 HLB 值，以改变乳化剂的亲水亲油性，使其有更大的适应性，如磷脂与胆固醇混合比例为 10∶1 时，可形成 O/W 型乳剂，比例为 6∶1 时则形成 W/O 型乳剂。增加乳化膜的牢固性，如油酸钠为 O/W 型乳化剂，与胆固醇、琼蜡醇等亲油性乳化剂混合使用，可形成络合物，增强乳化膜的牢固性，并增加乳剂的黏度，增加乳剂稳定性。

三、乳剂形成理论

要制成符合要求的稳定乳剂，必须借助机械力使分散相能够分散成微小的乳滴，还要提供使乳剂稳定的必要条件。

1. 降低表面张力

当水相和油相混合时，强力搅拌即可形成液滴大小不同的乳剂，但很快会合并分层，这是因为形成乳剂的两种液体之间存在界面张力，两相间的界面张力愈大，液滴的界面自由能也愈大，形成乳剂的能力就愈小，使分散的液滴又趋向于重新聚集合并，致使乳剂破坏。为保持乳剂的高度分散状态和稳定性，就必须加入乳化剂，降低两相液体间的界面张力。

2. 形成牢固的乳化膜

乳化剂被吸附于乳滴周围，有规律地定向排列成膜，不仅降低油、水间的界面张力和表面自由能，而且可阻止乳滴合并。在乳滴周围有规律地定向排列成一层乳化剂膜称为乳化膜，乳化膜的形式有三种，即单分子乳化膜、多分子乳化膜、固体微粒乳化膜。

（1）单分子乳化膜　表面活性剂类乳化剂被吸附于乳滴表面，有规律地定向排列成单分子乳化剂层，称为单分子乳化膜，增加了乳剂的稳定性。若乳化剂是离子表面活性剂，那么形成的单分子乳化膜是离子化的，乳化膜本身带有电荷，由于电荷互相排斥，阻止乳滴的合并，使乳剂更加稳定。

（2）多分子乳化膜　亲水性高分子化合物类乳化剂，在乳剂形成时被吸附于乳滴的表面，形成多分子乳化剂，称为多分子乳化膜。强亲水性多分子乳化膜不仅能阻止乳滴的合并，而且增加分散剂的黏度，使乳剂更加稳定。如阿拉伯胶作乳化剂就能形成多分子膜。

（3）固体微粒乳化膜 作为乳化剂使用的固体微粒对水相和油相有不同的亲和力，因此对油、水两相表面张力有不同程度的降低，在乳化过程中小固体微粒被吸附于乳滴的表面，在乳滴表面上排列成固体微粒膜，起阻止乳滴合并的作用，增加了乳剂的稳定性。这样的固体微粒层，称为固体微粒乳化膜。如硅藻土和氢氧化镁等都可作为固体微粒乳化剂使用。

3. 加入适宜的乳化剂

> 小提示
> 乳化剂选择的原则。

基本的乳剂类型是 O/W 型和 W/O 型。决定乳剂类型的因素有很多，但最主要的是乳化剂的性质和乳化剂的 HLB 值。乳化剂分子中含有亲水基和亲油基，形成乳剂时亲水基伸向水相，亲油基伸向油相，若亲水基大于亲油基，乳化剂伸向水相的部分较大，使水的表面张力降低很大，可形成 O/W 型乳剂。若亲油基大于亲水基，则形成 W/O 型乳剂。所以乳化剂亲水、亲油性是决定乳剂类型的主要因素。

4. 有适当的相容积比

油、水两相的容积比简称相容积比。在制备乳剂时，分散相浓度一般在 10%～50%，分散相浓度超过 50% 时，乳滴之间的距离很近，乳滴易发生碰撞而合并或引起转相，使乳剂不稳定。所以制备乳剂时应考虑油、水两相的相容积比，以利于乳剂的形成和长期稳定。

四、乳剂制备方法

1. 干胶法

M3-12 乳剂的制备

干胶法即水相加到含乳化剂的油相中。制备时先将胶粉（乳化剂）与油混合均匀，加入一定量的水，研磨乳化成初乳，再逐渐加水稀释至全量。见图 3-4，在初乳中，油、水、胶有一定比例，若用植物油，其比例为 4∶2∶1，若为挥发油其比例为 2∶2∶1；液状石蜡比例为 3∶2∶1，所用胶粉通常为阿拉伯胶或阿拉伯胶与西黄蓍胶的混合物。

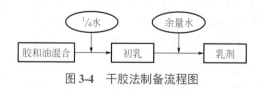

图 3-4 干胶法制备流程图

2. 湿胶法

湿胶法即油相加到含乳化剂的水相中。制备时将胶（乳化剂）先溶于水中，制成胶浆作为水相，再将油相分次加于水相中，研磨成初乳，再加水至全量（见图 3-5）。湿胶法制备乳剂时油、水、胶的比例与干胶法相同。

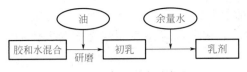

图 3-5 湿胶法制备流程图

3. 新生皂法

新生皂法即将油水两相混合时，两相界面上生成的新生皂类产生乳化的方法。植物油含有硬脂酸、油酸等有机酸，加入氢氧化钠、氢氧化钙、三乙醇胺等，在高温下（70℃以下）生成的新生皂为乳化剂，经搅拌即形成乳剂（见图3-6）。生成的一价皂则为 O/W 型乳剂，生成的二价皂则为 W/O 型乳剂。本法适用于乳膏剂的制备。

> **问题提出**
> 生成的三价皂是什么类型的乳剂？

图 3-6 新生皂法制备流程图

4. 机械法

机械法即将油相、水相、乳化剂混合后用乳化机械制备乳剂的方法（见图3-7）。此法操作容易，粒子分散度较大，乳剂质量好。目前使用的乳化机械主要有组织捣碎机、乳均机、超声波乳化器、胶体磨等。

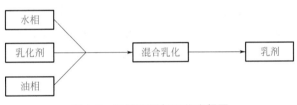

图 3-7 机械法制备工艺流程图

五、影响乳化的因素

制备乳剂主要是将两种液体乳化，而乳化的好坏对乳剂的质量有很大影响。影响乳化的因素主要有以下几方面。

1. 界面张力

在乳化过程中将分散相分切成小液滴时，由于界面面积增加而引起表面自由能增大，故乳化时必须做功。操作时，油水两相的界面张力越小，乳化时所需的功也越小，因此选用能显著降低界面张力的乳化剂，只用很小的功就能制成乳剂。

2. 黏度和温度

在两相乳化过程中，黏度越大，所需的乳化功也就越大。加热能降低表面张力和黏度，有利于乳剂的形成。但同时也增加了乳滴的动能，促进了液滴的

> **问题提出**
> 昙点如何影响乳化温度?

合并,甚至破裂。故乳化时温度应根据具体情况而定,实验证明最适宜的乳化温度为70℃左右。若用非离子型表面活性剂为乳化剂时,乳化温度不应超过其昙点。

3. 乳化时间

在乳化开始阶段搅拌可促使分散形成乳滴,但继续搅拌则可增加乳滴间的碰撞机会,即增加液滴聚集的机会。因此应避免乳化时间过长,要视具体情况如乳化剂的乳化能力、降低界面张力的程度、所需制备乳剂的量及乳化用器械的效率等而定。

4. 乳化剂的用量

乳化剂的用量过少,乳化剂吸附在分散相小液滴表面所形成的界面膜的密度很小,或甚至不够包围小液滴,这样形成的乳剂不稳定,一般乳化剂的用量越多,则界面张力降低得越大,界面膜的密度越大,并且乳剂的黏度也越大,形成的乳剂也越稳定,一般乳化剂的用量为乳剂的0.5%~10%。

六、乳剂中药物的加入方法

① 水溶性药物先溶于水相,油溶性药物先溶于油相,然后再用此水相或油相制备乳剂。

② 如需制成初乳,可将溶于外相的药物溶解后再用以稀释初乳。

③ 在油、水中都不能溶解的药物,可用亲和性大的液相研磨,再制成初乳;也可将药物研成细粉后加入乳剂中,使其吸附于乳滴周围而达均匀分布。

七、乳剂制备举例

例3-7 液状石蜡乳

【处方】 液状石蜡   12mL   阿拉伯胶   4g
5%尼泊金乙酯醇溶液   0.1mL   纯化水   加至30mL

【制法】

(1) 干胶法 取阿拉伯胶粉加入液状石蜡中,研匀,加入8mL纯化水,不断研磨至发出劈啪声,即成初乳。再加入5%尼泊金乙酯醇溶液,适量纯化水,使成30mL,研匀即得。

(2) 湿胶法 取8mL纯化水置烧杯中,加4g阿拉伯胶粉配成胶浆,置乳钵中,作为水相,再将12mL液状石蜡分次加入水相中,边加边研磨,成初乳,加入5%尼泊金乙酯醇溶液,适量纯化水,使成30mL,研匀即得。

【注解】①干胶法制备时,液状石蜡初乳所用油、水、胶的比例为3:2:1。②湿胶法制备时,所用胶水的比为1:2,应提前配好。③制成初乳时,必须待初乳形成后,方可加水稀释。④本品为致泻剂,用于治疗便秘。

例 3-8　鱼肝油乳剂

【处方】鱼肝油　　　　500mL　　阿拉伯胶细粉　125g
　　　　西黄蓍胶细粉　7g　　　　糖精钠　　　　0.1g
　　　　挥发杏仁油　　1mL　　　尼泊金乙酯　　0.5g
　　　　纯化水　　　　加至1000mL

【制法】将阿拉伯胶与鱼肝油研匀，一次加入 250mL 纯化水，用力沿一个方向研磨制成初乳，加糖精钠水溶液、挥发杏仁油、尼泊金乙酯，再缓慢加入西黄蓍胶胶浆，加纯化水至全量，搅匀即得。

【注解】①处方中鱼肝油为药物与油相；阿拉伯胶为乳化剂；西黄蓍胶为稳定剂（增加连续相黏度）；糖精钠、杏仁油为矫味剂；尼泊金乙酯为防腐剂。②本品系用干胶法制成的 O/W 型乳剂，制备初乳时油、水、胶的比例 4:2:1。③本品在工厂大量生产时采用湿胶法，即油相加入到含有乳化剂的水相中，在高压乳匀机中生产，所得产品洁白细腻，乳滴直径 1～5μm。④本品为营养药，常用于维生素 A、维生素 D 缺乏症。

例 3-9　丙泊酚脂肪乳

【处方】丙泊酚　　　1g　　　中链甘油三酸酯　10g
　　　　大豆磷脂　　1.2g　　泊洛沙姆 188　　3.6g
　　　　油酸　　　　0.16g　 维生素 E　　　　0.08g
　　　　甘油　　　　2.25g　 注射用水　　　　加至100mL

【制法】将大豆磷脂（无水乙醇溶解）、油酸、维生素 E 加入中链甘油三酸酯中，搅拌均匀，旋蒸出乙醇，加入丙泊酚，混匀作为油相；将泊洛沙姆 188 和甘油用适量的注射用水在室温下溶解，作为水相。两相分别预热至 60℃，将油相缓缓加入水相中，500W 超声 10min，分散成初乳，加入剩余处方量的水，0.1mol/L 氢氧化钠溶液调节 pH8～9，移至高压均质机中，40MPa 压力下均化 10 次，得到终乳，过 0.45μm 的微孔滤膜，灌封于西林瓶中，115℃ 热压灭菌 30min，即可。

【注解】制备时，超声乳化时间不宜过长，因为长时间超声可能导致乳滴破坏，同时体系的温度也会迅速上升，可能引起大豆磷脂水解；均质到一定程度，平均粒径达到最小，继续增加均质次数可能增加乳滴间的碰撞，出现乳滴合并，平均粒径增大。

> 小提示
> 丙泊酚脂肪乳用于全身麻醉的诱导和维持。

八、乳剂的稳定性

乳剂属于热力学不稳定体系，乳剂常发生下列变化。

1. 分层

乳剂在放置过程中，有时会出现分散相液滴集中上浮或下沉的现象，称为分层。分层主要是由于分散相与连续相的密度不同所致。O/W 型乳剂往往出现分散相粒子上浮，因为油的相对密度常小于 1。W/O 型乳剂则相反，分散相的粒子要下沉。乳剂的分层速率受 Stokes 定律中各因素的影响。如减小乳滴的直径、增加连续相的黏度、降低分散相与连续相之间的密度差等均能降低分层速率。

2. 絮凝

乳剂中分散相的乳滴发生可逆的聚集现象称为絮凝。但由于乳滴荷电以及乳化膜的存在，阻止了絮凝时乳滴的合并。发生絮凝的条件是：乳滴的电荷减少时，使 ζ 电位降低，乳滴产生聚集而絮凝。絮凝状态仍能保持乳滴及其乳化膜的完整性。乳剂中电解质和离子型乳化剂的存在是产生絮凝的主要原因，同时絮凝与乳剂的黏度、相容积比以及流变性有密切关系。絮凝状态与乳滴的合并是不同的，但絮凝状态进一步发展会引起乳滴的合并。

3. 转相

> **小提示**
> 转相是个可逆过程。

乳剂由于某些条件的变化而改变乳剂的类型称为转相，由 O/W 型转变为 W/O 型或由 W/O 型转变为 O/W 型。转相主要是由于乳化剂的性质改变而引起的，如油酸钠是 O/W 型乳化剂，遇氯化钙后生成油酸钙，变为 W/O 型乳化剂，乳剂则由 O/W 型转变为 W/O 型。此外油水两相的比例（或体积比）的变化也可引起转相，如在 W/O 型乳剂中，当水的体积与油的体积相比很小时，水可分散在油相中，但加入大量水时，可转变成 O/W 型乳剂。一般乳剂分散相的浓度在 50% 左右最稳定，浓度在 26% 以下或 74% 以上其稳定性较差。

另外，向乳剂中加入相反类型的乳化剂也可使乳化剂转相，特别是两种乳化剂的量接近相等时，更容易转相。转相时两种乳化剂的量比称为转相临界点。在转相临界点的乳剂不同于任何类型，处于不稳定状态，可随时向某种类型乳剂转变。

4. 破裂

乳剂中分散相液滴合并进而分成油水两层的现象，称为乳剂的破裂。合并后液滴周围的水化膜已破坏，界面消失，故乳剂的破裂是不可逆的变化，再经振摇也不可能恢复到原来的分散状态。乳剂的稳定性与乳滴的大小和均匀性有关，此外分散介质的黏度降低可使乳滴合并速率增加。乳剂破裂还与温度、加入相反类型的乳化剂、添加电解质、离心作用、微生物、油的酸败等因素有关。

5. 酸败

乳剂受光、热、空气、微生物等影响，使乳剂组成发生水解、氧化引起乳剂酸败、发霉、变质。可通过添加抗氧剂、防腐剂等，以及采用适宜的包装及贮藏方法，防止乳剂的酸败。

九、乳剂质量评定

乳剂给药途径不同，其质量要求也不同，很难制定统一的质量标准，但对所制备乳剂的质量必须有最基本的评定。

1. 乳剂质量要求

乳剂应呈均匀的乳白色，以 4000r/min 的转速离心 15min，不应观察到分层现象；乳剂不得有发霉、酸败、变色、异臭、异物、产生气体或其他变质现象；加入的乳化剂等附加剂不影响产品的稳定性和含量测定，不影响胃肠对药物的吸收；需易于从容器倒出，但应有适宜的黏度；乳剂应密封，置阴凉处储藏。

2. 乳剂的稳定性评价

(1) 乳剂粒径大小的测定 乳剂粒径的大小是衡量乳剂质量的重要标志。不同用途的乳剂对粒径大小的要求不同，如静脉注射乳剂，其粒径应在 0.5μm 以下。其他用途的乳剂对粒径也有不同要求。常用粒径大小测定方法有显微镜测定法、库尔特计数器测定法、激光散射光谱法、透射电镜法等。

(2) 分层现象的观察 乳剂长时间放置，粒径变大，进而产生分层现象。产生分层现象的快慢是衡量乳剂稳定性的重要指标。为了在短时间内观察乳剂质量的稳定性，可用离心法加速其分层，用 4000r/min 离心 15min，如不分层可认为乳剂质量稳定性。此法可用于比较各种乳剂间的分层情况，以估计其稳定性。在半径为 10cm 离心机中以 3750r/min 离心 5h，相当于 1 年的自然分层的效果。

(3) 乳滴合并速率的测定 对于一定大小的乳滴，其合并速率符合一级动力学规律，其直线方程为：

$$\lg N = \lg N_0 - kt/2.303 \tag{3-1}$$

式中　N——t 时的乳滴数；

　　　N_0——t_0 时的乳滴数；

　　　k——合并速率常数；

　　　t——时间。

如果乳滴合并成大滴所需的平均时间短，即 k 大，说明乳剂不稳定。所以测定随时间 t 变化的乳滴数 N，然后求出合并速率常数 k，估计乳滴合并速率，结果可用以评价乳剂稳定性大小。

(4) 稳定常数的测定 乳剂离心前后吸光度变化百分率称为稳定常数，用 K_0 表示，其表达式如下：

$$K_0=[(A_0-A)/A_0]\times100\% \tag{3-2}$$

式中　K_0——稳定常数；

　　　A_0——未离心乳剂稀释液的吸光度；

　　　A——离心后乳剂稀释液的吸光度。

测定方法：取适量乳剂于离心管中，以一定速率离心一定时间，从离心管底部取出少量的乳剂，稀释一定倍数，以纯化水为对照，用比色法在可见光某波长下测定吸光度 A，同法测定原乳剂稀释液吸光度 A_0，代入公式计算 K_0，离心速率和波长的选择可通过试验加以确定。K_0 值越小越稳定。本法是研究乳剂稳定性的定量方法。

第八节 混悬剂

一、混悬剂的基本概念

问题提出
某2岁患儿，因发热需服用布洛芬混悬液，家长给予一次4mL的剂量，但是退热效果不佳，于是间隔不到8h又加服一次，请分析原因？

混悬剂是指难溶性固体药物的颗粒（比胶粒大的微粒）分散在液体分散介质中所形成的非均相分散体系。它属于粗分散体系，分散相微粒的大小一般在0.1～10μm，有的可达50μm或更大，混悬剂的分散介质大多为水，也有用植物油制备的。也可将混悬剂制成干粉的形式，临用时加水或其他液体分散介质形成混悬剂，称为干混悬剂。

在药剂学中，混悬剂与多种剂型有关，如在合剂、洗剂、搽剂、注射剂、滴眼剂、气雾剂等剂型中都有应用，一般下列情况可考虑制成混悬剂。
① 不溶性药物需制成液体剂型应用。
② 药物的用量超过了溶解度而不能制成溶液。
③ 两种溶液混合时，药物的溶解度降低或产生难溶性化合物。
④ 为了产生长效作用或提高药物在水溶液中的稳定性等。

问题提出
毒性药物为什么不能制成混悬剂？

但为了安全起见，毒药或剂量小的药物不应制成混悬剂。混悬剂除要符合一般液体制剂的要求外，颗粒应细腻均匀，颗粒大小应符合该剂型的要求；混悬剂微粒不应迅速下沉，沉降后不应结成饼状，经振摇应能迅速均匀分散，以保证能准确地分取剂量。投药时需加贴"用前振摇"或"服前摇匀"的标签。

> **素质拓展**
>
> 可能家长在给药过程中没有摇匀混悬液，造成溶液上部的药量达不到规定剂量，故服药效果不佳。但药品将用尽时又会造成药物浓度过高的问题。故混悬剂使用时一定要"摇匀"，要注意药品的服用方法及服用剂量，确保用药安全。

二、混悬剂的稳定性

混悬剂分散相（药物）的微粒大于胶粒，因此微粒的布朗运动不显著，易受重力作用而沉降，所以混悬液是动力学不稳定体系。由于混悬剂微粒仍有较大的界面能，容易聚集，所以又是热力学不稳定体系。

1. 混悬微粒的沉降

混悬剂中的微粒由于受重力作用，静置时会自然沉降，沉降速率服从 Stokes 定律。

$$V = 2r^2(\rho_1 - \rho_2)g/(9\eta) \tag{3-3}$$

视频扫一扫
M3-13 混悬剂的稳定性

式中 V——微粒沉降速率，cm/s；
 r——微粒半径，cm；
 ρ_1——微粒的密度，g/mL；
 ρ_2——分散介质的密度，g/mL；
 g——重力加速度，cm/s²；
 η——分散介质的黏度，mPa·s。

从 Stokes 公式可知，混悬微粒的粒径越大，沉降速率越快；混悬微粒与分散介质之间的密度差越大，沉降速率越快；分散介质的黏度越小，沉降速率越快。

混悬微粒沉降速率越大，动力学稳定性就越差。为了增加混悬剂的稳定性，降低沉降速率，最有效的方法就是尽量减少微粒半径，将药物粉碎得越细越好。另一种方法就是增加分散介质的黏度，以减少固体微粒与分散介质间的密度差，这就要向混悬剂中加入高分子助悬剂，在增加分散介质黏度的同时，也减少了微粒与分散介质之间的密度差，同时微粒吸附助悬剂分子而增加亲水性，这是增加混悬剂稳定性应采取的重要措施。混悬微粒的沉降有两种情况：一种是自由沉降，即大的微粒先沉降、小的微粒后沉降，小微粒填于大微粒之间，结成相当牢固、即使振摇也不易再分散的饼状物。自由沉降没有明显的沉降面。另一种是絮凝沉降，即数个微粒聚集在一起沉降，沉降物比较疏松，经振摇可恢复均匀的混悬液。絮凝沉降有明显的沉降面。

2. 混悬微粒的电荷与 ζ 电位

与胶体微粒相似，混悬微粒可因本身电离或吸附溶液中的离子（杂质或表面活性剂等）而带电荷。微粒表面的电荷与介质中相反离子之间可构成双电层，产生 ζ 电位。由于微粒表面带有电荷，水分子便在微粒周围定向排列形成水化膜，这种水化作用随双电层的厚薄而改变。微粒的电荷与水化膜均能阻碍微粒的合并，增加了混悬剂的聚结稳定性。当向混悬剂中加入电解质时，由于电位 ζ 和水化膜的改变，可使其稳定性受到影响。因此，在向混悬剂中加入药物、表面活性剂、防腐剂、矫味剂及着色剂等时，必须考虑到对混悬剂微粒的电性是否有影响。疏水性药物微粒主要靠微粒带电而水化，这种水化作用对电解质很敏感，当加入定量的电解质时，可因中和电荷而产生沉淀。但亲水性药物微粒的水化作用很强，其水化作用受电解质的影响较小。

3. 混悬微粒的润湿与水化

固体药物能否被水润湿，与混悬剂制备的难易、质量的好坏及稳定性大小关系很大。混悬微粒若为亲水性药物，即能被水润湿，与胶粒相似，润湿的混悬微粒可与水形成水化层，阻碍微粒的合并、凝聚、沉降。而疏水性药物不能被水润湿，故不能均匀地分散在水中。但若加入润湿剂（表面活性剂）后，降低固液间的界面张力，改变了疏水性药物的润湿性，则可增加混悬剂的稳定性。

4. 混悬微粒表面能与絮凝

由于混悬剂中微粒的分散度较大，因而具有较大的表面自由能，易发生粒子的合并，加入表面活性剂或润湿剂和助悬剂等可降低表面张力，因而有利于混悬剂的稳定，如果向混悬剂中加入适当电解质，使ζ电位降低到一定程度，混悬微粒就会变成疏松的絮状聚集体沉降，这个过程称为絮凝，加入的电解质称为絮凝剂。在絮凝过程中，微粒先絮凝成锁链状，再与其他絮凝粒子或单个粒子连接，形成网状结构而徐徐下沉，所以絮凝沉淀物体积较大，振摇后容易再分散成为均匀的混悬剂，但若电解质应用不当，使ζ电位降低到零时，微粒便因吸附作用而紧密结合成大粒子沉降并形成饼状，不易再分散。为了保证混悬剂的稳定性，一般可控制电位ζ在 $20 \sim 25mV$，以使其恰能发生絮凝为宜。

5. 微粒的增长与晶型的转变

在混悬剂中，结晶性药物微粒的大小往往不一致；微粒大小的不一致性，不仅表现在沉降速率不同，还会发生结晶增长现象，从而影响混悬剂的稳定性。溶液中小粒子的溶解度大于大粒子的溶解度，于是在溶解与结晶的平衡中，小粒子逐渐溶解变得越来越小，而大粒子变得越来越大，结果大粒子的数目不断增加，使沉降速率加快而使混悬剂的稳定性降低，因此制备混悬剂时，不仅要考虑粒子大小，还应考虑粒子大小的一致性。

许多结晶性药物，可能有几种晶型存在，称为同质多晶型，如巴比妥、黄体酮、可的松等。但在同一药物的多晶型中，只有一种晶型是最稳定的称为稳定型，其他晶型都不稳定，但在一定时间后，就会转变为稳定型，这种热力学不稳定晶型，一般称为亚稳定晶型。由于亚稳定晶型常有较大的溶解度和较高的溶解速率，在体内吸收也较快，所以在药剂中常选用亚稳定晶型以提高疗效。但在制剂的贮存或制备过程中，亚稳定型必然要向稳定型转变，这种转变的速度有快有慢。如果在混悬液制成到使用期间，不会引起晶型转变（因转变速度很慢），则不会影响混悬剂的稳定性。但对转变速度快的亚稳定型，就可能因转变成稳定型后溶解度降低等而产生结块、沉淀或生物利用度降低。由于注射用混悬剂可能引起堵塞，对此，一般可采用增加分散介质的黏度，如混悬剂中添加亲水性高分子化合物如甲基纤维素、聚乙烯吡咯烷酮、阿拉伯胶及表面活性剂如聚山梨酯等，被微粒表面吸附可有效地延缓晶型的转变。

6. 分散相的浓度和温度

在同一分散介质中分散相的浓度增加，微粒相互接触凝聚的机会也增多，因此混悬剂稳定性降低，温度对混悬剂稳定性的影响很大，温度变化可改变药物的溶解度和溶解速率。温度升高微粒碰撞加剧，促进凝集，并使介质黏度降低而加大沉降速率，因此混悬剂一般应贮存于阴凉处。

三、混悬剂的稳定剂

混悬剂为不稳定分散体系，为了增加其稳定性，以适应临床需要，可加入适当的稳定剂。常用稳定剂有以下几种。

1. 助悬剂

助悬剂的主要作用是可增加分散介质的黏度，降低药物微粒的沉降速率；可被药物微粒表面吸附形成机械性或电性的保护膜，阻碍微粒合并、絮凝或结晶的转型。这些均能增加混悬剂的稳定性。

助悬剂的用量，应视药物的性质（如亲水性强弱等）及助悬剂本身的性质而定。疏水性强的药物多加，疏水性弱的药物少加，亲水性药物一般可不加或少加助悬剂。

> **问题提出**
> 为什么添加天然高分子助悬剂需要加防腐剂？

常用的天然高分子助悬剂有：阿拉伯胶（粉末或胶浆，一般用量为5%～15%）、西黄蓍胶（一般用量为0.5%～1%）、琼脂（一般用量为0.2%～0.5%）、淀粉浆、海藻酸钠等。使用天然高分子助悬剂的同时，应加入防腐剂，如苯甲酸、尼泊金类或酚类等。

合成高分子助悬剂常用的有：甲基纤维素、羧甲基纤维素钠、羟乙基纤维素、羟丙基甲基纤维素、聚乙烯醇等。它们的水溶液均透明，一般用量为0.1%～1%，性质稳定，受pH影响小，但与某些药物有配伍变化。

2. 润湿剂

润湿是指由固-气两相结合状态转变成固-液两相的结合状态。很多固体药物如硫黄、某些磺胺类药物等，其表面可吸附空气，此时由于固-气两相的界面张力小于固-液两相的界面张力，所以当与水振摇时，不能为水所润湿者，称为疏水性药物；反之，能为水所润湿，且在微粒周围形成水化膜的，称为亲水性药物。用疏水性药物配制混悬剂时，必须加入润湿剂，以使药物能被水润湿。润湿剂应具有表面活性作用，HLB值一般在7～9，且有合适的溶解度。外用润湿剂可用肥皂、月桂醇硫酸钠、二辛酸酯磺酸钠、磺化蓖麻油、司盘类。内服可用聚山梨酯类（如聚山梨酯20、聚山梨酯60、聚山梨酯80等）；甘油、乙醇等亦常用作润湿剂，但效果不强。

3. 絮凝剂与反絮凝剂

使混悬剂产生絮凝作用的附加剂称为絮凝剂，而产生反絮凝作用的附加剂称为反絮凝剂。制备混悬剂时加入絮凝剂，使混悬剂处于絮凝状态，以增加混悬剂的稳定性。同一种电解质因用量不同，可以是絮凝剂，也可以是反絮凝剂。常用的有柠檬酸盐、酒石酸盐等。

四、混悬剂制备方法

1. 分散法

分散法系将固体药物粉碎至符合混悬微粒分散度要求后，再混悬于分散介

M3-14 混悬剂的制备

问题提出
哪些药物适合用"水飞法"粉碎？

质中的方法。分散法制备混悬液与药物的亲水性有关。如氧化锌、炉甘石、碳酸钙、碳酸镁、某些磺胺类等亲水性药物，一般可先干研磨到一定程度，再加水或与水极性相近的分散介质进行加液研磨，至适宜的分散度，然后加入其余的液体至全量。加液研磨可使粉碎过程容易进行。加入液体的量与研磨效果有很大关系，通常1份药物加 0.4～0.6 份液体即能产生最大的分散效果。加入的液体通常是处方中所含有的，如水、芳香水、糖浆、甘油等。也可将称好的药物置于干净容器内，加适量水，使药物粒子慢慢吸水膨胀，使水分子通过毛细管的作用进入粒子之间，以减弱粒子间的吸引力。如果搅拌反而可能破坏粒子间的毛细管作用，使药物凝聚成团块。最后添加适量助悬剂，搅匀即得。为使药物有足够的分散度，对一些质重的药物可采用"水飞法"。见图3-8。

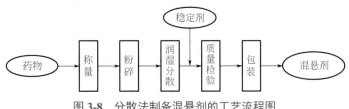

图 3-8 分散法制备混悬剂的工艺流程图

例 3-10 复方硫黄洗剂

【处方】沉降硫黄　　30g　　　　硫酸锌　　30g
　　　　樟脑酊　　　250mL　　　甘油　　　100mL
　　　　羧甲基纤维素　5g　　　　纯化水　　加至 1000mL

【制法】取羧甲基纤维素，加于适量纯化水中，迅速搅拌，使成胶浆状；另取沉降硫黄分次加甘油研至糊状后，与前者混合。又取硫酸锌置于 200mL 纯化水中，过滤，将滤液缓缓加入上述混合物中，再缓缓加樟脑酊，随加随研至混悬状，最后加纯化水使成 1000mL，搅拌，即得。

【注解】①硫黄为强疏水性物质，颗粒表面易吸附空气而形成气膜，从而集聚浮于液面，应先以甘油润湿研磨，甘油为润湿剂，使易与其他药物混悬均匀。②樟脑酊含樟脑 9.2%～10.4%（g/mL），乙醇含量为 80%～87%，操作中应以细流缓缓加入混合液中，并急速搅拌，使樟脑不致析出较大颗粒。③羧甲基纤维素为助悬剂，可增加其分散介质的黏度，并能吸附在微粒周围形成机械性保护膜而使本品趋于稳定。

小提示
复方硫黄洗剂主要治疗痤疮、疥疮、皮脂溢出及酒糟鼻。

2. 凝聚法

（1）化学凝聚法　系由两种或两种以上化合物经化学反应生成不溶性的药物悬浮于液体中制成混悬剂。为使生成的颗粒细微均匀，化学反应要在稀溶液中进行，并急速搅拌。如氢氧化铝凝胶、氧化镁合剂等，均由化学凝聚法制得。

例 3-11 磺胺嘧啶混悬剂

【处方】磺胺嘧啶　　100g　　　氢氧化钠　　16g　　　枸橼酸钠　　50g

枸橼酸　29g　　单糖浆　400mL　　5%羟苯乙酯乙醇溶液　10mL
纯化水　加至1000mL

【制法】将磺胺嘧啶混悬于200mL纯化水中，将氢氧化钠加适量纯化水溶解，缓缓加入磺胺嘧啶混悬液中，边加边搅拌，使磺胺嘧啶成钠盐溶解。另将枸橼酸钠与枸橼酸加适量纯化水溶解，过滤，滤液慢慢加入上述钠盐溶液中，不断搅拌，析出细微磺胺嘧啶。最后加入单糖浆和羟苯乙酯乙醇溶液，并加纯化水至1000mL，摇匀即得。

【注解】本品是用化学凝聚法制备成的混悬剂，粒子大小均在30μm以下，若直接将磺胺嘧啶分散制成混悬液，其粒子在30～100μm的占95%，大于100μm的占10%，从沉降体积比看，前者1h为1、6h为0.92，后者分别为0.93、0.61。两者在家兔体内相对生物利用度有显著差异，前者明显高于后者。

> **问题提出**
> 化学凝聚法是否为常用的混悬剂制备方法？

（2）微粒结晶法（物理凝聚法）　将药物制成热饱和溶液，在急速搅拌下倾入另一不同性质的冷溶剂中，通过溶剂的转换作用，使之快速结晶，可得到10μm以下占80%～90%的微粒沉降物，再将微粒混悬于分散介质中，即得混悬剂。物理凝聚法又包括溶剂改变法和温度改变法。如醋酸可的松滴眼剂的制备就是采用物理凝聚法制备。

五、混悬剂的质量评定

1. 混悬剂的质量要求

① 药物本身化学性质应稳定，在使用或贮存期间不得有异臭、异物、变色、产气或变质现象。

② 粒子应细小、分散均匀、沉降速率慢、沉降后不结块，经振摇后可再分散，沉降体积比不应低于0.9（包括干混悬剂）。

③ 混悬剂应有一定的黏度要求。

④ 混悬剂应在清洁卫生的环境中配制，及时灌装于无菌清洁干燥的容器中，微生物限度检查不得超标，不得有发霉、酸败等。

⑤ 干混悬剂按照干燥失重测定法检查，减失重量不得超过2.0%。

2. 混悬剂的稳定性评价

（1）微粒大小的测定　混悬剂中微粒的大小不仅关系到混悬剂的质量和稳定性，也会影响其药效和生物利用度。因此测定混悬剂中微粒大小及其分布，是评价混悬剂质量的重要指标。《中国药典》（2020年版）规定用显微镜法和筛分法测定药物制剂的粒子大小，混悬剂中微粒大小常用前法。

（2）沉降体积比的测定　通过测定混悬剂的沉降体积比，可以评价混悬剂的稳定性，进而评价助悬剂和絮凝剂的效果及评价处方设计中的有关问题。沉降体积比是指沉降物的体积与沉降前混悬剂的体积之比。测定方法：取混悬剂50mL放入具塞量筒中，用力振摇1min，记下混悬物的开始高度 H_0，静置3h，记下混

悬物的最终高度 H，按下式计算沉降体积比 F：

$$F=H/H_0 \quad (3-4)$$

F 的数值在 $0 \sim 1$。《中国药典》（2020 年版）规定，口服混悬液的沉降体积比应不低于 0.90。F 值愈大，混悬剂愈稳定。混悬微粒开始沉降时，沉降高度 H 随时间而减小。所以沉降体积比 H/H_0 是时间的函数，以 H/H_0 为纵坐标，沉降时间 t 为横坐标作图，可得沉降曲线，曲线的起点最高点为 1，以后逐渐缓慢降低。根据沉降曲线的形状可以判断混悬剂处方设计的优劣。沉降曲线比较平和、缓慢降低可认为处方设计优良。但较浓的混悬剂不适用于绘制沉降曲线。

（3）絮凝度的测定 絮凝度是比较混悬剂絮凝程度的重要参数，用下式表示：

$$\beta=F/F_\infty \quad (3-5)$$

式中 F——絮凝混悬剂的沉降体积比；

F_∞——无絮凝混悬剂的沉降体积比；

β——由絮凝所引起的沉降体积比增加的倍数。

例如，无絮凝混悬剂的 F_∞ 值为 0.15，絮凝混悬剂的 F 值为 0.75，则 $\beta=5.0$，说明絮凝。混悬剂沉降体积比是无絮凝混悬剂沉降体积比的 5 倍。β 值愈大，絮凝效果愈好。用絮凝度评价絮凝剂的效果，对于预测混悬剂的稳定性具有重要价值。

（4）重新分散实验 优良的混悬剂经过贮存后再振摇，沉降物应能很快重新分散，这样才能保证服用时的均匀性和分剂量的准确性。实验方法：将混悬剂置于 100mL 量筒内，以 20r/min 的速率转动，经过一定时间的旋转，量筒底部的沉降物应重新均匀分散，则说明混悬剂再分散性良好。

（5）流变学测定 主要是黏度的测定，可用动力黏度、运动黏度或特性黏度表示。可用旋转黏度计测定混悬液的流动曲线，由流动曲线的形状确定混悬液的流动类型，从而评价混悬液的流变学性质。测定结果如为触变流动、塑性流动和假塑性流动，则能有效地减缓混悬剂微粒的沉降速率。

学习测试题

一、选择题

（一）单项选择题

1. 关于液体制剂的说法，表述错误的是（　　）。

A. 液体制剂中药物粒子分散度大，吸收快

B. 某些固体制剂制成液体制剂后，可减少其对胃肠道的刺激性

C. 固体药物制成液体制剂后，有利于提高生物利用度

D. 化学稳定性较好

2. 不属于液体制剂质量要求的是（　　）。

A. 均相液体制剂应澄明

B. 非均相液体制剂分散相粒子应细小而均匀

C. 口服液体制剂应外观良好，口感适宜

D. 液体制剂不得检出微生物

3. 对酚、鞣质等有较大溶解度的溶剂是（　　）。
A. 乙醇　　　　B. 甘油　　　　C. 液状石蜡　　　　D. 二甲基亚砜

4. 纯化水不能单独作为下列哪种药剂的分散介质。（　　）
A. 露剂　　　　B. 醑剂　　　　C. 糖浆剂　　　　D.PVP 溶液

5. 关于 PEG 的叙述中，错误的是（　　）。
A. 为半极性溶剂
B. 能与水、乙醇、甘油等混合
C. 对易水解药物有一定稳定作用
D. 作溶剂时，常用分子量为 3000～6000

6. 有关防腐剂的叙述，错误的是（　　）。
A. 尼泊金乙酯类防腐剂配伍使用有协同作用
B. 苯甲酸和山梨酸在酸性条件下抑菌作用较好
C. 苯扎氯铵系阳离子表面活性剂，不能用于制剂处方中作防腐剂
D. 挥发油也具有防腐剂作用

7. 不能增加药物溶解度的方法是（　　）。
A. 加助悬剂　　　　B. 增加溶剂　　　　C. 成盐　　　　D. 改变溶剂

8. 不属于真溶液型液体药剂的是（　　）。
A. 碘甘油　　　　B. 樟脑醑　　　　C. 薄荷水　　　　D.PVP 溶液

9. 有"万能溶剂"之称的是（　　）。
A. 乙醇　　　　B. 甘油　　　　C. 液状石蜡　　　　D. 二甲基亚砜

10. 关于芳香水剂的叙述，错误的是（　　）。
A. 为挥发性药物的饱和或近饱和的水溶液
B. 药物浓度均较低
C. 含芳香成分，故不易霉变
D. 芳香水剂多用作甜味剂

11. 关于溶液剂的叙述，错误的是（　　）。
A. 一般为非挥发性药物的澄明溶液
B. 溶剂均为水
C. 可供内服或外用
D. 可用溶解法或稀释法制备

12. 有关糖浆剂的说法，表述错误的是（　　）。
A. 糖浆剂的含糖量应为 45%（g/mL）以上
B. 单糖浆可作矫味剂、助悬剂
C. 单糖浆浓度高、渗透压大，可抑制微生物生长
D. 糖浆剂为高分子溶液

13. 有关亲水胶体的叙述，错误的是（　　）。
A. 亲水胶体外观澄清
B. 加大量电解质会使其沉淀
C. 分散相为高分子化合物的分子聚集体

D. 亲水胶体可提高疏水胶体的稳定性

14. 对混悬剂中微粒沉降速率影响不大的是（　　）。
    A. 微粒半径　　　　　　　　B. 分散微粒与分散介质的密度差
    C. 混悬剂中药物的化学性质　　D. 混悬剂黏性

15. 混悬剂中加入少量电解质的作用是（　　）。
    A. 助悬剂　　　B. 润湿剂　　　C. 抗氧剂　　　D. 絮凝剂

16. 有关乳剂型药剂的说法，错误的是（　　）。
    A. 由水相、油相、乳化剂组成　　B. 药物必须是液体
    C. 乳剂特别适宜于油类药物　　　D. 乳剂为热力学不稳定体系

17. 可作为内服 O/W 型乳剂的乳化剂是（　　）。
    A. 钠皂　　　B. 钙皂　　　C. 有机胺皂　　　D. 阿拉伯胶

18. 下列剂型中，吸收最快的是（　　）。
    A. 溶液剂　　　B. 乳剂　　　C. 溶胶剂　　　D. 混悬剂

19. 标签上应标注"用前摇匀"的液体制剂是（　　）。
    A. 糖浆剂　　　B. 乳剂　　　C. 溶胶剂　　　D. 混悬剂

20. 属于新生皂法制备的药剂是（　　）。
    A. 复方碘溶液　　　　　　　　B. 石灰搽剂
    C. 炉甘石洗剂　　　　　　　　D. 胃蛋白酶合剂

（二）多项选择题

1. 按分散系统可将液体药剂分为（　　）。
   A. 真溶液　　　B. 胶体溶液　　　C. 混悬剂　　　D. 乳浊液

2. 不易霉败的制剂有（　　）。
   A. 醑剂　　　B. 甘油剂　　　C. 单糖浆　　　D. 明胶浆

3. 制备糖浆剂的方法有（　　）。
   A. 溶解法　　　B. 稀释法　　　C. 化学反应法　　　D. 混合法

4. 有关混悬剂的说法，错误的是（　　）。
   A. 混悬剂为动力学不稳定体系、热力学稳定体系
   B. 药物制成混悬剂可延长药效
   C. 难溶性药物常制成混悬剂
   D. 毒剧性药物常制成混悬液

5. 液体药剂常用的矫味剂有（　　）。
   A. 蜂蜜　　　B. 香精　　　C. 薄荷油　　　D. 有机酸

6. 乳剂的变化中，可逆的变化是（　　）。
   A. 合并　　　B. 酸败　　　C. 絮凝　　　D. 分层

7. 关于高分子溶液的说法，正确的是（　　）。
   A. 当温度降低时会发生胶凝
   B. 无限溶胀过程常需加热或搅拌
   C. 制备高分子溶液时，应将高分子化合物投入水中迅速搅拌
   D. 配制高分子化合物溶液，常先用冷水润湿和分散

8. 制备单糖浆时，控制温度和时间是为了（　　）。
A. 防止转化糖增加　　　　　　　　B. 防止水分蒸发
C. 防止色泽加深　　　　　　　　　D. 防止糖焦化

9. 引起乳剂破坏的原因有（　　）。
A. 温度过高或过低　　　　　　　　B. 加入相反类型乳化剂
C. 加入油水两相均能溶解的溶剂　　D. 加入电解质

10. 处方：沉降硫黄 30g，硫酸锌 30g，樟脑醑 250mL，甘油 50mL，5% 新洁尔灭 4mL，蒸馏水加至 1000mL。对以上复方硫黄洗剂，下列说法正确的是（　　）。
A. 樟脑醑应缓缓加入，急速搅拌
B. 甘油可增加混悬剂的稠度，并有保湿作用
C. 新洁尔灭在此主要起润湿剂作用
D. 制备过程中应将沉降硫黄与润湿剂一起研磨使之粉碎到一定程度

二、简答题

1. 分析糖浆剂容易出现的问题及原因。
2. 混悬剂中加入助悬剂的作用。
3. 简述使乳剂破坏的因素。

三、处方分析题

鱼肝油乳

【处方】
鱼肝油	368mL	聚山梨酯 80	12.5g	西黄蓍胶	9g
甘油	19g	苯甲酸	1.5g	糖精	0.3g
杏仁油香精	2.8g	香蕉油香精	0.9g	纯化水	适量
共制	1000mL				

根据处方回答问题：处方中各成分有何作用？

第四章
灭菌制剂与无菌制剂

学科素养构建

必备知识

1. 掌握无菌制剂概念；
2. 掌握灭菌的意义；
3. 掌握注射用水制备技术；
4. 掌握注射剂制备技术；
5. 掌握眼用制剂制备方法；
6. 掌握等渗调节的方法；
7. 掌握热原的特点及去除方法；
8. 了解注射剂的配伍禁忌；
9. 掌握注射剂制备技术；
10. 掌握注射用乳剂制备技术。

素养提升

1. 能判断无菌制剂的类型；
2. 能分析眼用制剂类型；
3. 能正确选择注射用水的制备工艺；
4. 能进行注射剂无菌检验；
5. 能制备眼用制剂；
6. 能计算等渗调节量；
7. 能正确选择热原去除方法；
8. 能制备注射剂；
9. 能制备乳剂型注射剂。

案例分析

齐二药事件简介：2006年4月底，广东中山三院传染病科先后发现多例急性肾功能衰竭，于是，院方立即组织多学科的专家会诊，结果发现，所有出现不良反应的患者，都注射过同一种药物——齐齐哈尔第二制药有限公司生产的亮菌甲素注射液。这一信息报送到广东省药品不良反应监测中心。省药监局稽查分局立即对涉案的药品进行了控制，并且抽取样品送药检所检验。省药检所的工作人员连夜对齐二药这一批次的样品进行检测分析。省药检所所长谢志洁说，在厂家提供的处方配比里，有两种辅料是用量最大的，一个是丙二醇，一个是聚乙二醇（PEG400）。丙二醇是注射剂里经常用的辅料，PEG400则比较少用。因此集中排查PEG400的毒性。可是，经过五天五夜排查，没有发现证明PEG400有毒性的东西。

经过相关人员的努力，终于找到了PEG400可能降解的产物里有二甘醇，这个二甘醇是能带来肾毒性的。PEG400在降解过程中会产生微量的二甘醇，但是，二甘醇在注射液中的含量不应该高于PEG400的含量，然而经检测，这批注射液二甘醇的含量却高于PEG400，这一发现为最终找到原因打开了突破口。"这个时候我们就怀疑它可能用二甘醇代替了丙二醇。"

通过进一步的红外光谱仪观测分析，广东药检所最终确定齐二药生产的亮菌甲素注射液里含有大量工业原料二甘醇，导致患者急性肾衰竭死亡。国家食品药品监督管理局发出紧急通知，封杀齐二药生产的所有药品。

经药监部门调查确认，齐齐哈尔第二制药有限公司生产的"亮菌甲素"注射液里的工业"二甘醇"来自江苏省泰兴市失河镇一个叫王××的人。目前王××已经被刑事拘留，他承认了销售假冒丙二醇给齐齐哈尔第二制药有限公司的事实。

医院在不知情的情况下购进此类不合格的亮菌甲素，使得患者出现不良反应，以至于失去生命，国家食品药品监督管理局不得不紧急查封齐二药生产的所有药品。此事件造成9人死亡，给社会家庭带来沉痛打击，更是一场严重的用药事故。

从调查结果来看，采购管理和质量管理中的漏洞成为本次事件的关键因素，由于齐二药采购员未向泰兴化工总厂索取资质证明，也没有到厂查看，购入假冒上吨丙二醇，并最终作为辅料用于"亮菌甲素注射液"的生产。同时在质量管理上存在严重漏洞，齐二药生产和质量管理混乱，检验环节失控，检验人员违反ＧＭＰ有关规定，将"二甘醇"判为"丙二醇"投料生产；在两个因素下，最终造成了本次事件的发生，造成严重后果。

从这个事件中，我们可以看到，采购管理和质量管理中的漏洞造成了巨大的企业危机，这里也要求各单位，务必加强相关工作，防止出现大的经营危机。

> **问题提出**
>
> 注射剂的质量要求有哪些？

⇥ 素质拓展

> 注射剂辅料的质量要求：由于注射剂直接注射进入血液循环系统，辅料选择不当可能会产生安全性隐患，因而应选择惰性的、安全性较好的、满足药用或注射用要求的辅料。辅料选择不当可能会造成处方的不合理，此时需要重新进行处方筛选研究、质量研究及稳定性研究，进而影响到药物研发和上市的进程。

第一节　灭菌制剂与无菌制剂概述

一、灭菌制剂与无菌制剂的定义

无菌药品是指法定药品标准中列有无菌检查项目的制剂和原料药，其中的制

视频扫一扫

M4-1　无菌制剂概述

问题提出
灭菌制剂和无菌制剂的区别是什么？

剂包括非经肠道制剂，无菌的软膏剂、眼膏剂、混悬剂、乳剂及滴眼剂等，按除去活微生物的制备工艺分为灭菌制剂和无菌制剂。灭菌制剂是采用某一物理或化学方法杀灭或除去所有活的微生物繁殖体和芽孢的一类药物制剂。无菌制剂是采用某一无菌操作方法或技术制备的不含任何活的微生物繁殖体和芽孢的一类药物制剂。

二、灭菌制剂与无菌制剂的类型

《中国药典》（2020年版）中规定的灭菌和无菌制剂主要包括以下制剂。

注射剂：分为注射液、注射用无菌粉末与注射用浓溶液。

问题提出
注射剂作为无菌液体制剂与固体制剂和非无菌液体制剂存在哪些不同？

眼用制剂：分为眼用液体制剂（滴眼剂、洗眼剂、眼内注射溶液）、眼用半固体制剂（眼膏剂、眼用乳膏剂、眼用凝胶剂）、眼用固体制剂（眼膜剂、眼丸剂、眼内插入剂）等。

其他制剂：包括植入剂，冲洗开放性伤口或腔体的冲洗剂，用于烧伤或严重创伤的软膏剂、乳膏剂、凝胶剂、涂剂、涂膜剂等，用于烧伤、创伤或溃疡的气雾剂与喷雾剂，用于烧伤或创伤的局部用散剂，用于手术、耳部伤口或耳膜穿孔的滴耳剂与洗耳剂，用于手术或创伤的鼻用制剂等。

> **素质拓展**
>
> 热原，注射后能引起人体特殊致热反应的物质称为热原（pyrogen）。大多数细菌都能产生热原，致热能力最强的是革兰阴性杆菌，霉菌甚至病毒也能产生热原。热原是微生物的一种内毒素，存在于细菌的细胞膜和固体膜之间，是磷脂、脂多糖和蛋白质的复合物。其中脂多糖是内毒素的主要成分。

第二节　灭菌技术和空气净化技术

灭菌与无菌操作的主要目的是：杀灭或除去所有微生物繁殖体和芽孢，最大限度地提高药物制剂的安全性，保证制剂的临床疗效。因此，研究、选择有效的灭菌方法，对保证产品质量有着重要意义。

微生物的种类不同、灭菌方法不同，灭菌效果也不同。细菌的芽孢具有较强的抗热能力，因此灭菌效果，常以杀灭芽孢为准。药剂学中采用的灭菌措施必须达到既要除去或杀死微生物，又要保证药物的稳定性、治疗作用及安全性的基本要求。

一、灭菌技术

药剂学中将灭菌法分为三大类，即物理灭菌法、化学灭菌法、无菌操作法。

1. 物理灭菌法

物理灭菌法系采用射线和过滤方法杀灭或除去微生物的技术，亦称物理灭菌技术。

M4-2 物理灭菌法

热力灭菌法系采用加热的方法，破坏蛋白质与核酸中的氢键，导致蛋白质变性或凝固、核酸破坏、酶失去活性，致使微生物死亡，从而达到灭菌的目的。热力灭菌法又可分为干热灭菌法和湿热灭菌法。

(1) 干热灭菌法 系指在干热环境中灭菌的方法，包括火焰灭菌法和干热空气灭菌法。

① 火焰灭菌法 系指用火焰直接灼烧灭菌的方法。该法灭菌迅速、可靠简便，适用于耐火焰材质（如金属、玻璃及瓷器等）的物品与用具的灭菌。

② 干热空气灭菌法 系指用高温干热空气灭菌的方法。由于干燥状态下微生物的耐热性强，必须长时间受高热的作用才能达到灭菌效果。因此，干热空气灭菌法采用的温度一般比湿热灭菌法高。为了确保灭菌效果，一般规定为：160～170℃灭菌2h以上，170～180℃灭菌1h以上或250℃灭菌45min以上。

(2) 湿热灭菌法 系指在高温高湿环境中灭菌的方法。由于湿热潜热大，穿透力强，容易使蛋白质变性或凝固，因此该法的灭菌效率比干热灭菌法高。湿热灭菌法可分为：热压灭菌法、流通蒸汽灭菌法、煮沸灭菌法和低温间歇灭菌法

> **问题提出**
> 选择灭菌方法的原则是什么？

① 热压灭菌法 系指高压饱和水蒸气加热杀灭微生物的方法。高压饱和蒸汽潜热大、穿透力强，具有很强的灭菌效果，能杀灭所有细菌繁殖体和芽孢，是灭菌制剂生产中应用最广泛的一种灭菌方法。凡能耐高压蒸汽的药物制剂、玻璃容器、金属容器、瓷器、橡胶塞、膜过滤器等均能采用此法灭菌。

② 流通蒸汽灭菌法 系指在常压下使用100℃流通蒸汽加热杀灭微生物的方法。灭菌时间通常为30～60min。该法不能保证杀灭所有的芽孢，一般作为不耐热无菌产品的辅助灭菌手段。

③ 煮沸灭菌法 系指将待灭菌物品放入沸水中加热灭菌的方法。煮沸时间通常为30～60min。该法灭菌效果较差，常用于注射器、注射针等器皿的消毒。必要时可加入适量的抑菌剂，如三氯叔丁醇、甲酚、氧甲酚等可杀死芽孢，提高灭菌效果。

④ 低温间歇灭菌法 系指将待灭菌的物品置60～80℃的水或流通蒸汽中加热1h，杀灭其中的细胞繁殖体后，在室温中放置24h，待芽孢发育成繁殖体，再次加热灭菌、放置，反复多次，直至杀灭所有芽孢。该法适合于不耐高温热敏感物料和制剂的灭菌。其缺点是：费时，灭菌效率低，且对芽孢的杀灭效果不理想，必要时加适量的抑菌剂，以提高灭菌效率。

⑤ 影响湿热灭菌的因素

a. 微生物的种类与数量 微生物的种类不同、发育阶段不同，其耐热、耐压

性能存在很大差异，在不同繁殖期，其耐热、耐压的次序为芽孢＞繁殖体＞衰老体；微生物数量愈少，所需灭菌时间愈短。

b.蒸汽性质　蒸汽有饱和蒸汽、湿饱和蒸汽和过热蒸汽。饱和蒸汽热含量高，热穿透力大，灭菌效率高；湿饱和蒸汽因含有水分，热含量较低，热穿透力较差，灭菌效率较低。

c.灭菌温度和时间　一般而言，灭菌温度愈高，灭菌时间愈长，药品被破坏的可能性愈大。因此，在设计灭菌温度和灭菌时间时必须考虑药品的稳定性，即在达到有效灭菌的前提下尽可能降低灭菌温度、缩短灭菌时间。

d.液体制剂的介质性质　一般情况下，在中性环境中微生物的耐热性最强，碱性环境次之，酸性环境则不利于微生物的生长和发育，因此介质pH对微生物的生长和活力具有较大影响。介质中的营养成分愈丰富（如含糖类、蛋白质等），微生物的抗热性愈强，应适当提高灭菌温度和延长灭菌时间。

问题提出
选择除菌滤膜时有哪些注意事项？

(3) **过滤除菌**　系指采用过滤法除去微生物的方法。药品生产中采用的除菌滤膜孔径一般不超过0.2μm，过滤除菌法利用了表面过滤原理，将微生物有效地截留在过滤介质中。能除去微生物，但无法截留热原（热原的大小1～5nm）。过滤除菌并非可靠的灭菌方法，一般仅适用于对热非常不稳定的药物溶液、气体、水等物料的灭菌。

灭菌用过滤介质应有较高的过滤效率，能有效地除尽物料中的微生物，滤材与滤液中的成分不发生相互交换，滤器易清洗，操作方便等。除菌过滤膜的材质分亲水性和疏水性两种，根据过滤物品的性质及过滤目的来选材质。为了保证产品的无菌，过滤后必须对产品进行无菌检查。

(4) **射线灭菌法**　系指采用辐射、微波和紫外线杀灭微生物和芽孢的方法。

① 紫外线灭菌法　系指用紫外线的照射杀灭微生物和芽孢的方法。用于灭菌的紫外线波长一般为200～300nm，灭菌力最强的波长为254nm。

紫外线灭菌的特点是：紫外线以直线进行传播，可被不同的表面反射或吸收，穿透力微弱，因此适合于物料表面的灭菌，不适用于药液和固体物质深部的灭菌；紫外线较易穿透清洁空气及纯净的水，因此适用于无菌室空气的灭菌、蒸馏水的灭菌；紫外线不仅能促使核酸蛋白变性，同时空气受紫外线照射后产生微量臭氧，从而起共同杀菌作用。紫外线主要用于空气灭菌、液体灭菌、物料表面灭菌。普通玻璃可吸收紫外线，因此装于普通玻璃容器中的药物不能用紫外线灭菌。

② 微波灭菌法　系指利用微波照射产生的热杀灭微生物的方法。所谓微波是指频率在300MHz到300GHz之间的高频电磁波。微波灭菌具有低温、常压灭菌速度快（一般为2～3min）、高效、均匀、保质期长（不破坏药物原有成分，灭菌后的药品存放期可增加1/3以上）、节约能源、不污染环境、操作简单、易维护等优点。

③ 辐射灭菌法　系指将灭菌物品置于适宜放射源辐射的γ射线或适宜的电子加速器发生的电子束中进行电离辐射而达到杀灭微生物的方法。发射γ射线的最常用放射性同位素是Co或Cs，穿透力强。

辐射灭菌的特点是：不升高灭菌产品的温度，适用于不耐热药物的灭菌；穿透力强，可用于密封安瓿和整瓶药物的灭菌，甚至穿透包装进行灭菌；灭菌效率高，可杀灭微生物繁殖体和芽孢；辐射灭菌不适用于蛋白质、多肽、核酸等生物大分子药物的灭菌，还会引起聚乳酸、丙交酯-乙交酯共聚物、聚乳酸-聚乙二醇等药用高分子材料的降解，在应用时应注意避免。

2. 化学灭菌法

化学灭菌法系指用化学药品直接作用于微生物而将其杀死的方法。化学灭菌的目的在于减少微生物的数目，以控制一定的无菌状态。常用气体灭菌法和药液灭菌法。

M4-3 化学灭菌法

(1) 气体灭菌法 系指采用化学消毒剂产生的气体杀灭微生物的方法。常用的化学消毒剂有环氧乙烷、甲醛、气态过氧化氢、臭氧等。适用于环境消毒，不耐热的医用器具、设备和设施等的消毒，亦用于粉末注射剂。采用该法灭菌时应注意杀菌气体对物品质量的损害以及灭菌后残留气体的处理。

(2) 药液灭菌法 系指采用杀菌剂溶液进行灭菌的方法。该法常作为其他灭菌法的辅助措施，适合于皮肤、无菌器具和设备的消毒。常用的杀菌剂有：0.1%和0.2%苯扎溴铵溶液（新洁尔灭），2%左右的酚或煤酚皂溶液，75%乙醇等。

二、空气净化技术

1. 空气过滤技术

目前主要采用空气过滤器对空气进行净化。过滤器按过滤效率可分为初效过滤器、中效过滤器、亚高效过滤器、高效过滤器四类。

(1) 初效过滤器 主要滤除粒径大于 $5\mu m$ 的悬浮粉尘，过滤效率可达 20%~80%，通常用于上风侧的新风过滤，除了捕集大粒子外，还防止中、高效过滤器被大粒子堵塞，以延长中、高效过滤器的寿命。因此也叫预过滤器。

(2) 中效过滤器 主要用于滤除粒径大于 $1\mu m$ 的尘粒，过滤效率达到 20%~70%，一般置于高效过滤器之前，用以保护高效过滤器。中效过滤器的外形结构大体与初效过滤器相似，主要区别是滤材。

(3) 亚高效过滤器 主要滤除粒径小于 $1\mu m$ 的尘埃，过滤效率在 95%~99.9% 之间，置于高效过滤器之前以保护高效过滤器，常采用叠式过滤器。

(4) 高效过滤器 主要滤除粒径小于 $1\mu m$ 的尘埃，对粒径 $0.3\mu m$ 尘粒的过滤效率在 99.97% 以上。一般装在通风系统的末端，必须在中效过滤器或在亚高效过滤器的保护下使用。高效过滤器的结构主要是折叠式空气过滤器。高效过滤器的特点是效率高、阻力大、不能再生、安装时正反方向不能倒装。

(5) 过滤器的组合 在高效空气净化系统中通常采用三级过滤装置：初效过滤→中效过滤→高效过滤。使空气由初效到高效通过，逐步净化。组合的过滤器级别不同，得到不同的净化效果。洁净度为 A 级的空气净化系统称高效空气净化系统，此时末级过滤器必须是高效过滤器；洁净度为 C 级的空气净化处理，末级可采用高效或亚高效过滤器；对 D 级的空气净化处理，末级过滤器应采用中效过滤器。组合式净化空调系统的基本流程见图 4-1。中效过滤器安装在风机的出口处，以保证中效过滤器以后的净化系统处于正压。

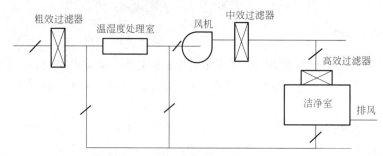

图 4-1 净化空调系统基本流程

2. 净化气流的组织

由过滤器送出来的洁净空气进入洁净室后，其流向的安排直接影响室内洁净度。气流形式有层流式和乱流式。

(1) 层流 层流的空气流线以平行状态单向流动，又称平行流或单向流。层流的流动形式类似气缸内活塞运动，把室内产生的粉尘以整层推出室外。即使气流遇到人、物等发尘部位，尘粒会随平行流迅速流出，从而保持室内空气的洁净度。只要从过滤器送风口到工作面之间没有发尘源，即可在工作面上保持 A 级的洁净空气，工作面下风侧为 B 级左右。层流常用于 A 级的洁净区。层流分为垂直层流与水平层流，如图 4-2 所示。

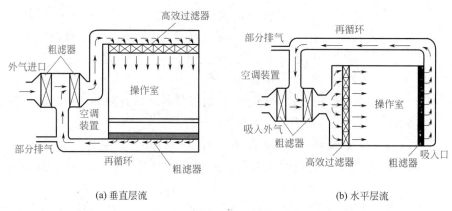

(a) 垂直层流　　　　　　　　　(b) 水平层流

图 4-2 垂直层流与水平层流

① 垂直层流　以高效过滤器为送风口布满顶棚，地板全部做成回风口，使气流自上而下平行流动。垂直层流的断面风速在 0.25m/s 以上，换气次数在 400 次/h 左右，造价以及运转费用很高。

② 水平层流　以高效过滤器为送风口布满一侧壁面，对应壁面为回风墙，

气流以水平方向流动。为克服尘粒沉降，断面风速不小于 0.35m/s。水平层流的造价比垂直层流低。

（2）乱流 乱流的气流具有不规则的运动轨迹，习惯上也称紊流。这种流动，送风口只占洁净室断面很小一部分，送入的洁净空气很快扩散到全室，含尘空气被洁净空气稀释后降低了粉尘的浓度，以达到空气净化的目的。因此，室内洁净度与送、回风的布置形式以及换气次数有关。一般 C 级的换气次数≥ 25 次/h，D 级≥ 15 次/h。图 4-3 表示乱流洁净室多种送回风形式根据洁净等级和生产需要而定。图中（a）（b）形式可达到 C 级，（c）（d）形式可达到 A 级，（e）形式只能达到 D 级。

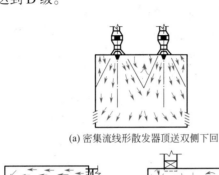
(a) 密集流线形散发器顶送双侧下回

(b) 孔板顶送双侧下回

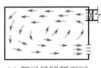
(c) 侧送风同侧下回

(d) 带扩散板高效过滤器风口顶送单侧下回

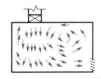
(e) 无扩散板高效过滤器风口顶送单侧下回

图 4-3 乱流洁净室送、回风布置形式

第三节 注射剂

一、注射剂概述

注射剂是指专供注入机体内的一种制剂。其中包括灭菌或无菌溶液、乳浊液、混悬液及临用前配成液体的无菌粉末等类型。注射剂由药物、溶剂、附加剂及特制的容器所组成，是临床应用最广泛的剂型之一。注射给药是一种不可替代的临床给药途径，对抢救用药尤为重要。

近年来，新颖注射制剂技术的研究取得了较大的突破，脂质体、微球、微囊等新型注射给药系统已实现商品化，无针注射剂亦即将面市。

1. 注射剂的分类

（1）溶液型 包括水溶液和油溶液，如安乃近注射液、二巯基丙醇注射液等。

视频扫一扫

M4-4 注射剂概述

问题提出

新型注射给药系统的临床优势是什么？

（2）混悬型　水难溶性或要求延效给药药物，可制成水或油的混悬液。如醋酸可的松注射液、鱼精蛋白胰岛素注射液、喜树碱静脉注射液等。

（3）乳剂型　水不溶性药物，根据需要可制成乳剂型注射液，如静脉营养脂肪乳注射液等。

（4）注射用无菌粉末　亦称粉针，是指采用无菌操作法或冻干技术制成的注射用无菌粉末或块状制剂，如青霉素、阿奇霉素、蛋白酶类粉针剂等。

2. 注射剂给药途径

（1）皮内注射　注射于表皮与真皮之间，一次剂量在 0.2mL 以下，常用于过敏性试验或疾病诊断，如青霉素皮试液、白喉诊断毒素等。

（2）皮下注射　注射于真皮与肌肉之间的松软组织内，一般用量为 1～2mL。皮下注射剂主要是水溶液，药物吸收速率稍慢。由于人体皮下感觉比肌肉敏感，故具有刺激性的药物混悬液，一般不宜作皮下注射。

（3）肌内注射　注射于肌肉组织中，一次剂量为 1～5mL。注射油溶液、混悬液及乳浊液具有一定的延效作用，且乳浊液有一定的淋巴靶向性。

（4）静脉注射　注入静脉内，一次剂量自几毫升至几千毫升，且多为水溶液。油溶液和混悬液或乳浊液易引起毛细血管栓塞，一般不宜静脉注射，但平均直径 <1μm 的乳浊液，可作静脉注射。凡能导致红细胞溶解或使蛋白质沉淀的药液，均不宜静脉给药。

（5）脊椎腔注射　注入脊椎四周蛛网膜下腔内，一次剂量一般不得超过 10mL。由于神经组织比较敏感，且脊髓液缓冲容量小、循环慢，故脊椎腔注射剂必须等渗，pH 值在 5.0～8.0 之间，注入时应缓慢。

（6）动脉内注射　注入靶区动脉末端，如诊断用动脉造影剂、肝动脉栓塞剂等。

（7）其他　包括心内注射、关节内注射、滑膜腔内注射、穴位注射以及鞘内注射等。

> **问题提出**
> 注射给药的优势是什么？

3. 注射剂的特点

① 药效迅速、作用可靠。注射剂无论以液体针剂还是以粉针剂贮存，在临床应用时均以液体状态直接注射入人体组织、血管或器官内，所以吸收快、作用迅速。特别是静脉注射，药液可直接进入血液循环，更适于抢救危重病症之用。并且因注射剂不经胃肠道，故不受消化系统及食物的影响，因此剂量准确，作用可靠。

② 可用于不宜口服给药的患者。在临床上常遇到昏迷、抽搐、惊厥等状态的病人，或消化系统障碍的患者，均不能口服给药，采用注射剂是有效的给药途径。

③ 可用于不宜口服的药物。某些药物由于本身的性质不易被胃肠道吸收，或具有刺激性，或易被消化液破坏，制成注射剂可解决此类问题。如酶、蛋白质等生物技术药物由于其在胃肠道不稳定，常制成粉针剂。

④ 发挥局部定位作用。如牙科和麻醉科用的局麻药。

⑤ 注射给药不方便且注射时疼痛。由于注射剂是一类直接入血制剂，所以质量要求比其他剂型更严格，使用不当更易发生危险。应根据医嘱由技术熟练的人注射以保证安全。

⑥ 制造过程复杂，生产费用较高，价格较高。

4. 注射剂一般质量要求

（1）无菌 注射剂成品中不得含有任何活的微生物和芽孢。

（2）无热原 无热原是注射剂的重要质量指标，特别是供静脉及脊椎注射的制剂。

（3）澄明度 不得有肉眼可见的浑浊或异物。

（4）安全性 注射剂不能引起对组织的刺激性或发生毒性反应，特别是一些非水溶剂及一些附加剂，必须经过必要的动物实验，以确定安全。

（5）渗透压 渗透压要求与血浆的渗透压相等或接近。供静脉注射的大剂量注射剂还要求具有等张性。

（6）pH 要求与血液相等或接近（血液 pH 约 7.4），一般控制在 pH 4～9 的范围内。

（7）稳定性 因注射剂多系水溶液，所以稳定性问题比较突出，故要求注射剂具有必要的物理和化学稳定性，以确保产品在贮存期内安全有效。

（8）降压物质 有些注射液，如复方氨基酸注射液，其降压物质必须符合规定，以确保安全。

在注射剂生产过程中常常遇到的问题是澄明度、化学稳定性、无菌及无热原等问题，在生产过程中应注意产生上述问题的原因及解决办法。

> **问题提出**
> 热原主要包含哪些？

素质拓展

> 《中国药典》规定注射用油的质量要求为：无异臭，无酸败味；色泽不得深于黄色 6 号标准比色液；在 10℃时应保持澄明；碘值为 79～128；皂化值为 185～200；酸值不得大于 0.56。

二、注射剂的溶剂和附加剂

1. 注射用水

《中国药典》规定：①注射用水为纯化水经蒸馏所得的蒸馏水；②灭菌注射用水为经灭菌后的注射用水；③纯化水为原水经蒸馏法、离子交换法、反渗透法或其他适宜的方法制得的供药用的水。

纯化水可作为配制普通药剂的溶剂或试验用水，不得用于注射剂的配制。只有注射用水才可配制注射剂，灭菌注射用水主要用作注射用无菌粉末的溶剂或注射液的稀释剂。

2. 注射用油

(1) 植物油 是通过压榨植物的种子或果实制得。常用的注射用油为麻油（最适合用的注射用油，含天然的抗氧剂，是最稳定的植物油）、茶油等。其他植物油如花生油、玉米油、橄榄油、棉籽油、豆油、蓖麻油及桃仁油等，这些经精制后也可供注射用。有些患者对某些植物油有变态反应，因此在产品标签上应标明名称。为考虑稳定性，植物油应贮存于避光、密闭容器中，日光、空气会加快油脂氧化酸败，可考虑加入没食子酸丙酯、维生素E等抗氧剂。

碘值、皂化值、酸值是评价注射用油质量的重要指标。碘值反映油脂中不饱和键的多寡，碘值过高，则含不饱和键多，注射用油易氧化酸败。皂化值表示游离脂肪酸和结合成酯的脂肪酸总量，过低表明油脂中脂肪酸分子量较大或含不皂化物（如胆固醇等）杂质较多；过高则脂肪酸分子量较小，亲水性较强，失去油脂的性质。酸值高表明油脂酸败严重，不仅影响药物稳定性，且有刺激作用。

(2) 油酸乙酯 是浅黄色油状液体，能与脂肪油混溶，性质与脂肪油相似而黏度较小。但贮藏会变色，故常加入抗氧剂。如含37.5%没食子酸丙酯、37.5%BHT（二丁基羟基甲苯）及25%BHA（丁基羟基茴香醚）的混合抗氧剂，用量为0.03%（质量浓度），于150℃ 1h灭菌效果最佳。

(3) 苯甲酸苄酯 是无色油状或结晶，能与乙醇、脂肪油混溶。如二巯基丙醇（BAL）虽可制成水溶液，但不稳定，又不溶于油，使用苯甲酸苄酯可制成BAL油溶液使用。苯甲酸苄酯不仅可作为溶剂，还有助溶剂的作用，且能够增加二巯基丙醇的稳定性。

矿物油和碳氢化合物因不能被机体代谢吸收，故不能供注射用。油性注射剂只能供肌内注射。

3. 其他注射用非水溶剂

丙二醇、聚乙二醇、二甲基乙酰胺、乙醇、甘油、苯甲醇等由于能与水混溶，一般可与水混合使用，以增加药物的溶解度或稳定性。

(1) 乙醇 本品与水、甘油、挥发油等可任意混溶，可供静脉或肌内注射。小鼠静脉注射的LD_{50}为1.97g/kg；皮下注射LD_{50}为8.28g/kg。采用乙醇为注射溶剂浓度可达50%。但乙醇浓度超过10%时可能会有溶血作用或疼痛感。如氢化可的松注射液中均含一定量的乙醇。

(2) 丙二醇 本品与水、乙醇、甘油可混溶，能溶解多种挥发油，小鼠静脉注射的LD_{50}为5~8g/kg，腹腔注射为9.7g/kg，皮下注射为18.5 g/kg。注射用溶剂或复合溶剂常用量为10%~60%，用作皮下或肌注时有局部刺激性。其溶解范围较广，已广泛用作注射溶剂，供静脉注射或肌内注射。如苯妥英钠注射液中含40%丙二醇。

(3) 聚乙二醇 本品与水、乙醇相混合，化学性质稳定，PEG300、PEG400均可用作注射用溶剂。有报道PEG300的降解产物可能会导致肾病变。因此PEG400更常用，其对小鼠的LD_{50}，腹腔注射为4.2g/kg，皮下注射为10g/kg。如塞替派注射液以PEG400为注射溶剂。

问题提出

注射用植物油该如何保存？

(4) 甘油 本品与水或醇可任意混合，但在挥发油和脂肪油中不溶，小鼠皮下注射的 LD_{50} 为 10mL/kg，肌内注射为 6mL/kg。由于黏度和刺激性较大，不单独作注射溶剂用。常用浓度 1%～50%，但大剂量注射会导致惊厥、麻痹、溶血。常与乙醇、丙二醇、水等组成复合溶剂，如普鲁卡因注射液的溶剂为 95% 乙醇（20%）、甘油（20%）与注射用水（60%）。

(5) 二甲基乙酰胺（DMA） 本品与水、乙醇任意混合，对药物的溶解范围大，为澄明中性溶液。小鼠腹腔注射的 LD_{50} 为 3.266g/kg，常用浓度为 0.01%。但连续使用时，应注意其慢性毒性。如氯霉素常用 50%DMA 作溶剂，利血平注射液用 10%DMA 作溶剂。

4. 注射剂主要附加剂

为确保注射剂的安全、有效和稳定，除主药和溶剂外还可加入其他物质，这些物质统称为附加剂。各国药典对注射剂中所用的附加剂的类型和用量往往有明确的规定。

注射剂常用附加剂主要有：pH 和等渗调节剂、增溶剂、局麻剂、抑菌剂、抗氧剂等。常见附加剂中，①缓冲剂有：醋酸，醋酸钠；枸橼酸，枸橼酸钠；乳酸；酒石酸，酒石酸钠；磷酸氢二钠，磷酸二氢钠；碳酸氢钠，碳酸钠。②抑菌剂有：苯甲酸；羟丙丁酯，羟苯甲酯；三氯叔丁醇；硫柳汞。③局麻剂有：利多卡因；盐酸普鲁卡因；苯甲醇；三氯叔丁醇。④等渗调节剂有：氯化钠；葡萄糖；甘油。⑤抗氧剂有：亚硫酸氢钠；亚硫酸钠；焦亚硫酸钠；硫代硫酸钠。⑥螯合剂有：EDTA-2Na。⑦增溶剂、润湿剂、乳化剂有：聚氧乙烯蓖麻油；聚山梨醇酯 20；聚山梨醇酯 40；聚山梨醇酯 80；聚维酮；聚乙二醇-40 蓖麻油；卵磷脂；Pluronic F-40。⑧助悬剂有：明胶；甲基纤维素；羧甲基纤维素；果胶。⑨填充剂有：乳糖；甘氨酸；甘露醇。稳定剂有：肌酐；甘氨酸；烟酰胺。⑩保护剂有：乳糖；蔗糖；人血白蛋白；甘氨酸。

> **问题提出**
> 注射剂常用的附加剂有哪些？

素质拓展

> 附加剂在注射剂中的主要作用是：①增加药物的理化稳定性；②增加主药的溶解度；③抑制微生物生长，尤其对多剂量注射剂更要注意；④减轻疼痛或对组织的刺激性等。

三、注射剂的等渗与等张调节

1. 定义

(1) 等渗溶液 系指与血浆渗透压相等的溶液，属于物理化学概念。

(2) 等张溶液 系指渗透压与红细胞膜张力相等的溶液，属于生物学概念。

大量注入低渗溶液，会使人感到头胀、胸闷，严重的可发生麻木、寒战、高热，甚至尿中出现血红蛋白。静脉注射大量不至于溶血的低渗溶液是不容许的。注入高渗溶液时，红细胞内水分渗出而发生细胞萎缩。但只要注射速度足够慢，

M4-5 等渗调节

血液可自行调节使渗透压很快恢复正常,所以不至于产生不良影响。脊髓腔内注射,由于易受渗透压的影响,必须调节至等渗。

2. 渗透压的测定与调节

处方剂中两种不同浓度的溶液被一理想的半透膜(溶剂分子可通过,而溶质分子不能通过)隔开,溶剂从低浓度一侧向高浓度一侧转移,此动力即为渗透压,溶液中质点数相等者为等渗。注入机体内的液体一般要求等渗,否则易产生刺激性或溶血等。0.9%的氯化钠溶液、5%的葡萄糖溶液与血浆具有相同的渗透压,为等渗溶液。肌内注射可耐受0.45%~2.7%的氯化钠溶液(相当于0.5~3个等渗度的溶液)。对静脉注射,则着眼于对红细胞的影响,把红细胞视为一半透膜,在低渗溶液中,水分子穿过细胞膜进入红细胞,使得红细胞破裂,造成溶血现象(渗透压低于0.45%氯化钠溶液时,将有溶血现象产生)。

常用渗透压调节的方法有:冰点降低数据法和氯化钠等渗当量法。根据一些药物的1%溶液的冰点降低值,可以计算出该药物配制成等渗溶液的浓度,或将某一溶液调制成等渗溶液。

(1) 冰点降低数据法 一般情况下,血浆等渗冰点值为-0.52℃。根据物理化学原理,任何溶液其冰点降低到-0.52℃时,即与血液等渗。等渗调节剂的用量可用下式计算。

$$W=(0.52-a)/b \tag{4-1}$$

式中,W 为配制等渗溶液需加入的等渗调节剂的百分含量;a 为药物溶液的冰点下降度数;b 为用以调节的等渗剂1%溶液的冰点下降度数。

例4-1 1%氯化钠的冰点下降度为0.58℃,血浆的冰点下降度为0.52℃,求等渗氯化钠溶液的浓度。

解:已知 b=0.58,纯水 a=0,按式(4-1)计算得:

$$W=(0.52-0)/0.58=0.9\%$$

即0.9%氯化钠为等渗溶液,配制100mL氯化钠溶液需用0.9g氯化钠。

例4-2 配制2%盐酸普鲁卡因溶液100mL,用氯化钠调节等渗,求所需氯化钠的加入量。

解:查表可知

2%盐酸普鲁卡因溶液的冰点下降度(a)为0.24℃。

1%氯化钠溶液的冰点下降度(b)为0.58℃。

代入式(4-1)得:

$$W=(0.52-0.24)/0.58=0.48\%$$

即配制2%盐酸普鲁卡因溶液100mL需加入氯化钠0.48g。

对于成分不明或查不到冰点降低数据的注射液,可通过实验测定,再依上法计算。在测定药物的冰点降低值时,为使测定结果更准确,测定浓度应与配制溶液浓度相近。

(2) 氯化钠等渗当量法 氯化钠等渗当量是指与1g药物呈等渗的氯化钠质量。

> **问题提出**
> 等渗溶液与等张溶液的区别是什么?

例 4-3 配制 1000mL 葡萄糖等渗溶液，需加无水葡萄糖多少克（W）。

解：查表可知，1g 无水葡萄糖的氯化钠等渗当量为 0.18，根据 0.9% 氯化钠为等渗溶液，因此：

$$W=(0.9/0.18)\times 1000/100 = 50g$$

即，5% 无水葡萄糖溶液为等渗溶液。

（3）等张调节 红细胞膜对很多药物水溶液来说可视为理想的半透膜，它可让溶剂分子通过，而不让溶质分子通过，因此它们的等渗和等张浓度相等，如 0.9% 的氯化钠溶液。但还有一些药物如盐酸普鲁卡因、甘油、丙二醇等，即使根据等渗浓度计算出来而配制的等渗溶液注入体内，还会发生不同程度的溶血现象。因为红细胞对它们来说并不是理想的半透膜，它们能迅速自由地通过细胞膜，同时促使膜外的水分进入细胞，从而使得红细胞胀大破裂而溶血。

关于促使水分进入细胞的机制尚不明确。这类药物一般需加入氯化钠、葡萄糖等等渗调节剂。如 2.6% 的甘油与 0.9% 的氯化钠具有相同渗透压，但它 100% 溶血，如果制成 10% 甘油、4.6% 木糖醇、0.9% 氯化钠的复方甘油注射液，实验表明不产生溶血现象，红细胞也不胀大变形。

因此，由于等渗和等张溶液定义不同，等渗溶液不一定等张，等张溶液亦不一定等渗。在新产品的试制中，即使所配制的溶液为等渗溶液，为安全用药，亦应进行溶血试验，必要时加入葡萄糖、氯化钠等调节成等张溶液。

四、注射用水的制备

注射用水为蒸馏水或去离子水经蒸馏所得的水，故又称重蒸馏水。其质量要求在《中国药典》中有严格规定，除氯化物、硫酸盐、钙盐、硝酸盐、亚硝酸盐、二氧化碳、易氧化物、不挥发物与重金属按蒸馏水检查应符合规定外，还规定 pH 应为 5.0～7.0，氨含量不超过 0.00002%，热原检查应符合规定，并规定应于制备后 12h 内使用。

M4-6 注射用水的制备

为提高注射用水质量，具有代表性的制备注射用水总体流程见图 4-4。

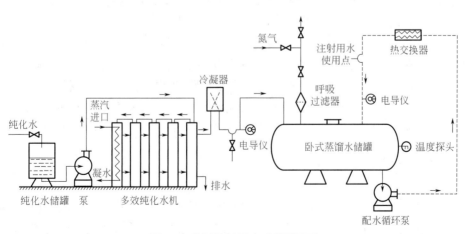

图 4-4 典型注射用水系统配置图

问题提出

注射用水为什么要在制备后 12h 内使用？

问题提出

注射用水的制备方法有哪些?

1. 蒸馏法

本法是制备注射用水最经典的方法。主要有塔式和亭式蒸馏水器、多效蒸馏水器和气压式蒸馏水器。

(1) 塔式蒸馏水器 其结构主要包括蒸发锅、隔沫装置和冷凝器三部分。首先在蒸发锅内加入大半锅蒸馏水或去离子水,然后打开气阀,由锅炉来的蒸汽经蒸汽选择器除去夹带的水珠后,进入加热蛇形管,经热交换后变为冷凝液,经废气排出器流入蒸发锅内,以补充蒸发失去的水分,过量的水则由溢流管排出,未冷凝的蒸汽则与 CO_2、NH_3 由小孔排出。蒸发锅内的蒸馏水由蛇形管加热而蒸发,蒸汽通过隔沫装置时,沸腾时产生的泡沫和雾滴被挡回蒸发锅内,而蒸汽则上升到第一冷凝器,冷凝后汇集于挡水罩周围的槽内,流入第二冷凝器,继续冷凝成重蒸水。塔式蒸馏水器生产能力大,一般有 50~200L/h 等多种规格。

(2) 多效蒸馏水器 是最近发展起来制备注射用水的主要设备,其特点是耗能低、产量高、质量优。多效蒸馏水器由圆柱形蒸馏塔、冷凝器及一些控制元件组成。去离子水先进入冷凝器预热后再进入各效塔内,以三效塔为例,一效塔内去离子水经高压蒸汽加热(130℃)而蒸发,蒸汽经隔沫装置进入二效塔的加热室作为热源加热塔内去离子水,塔内的蒸馏水经过加热产生蒸汽进入三效塔作为三效塔的加热蒸汽加热塔内的蒸馏水产生蒸汽。二效塔、三效塔内的加热蒸汽和三效塔内的蒸汽冷凝后汇集于收集器而成为蒸馏水。效数多的蒸馏水器的原理相同。多效蒸馏水器的性能取决于加热蒸汽的压力和级数,压力越大,则产量越高,效数越多,热利用率越高。综合多方面因素考虑,选用四效以上的蒸馏水器较为合理。

(3) 气压式蒸馏水器 是利用离心泵将蒸汽加压,以提高蒸汽的利用率,而且无需冷却水,但耗能大,目前较少使用。

2. 反渗透法

反渗透法是在 20 世纪 60 年代发展起来的新技术,国内目前主要用于原水处理,但若装置合理,也能达到注射用水的质量要求。

一般情况下,一级反渗透装置能除去一价离子 90%~95%,二价离子 98%~99%,同时能除去微生物和病毒,但除去氯离子的能力达不到药典要求。二级反渗透装置能较彻底地除去氯离子。有机物的排除率与其分子量有关,分子量大于 300 的化合物几乎全部除尽,故可除去热原。反渗透法除去有机物微粒、胶体物质和微生物的原理,一般认为是机械的过筛作用。

五、注射剂的制备

注射剂一般生产过程包括:原辅料和容器的前处理、称量、配制、过滤、灌封、灭菌、质量检查、包装等步骤。生产总流程由制水、安瓿前处理、配料及成品四部分组成,其中环境区域划分为控制区与洁净区。

1. 原辅料的准备

供注射用的原辅料，必须符合《中国药典》2020年版所规定的各项杂质检查与含量限度。某些品种，可另行制定内控标准。在大生产前，应做小样试制，检验合格方可使用。对有时不易获得专供注射用的原料，但医疗上又确实需要，必须用化学试剂时，应严格控制质量，加强检验，特别是水溶性钡、砷、汞等有毒物质，还应进行安全试验，证明无害并经有关部门批准后方可使用。

配制前，应正确计算原料的用量，称量时应两人核对。若在制备过程中（如灭菌后）药物含量易下降，应酌情增加投料量。

2. 注射剂容器的处理

（1）安瓿的种类和式样 注射剂容器一般是指由硬质中性玻璃制成的安瓿或容器（如青霉素小瓶等），亦有塑料容器。

安瓿的式样目前采用有颈安瓿与粉末安瓿，其容积通常为1mL、2mL、5mL、10mL、20mL等几种规格，此外还有曲颈安瓿。国标GB/T 2637—2016规定安瓿为一次性使用的色环和点刻痕易折玻璃安瓿。为避免折断安瓿瓶颈时造成玻璃屑、微粒进入安瓿污染药液，国家药品监督管理局（NMPA）已强行推行易折玻璃安瓿。

（2）安瓿的洗涤 安瓿一般使用离子交换水灌瓶蒸煮，质量较差的安瓿须用0.5%的醋酸水溶液灌瓶蒸煮（100℃，30 min）热处理。蒸瓶的目的是使瓶内的灰尘、沙砾等杂质经加热浸泡后落入水中，容易洗涤干净，同时也是一种化学处理，让玻璃表面的硅酸盐水解，微量的游离碱和金属盐溶解，使安瓿的化学稳定性提高。

（3）安瓿的干燥与灭菌 安瓿洗涤后，一般置于120~140℃烘箱内干燥。需无菌操作或低温灭菌的安瓿在180℃干热灭菌1.5h。大生产中多采用隧道式烘箱，主要由红外线发射装置和安瓿传送装置组成，温度为200℃左右，有利于连续化进行安瓿的烘干、灭菌。若用煤气加热，易引起安瓿污染。为防止污染，有一种电热红外线隧道式自动干燥灭菌机，附有局部层流装置，安瓿经350℃的高温洁净区干热灭菌后仍极为洁净。近年来，安瓿干燥已广泛采用远红外线加热技术，一般在碳化硅电热板的辐射源表面涂远红外涂料，如氧化钛、氧化锆等，便可辐射远红外线，温度可达250~300℃，具有效率高、质量好、干燥速率快和节约能源等特点。

3. 注射液的配制与过滤

（1）注射液的配制

① 配制用具的选择与处理　常用装有搅拌器的夹层锅配液，以便加热或冷却。配制用具的材料有：玻璃、耐酸碱搪瓷、不锈钢、聚乙烯等。配制浓的盐溶液不宜选用不锈钢容器；需加热的药液不宜选用塑料容器。配制用具前要用硫酸清洁液或其他洗涤剂洗净，并用新鲜注射用水荡洗或灭菌后备用。操作完毕后立

> 问题提出
>
> 什么是内控标准？

M4-7 注射剂的制备

即刷洗干净。

② 配制方法　分为浓配法和稀配法两种。将全部药物加入部分溶剂中配成浓溶液，加热或冷藏后过滤，然后稀释至所需浓度，此谓浓配法，此法可滤除溶解度小的杂质。将全部药物加入所需溶剂中，一次配成所需浓度，再行过滤，此谓稀配法，可用于优质原料配液。

配制油性注射液，常将注射用油先经150℃干热灭菌1～2h，冷却至适宜温度（一般在主药熔点以下20～30℃），趁热配制、过滤（一般在60℃以下），温度不宜过低，否则黏度增大，不易过滤。溶液应进行半成品质量检查（如pH值、含量等），合格后方可过滤。

(2) 注射液的过滤　注射液的过滤靠介质的拦截作用，其过滤方式有表面过滤和深层过滤。

表面过滤是过滤介质的孔道小于待滤液中颗粒的大小，过滤时固体颗粒被截留在介质表面，如滤纸与微孔滤膜的过滤作用。深层过滤是介质的孔道大于待滤液中颗粒的大小，但当颗粒随液体流入介质孔道时，靠惯性碰撞、扩散沉积以及静电效应被沉积在孔道和孔壁上，使颗粒被截留在孔道内。

4. 注射液的灌封

滤液经检查合格后进行灌装和封口，即灌封。封口有拉封与顶封两种，拉封对药液的影响小。如注射用水加甲红试液测pH值为6.45，灌装于10mL安瓿中，分别用拉封与顶封，再测pH值时，拉封pH为6.35，顶封pH为5.90。故目前多主张拉封。粉针用安瓿或具有广口的其他类型均采用拉封。

5. 注射液的灭菌与检漏

(1) 灭菌　除采用无菌操作生产的注射剂外，一般注射液在灌封后必须尽快进行灭菌，以保证产品的无菌。注射液的灭菌要求是杀灭所有微生物，以保证用药安全；但应注意避免药物的降解，以免影响药效。灭菌与保持药物稳定性是矛盾的两个方面，灭菌温度高、时间长，容易把微生物杀灭，但却不利于药液的稳定，因此选择适宜的灭菌法对保证产品质量尤为重要。

(2) 检漏　灭菌后的安瓿应立即进行漏气检查。若安瓿未严密熔合，有毛细孔或微小裂缝存在，则药液易被微生物及污物污染或药物泄漏污损包装，应检查剔除。检漏一般采用灭菌和检漏两用的灭菌锅将灭菌、检漏结合进行。

六、注射剂热原的去除

1. 热原的概念

(1) 定义　热原系微量即能引起恒温动物和人体体温异常升高的致热性物质的总称，是微生物产生的一种内毒素，大多数细菌都能产生热原，致热能力最强的是革兰阴性杆菌，霉菌甚至病毒也能产生热原。含有热原的注射液注入体内大约30min后，就能产生发冷、寒战、体温升高、恶心呕吐等不良反应，严重者体

> **问题提出**
> 注射剂灭菌的要求有哪些？

温可高达42℃，出现昏迷、虚脱，甚至有生命危险。

（2）组成 热原存在于细菌的细胞膜和固体膜之间，是磷脂、脂多糖和蛋白质的复合物，其中脂多糖是内毒素的主要成分，因而大致可认为热原＝内毒素＝脂多糖。脂多糖组成因菌种不同而异。热原的分子量根据产生它的细菌种类而定。在水溶液中，其分子量可为几十万到几百万不等。

（3）性质 热原具有下列性质，根据其各种性质，在生产和使用中可采取适当的方法将其去除。

① **耐热性** 热原具有良好的耐热性，在60℃加热1h不受影响，100℃加热也不降解，在注射剂通常使用的热压灭菌法中，热原不易被破坏；但250℃ 30~45min或200℃ 60min或180℃ 3~4h可使热原彻底破坏。

② **过滤性** 热原体积小，为15nm，一般的滤器均可通过，即使微孔滤膜也不能截留。

③ **可吸附性** 热原的分子量较大（10^6），在水溶液中能被活性炭、白陶土等吸附。

④ **水溶性** 由于磷脂结构上连接有多糖，所以热原能溶于水。

⑤ **不挥发性** 热原本身不挥发，但因溶于水，在蒸馏时可随水蒸气中的雾滴带入蒸馏水，故应设法防止。

⑥ **其他** 热原能被强酸强碱破坏，也能被强氧化剂如高锰酸钾或过氧化氢等破坏，超声波及某些表面活性剂（如去氧胆酸钠）也能使之失活。

2. 热原污染的主要途径

① **溶剂中带入** 注射用水及其他溶剂是注射剂污染热原的主要来源。尽管水本身并非微生物良好的培养基，但易被空气或含尘空气中的微生物污染。蒸馏水机结构不合理、操作不当及贮藏时间过长均易发生注射用水的热原污染问题。故注射用水的制备及贮存设备质量要好，工艺要合理、环境应洁净，并应保持新鲜注射使用。

② **原辅料中带入** 某些用生物方法制造的药物和辅料如右旋糖酐等，易滋生微生物，如贮藏及包装不当，易污染微生物产生热原。

③ **从容器用具、管道和装置等带入** 如注射剂生产过程中未按GMP要求认真清洗消毒处理容器用具、管道和装置，常易导致热原污染。

④ **制备过程与生产环境的污染产生** 注射剂制备过程中，生产环境净化清洗消毒不规范、不彻底，操作时间过长，产品灭菌不及时或不合格，均可增加细菌污染的机会，从而可能产生热原。

⑤ **输液器具** 有时输液本身不含热原，而常常由于输液器具及调配器具的污染而引起热原反应。

3. 常用热原的去除方法

（1）高温法 凡能经受高温加热处理的容器与用具，如针头、针筒或其他玻璃器皿，在洗净后，于250℃加热30min以上，可破坏热原。

视频扫一扫

M4-8 热原的去除方法

(2) 酸碱法 玻璃容器、用具用重铬酸钾洗液或稀氢氧化钠溶液处理，可将热原破坏。热原亦能被强氧化剂破坏。

(3) 吸附法 注射液常用优质针剂用活性炭处理，用量为0.05%～0.5%（质量浓度）。此外将0.2%活性炭与0.2%硅藻土合用于处理20%甘露醇注射液，除热原效果较好。

(4) 离子交换法 国内有用♯301弱碱性阴离子交换树脂10%与♯122弱酸性阳离子交换树脂8%成功除去丙种胎盘蛋白注射液中热原的例子。

(5) 凝胶过滤法 用二乙氨基乙基葡聚糖凝胶（分子筛）制备无热原去离子水。

(6) 反渗透法 用反渗透法通过三醋酸纤维素膜除去热原，这是近几年发展起来的有使用价值的新方法。

> **问题提出**
> 反渗透法去除热原的原理是什么？

(7) 超滤法 一般用3.0～15nm超滤膜除去热原。如超滤膜过滤10%～15%的葡萄糖注射液可除去热原。

(8) 其他方法 采用二次以上湿热灭菌法，或适当提高灭菌温度和时间，处理含有热原的葡萄糖或甘露醇注射液亦能得到热原合格的产品。微波亦可破坏热原。

七、注射剂配伍禁忌

注射剂配伍禁忌是指在同一时期内不可以一起使用，有配伍禁忌的药物。不合适的药剂匹配在一起不仅不能发挥它的药效，还有可能对患者的身体造成伤害，导致病情恶化甚至死亡。因此，了解注射剂配伍禁忌是对患者的负责，也是一件很有必要的事情。下面为大家具体介绍一些注射剂配伍禁忌。

1. 一般规律

① 静注的非解离性药物，例如葡萄糖等，较少与其他药物产生配伍禁忌，但应注意其溶液的pH值。

② 无机离子中的Ca^{2+}和Mg^{2+}常易形成难溶性沉淀。I^-不能与生物碱配伍。

③ 阴离子型有机化合物，例如生物碱类、拟肾上腺素类、盐基抗组胺药类、盐基抗生素类，其游离基溶解度均较小，如与pH值高的溶液或具有大缓冲容量的弱碱性溶液配伍时可能产生沉淀。

④ 阴离子型有机化合物与阴离子型有机化合物的溶液配伍时，也可能出现沉淀。

⑤ 两种高分子化合物配伍可能形成不溶性化合物，常见的如两种电荷相反的高分子化合物溶液相遇会产生沉淀。例如抗生素类、水解蛋白，胰岛素、肝素等。

⑥ 使用某些抗生素（青霉素类、红霉素类等），要注意溶剂的pH值。溶剂的pH值应与抗生素的稳定pH值相近，差距越大，分解失效越快。

2. 物理性配伍禁忌

物理性配伍禁忌是某些药物配合在一起会发生物理变化，即改变了原先药物的溶解度、外观形状等物理性状，给药物的应用造成了困难。物理性配伍禁忌常见的外观有4种，即分离、沉淀、潮解、液化。

(1) 分离 常见于水溶剂与油剂两种液体物质配伍时，是由于两种溶剂密度不同而在配伍时出现分层的现象，因此在临床配伍用药时，应该注意药物的溶解特点，避免水溶剂与油剂的配伍。

(2) 沉淀 常见于溶剂的改变与溶质的增多，如樟脑酒精溶液和水混合，由于溶剂的改变，而使樟脑析出发生沉淀；又如许多物质在超饱和状态下，溶质析出产生沉淀，这种现象既影响药物的剂量又影响药物的应用。

(3) 潮解 含结晶水的药物，在相互配伍时由于条件的改变使其中的结晶水被析出，而使固体药物变成半固体或成糊状，如碳酸钠与醋酸铅共同研磨，即发生此种变化。

(4) 液化 两种固体物质混合时，由于熔点的降低而使固体药物变成液体状态，如将水合氯醛（熔点57℃）与樟脑（熔点171～176℃）等份共研时，形成了熔点低的热合物（熔点为-60℃），即产生此种现象。

3. 化学性配伍禁忌

化学性配伍禁忌即某些药物配合在一起会发生化学反应，不但改变了药物的性状，更重要的是使药物减效、失效或毒性增强，甚至引起燃烧或爆炸等，化学性配伍禁忌常见的外观现象有变色、产气、沉淀、水解、燃烧或爆炸等。

(1) 变色 主要由于药物间发生化学变化或受光、空气影响而引起，变色可影响药效，甚至完全失效，易引起变色的药物有碱类、亚硝酸盐类和高铁盐类，如碱类药物可使芦荟产生绿色或红色荧光，可使大黄变成深红色，碘及其制剂与鞣酸配伍会发生脱色，与淀粉类药物配伍则呈蓝色；高铁盐可使鞣酸变成蓝色。

(2) 产气 指在配制过程中或配制后放出气体，产生的气体可冲开瓶塞使药物喷出，药效会发生改变，甚至发生容器爆炸等，如碳酸氢钠与稀盐酸配伍，就会发生中和反应产生二氧化碳气体。

(3) 沉淀 由两种或两种以上药物溶液配伍时，产生一种或多种不溶性溶质，如氯化钙与碳酸氢钠溶液配伍，则形成难溶性碳酸钙而出现沉淀；弱酸强碱与水杨酸钠溶液、磺胺嘧啶钠溶液等与盐酸配伍，则生成难溶于水的水杨酸和磺胺嘧啶而产生沉淀；如生物碱类的水溶液遇碱性药物、鞣酸类、重金属、磺化物与溴化物，也产生沉淀等。

(4) 水解 某些药物在水溶液中容易发生水解而失效，如青霉素在水中易水解为青霉二酸，其作用丧失。

第四节 眼用液体制剂

一、眼用液体制剂概述

凡是供洗眼、滴眼用以治疗或诊断眼部疾病的液体制剂，称为眼用液体制剂。它们多数为真溶液或胶体溶液，少数为混悬液或油溶液。眼部给药后，在眼球内外部发挥局部治疗作用。近年来，一些眼用新剂型，如眼用膜剂、眼胶以及接触眼镜等也已逐步应用于临床。

> **素质拓展**
>
> 药物溶液滴入结膜囊后主要经过角膜和结膜两条途径吸收。一般认为，滴入眼中的药物首先进入角膜内，通过角膜至前房再进入虹膜；药物经结膜吸收时，通过巩膜可达眼球后部。

问题提出
滴眼剂的质量要求包含哪些？

1. 滴眼剂的定义及质量要求

滴眼剂系指供滴眼用的澄明溶液或混悬液。常用作杀菌、消炎、收敛、缩瞳、麻醉或诊断之用，有的还可作润滑或代替泪液之用。

滴眼液虽然是外用剂型，但质量要求类似注射剂，对 pH 值、渗透压、无菌、澄明度等都有一定的要求。

（1）**pH 值** pH 值对滴眼液有重要影响，由于 pH 值不当而引起的刺激性，可增加泪液的分泌，导致药物迅速流失，甚至损伤角膜。正常眼可耐受的 pH 值范围为 5.0～9.0。pH 6～8 时无不适感觉，小于 5.0 或大于 11.4 有明显的刺激性。滴眼剂的 pH 调节应兼顾药物的溶解度、稳定性、刺激性的要求，同时亦应考虑 pH 值对药物吸收及药效的影响。

（2）**渗透压** 眼球能适应的渗透压范围相当于 0.6%～1.5% 的氯化钠溶液，超过 2% 就有明显的不适。低渗溶液应该用合适的调节剂调成等渗，如氯化钠、硼酸、葡萄糖等。眼球对渗透压不如对 pH 值敏感。

（3）**无菌** 眼部有无外伤是滴眼剂无菌要求严格程度的界限。用于眼外伤或术后的眼用制剂要求绝对无菌，多采用单剂量包装并不得加入抑菌剂。一般滴眼剂（即用于无眼外伤的滴眼剂）要求无致病菌（不得检出铜绿假单胞菌和金黄色葡萄球菌）。滴眼剂是一种多剂量剂型。病人在多次使用时，很易染菌，所以要加抑菌剂，使其在被污染后，于下次再用之前恢复无菌。因此滴眼剂中的抑菌剂要求作用迅速（即在 1～2h 内达到无菌）。

（4）**澄明度** 滴眼剂的澄明度要求比注射剂稍低。一般玻璃容器的滴眼剂按注射剂的澄明度检查方法检查，但有色玻璃或塑料容器的滴眼剂应在照度

3000～5000lx 下用眼检视，特别是不得有玻璃屑。混悬剂滴眼剂应进行药物颗粒细度检查，一般规定含 15μm 以下的颗粒不得少于 90%，50μm 的颗粒不得超过 10%。不应有玻璃，颗粒应易摇匀，不得结块。

（5）黏度 将滴眼剂的黏度适当增大可使药物在眼内停留时间延长，从而增强药物的作用。

（6）稳定性 眼用溶液类似注射剂，应注意稳定性问题，如毒扁豆碱、后马托品、乙基吗啡等。

2. 洗眼剂

洗眼剂系将药物配成一定浓度的灭菌水溶液，供眼部冲洗、清洁用。如生理盐水、2% 硼酸溶液等。其质量要求与注射剂同。

二、眼用液体型制剂的制备

1. 工艺流程图

眼用液体制剂的工艺流程如图 4-5 所示。主要过程为：洗瓶（塞）→原辅料→配滤→灭菌→无菌分装→质检→印字包装。

问题提出
简述眼用液体型制剂的制备过程。

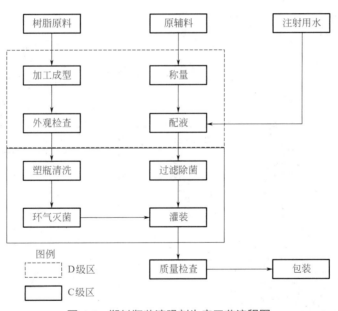

图 4-5 塑料瓶装滴眼剂生产工艺流程图

此工艺适用于药物性质稳定者，对于不耐热的主药，需采用无菌法操作。而对用于眼部手术或眼外伤的制剂，应制成单剂量包装，如安瓿剂，并按安瓿生产工艺进行，保证完全无菌。洗眼液用输液瓶包装，按输液工艺处理。

2. 眼用液体制剂的制备

（1）容器及附件的处理 滴眼瓶一般为中性玻璃瓶，配有滴管并封有铝盖；

配以橡胶帽塞的滴眼瓶简单实用。玻璃质量要求与输液瓶同，遇光不稳定者可选用棕色瓶。塑料瓶包装价廉、不碎、轻便，亦常用。但应注意与药液之间可能存在物质交换，因此塑料瓶需通过试验后方能确定是否选用。洗涤方法与注射剂容器同，玻璃瓶可用干热灭菌，塑料瓶可用气体灭菌。

橡胶塞、帽与大输液不同之处是无隔离膜，而直接与药液接触，亦有吸附药物与抑菌剂问题，常采用饱和吸附的办法进行解决。处理方法如下：先用0.5%～1.0%碳酸钠煮沸15min，放冷、刷搓、常水洗净，再用0.3%盐酸煮沸15min，放冷、刷搓、洗净，重复两次，最后用过滤的蒸馏水洗净，煮沸灭菌后备用。

（2）配滤 药物、附加剂用适量溶剂溶解，必要时加活性炭（0.05%～0.3%）处理，经滤棒、垂熔滤球或微孔滤膜过滤至澄明，加溶剂至足量，灭菌后进行半成品检查。眼用混悬剂的配制，先将微粉化药物灭菌，另取表面活性剂、助悬剂加少量灭菌蒸馏水配成黏稠液，再与主药用乳匀机搅匀，添加无菌蒸馏水至全量。

（3）无菌灌装 目前生产上均采用减压灌装。

（4）质量检查 检查澄明度、主药含量，抽样检查铜绿假单胞菌及金黄色葡萄球菌。

（5）印字包装 同注射剂。

滴眼剂配制、过滤、灌装示意见图4-6。

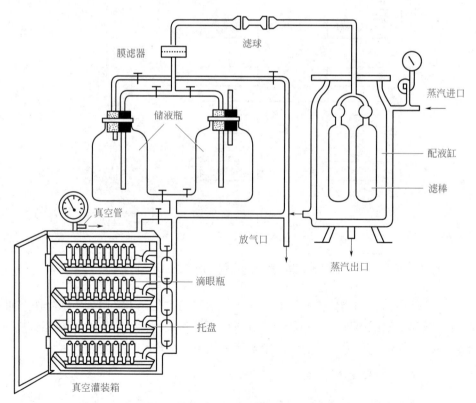

图4-6 滴眼剂配制、过滤、灌装示意图

学习测试题

一、选择题

(一) 单项选择题

1. 下列有关注射剂的叙述，错误的是（　　）。

   A. 注射剂均为澄明液体，必须热压灭菌

   B. 适用于不宜口服的药物

   C. 适用于不能口服药物的患者

   D. 疗效确切可靠，起效迅速

   E. 注射剂应无热原

2. 下列关于注射用水的叙述，错误的是（　　）。

   A. 应为无色的澄明液体，pH5.0～7.0

   B. 经过灭菌处理的纯化水

   C. 本品应采用带有无菌滤过装置的密闭系统收集制备后 12h 内使用

   D. 注射用水的贮存可采用 70℃以上保温循环

   E. 灭菌后可用于粉针剂的溶剂

3. 将青霉素钾制为粉针剂的主要目的是（　　）。

   A. 免除微生物污染　　　B. 防止水解　　C. 防止氧化分解

   D. 减轻局部疼痛　　　　E. 方便使用

4. 下列不属于输液的是（　　）。

   A. 葡萄糖注射液　　　　B. 氨基酸注射剂　　　C. 血浆代用品

   D. 鱼腥草注射液　　　　E. 山梨醇注射液

5. 热原致热的主要成分（　　）。

   A. 蛋白质　　　　　　　B. 胆固醇　　　　　　C. 脂多糖

   D. 磷脂　　　　　　　　E. 淀粉

6. 以下关于输液剂的叙述，错误的是（　　）。

   A. 输液从配制到灭菌以不超过 12h 为宜

   B. 输液灭菌时一般应预热 20～30min

   C. 输液可见异物检查合格后应检查不溶性微粒

   D. 输液灭菌时间应在达到灭菌温度后计算

   E. 全自动吹灌封设备可将热塑性材料吹制成容器并连续进行吹塑灌装密封操作

7. 关于灭菌法的叙述，错误的是（　　）。

   A. 灭菌法是指杀死或除去所有活的微生物的方法

   B. 灭菌后要求 SAL（无菌保证值）≤10^{-4}

   C. 细菌的芽孢具有较强的抗热性，不易杀死，因此灭菌效果应以杀死芽孢为准

   D. 在药剂学中选择的灭菌法与微生物学上的不尽相同

E. 化学灭菌法不能杀死芽孢

8. 滴眼剂开启后最多可以使用的期限是（　　）。

　A. 1周　　　　　B. 2周　　　　　C. 3周　　　　　D. 4周　　　　　E. 24h

9. 可加入抑菌剂的制剂是（　　）。

　A. 肌内注射剂　　B. 静脉注射剂　　C. 椎管注射剂

　D. 手术用滴眼剂　E. 心内注射剂

10. 注射剂灭菌后应立即检查（　　）。

　A. 热原　　　　　B. 漏气　　　　　C. 可见异物　　　D. pH　　　　　E. 装量

（二）多项选择题

1. 热原污染途径包括（　　）。

　A. 从溶剂中带入　　　　　　　B. 从原料中带入

　C. 从容器、用具、管道和装置等带入

　D. 制备过程中的污染　　　　　E. 从输液器具带入

2. 生产注射剂时常加入适量的活性炭，其作用是（　　）。

　A. 吸附热原　　　　　　　　　B. 脱色

　D. 增加主药的稳定性　　　　　C. 助滤

　E. 提高澄明度

3. 注射剂中纯化水的制备方法有（　　）。

　A. 离子交换法　　　　　　　　B. 聚酰胺吸附法

　D. 反渗透法　　　　　　　　　C. 蒸馏法

　E. 酸碱法

4. 下列药品既能作抑菌剂又能作止痛剂的是（　　）。

　A. 苯甲醇　　　　　　　　　　B. 苯乙醇

　D. 三氯叔丁醇　　　　　　　　C. 苯氧乙醇

　E. 乙醇

5. 注射剂质量控制指标包括（　　）。

　A. 热原　　　　　　　　　　　B. 无菌

　C. 不溶性微粒　　　　　　　　D. 渗透压

　E. pH

6. 关于易氧化注射剂的通气问题的叙述，正确的是（　　）。

　A. 常用的惰性气体有氮气、氢气、二氧化碳

　B. 大容量安瓿应先通气，再灌药液，最后又通气

　C. 碱性药液或钙制剂最好通入二氧化碳气体

　D. 通气效果可用测氧仪进行残余氧气的测定

　E. 二氧化碳的驱氧能力比氮气强

7. 关于滴眼剂的生产工艺叙述，错误的是（　　）。

　A. 药物性质稳定者灌封完毕后进行灭菌、质检和包装

　B. 主药不耐热的品种全部按无菌操作法制备

　C. 用于眼部手术的滴眼剂必须加入抑菌剂，以保证无菌

D. 塑料滴眼瓶常用气体灭菌

E. 滴眼剂均为多剂量包装的容器

8. 易水解的药物宜制成（ ）。

A. 水针剂　　　　B. 大输液　　　　　　C. 注射用无菌粉末

D. 混悬型注射剂　E. 乳浊型注射剂

9. 对注射用无菌粉末描述正确的是（ ）。

A. 简称粉针剂　　　　　　B. 对热不稳定或易水解的药物宜制成此剂型

C. 严格执行无菌操作要求　D. 为无菌的干燥粉末或海绵状物

E. 只能通过无菌粉末直接分装法来制备

10. 制成混悬型注射剂的药物有（ ）。

A. 不溶性固体药物　　　　B. 水溶液中不稳定需制成水不溶性衍生物

C. 需在体内定向分布　　　D. 需在体内发挥长效作用

E. 需为机体提供营养

二、简答题

1. 注射剂的质量要求主要有哪些项目？

2. 在注射剂生产过程中应如何避免污染热原？

3. 试述为什么要控制输液剂中微粒数。

三、处方分析题

1. 硫酸阿托品滴眼液

【处方】硫酸阿托品　　　　10.0g　　　　羟苯甲酯　　　　0.26g

　　　　氯化钠　　　　　　3.6g　　　　 羟苯丙酯　　　　0.14g

　　　　无水磷酸氢二钠　　2.84g　　　　无水磷酸二氢钠　5.6g

　　　　注射用水　　　　　共制1000.0mL

写出处方中各成分的作用。

2. 分析以下混悬型注射液处方及其混悬稳定剂的作用机制。

【处方】醋酸可的松微晶　　25g　　　　硫柳汞　　　　0.01g

　　　　氯化钠　　　　　　3g　　　　 聚山梨酯80　　1.5g

　　　　羧甲基纤维素钠　　5g　　　　 注射用水　　　加至1000mL

第五章

中药制剂

学科素养构建

必备知识

1. 掌握浸出的意义；
2. 了解浸出制剂的分类；
3. 掌握浸出方法；
4. 掌握常用的浸出技术；
5. 了解精制方法，了解浸出原理；
6. 了解影响浸出的因素，掌握浸出技术；
7. 掌握芳香水剂及醑剂的制备方法。

素养提升

1. 能够选择合适的浸出溶剂；
2. 能够选择合适的浸出方法；
3. 能够创新中药浸出的方法；
4. 能够制备中药口服液；
5. 能够区别芳香水剂和醑剂。

案例分析

问题提出

中药制剂，特别是中药复方制剂的质量如何保障？

2006年7类鱼腥草注射液被暂停事件：鉴于鱼腥草注射液、新鱼腥草素钠氯化钠注射液、新鱼腥草素钠注射液、注射用新鱼腥草素钠、复方蒲公英注射液、炎毒清注射液、鱼金注射液等7类含鱼腥草或新鱼腥草素钠的注射液在临床应用中出现严重不良反应，国家食品药品监督管理局2006年6月1日发布通告，决定从即日起在全国范围内暂停使用，同时暂停受理和审批相关各类注册申请。

分析 由于存在比较严重的不良反应，2006年6月1日，国家食品药品监督管理局曾发布了《关于暂停使用和审批鱼腥草注射液等7个注射剂的通告》。"鱼腥草暂停事件"一度引起空前关注。不过自2007年10月到2008年，广东博罗先锋药业、江西保利制药等七家公司已分批被同意恢复鱼腥草注射液（2mL）的肌内注射使用，但对占鱼腥草注射液95%市场份额的静脉滴注用注射液还在进行再评价工作。

知识迁移

从单味药到配伍应用，是通过很长的实践与认识过程，逐渐积累丰富起来的。药物的配伍应用是中医用药的主要形式。药物按一定法度加以组合，并确定一定的分量比例，制成适当剂型，即为方剂。方剂是药物配伍的发展，也是药物配伍应用的较高形式。中药浸出制剂的质量与药材质量、配伍应用及制剂形式、制剂辅料等都存在密切的关系，如何在"理、法、方、药、剂（型）、工（艺）、质（量）、效（疗效）"八字纲领指导下，研制出治证明确、组方合理、剂型适宜、工艺先进、质量可靠、疗效显著的安全有效稳定的新中成药，国家已将这方面工作列为"重中之重"来抓，中药制剂（中成药为主）不仅会在我国医疗保健事业中发挥更加巨大的作用，而且将会受到国际上更广泛的青睐。

素质拓展

中药现代化就是传统中药与高科技"嫁接"，遵守严格的规范标准，研究出优质高效、安全稳定、质量可控、服用方便，并具有现代剂型的新一代中药。中药现代化需要以现代科技为动力，充分利用我国中药资源优势、市场优势和人才优势，构筑以企业为主体的国家中药创新体系。

第一节 中药制剂概述

近年来，随着科学技术的发展，中药制剂的有效性、可控性和安全性等方面得到了显著提高，已经为海内外医药界及相关学科学者所共同青睐和关注。中药制剂的研究、生产和应用，不仅在国内取得了巨大进展，而且在世界各地引起了普遍关注。中药剂型也在传统剂型（如丸、散、膏、丹、汤、酒等）基础上得到了极大的发展和丰富，一些新剂型如口服液、注射剂、颗粒剂、胶囊剂、片剂、滴丸、气雾剂等逐渐增多。

视频扫一扫

M5-1 中药制剂概述

一、中药制剂的定义与特点

中药是指在我国传统医药理论指导下使用的药用物质及其制剂，包括中药材、饮片和中成药，其中中药材又分为植物药、动物药和矿物药。中药制剂是指以中药为原料，在中医药理论指导下，依照规定的处方，对中药进行加工而制成的剂型，具有一定规格，并标明功能与主治、用法与用量，可直接用于预防、治疗疾病及保健。中药制剂包括中药单味药制剂、中药复方制剂和天然药物制剂，如知柏地黄丸、复方丹参滴丸、冠心生脉口服液、牛黄解毒片等。中药制剂应特

问题提出

中药制剂有哪些特点？

别注意以下几个方面：①中药制剂的处方组成必须符合中医药理论；②中药制剂的工艺过程必须首先考虑君臣药的提取效率，不仅要考虑有效成分，而且要考虑到"活性混合物"；③中药制剂质量标准的制定，除要求符合制剂通则检查外，通常选定君臣药中的有效成分作为制剂的含量控制指标，还可以探索制剂的指纹图谱；④中药制剂的药效学研究在运用现代药理学方法及模型的同时，应尽可能建立符合中医学辨证要求的动物模型；⑤中药制剂的药动学研究不仅可借鉴现代药剂学中药动学的研究方法，而且还应发展符合中医药传统理论和中药复方配伍特点的新的研究方法，如药理效应学、毒理效应学等；⑥中药制剂的临床应用必须在中医药理论指导下辨证用药，方可发挥其应有的疗效。

中药制剂也应满足药物制剂安全性、有效性、稳定性、质量可控性的设计要求，中药制剂的主要特点有：①中药制剂的处方是根据中医药理论配伍组成，根据中医的临床辨证施治，选择多种药物，按"君、臣、佐、使""七情"等组方原则形成处方，并通过多成分、多层次、多靶点作用于机体，调节机体的多个组织、器官、系统来发挥整体综合作用，体现中医的整体观念；②具有处方中各饮片成分的综合作用，有利于发挥某些成分的多效性；③作用缓和持久，毒性较低，尤其适于慢性疾病的治疗；④有效成分的浓度提高，减少剂量，便于服用，由于在浸出过程中去除了组织物质和部分无效成分如酶、脂肪等，从而减少了剂量，提高了疗效。

但也正是由于中药制剂的多样性及复杂性，使其存在以下缺点：①有许多中药制剂的药效物质不完全明确，影响了对工艺合理性的判断及生产规范化的监控，也影响质量标准的制定；②质量标准相对较低，中药制剂基础性研究仍较薄弱，目前已有的质量标准未能全面反映药品的内在质量，无法对产品质量作出客观、全面的评价；③饮片的产地、采收季节、贮存条件的差异，影响制剂的质量控制及临床疗效。

二、中药制剂的质量要求

> **问题提出**
> 中药制剂的质量分析存在哪些困难？

中药制剂多为复方，所含成分极为复杂。它不同于以化学药为原料而制成的各类制剂药效成分明确，制剂质量易于控制。同时在贮存过程中往往也会产生各种物理和化学变化，这不仅关系到中药本身的质量，同时也影响以中药为原料的制剂的质量。提高中药制剂的质量对保证其有效性、安全性、稳定性尤为重要。除了应将中药材、饮片、中成药的质量标准化，中药制剂生产严格按照 GMP 要求进行管理以外，还要采取以下控制措施来提高中药制剂的质量。

1. 控制饮片的质量

饮片种类繁多、成分复杂、产地分散、替代品（代用品）多，加之饮片因生长环境、采收季节、加工炮制、栽培条件和气候差异等因素不同，其含量的差异相当大。中药制剂又受到生产工艺、包装运输、储藏等因素的影响，质量控制的环节更为复杂。中药制剂所用饮片质量的低劣，会导致中药制剂的质量下降、药效降低，所以应该控制饮片的质量。饮片质量检查项目包括性状、鉴别、检查、浸出物测定、含量测定等项目；并要严格记录饮片的基源、药用部位、产地、采收期、产地加工等信息，包含多种基源的，应使用其中一种基源；应严格控制外源性有害物质的含量，包括重金属及其他有害元素、农药、真菌毒素等。

2. 严格控制中药制剂的制备过程

中药的提取对成品的质量起着至关重要的作用。应按照以有效成分为指标的生产工艺路线、方法及参数进行操作，并明确提取工艺生产全过程质量控制的方法。在对饮片进行提取时要根据中药制剂的种类，选择最适宜的提取方法，优选出最佳工艺条件，使有效成分充分浸出。有效成分为已知的饮片，在提取过程中要控制其有效成分的含量，使中药制剂达到质量标准的要求；有效成分未知的饮片，要严格控制提取工艺条件的一致性。

3. 建立中药制剂的质量标准

应在深入系统的化学成分研究的基础上，建立中药制剂的质量标准。应建立全面反映中药制剂质量的检测项目，以控制不同批次之间中药制剂质量的稳定均一。除应建立有效成分的质控项目，并规定合理的含量范围外，多成分中药制剂质量标准中还应采用适宜的方法（如指纹图谱等）全面反映所含成分的信息。

> **问题提出**
> 中药制剂质量标准制定的前提是什么？

4. 中药制剂质量的检查项目

中药制剂的质量检查一般包括以下项目。

(1) 检查 主要用于控制饮片或制剂中可能与药品质量有关的项目。一般应按照《中国药典》2020年版四部制剂通则中各品种所属剂型项下的规定进行质量检查。

(2) 鉴别 根据处方组成选择鉴别药味和专属、灵敏、快速、简便的鉴别方法，以判断制剂的真实性。

(3) 含量测定

① 药材比重法　本法指中药制剂若干容量或质量相当于原药材多少质量的测定方法。

② 化学测定法　本法是指采用化学手段测定有效成分含量的方法。

③ 生物活性测定法　中药的药材来源广泛、多变，制备工艺复杂，使得中药制剂的质量控制相对困难，此外，中药含有多种活性成分、具有多种药理作用，因此，仅控制少数成分不能完全控制其质量和反映临床疗效。为了使中药的质量标准能更好地保证每批药品的临床使用安全有效，有必要在现有含量测定的基础上增加生物活性测定，以综合评价其质量。

三、中药制剂的分类

中药剂型种类繁多，主要包括传统中药剂型和现代中药剂型两大类。随着人类文明的进步和生命科学的发展，传统中药剂型在临床应用过程中逐步形成与发展，目前已有的剂型包括：丸剂、散剂、膏剂、丹剂、酒剂、露剂、汤剂、饮剂、胶剂、茶剂、糕剂、锭剂等。而随着现代药剂学的发展，中药药剂学在中医药理论指导下，积极学习、引进、消化、吸收药物新剂型，逐步形成了现代中药剂型体系，创制了如口服液、颗粒剂、气雾剂、膜剂、胶囊剂、片剂、注射剂等多种现代中药剂型。

第二节 中药浸出制剂

一、浸出制剂的定义

浸出制剂系指采用适当的溶剂与方法，取药材或饮片，经浸提得到的提取液或经浓缩制成膏状、干膏状的一类制剂称为浸出制剂。浸出制剂可直接用于临床，也可用作其他制剂的原料。

浸出制剂是人类长期用药实践的经验积累。我国最早使用浸出制剂的历史记载始于商代的伊尹创制汤剂，其后又有酒剂、内服煎剂等剂型的使用记载。近二十多年来，在浸出制剂生产中应用现代科学方法和技术，改革和发展了许多新剂型。由于化学药物的不良反应日趋增多等原因，世界各国加大对植物药及其制剂的研究，西方的植物药市场以欧洲市场较为发达，占全世界植物药销售额的40%左右，植物药在德国、法国、意大利已纳入药品管理范畴。

二、浸出制剂的分类与特点

问题提出
中药浸出制剂的临床使用优势有哪些？

浸出制剂的类型，按所用的溶剂来分，一般可分为两类：一类为用水作溶剂的浸出制剂，如汤剂、浸剂、浓煎剂、煎膏剂等；另一类为用不同浓度的乙醇作溶剂的浸出制剂如酒剂、酊剂、流浸膏剂、浸膏剂等。

浸出制剂的化学成分比较复杂，成品除含有效成分、辅助成分外，往往还含有一定量的无效成分或有害物质。一般具有以下特点：

① 具有药材各浸出成分的综合作用，有利于发挥药材成分的多效性。浸出制剂与同一药材中提取的单体化合物相比，不仅疗效较好，而且有着单体化合物所不具有的治疗效果。

② 药效比较缓和持久，毒性较低。

③ 浸出制剂与原药材相比，由于除去了组织物质和大部分无效物质，相应地提高了制剂中有效成分的浓度和稳定性。

浸出制剂的缺点：部分浸出制剂不适于贮存，久贮后易污染细菌、霉菌等，如汤剂、糖浆剂；又如酒剂、酊剂、流浸膏剂具有流动性，久贮后虽不易发生染菌发霉，但运输、携带时玻璃容器易损，瓶塞若封闭不严溶剂易挥发，有时产生浑浊或沉淀；浸膏剂若存放的环境或场所不当可迅速吸潮、结块，不利于制备或包装，制备其他制剂时，可影响粉碎、制粒、成型、包衣等一系列的质量，应特别加以注意。

三、溶剂及辅助剂

1. 常用浸出溶剂

浸出制剂中所用的溶剂与液体药剂相似，通常采用纯化水、注射用水、药用乙醇等。

M5-2 中药材的提取

（1）纯化水 为经离子交换法、反渗透法、蒸馏法或其他适宜方法制得的制药用水，不含任何附加剂。纯化水可用作除中药注射剂外的其他水浸出制剂的溶剂或用作固体浸出制剂的润湿剂。

（2）乙醇 是一种常用的半极性溶剂，在生产中根据剂型及药材所含有的有效成分的性质，选用不同浓度的药用乙醇作溶剂。

（3）酒 主要用作酒剂的溶剂，一般选用以粮食制成的食用白酒，浓度为50%～60%。

（4）乙醚 为非极性有机溶剂，其溶解选择性较强，可溶解游离生物碱、挥发油、某些苷类等物质。

（5）氯仿 也是一种非极性溶剂，微溶于有机溶剂，与乙醚、乙醇都能任意混溶。

2. 浸出辅助剂

为了增加浸出效果，提高浸出制剂的稳定性，有时也应用一些浸出辅助剂。常用的浸出辅助剂有：

（1）酸 加酸的目的是通过生物碱与酸生成可溶性生物碱盐类，促进生物碱类成分的浸出。常用的酸有盐酸、硫酸、醋酸等。

（2）碱 加碱的目的是促进有机酸、黄酮类成分的浸出。除了有利于酸性成分的浸出外，还有利于除去如树脂、鞣质、有机酸、色素等杂质。常用的碱有氢氧化铵、碳酸钠等。

（3）表面活性剂 表面活性剂能增加药材的浸润性，提高浸出溶剂的浸出效果，使用时应根据被浸出药材中有效成分的种类及浸出方法进行选择。

【问题提出】
中药浸出制剂常用的表面活性剂有哪些？

四、浸出方法

1. 药材的预处理

药材在浸出前，应根据制备工艺的要求进行预处理。

（1）品种鉴定 药材种属不同，成分及药效都会有较大差异，使用前应了解其来源并进行品种鉴定。

（2）挑选、整理与清洗 除去杂质，保留药用部分。水洗是必不可少的工

视频扫一扫

M5-3 影响中药材浸出率的因素

序，必要时可在洗涤水中加入适量漂白精灭菌。

（3）粉碎　药材粒径越小，有效成分浸出率越高。但是，粉碎过细会给过滤带来困难。

（4）炮制　中药炮制后入药是中医用药的特点之一。药材经炮制后可起到增效、减毒或改变药性等作用。

浸出过程系指溶剂进入药材细胞组织，溶解或分散其有效成分，使之成为浸出液的全部过程。药材的浸出过程一般包括浸润、溶解、扩散、置换等几个相互联系的阶段。

2. 传统浸出方法

问题提出

中药采用复方时是否可以一起进行煎煮？

浸出操作是浸出药材中有效成分的重要步骤。常用浸出方法有煎煮法、浸渍法、渗滤法、水蒸气蒸馏法等。近年来超临界提取、超声波提取也已应用于工业化生产，并取得一定的经验。

（1）煎煮法　系将药材加水煎煮取汁的方法。由于浸出溶剂通常用水，故也称为"水煮法"或"水提法"。煎煮法适用于有效成分能溶于水，且对湿、热均稳定的药材。此法除了可用于制备汤剂外，同时也是制备散剂、丸剂、片剂、颗粒剂、注射剂以及提取某些有效成分的基本方法之一。

煎煮法虽然简单易行，但浸出液中的成分比较复杂，除有效成分外，部分脂溶性物质及其他杂质往往也浸出较多，不但增加了精制的难度，且容易霉变。

素质拓展

一般中药可以同时煎煮，但煎煮中药也有先煎后下的特殊操作。先煎，有些矿石、贝壳类药物，因其质地坚硬，有效成分不易煎出，宜打碎先煎，即煎煮 30min 后，再将其他药物倾入同煎。后下，芳香类药物，含有容易挥发的成分，煎煮时间长了损失药效，所以要等其他药煎好之前 5min 放入锅内。

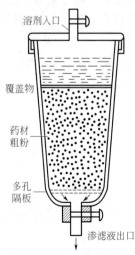

图 5-1　渗滤筒示意图

问题提出

渗滤法与浸渍法相比较有哪些优点？

（2）浸渍法　浸渍法是将药材用适当的溶剂在常温或温热条件下浸泡而浸出有效成分的一种方法。本法适用于带黏性的药材、无组织结构的药材、新鲜及易于膨胀的药材的浸提，尤其适用于有效成分遇热易挥发或易破坏的药材。浸渍法简便易行，但由于浸出效率差，故对贵重药材和有效成分含量低的药材，或制备浓度较高的制剂时，以采用重浸渍法或渗滤法为宜。

（3）渗滤法　渗滤法是将药材适当粉碎后置于渗滤器内，溶剂连续地从渗滤器的上部加入，浸出液不断地从下部流出，从而浸出药材中有效成分的一种方法（图 5-1）。浸出液通常称为渗滤液。

> **素质拓展**
>
> 渗滤法在浸出过程中能始终保持良好的浓度差，使扩散能较好地连续进行。故浸出效果优于浸渍法，且溶剂用量较浸渍法少，并省去了浸出液与药渣的分离操作。

（4）水蒸气蒸馏法　系将药材与水共蒸馏，挥发性成分随水蒸气馏出，经冷凝后分离挥发油的方法，常用于中药材中挥发性成分的提取，如金银花注射剂中金银花挥发性成分及乳腺康注射剂中莪术油的提取即采用水蒸气蒸馏法。

3. 传统浸出工艺

合适的提取工艺，是保证浸出制剂质量、提高浸出效率、降低成本的关键。在进行浸出工艺与提取设备的选择时，除要考虑工艺与设备的合理性与可行性，同时也要考虑其经济成本等问题。一般提取工艺流程有下列几种：

（1）单级浸出工艺与间隙式提取器　单级浸出是指将药材和溶剂一次加入提取装置，经一定时间浸提后，放出浸出液，排出药渣的整个过程。此流程适合于煎煮法、浸渍法或渗滤法等，药渣中的乙醇或其他有机溶剂需先行回收，然后再将药渣排出。单级浸出的提取速率是不断变化的。从大到小，速率逐渐降低，最后达到平衡。单级浸出工艺比较简单，浸出液的浓度较低，浓缩时消耗热量大。

（2）多级浸出工艺　多级浸出又称多次浸出法或重浸出法。它是将药材置于浸出罐中，将一定量的溶剂分次加入进行浸出，也可将药材分别装于一组浸出罐中，新溶剂先进入第一个浸出罐与药材接触浸出，浸出液放入第二个浸出罐与药材接触浸出，这样依次通过全部浸出罐，成品或浓浸出液由最后一个浸出罐流入接收器中。

（3）连续逆流浸出工艺　连续逆流浸出工艺是通过浸出溶剂和药材在浸出器中走向相反，使固液两相边界膜更新加快，形成稳定而较高的浓度差，实现更高的浸出效率和浸出速率。

连续逆流浸出工艺与单级浸出工艺相比不但具有浸出效率高、浸出速率快的特点，而且有浸出液浓缩时消耗热能少的优点，是药材浸出工艺的发展方向。

> **问题提出**
> 超临界流体提取法有哪些优势？

4. 新型浸出方法

（1）超临界流体提取法　超临界流体提取法是利用超临界流体提取分离药材中有效成分或有效部位的新技术。超临界流体为非凝缩性高密度流体，同时具有液态和气态的优点，即黏度小、扩散系数接近气体，密度接近液体、有很强的溶解能力，使得超临界流体能够迅速渗透进入物质的微孔隙，提取速率比液体快速而有效，尤其是溶解能力可随温度、压力和极性而变化。提取完成后，通过改变系统温度、压力使超临界流体恢复为普通气体回收，并与提取物分离。

CO_2超临界流体提取的优点：①萃取温度低，避免热敏性成分的破坏，提取效率高；②无有机溶剂残留，安全性高；③萃取物中无细菌、霉菌等，具有抗氧化、灭菌作用，有利于保证和提高产品质量；④提取和分离合二为一，简化工艺流程，生产效率高；⑤超临界CO_2纯度高，价廉易得，可循环使用；⑥超临界流体的极性可以改变，一定温度条件下，只要改变压力或加入适宜的夹带剂即可提取不同极性的物质，选择范围广。它的性质介于气体和液体之间，兼具两者的特点，即同时具有气体的扩散能力和液体的溶解能力。

超临界流体提取的缺点：①较适用于亲脂性、小分子物质的提取，对极性及分子量较大成分的提取需加入夹带剂，且要在较高的压力下进行；②超临界CO_2萃取产物一般是多组分混合物，要得到纯度高的化合物单体，必须对萃取产物进行适宜的精制；③设备较昂贵。

(2) 超声波提取法 超声波提取法是在超声波作用下，提取药物有效成分的方法。超声波提取法的特点：①不需加热，适用于对热敏感物质的提取，而且节省能源；②提取效率高，有利于中药资源的充分利用，提高了经济效益；③溶剂用量少，节约成本；④超声波提取是一个物理过程，在整个浸提过程中无化学反应发生，不影响大多数药物有效成分的生理活性。

(3) 微波提取法 微波提取法是利用微波能的强烈热效应提取药材中有效成分的方法。微波具有穿透力强、选择性高、加热效率高等特点。微波提取法的特点：微波加热与传导加热不同，传导加热是将热能从热源通过器皿传递到被加热物质，需要热传递过程，而微波加热则将能量直接作用于被加热物质，具有加热快、污染小等优点。但电能消耗大，在中药提取产业化中处于起步阶段。

(4) 仿生提取法 仿生提取法是从生物药剂学角度，以口服给药后制剂中有效成分在胃肠道内溶解、被机体吸收的机制为依据而设计的一种新的提取方法。在模拟生理环境的条件（如加酶、不同pH、低温）下进行提取，可以选择性提取更多的有效成分。

视频扫一扫

M5-4 中药材的浓缩与干燥

问题提出

简述蒸发方式的分类及各自特点。

五、浸出液的蒸发与干燥

在药材浸出时，为最大限度地提出有效成分，生产中溶剂的用量一般都较多，可达到药材量的4～5倍，为便于制备成一定剂型，大多数浸出液都需经过蒸发与干燥过程来获得较小体积的浓缩液或固态物。

1. 蒸发

蒸发是用加热的方法，使溶液中的溶剂汽化并除去，从而提高溶液浓度的工艺操作。由于溶剂中的溶质通常是不挥发性的，所以蒸发是一种挥发性溶剂与不挥发性溶质的分离过程，用于蒸发的设备叫蒸发器。常用的蒸发方法有：

(1) 常压蒸发 有效成分耐热的水浸出液，可在常压下进行蒸发，这种蒸发一般都在敞口蒸发器中操作，蒸发面上的二次蒸汽能在空间自由散发以保持蒸汽压差，利于加速蒸发。现代制药企业为改善生产环境，保证符合GMP要求，多不采用此法。

(2) 减压蒸发 减压蒸发是使蒸发器内形成一定真空度，从而使溶液的沸点降低进行沸腾蒸发的操作，它具有温度低（40～60℃）、蒸发速率快、能减少热敏性物料分解等优点，在制药生产中应用广泛。

（3）薄膜蒸发 是指使浸出液形成薄膜而进行快速蒸发的操作。薄膜蒸发具有极大的汽化表面，热的传播快而均匀，不受液体静压的影响，药液受热时间短，可连续操作，浓缩效率高，特别适用于热敏性物料的处理。

2. 溶剂的回收

（1）蒸馏 如浸出液为乙醇等有机溶剂时，应选用带精馏装置的蒸发设备。蒸气经冷凝后回收或适当处理以提高回收溶剂的浓度，供重复应用。

（2）套用稀浸出液 将同品种的稀浸出液，留作下批产品的溶剂，既充分利用溶剂，也免除对稀浸出液的处理。

（3）药渣中溶剂回收 通常在浸出容器底部通入蒸汽，将溶剂汽化，冷凝回收。

3. 干燥

干燥是利用热能使湿物料中的水分或其他溶剂汽化除去，从而获得干燥物品的工艺操作。在制剂生产中，常用的干燥方法有常压干燥、减压干燥、喷雾干燥、冷冻干燥等。

> **素质拓展**
>
> 水中蒸馏装置中安全管需几乎插到发生器的底部。当容器内蒸气压过大时，水可沿着安全管上升，以调节体系内部压力。如果系统发生阻塞，水便会从安全玻璃管的上口喷出。

六、浸出制剂的精制

1. 提取液的分离

中药提取液中往往出现固体沉淀物，常用的分离方法有沉降分离法、离心分离法、过滤分离法。

（1）沉降分离法 当固体与液体之间密度相差悬殊，而且固体含量多、粒子较大时可采用自然沉降法分离固体杂质。这种方法能除去大量杂质，但分离不够完全。

（2）离心分离法 在离心力作用下，利用浸液中固体与液体之间的密度差进行分离的方法。因为离心力比重力大 2000～3000 倍，所以离心分离效果好于沉降分离法。

（3）过滤分离法 中药提取液通过多孔介质时截留固体粒子而实现固 - 液分离的方法。过滤机制有表面过滤（膜过滤）与深层过滤（砂滤棒、垂熔玻璃漏斗）。

M5-5 中药提取物的分离与纯化

2. 提取物的纯化

纯化中药提取物的目的是最大限度地富集有效成分。传统的纯化方法有水提醇沉法、醇提水沉法、酸碱法、盐析法、透析法等，以水提醇沉法应用最为广泛。纯化新技术有大孔树脂法、澄清剂法、超滤法，在生产中应用越来越多。

(1) 水提醇沉法、醇提水沉法　水提醇沉法即以水为溶剂提取有效成分，再用不同浓度的乙醇沉淀去除提取液中杂质的方法。醇提水沉法原理与水提醇沉法的原理相同，也是利用各种成分在水及乙醇中的溶解度不同，去除杂质的方法。

(2) 大孔树脂法　是利用高分子聚合物的特殊结构和选择性吸附将中药提取液中不同分子量的有效成分或有效部位通过分子筛及表面吸附、表面电性、氢键物理吸附截留于树脂，再经适宜溶剂洗脱回收，以除去杂质的一种纯化方法。

(3) 酸碱法　当药材中有效成分的溶解度随溶液 pH 值不同而改变时，可加入适量酸或碱调节 pH 至一定范围，使单体成分溶解或析出，以达到分离的目的。

(4) 盐析法　加入大量的无机盐使提取液中高分子杂质的溶解度降低而析出，以达到分离的方法。常用的无机盐有氯化钠、硫酸钠、硫酸镁、硫酸铵等。

> **问题提出**
> 影响结晶的因素有哪些？

(5) 结晶法　利用混合物中不同成分对某种溶剂溶解度的差异，使其中一种成分以结晶状态析出的方法。结晶法的关键是选择最佳溶剂、体积、温度、时间等，尤以溶剂的选择最为重要。

(6) 透析法　利用小分子物质在溶液中可通过半透膜，而大分子物质不能通过的性质分离不同分子量物质的方法。可用于除去中药提取液中的鞣质、蛋白质、树脂等高分子杂质，也常用于某些具有生物活性的植物多糖的纯化。

(7) 澄清剂法　利用一定量的澄清剂在中药提取液中降解某些高分子杂质，降低药液黏度，或吸附、包裹固体微粒等特性加速悬浮粒子的沉降，经过滤除去沉淀物而获得澄清药液的方法。

七、常用浸出制剂的制备

1. 酒剂

(1) 酒剂定义　酒剂又称药酒，系以蒸馏酒浸提药材制成的澄清的液体制剂，酒剂多供内服，也有兼供内服和外用。内服酒剂应以谷类酒为原料，含醇量一般为 50%～60%；少数品种仍用黄酒制作，含醇量 30%～50%。我国酒剂的制备已有数千年的历史，制法多为浸提法，很少用酿造法。

(2) 原辅料及其要求　生产酒剂的药材一般应适当加工成片、段、块、丝或粗粉，以便于浸出。有些药材还需先行炮制以便符合治疗需要。蒸馏酒应符合卫健体委关于蒸馏酒质量标准的规定。滋补类药酒所用酒含醇量低一些，浓度大约在 30～40 度，祛风湿类药酒所用酒含醇量高一些，浓度大约在 50～60 度，用量一般为药材量的 5～10 倍。为改善酒剂的口感，通常用冰糖、蔗糖、蜂蜜、饴糖等甜剂作为矫味剂，掩盖药物的苦味，同时使酒剂有一定的醇厚感，但加糖过多，会产生腻滞感，一般加糖量控制在 5%～10%，少数补益药酒含糖量可高达 12%～15%。

(3) 酒剂的制备方法　除另有规定外，酒剂一般用浸渍法、渗滤法制备。其中浸渍法又可根据浸渍温度分为冷浸法和热浸法。

> **素质拓展**
>
> 酒本身有行血活络的功效，易于吸收和发散，因此酒剂通常主用于风寒湿痹，具有祛风活血、止痛散瘀的功能。但小儿、孕妇、心脏病及高血压病人不宜服用。

2. 酊剂

（1）酊剂概述 酊剂系指药物用规定浓度的乙醇浸出或溶解而制成的澄清液体制剂，也可用流浸膏稀释制成。供内服与外用。

中药酊剂是在西药酊剂的基础上发展起来的。由于乙醇对药材中各成分的溶解能力有一定的选择性，故酊剂中的杂质较少，成分较纯净，有效成分含量高，服用方便，且不易霉变。但乙醇本身有一定药理作用，临床应用受到一定限制。酊剂久贮会发生沉淀。按照《中国药典》2020年版要求，在乙醇和有效成分含量符合各品种项下规定的情况下，可过滤除去沉淀。酊剂应置于避光容器内密闭，阴凉处储藏。

（2）制备方法 酊剂以规定浓度的乙醇为浸出溶剂，制备方法主要有浸渍法、渗滤法，少数品种采用溶解法或稀释法。

中成药酊剂因所含药物多、体积大、成分复杂，采用一种方法提取往往不能达到制剂要求，常采用综合方法提取，如含挥发油成分的药材可先采用蒸馏法提取挥发油，然后再采用渗滤法浸出。

3. 流浸膏剂

（1）流浸膏剂概述 流浸膏剂系指药材用适宜的溶剂浸出有效成分，除去部分或全部溶剂，调整浓度至规定标准而制成的制剂。除另有规定外，流浸膏剂每1mL相当于原药材1g。

> **问题提出**
> 酊剂和醇制流浸膏剂的区别是什么？

醇制流浸膏剂与酊剂都以乙醇为溶剂，但比酊剂的有效成分含量高，因此其服用量较酊剂大为减少。流浸膏剂需要经过加热浓缩处理除去一部分溶剂时，对热不稳定的有效成分可能受到破坏，所以，凡有效成分加热易破坏的药材，不宜制成流浸膏剂，可制成酊剂。

（2）流浸膏剂分类 流浸膏剂根据溶剂与制法不同，可分为两种。

① 醇制流浸膏剂 溶剂为不同浓度的乙醇，多采用渗滤法、水提醇沉法提取，回收部分溶剂后制得。

② 水制流浸膏剂 溶剂为水，采用煎煮法、浸渍法提取，经浓缩至一定程度制得，或制成浸膏经稀释而成。因不含乙醇，所以必须加入一定量的防腐剂。

（3）制备方法 以醇制流浸膏剂为例，按渗滤法的制备过程主要包括渗滤、浓缩及调整含量三个步骤。

① 渗滤 按渗滤法装填药材，收集药材量85%的初滤液另器保存；继续渗滤，收集药材量3～4倍的续滤液，静置，过滤。

② 浓缩　续滤液低温浓缩（必要时先回收乙醇）至稠膏状，加初滤液搅匀。

③ 调整含量　取样测定有效成分与乙醇的含量，用适量溶剂调整体积至符合规定标准。静置24h，过滤，分装。未规定含量测定的制品，一般浓缩至1mL相当于原药材1g即可。

4. 浸膏剂

(1) 浸膏剂概述　浸膏剂是指药材用适宜溶剂浸出有效成分，除去大部分或全部溶剂，浓缩成固体粉状或稠厚状的制剂。浸膏剂是在流浸膏剂的基础上进一步浓缩制成的制剂，浸膏剂不仅可以是单味药制剂，也可以是多味药的复方制剂。

浸膏剂中不含或含极少量溶剂，故有效成分较稳定，但易吸湿软化或失水硬化。浸膏剂由于经过较长时间的浓缩和干燥，有效成分挥发损失或受热破坏的可能性要较流浸膏剂大。浸膏剂很少直接用于临床，一般用于配制其他制剂，如冲剂、片剂、栓剂、颗粒剂、胶囊剂等。

问题提出
简述浸膏剂的制备工艺流程。

(2) 浸膏剂的制备　浸膏剂的制备一般分为浸提、精制、浓缩、干燥、调整浓度等步骤。

① 浸提　原药材浸提操作同流浸膏。除用渗滤法外，也常用煎煮法、浸渍法。对于含有挥发性有效成分的药材，可采用加热回流法，或采用多能式中药提取罐的吊油操作，收集挥发油，待浸膏剂浓缩至规定标准后再加入。

② 精制　常用精制方法有：加热煮沸，使蛋白质等物质凝固，放冷后滤过除去；加入适量的乙醇，放置一定时间，使醇不溶物（蛋白质、黏液质、糖等）沉淀，滤过除去。

③ 浓缩　精制后的浸出液，须首先蒸馏回收溶剂，然后根据有效成分对热的稳定程度，选用常压或减压蒸发法浓缩到所需要的稠度。

④ 干燥　浸出液浓缩至稠膏状后，应根据制备剂型确定是否需要干燥。如用作丸剂或软膏剂等剂型的原料可不再干燥，直接用浓缩液；如用作片剂、胶囊剂等剂型的原料一般需要干燥成粉末。

⑤ 调整浓度　浸膏剂应将制品进行含量测定后，酌加稀释剂，使其含量符合标准；如不经含量测定，可直接加入稀释剂至需要量，研匀，过筛，混合，即得。采用喷雾干燥法制得的干燥粉末状浸膏，不需加稀释剂。

5. 煎膏剂

(1) 煎膏剂概述　煎膏剂又称膏滋，系指药材加水煎煮，去渣浓缩后，加炼糖或炼蜜制成的半流体制剂，供内服，有滋补调理作用，兼有缓慢的治疗作用。煎膏剂需要经过较长的时间加热浓缩，因此，凡受热易变质及含挥发性有效成分的中药材，不宜制成煎膏。

(2) 煎膏剂的制备

① 煎煮　根据处方中药材性质，将其洗净，切成片、段或磨成粗粉，加水煎煮2～3次，每次保持微沸2～3h，过滤，药渣压榨，压榨液与滤液合并，

静置，用适宜的滤器滤净。

② 制备清膏　将上述滤液采用适当的方法与设备进行浓缩，注意在浓缩过程中随时除去浮沫，根据要求浓缩至一定标准，即得清膏。

③ 收膏　取清膏1～3倍量的炼蜜或炼糖，加入清膏中，如有人参等细料药也于此时加入，边加边搅拌，并减弱火候，以防止结底焦化，待膏汁用棒挑起呈薄片状流下（习称挂大旗）时，即可出锅。

④ 包装贮存　将冷却至室温的煎膏分装于洁净干燥的大口玻璃瓶中，盖严，贴签，切勿在热时加盖，以免水蒸气冷凝回流于膏剂表面，产生霉败现象。

（3）煎膏剂的质量　煎膏剂的质量应符合《中国药典》（2020年版）一部的有关规定，质地细腻，稠度适宜，无浮沫，无返砂，用手捻无粗粒感，无异臭和酸败，储藏一定时间后，仅允许有少量细腻的沉淀物，但不得霉败变质。有些煎膏剂储藏一定时间后常出现糖的结晶析出，俗称"翻砂"。

学习测试题

一、单项选择题

1. 制备煎膏剂时，除另有规定外，加入炼蜜或糖的量一般不超过清膏量的（　）倍。
   A. 23　　　　　B. 13　　　　　C. 9　　　　　D. 6　　　　　E. 3

2. 精滤中药注射液宜选用（　）。
   A. 微孔滤膜滤器　　　　　B. 1号垂熔滤器
   C. 2号垂熔滤器　　　　　D. 滤棒
   E. 滤纸

3. 除另有规定外，流浸膏剂每1mL相当于原药材（　）。
   A. 0.5～1g　　B. 1g　　C. 1～1.5g　　D. 2～5g　　E. 1～2g

4. 下列关于单渗滤法的叙述，正确的是（　）。
   A. 药材先湿润后装筒　　　　　B. 浸渍后排气
   C. 慢滤流速为1～5mL/min　　D. 快滤流速为5～8mL/min
   E. 大量生产时，每小时流出液应相当于渗滤容器被利用容积的1/24～1/12

5. 塑制法制备水蜜丸，当药粉的黏性适中时，蜜与水的用量比例正确的是（　）。
   A. 蜜∶水=1∶1　　　　　B. 蜜∶水=1∶2
   C. 蜜∶水=1∶3　　　　　D. 蜜∶水=1∶4
   E. 蜜∶水=1∶5

6. 丸剂中疗效发挥最快的剂型是（　）。
   A. 水丸　　　B. 蜜丸　　　C. 糊丸　　　D. 蜡丸　　　E. 滴丸

7. 在下列注射剂常用的抑菌剂中，既有抑菌作用又有止痛作用的应为（　）。
   A. 苯酚　　　　　B. 甲酚　　　　　C. 氯甲酚
   D. 三氯叔丁醇　　E. 硝酸苯汞

8. 稠浸膏的干燥宜选用（　　）。
   A. 烘干干燥　　　　　　B. 减压干燥　　　　　　C. 沸腾干燥
   D. 喷雾干燥　　　　　　E. 冷冻干燥

9. 流浸膏剂与浸膏剂的制备多用（　　）。
   A. 煎煮法　　　　　　　B. 渗滤法　　　　　　　C. 回流法
   D. 水蒸气蒸馏法　　　　E. 浸渍法

10. 药物用规定浓度的乙醇浸出或溶解，或以流浸膏稀释制成的澄明液体制剂为（　　）。
    A. 药酒　　　　　　　　B. 酊剂　　　　　　　　C. 糖浆剂
    D. 浸膏剂　　　　　　　E. 煎膏剂

11. 下列关于酒剂与酊剂质量控制的叙述，正确的是（　　）。
    A. 酒剂不要求乙醇含量测定
    B. 酒剂的浓度要求每100mL相当于原药材20g
    C. 普通药物的酊剂浓度要求每10mL相当于原饮片1g
    D. 酒剂、酊剂不需进行微生物限度检查
    E. 含毒剧药的酊剂浓度要求每100mL相当于原饮片10g

12. 下列需要做不溶物检查的制剂是（　　）。
    A. 合剂　　　　　　　　B. 口服液　　　　　　　C. 糖浆剂
    D. 煎膏剂　　　　　　　E. 浸膏剂

13. 下列浸出制剂需进行含醇量测定的是（　　）。
    A. 杞菊地黄口服液　　　B. 金银花糖浆　　　　　C. 益母草膏
    D. 舒筋活络酒　　　　　E. 颠茄浸膏

14. 最能体现方药各种成分的综合疗效与特点的剂型是（　　）。
    A. 散剂　　　　　　　　B. 浸出制剂　　　　　　C. 半固体制剂
    D. 胶体制剂　　　　　　E. 液体制剂

15. 按浸提过程和成品情况分类，流浸膏属于（　　）。
    A. 水浸出剂型　　　　　B. 含醇浸出剂型　　　　C. 含糖浸出剂型
    D. 无菌浸出剂型　　　　E. 其他浸出剂型

16. 下列属于含糖浸出剂型的是（　　）。
    A. 浸膏剂　　　　　　　B. 煎膏剂　　　　　　　C. 汤剂
    D. 合剂　　　　　　　　E. 流浸膏剂

17. 流浸膏剂常用的制备方法是（　　）。
    A. 浸渍法　　　B. 回流法　　　C. 煎煮法　　　D. 蒸馏法　　　E. 渗滤法

18. 合剂与口服液的区别是（　　）。
    A. 合剂不需要灭菌　　　　　　　B. 合剂不需要浓缩
    C. 口服液为单剂包装　　　　　　D. 口服液不需要添加防腐剂
    E. 口服液需注明"用前摇匀"

19. 下列关于流浸膏剂与浸膏剂的叙述，错误的是（　　）。
    A. 流浸膏剂多用渗滤法制备

B. 浸膏剂的制备可采用渗滤法、煎煮法
C. 可以不同浓度的乙醇为溶剂
D. 流浸膏剂可用浸膏剂稀释制成
E. 流浸膏剂每1g相当于原饮片2～5g

二、简答题

1. 简述影响浸出的主要因素。
2. 常用的浸出方法有哪些？各有何特点？

第六章
散剂、颗粒剂及胶囊剂

学科素养构建

必备知识

1. 掌握散剂、颗粒剂和胶囊剂的定义和特点；
2. 了解散剂、颗粒剂和胶囊剂的分类；
3. 掌握散剂、颗粒剂和胶囊剂的制备方法；
4. 掌握胶囊壳的制备方法；
5. 掌握粉碎、过筛、混合的方法。

素养提升

1. 学会散剂、颗粒剂和胶囊剂的处方分析；
2. 能够选择合适的粉碎方法；
3. 能够选择合适的筛分设备；
4. 能够判断散剂、颗粒剂和胶囊剂的稳定性，并进行质量评定。

案例分析

问题提出 普通的散剂与颗粒剂哪个起效更快？

问题提出 固体制剂前处理包括哪些方法呢？

患者，男，20岁，出现低热、头痛、鼻塞、咳嗽、腹痛等症状，然后前往药店购买药品，驻店药师与患者交谈后，向其拿出散剂、颗粒剂、胶囊剂等不同剂型的药品，并逐一讲解每种药品的功效，最后患者选择好药品，一周内恢复健康。

分析 患者很大可能是感冒，而感冒药的剂型有很多，主要包括散剂、颗粒剂和胶囊剂等等，因此，驻店药师拿出不同的感冒药剂型供患者选择，最终帮助患者缓解感冒症状，恢复了身体健康。

知识迁移

散剂、颗粒剂、胶囊剂作为最常见的口服固体制剂在临床上使用，在药店中更是琳琅满目，这些固体制剂在生产工艺之间都存在相似之处，它们都要经过将原辅料进行粉碎、过筛和混合操作，才能进一步制备得到不同的制剂成品。其中散剂是干燥均匀的粉末；颗粒剂是将粉状物料制粒得到的干燥颗粒；胶囊剂是将粉末或颗粒装填入空心胶囊或密封于软质囊材中。

> **素质拓展**
>
> 散剂是由药物粉末和辅料粉末混合制得，其在体内能较快溶解后吸收入血或在局部发挥药效；颗粒剂是将原辅料粉末混合后制成的干燥颗粒，颗粒在体内溶解比粉末稍慢一些，所以普通的散剂比颗粒剂起效稍快。

第一节 粉体学基础

粉体是无数个固体粒子的集合体。粉体学是研究粉体基本性质及其应用的学科。

物质可以分为三种物态，即气体、液体、固体。将固体粉碎成粒子的集合体时：具有与液体相类似的界面和流动性；具有与气体相类似的压缩性；在外力的作用下粉体可以变形，形成坚固的压扁体，而且具有抗变形能力，这是气体和液体所不具备的性质。粉体的本质是固体，但具有流动性、充填性、压缩成型性等，因此常把粉体视为第四种物态来进行研究。

通常所说的"粉""粒"都属于粉体。通常将小于 10μm 的粒子叫"粉"，大于 100μm 的粒子叫"粒"。在粉体学中，将颗粒按其大小分类为块状颗粒、粒状颗粒、粉末、粗粉、细粉、超细粉、纳米粒。

在固体制剂的制备中通常处理的粒度范围是从药物原料粉的几微米到片剂的十几毫米。目前超细粉和纳米粒在提高难溶性药物的生物利用度以及中药提取等方面得到广泛的关注和研究。

> **问题提出**
>
> 在粉体学中，颗粒按大小可以分为哪几类？

一、粒子的大小

粒子大小是粉体的最基本性质。将粉体放在显微镜下观察，粒子的形状往往不规则，大小也不同，无法用一个长度表示其大小。因此利用几何学和物理学概念定义粒子径，用粒度分布表示其均匀性。

1. 粒子径

粒子径是指粒子的直径，是用来表示粉体中粒子的大小。其表示方法有以下几种：

（1）几何学粒子径 在光学显微镜或电子显微镜下观察粒子体积和形状所确定的粒子径。

① 三轴径 三轴径反映粒子的三维尺寸，即长、短、高。

② 定向径　在粒子的投影平面上，某定方向直线长度。

③ 等价径　对形态不规则的粒子，选择具有相同表面积或体积的粒子等价球体，与该球体的投影面积相等的圆的直径称为等价径。

④ 球相当径　体积相当径，等体积球相当径，记作 D_V。将粒子的体积当作球的体积计算求得的直径。

表面积相当径，表面积球相当径，记作 D_S。将粒子的表面积当作球的表面积计算求得的直径。

比表面积相当径，等比表面积球相当径，记作 D_{SV}。

(2) 沉降速率相当径　在液相中与粒子的沉降速率相等的球形粒子的直径，记作 D_{stk}。

(3) 筛分径　又称细孔通过相当径。当粒子通过粗筛网且被截留在细筛网上时，可用筛下直径和筛上直径表示，其平均径用粗细筛孔直径的算术或几何平均值表示。

(4) 平均粒子径　在制药行业中，中位径是最常用的平均径（也叫中值径），常用 D_{50} 表示。平均径的表示方法不同，其大小也不同。如果粒度为正态分布，已知中位径 D_{50}，其他平均径可以计算求得。

> **问题提出**
> 粒径的表示方法有哪几种？

2. 粒度分布

多数粉体由不同粒径的粒子群组成，粒度分布表示不同粒度粒子群的分布情况，即频率分布与累积分布。

(1) 频率分布　表示各个粒径的粒子群在总粒子群中所占的百分数。

(2) 累积分布　表示小于或大于某粒径的粒子群在总粒子群中所占的百分数。

用筛分法测定粒度分布时，用筛下粒径表示的粒度分布叫筛下分布，即从小到大累积的粒度分布；用筛上粒径表示的粒度分布叫筛上分布，即从大到小累积的粒度分布。见图 6-1。

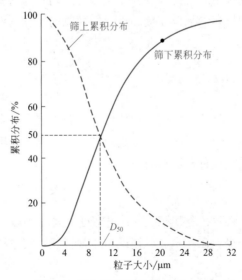

图 6-1　筛上筛下累积分布图与 D_{50}

3. 粒子径的测定方法

粒子径的测定原理不同，粒子径测得的范围也不同。

(1) 显微镜法　显微镜可以直接观察各个粒子的外观形状和大小。粒径是根据投影像测得，因此可测定几何学粒径等。光学显微镜可以测定微米级的粒径，扫描电子显微镜可以测定纳米级的粒径。测定时应避免粒子间的重叠，以免产生测定误差。

(2) 库尔特计数法　在电解质溶液中设置带一细孔的隔板，细孔间设有电极。当混悬于电解质溶液中的粒子通过细孔时，每个粒子产生一个电阻信号，信号的大小反映粒子的大小。将电信号换算成粒径，可测定粒径与粒度分布。本法测得的粒径为等体积球相当径。混悬剂、乳剂、脂质体、粉末药物等可用本法测定。本法只适用于水不溶性物料的粒度测定。

(3) 沉降法　是液相中悬浮的粒子在重力场中恒速沉降时，根据 Stock 方程求出粒径的方法。分散沉降法是将粒子群均匀分散于溶剂中混悬之后进行沉降。沉降开始，在一定时间间隔内测定粒子的沉降速率和所对应的沉降粒子的量，从而获得粒子径和以重量为基准的粒度分布。本法通常适用于水不溶性物料的粒度测定。

> **问题提出**
> 粒径的测定方法有几种？

二、粉体的比表面积

1. 比表面积的定义

粒子的比表面积的表示方法根据计算基准不同可分为体积比表面积和重量比表面积。

2. 比表面积的测定方法

直接测定粉体比表面积的常用方法有气体吸附法和气体透过法。

(1) 气体吸附法　粉体是气体或液体的良好吸附剂，气体的吸附量不仅与气体的压力有关（吸附等温线），而且与粉体的比表面积有关。被吸附在粉体表面的气体在低压下形成单分子层，在高压下形成多分子层。

(2) 气体透过法　是气体通过粉体层时，由于气体透过粉体层的空隙而流动，所以气体的流动速率与阻力受粉体层的表面积大小（或粒子大小）的影响。气体透过法只能测粒子外部比表面积，而粒子内部孔隙的比表面积不能测定，因此不适合用于多孔性粒子比表面积的测定。

此外，比表面积还有溶液吸附、浸润热、消光、热传导、阳极氧化原理等测定方法。

三、粉体的密度与孔隙率

由于粉体粒子表面粗糙，形状不规则，在堆积时，粒子与粒子间必有空隙，而且有些粒子本身又有裂缝和孔隙，所以粉体的体积包括粉体自身的体积、粉体粒子间的空隙和粒子内的孔隙，故表示方式较多，相应地就有多种粉体密度及孔隙率的表示法。

1. 粉体的密度

> **问题提出**
> 粉体的密度表示方法有几种？

粉体的密度系指单位体积粉体的质量。根据粉体所指的体积不同，分为真密度、颗粒密度、堆密度三种。各种密度定义如下。

(1) 真密度 指粉体质量除以不包括颗粒内外空隙的体积（真实体积），求得的密度。即排除所有空隙占有的体积后，求得的物质本身的密度。

(2) 粒密度 指粉体质量除以包括开口细孔与封闭细孔在内的颗粒体积，求得的密度。即排除粒子之间的空隙，但不排除粒子本身的细小孔隙，求得的粒子本身的密度。

(3) 堆密度 又称松密度，指粉体质量除以该粉体所占容器的体积，求得的密度。其所用的体积为粒子本身的孔隙以及粒子之间空隙在内的总体积。

对于同一种粉体，真密度＞粒密度＞堆密度。在药剂实践中，堆密度是最重要的。散剂的分剂量、胶囊剂的充填、片剂的压制等都与堆密度有关。有些药物还有"重质"和"轻质"之分，主要是其粒密度和堆密度不同，堆密度大的为重质，堆密度小的为轻质，但其真密度是常数，是相等的。

在粉体密度的测定中，实质性问题是如何准确测定粉体的体积。特别是真体积和颗粒体积的测定不像粉体堆体积的测定那么简单，常用的方法是液体或气体置换法。

2. 粉体的孔隙率

粉体的孔隙率是粉体层中空隙所占的比率，即粉体粒子间空隙和粒子本身孔隙所占体积与粉体体积之比，常用百分率表示。

粉体的孔隙率是与粒子形态、表面状态、粒子大小及粒度分布等因素有关的一种综合性质，是对粉体加工性质及其制剂质量有较大影响的参数。散剂、颗粒剂、片剂都是由粉体加工制成，其孔隙率的大小直接影响着药物的崩解和溶出。一般来说，孔隙率大，崩解、溶出较快，较易吸收，所以在药剂的科研和生产中，有时要测定孔隙率。其可通过真密度计算求得，也常用压汞法、气体吸附法等进行测定。

四、粉体流动性和充填性

1. 粉体的流动性

粉体流动性是以一定量粉末流过规定孔径的标准漏斗所需要的时间来表示，其数值愈小说明该粉末的流动性愈好，它是粉体的一种工艺性能。

粉体流动性可通过以下几方面进行评价和测定：

(1) 休止角 休止角是粉体堆积层的自由斜面与水平面形成的最大角。常用的测定方法有注入法、排出法、倾斜角法等。休止角不仅可以直接测定，而且可以通过测定粉体层的高度和圆盘半径后计算而得。即 tanθ= 高度 / 半径。

休止角是粒子在粉体堆积层的自由斜面上滑动时所受重力和粒子间摩擦力达到平衡而处于静止状态下测得，是检验粉体流动性好坏的最简便的方法。休止角越小，摩擦力越小，流动性越好，一般认为 $\theta \leqslant 40°$ 时可以满足生产流动性的需要。黏附性粉体或粒子径小于 200μm 以下粉体的粒子间相互作用力较大而流动性差，相应地所测休止角较大。值得注意的是，测量方法不同所得数据有所不同，重现性差，所以不能把它看作粉体的一个物理常数。

（2）流出速率 流出速率是以物料加入漏斗中测定全部物料流出所需的时间来描述。如果粉体的流动性很差而不能流出时，加入 100μm 的玻璃球助流，测定自由流动所需玻璃球的量（质量百分率），以表示流动性。加入量越多流动性越差。

（3）压缩度 压缩度是将一定量的粉体轻轻装入量筒后测量最初松体积；采用轻敲法使粉体处于最紧状态，测量最终的体积。压缩度是粉体流动性的重要指标，其大小反映粉体的凝聚性、松软状态。压缩度 20% 以下时流动性较好，压缩度增大时流动性下降。

粉末流动性与很多因素有关，如粉末颗粒尺寸、形状和粗糙度、比表面积等。一般来说，增加颗粒间的摩擦系数会使粉末流动困难。通常球形颗粒的粉末流动性最好，而颗粒形状不规则、尺寸小、表面粗糙的粉末，其流动性差。

> **问题提出**
> 粉体的流动性应从哪几个方面来评价？

2. 粉体的充填性

堆密度与孔隙率直接反映粉体装填的松紧程度，如对一定物料，堆密度大反映装填紧密；孔隙率小，说明物料装填致密。充填性受粒子径的影响，在一般情况下，粒径小孔隙率大，粒径大孔隙率小。主要是因为小粒子间黏着力、凝聚力大于粒子的重力，从而不能紧密充填而产生较大的空隙。但大于某一粒径时孔隙率不变，说明此时充填状态不受粒径的影响。

在粉体的装填过程中，颗粒的排列方式直接影响粉体的体积与孔隙率。助流剂对充填性的影响：助流剂与粉体混合后附着于粒子表面，减弱粒子间的黏着从而增强流动性，增大充填密度。将微粉硅胶与马铃薯淀粉混合后，若使淀粉粒子表面 20%～30% 被硅胶覆盖，形成润滑表面，可使粒子间的黏着力下降到最低，堆密度上升到最大。

五、粉体的压缩性质

粉体的压缩特性表现为体积减小，在一定压力下可形成坚固的压缩体，在制药行业中应用于片剂的制备，因此压缩特性的研究对片剂的处方筛选与制备工艺的优化具有很好的指导意义。粉体压缩特性的表现形式为：

（1）可压缩性 表示粉体在压力下减小体积的能力，通常表示压力对孔隙率（或固体分率）的影响。

（2）可成型性 表示粉体在压力下结合成坚固压缩体的能力，通常表示压力对抗张强度（或硬度）的影响。

（3）可压片性 表示粉体在压力下压缩成具有一定形状和强度的片剂的能力，通常表示孔隙率对抗张强度（或硬度）的影响。

在物料的压片过程中，粉体的压缩性和成型性是紧密联系在一起的，因此通常把粉体的压缩性和成型性简称为压缩成型性。

目前对粉体压缩成型机制的研究表明，粉体被压缩后体积的变化产生系列效应，虽然还不能说清楚所有现象，但比较认可的几种说法有：①压缩时体积减小，伴随粒子间距离的变化，从而产生范德华力、静电力等；②压缩时产生塑性变形，使粒子间的接触面积增大，结合力增强；③粒子的破碎产生新生表面，具有较大的表面自由能；④粒子在变形时相互嵌合而产生机械结合力；⑤在压缩过程中由于摩擦力而产生热，特别是颗粒间支撑点处局部温度较高，使熔点较低的物料部分熔融，解除压力后重新固化而在粒子间形成"固体桥"；⑥水溶性成分在粒子的接触点处析出结晶而形成"固体桥"等。粉体压缩特性的研究主要通过施加压力带来的一系列变化得到信息。

第二节 粉体基本制备技术

视频扫一扫

M6-1 散剂的粉碎

一、粉碎

1. 粉碎的概念

粉碎是借机械力或其他方法将大块固体物质破碎成适宜程度的颗粒或细粉的单元操作。粉碎操作是药物原材料处理及后处理技术中的重要环节，粉碎技术直接关系到产品的质量和应用性能。产品颗粒尺寸的变化，将会影响药品的时效性和即效性。

问题提出
什么是粉碎度？粉碎度与粒子大小有何关系？

常用粉碎度来表示固体药物的粉碎效果。其意义为固体药物在粉碎前后粒子的平均直径之比。即：

$$n=d/d_1 \tag{6-1}$$

式中　n——粉碎比；
　　　d——粉碎前颗粒的平均直径；
　　　d_1——粉碎后颗粒的平均直径。

由式（6-1）可知，粉碎度与颗粒的直径成反比，粉碎度越大，所得药物颗粒的粒径就越小。药物粉碎度的大小，取决于制备的剂型、医疗用途及药物本身的性质。例如，黏膜用的外用散剂需要极细的粉末，以减少刺激性；内服散剂中难溶或不溶性药物应粉碎成细粉以利于溶出，易溶的药物则不必粉碎成细粉。因此，对于药物的粉碎度的要求应作具体分析，不能一概而论。

知识迁移

粉碎机制

(1) **内聚力与粉碎的关系** 物质依靠本身分子之间的内聚力而凝结成一定形状,适当破坏物质的内聚力,即可达到粉碎的目的。

(2) **表面自由能与粉碎的关系** 固体物质经粉碎后,表面积增加,引起表面自由能增加,故性质不稳定。已经粉碎的粉末有重新聚结的倾向,待粉碎过程达到动态平衡后,粉碎便停止在一定阶段,不再进行。如果采用混合粉碎的方法可以使已粉碎的粉末表面吸附另一种药物粉末,而使粉碎后的粉末自由能不能明显增加,从而阻止了聚结,粉碎便能继续进行。

(3) **机械能与粉碎的关系** 在粉碎过程中,为了使机械能尽可能有效地用于粉碎过程,应将达到细度要求的粉末随时取出,使粗颗粒有充分的机会接受机械能,这种粉碎称为自由粉碎;反之,若细粉始终停留在粉碎系统中,不但能在粗粉中起缓冲作用,而且会消耗大量机械能,也产生大量不需要的过细粉末,这种称为缓冲粉碎。故在粉碎操作中必须随时分离细粉,如在粉碎机上装置药筛或利用空气将细粉吹出等,均可减少机械能消耗,而提高粉碎效率。

2. 粉碎的目的

粉碎的目的主要是减少粒径,增加药物的表面积,便于各成分的混合均匀。另外还可加速药物的溶出,从而提高药物的生物利用度。在中药的提取操作中,药材经过适当粉碎,有利于药材中有效成分的浸出。

3. 粉碎方法

(1) **混合粉碎与单独粉碎** 混合粉碎是将两种或两种以上药物放在一起进行粉碎的操作。单独粉碎是将一种物料单独进行粉碎。例如,贵重药材、刺激性药材、易氧化药物及易还原药物等应采取单独粉碎,可以减少损失、减少刺激性、避免药物发生氧化还原反应;而某些性质及硬度相似的药物,则可以掺合在一起粉碎,这样可使粉碎与混合同时进行,也可避免一些黏性药物单独粉碎时的困难。

> **问题提出**
> 常用的粉碎方法有哪些?各有何特点?

(2) **干法粉碎与湿法粉碎** 干法粉碎是指把物料经过适当干燥,使含水量降低到一定程度再进行粉碎的方法,这种粉碎在制剂生产中应用最广泛。湿法粉碎是指在物料中添加适量的水或其他液体进行粉碎的方法,此法的优点是借助液体的渗透有利于粉碎的进行,同时也可避免粉尘飞扬,可减少毒性药物或刺激性药物对人体的危害,减少贵重药材的损失。但是选用的液体以药物不溶解、遇湿不膨胀、不影响药效者为原则,用量以能润湿药物成糊状为宜。

知识迁移

水飞法

水飞法是指将一些矿物药料先打成碎块,除去杂质,放于乳钵中加入适量清水,用重力研磨,随时旋转乳钵使细粉混悬于水中被倾倒出来,直至全部研细为止。水飞法是一种湿法粉碎方式,发源于中国传统中药炮制技术,一般适用于质重、价昂、有毒等类物料的粉碎,比如珍珠、雄黄、朱砂、炉甘石等。水飞法的目的:去除杂质,洁净药物;使药物质地细腻,便于内服和外用;防止药物在研磨过程中粉尘飞扬,污染环境;除去药物中可溶于水的毒性物质,如砷、汞等。

(3) 循环粉碎与开路粉碎 将待粉碎物料连续供给粉碎机,同时不断从粉碎机中取出粉碎产品的操作称开路粉碎,即物料只通过一次粉碎机完成粉碎的操作。经粉碎机粉碎的物料通过筛或分级设备使粗颗粒重新返回到粉碎机反复粉碎的操作叫循环粉碎。开路粉碎方法操作简单、设备便宜,但动力消耗大、粒度分布宽,适于粗碎或粒度要求不高的粉碎。循环粉碎动力消耗低、粒度分布窄,适于粒度要求比较高的粉碎。

(4) 低温粉碎 是指利用物料在低温时脆性增加,韧性与延伸性降低的特性,将物料在低温下进行粉碎的方法。此法适用于在常温下粉碎困难的药物如树脂、树胶等。低温粉碎能减少挥发性成分的挥发,并可获得更细的粉末。

(5) 流能粉碎 是指利用高压气流使物料与物料之间、物料与器壁之间相互碰撞而产生强烈的粉碎作用的方法。此法可得到 5~20μm 的粉末,由于气流在粉碎室中膨胀时的冷却作用,物料在粉碎过程中温度不升高,因此可用于热敏感物料和低熔点物料的粉碎。

4. 常用的粉碎设备

> **问题提出**
> 常用的粉碎器械有哪些?各有何特点?

(1) 研钵 又称乳钵,一般用陶瓷、玻璃、金属制成。研钵由钵和杵棒组成。杵棒与钵内壁接触,通过研磨、碰撞、挤压等作用力使物料粉碎、混合均匀。主要用于少量物料的粉碎。

(2) 球磨机 由不锈钢或瓷制成的圆筒形球罐,内装有一定数量和大小的钢球或瓷球,球罐的轴固定在轴承上,见图6-2。当球罐转动时,物料受筒内起落圆球的撞击作用、圆球与筒壁之间以及球与球之间的研磨作用而被粉碎。球磨机结构简单,密闭操作,粉尘少,不但可以间歇操作,也可以连续操作,常用于毒性药物、刺激性药物、贵重药物或吸湿性药物的粉碎。对结晶性药物、硬而脆的药物进行粉碎,效果更好。球磨机较容易实现无菌条件下的粉碎与混合药物,得到无菌的产品;易氧化药物或爆炸性药物,还可在充填惰性气体条件下密闭粉碎。

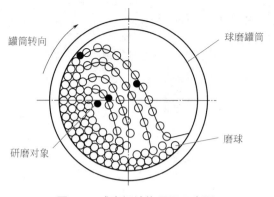

图 6-2 球磨机结构原理示意图

球磨机除广泛应用于干法粉碎外,亦可用于湿法粉碎。如用球磨机水飞制备炉甘石、朱砂、珍珠可达到 120 目以上细度的粉末,比干法制得的粉末滑润,且可节省人力。

(3) 万能粉碎机 是一种应用较广的冲击式粉碎机。其结构见图 6-3,有高速旋转的旋转轴,轴上装有数个锤头,机壳上有齿板和筛板。其工作原理是借助高速旋转的钢锤或钢柱对物料产生强大的撞击力使物料破碎,破碎的物料通过筛板筛出。适用于结晶性和纤维性等脆性大、韧性小的物料,物料可达到中碎、细碎程度,但粉碎过程会发热,故不适用于粉碎含大量挥发性成分或黏性、遇热发黏的物料。万能粉碎机根据其结构不同可分为锤击式和冲击柱式两种。

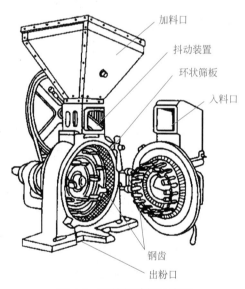

图 6-3 万能粉碎机示意图

(4) 流能磨 又称气流式粉碎机(见图 6-4),是利用高压气流带动物料产生高速碰撞而使物料得到粉碎。高压气流在粉碎室内膨胀而产生冷却效应,故不升高被粉碎物料的温度,适用于抗生素、酶、低熔点或其他对热敏感的药物的粉碎。由于在粉碎的同时就进行了分级,所以可得 5μm 以下均匀的微粉。根据结构，分为圆盘形流能磨和轮形流能磨。

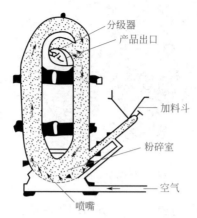

图6-4 轮胎形流能磨结构图

5. 粉碎操作的注意事项

① 粉碎设备的选择。可根据被粉碎物料的硬度、脆性与黏性，所要达到的粉碎度来选用。对于硬而脆的物料以撞击和挤压的效果较好；对于韧性物料以研磨较好；而对于脆性物料以劈裂为宜；对坚硬而贵重的药材则以挫削为好。

② 粉碎过程中应及时筛去细粉以提高效率。

③ 粉碎机的清洗。为防止混料，粉碎机在粉碎结束后需进行清洗，清洗效果应达到设备内外无可见污迹，最后一次纯化水冲洗后，其pH值应呈中性。

④ 粉碎毒性或刺激性较强的药物时，应注意劳动保护，以免中毒。

二、筛分

1. 筛分的概念

问题提出
简述筛分的意义。

视频扫一扫

M6-2 散剂的筛分

筛分是借助筛网将物料按粒度大小进行分离的操作。筛分本质上是整理物态的一种方式。筛分的目的是获得大小较均匀的粒子群或除去异物，这对药品质量以及制剂生产过程的顺畅进行都有直接意义。如颗粒剂、散剂都有粒度的规定；在片剂压片、胶囊充填等单元操作中，粒度的均匀性对药物的混合度、充填性等都有明显的影响。

2. 药筛与粉末分等

（1）药筛 药筛（或称标准筛）是指药典规定的全国统一用于药剂生产的筛。在实际生产中，也使用工业筛，这类筛的选用，应与标准药筛相近，且不影响药剂质量。制药工业所用药筛可分为两种：冲制筛和编织筛。冲制筛是在金属板上冲击圆形、长方形、人字形等筛孔而制成，耐冲击、筛孔不易变动，常装于锤击式、冲击式粉碎机的底部，与高速粉碎机过筛联动。编织筛是用有一定机械强度的金属丝（如不锈钢丝、铜丝、铁丝等），或其他非金属丝（尼龙丝等）编织而成。编织筛在使用时筛线易于移位，故常将金属筛线交叉处压扁固定。编织筛同冲制筛相比，重量轻、有效筛分面积大，且筛网有一定弹性，筛网本身还产生一定的颤动，有助于黏附在筛网上的细粒同筛网的分离，避免堵网，提高筛分效率。

《中国药典》（2020年版）所用筛网选用国家标准的R40/3系列，共规定了九种筛号，一号筛的筛孔内径最大，依次减少，九号筛的筛孔内径最小。我国常用的一些工业用筛的规格与标准筛号的对照见表6-1。

目前制药工业上，习惯常以目数来表示筛号及粉末的细粗，多以每英寸（2.54cm）长度有多少孔来表示，例如每英寸上有120个筛孔，就称120目筛。筛号数越大，粉末越细，例如能通过120目筛的粉末就叫120目粉。

表6-1 《中国药典》（2020年版）药筛与工业筛对照表

筛号	筛孔内径/μm	工业筛目数/（孔/英寸）
一号筛	2000±70	10
二号筛	850±29	24
三号筛	355±13	60
四号筛	250±9.9	65
五号筛	180±7.6	80
六号筛	150±6.6	100
七号筛	125±5.8	120
八号筛	90±4.6	150
九号筛	75±4.1	200

问题提出
药筛的种类和规格有哪些？

（2）**粉末的分等** 为了适应医疗和药剂生产需要，原辅料一般都需要经粉碎后再进行筛选，才能得到粒度比较均匀的粉末。筛选方法是以适当的药筛过筛。筛过的粉末包括所有能通过该药筛孔的全部粉粒。例如通过一号筛的粉末，不都是近于2mm直径的粉粒，包括所有能通过二号至九号药筛甚至更细的粉粒在内，富含纤维素的药材在粉碎后，有的粉碎呈棒状，其直径小于筛孔，而长度则超过筛孔直径，但这类粉末也能通过筛网。为了控制粉末的均匀度，根据一般实际要求，《中国药典》（2020年版）规定了六种粉末，见表6-2。

表6-2 粉末的分等标准

等级	分等标准
最粗粉	指能全部通过一号筛，但混有能通过三号筛不超过20%的粉末
粗粉	指能全部通过二号筛，但混有能通过四号筛不超过40%的粉末
中粉	指能全部通过四号筛，但混有能通过五号筛不超过60%的粉末
细粉	指能全部通过五号筛，并含能通过六号筛不少于95%的粉末

续表

等级	分等标准
最细粉	指能全部通过六号筛,并含能通过七号筛不少于 95% 的粉末
极细粉	指能全部通过八号筛,并含能通过九号筛不少于 95% 的粉末

3. 常用筛分设备

问题提出

常用的筛分设备有哪些？各有何特点？

(1) 摇动筛 由摇动装置和药筛两部分组成。摇动装置是由摇杆、连杆和偏心轮构成；药筛系由不锈钢、铜丝、尼龙丝等编织的筛网，固定在圆形或长方形的金属圈上，并按照筛号大小依次叠成套，最粗号在最上端，其上面加盖；最细号在底下，套在接收器上。应用时可取所需号数的药筛套在接收器上，上面用盖子盖好，启动电机，药筛发生摇动而达到筛分作用。摇动筛适用于小量或质轻药粉的筛分，常用于粉末粒度分布的筛析。因过筛系在密闭条件下进行，故可避免细粉飞扬。

(2) 振动筛 是利用机械或电磁方法使筛或筛网产生一定频率振动，实现筛分的设备。机械振动筛为一圆形振动筛，结构见图 6-5。电机的上轴及下轴各装有不平衡重锤，上轴穿过筛网并与其相连，筛框以弹簧支撑于底座上，上部重锤使筛网产生水平圆周运动，下部重锤使筛网产生垂直方向运动，故筛网的振动方向有三维性。每台机械振动筛可由 1～3 层筛网组成，物料加在筛网中心部位，使不同粒径的粉末自筛网的上部排出口和下部排出口分别排出。电磁振动筛系利用上端由筛框支撑、下端与筛网相连的电磁振动装置产生的较高振动频率（3000 次 /min）和较小振幅（0.5～1mm），使筛网发生垂直方向的振动而筛分粉末的。因筛网具有较强的垂直方向运动，筛网不易堵塞，故适宜于筛分黏性较强及含油性的粉末。

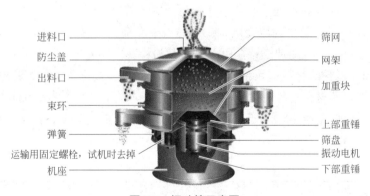

图 6-5 振动筛示意图

4. 筛分操作注意事项

筛分时如操作正确，则可提高筛分效率。筛分操作应注意以下几点。

(1) 粉末应干燥 含水量较高的物料应先适当干燥，易吸潮的物料应及时过筛或在干燥环境中过筛。

(2) 物料厚度适宜 间歇操作时,过筛效率与筛网面积成正比,与物料层在筛网上的厚度成反比。因此,筛网上的料层不宜太厚,以使物料粒子有充分与筛网接触的机会,提高过筛效率。连续操作的过筛装置筛面宽度加大时,料层厚度变薄,而筛面的长度加长时,物料在筛网上停留时间加长,过筛效率可提高。

(3) 振动 振动时物料在筛网上运动的方式有滑动、滚动及跳动等几种,跳动易增加物料与筛孔接触机会,并可防止堵网。因此,具有三维性振动的筛分设备的筛分效率较高。

(4) 粉碎、筛分联动化 粉碎、筛分等单元操作易引起粉尘飞扬,除了应设防尘设施外,大量生产时,多将粉碎、筛分及捕集粉尘联动操作,不仅能降低劳动强度,而且能有效地防止粉尘的交叉污染,保证产品质量。

(5) 防止粉尘飞扬 特别是筛分毒性或刺激性较强的药粉时,更应该注意防止粉尘飞扬。

三、混合

1. 混合的概念

制剂生产过程中,为了获得含量均匀的物料,广泛使用各种混合方法和设备。混合是指把两种或两种以上组分的物质均匀混合的操作。混合的目的在于保证处方中各成分均匀分布、色泽一致,保证制剂剂量准确、安全有效。

2. 混合方法

常用的混合方法有:搅拌混合、研磨混合与过筛混合。

(1) 搅拌混合 系将物料置于适当大小的容器中,选用适当器具搅匀,此法较简单但不易混匀,多作初步混合之用。大量生产中常用混合机搅拌混合,经过一定时间的混合,能够达到均匀混合的目的。

(2) 研磨混合 系将各组分物料置于乳钵或球磨机中共同研磨的混合操作。研磨有两种作用,即一方面将物料研细,另一方面将物料分散混合。此法适用于小量结晶性物料的混合,不适于具有引湿性及爆炸性成分的混合。

(3) 过筛混合 系将各组分物料先作初步混合,再通过适宜的药筛经一次或多次过筛,达到混合均匀的目的。适用于含植物性及各组分颜色差异较大的物料混合。

在实际工作中,除小量药物配制时用搅拌混合或研磨混合外,一般多采用几种方法的联合操作,如研磨混合后再经过筛,或过筛混合后再经搅拌,以确保混合均匀。

3. 混合设备

常用的混合设备分为干混设备和湿混设备。干混设备只适合干燥物料的混合,包括容器回转型混合机和三维运动混合机;湿混设备不仅能混合干燥物料,

> **问题提出**
> 常用的混合方法有哪些?各有何特点?

也可用于湿物料的混合，例如槽型混合机和锥形双螺旋混合机可用于制备软材时的混合。

(1) V形混合机 如图6-6所示，由一个V形的圆筒构成，一般装在水平转动轴上，由传动装置带动绕轴旋转。当旋转混合时，筒内的干物料随着混合筒转动，V形筒使物料反复分离、合一，经过一定时间即可混合均匀。V形混合机以对流混合为主，混合速度快，混合效果好。但采用单机混合操作还存在加料不方便、车间易发生粉尘污染等缺点。

> **问题提出**
> 常用的混合设备有哪些？各有何特点？

图6-6　V形混合机示意图

(2) 三维运动混合机 如图6-7所示，该设备由变频调速电机、主动轴、圆弧八角混合筒等部件组成，其工作原理是装料的筒体在主动轴带动下，作周而复始的平移运动和翻滚等复合运动，促使物料沿着筒体作环向、径向和轴向的三向复合运动，从而实现多物料间相互流动、扩散、积聚，达到均匀混合的目的。混合中无死角，混合均匀度高，是一种目前普遍使用的新型混合机械。

图6-7　三维运动混合机

(3) 槽式搅拌混合机　如图 6-8 所示，其主要部件为混合槽，槽内轴向装有与旋转方向成一定角度的搅拌桨，搅拌桨可将物料由外向中心集中，又将中心物料推向两端，在反复的运动过程中使槽内的物料混合。混合槽可以绕水平轴转动以便于卸料。

图 6-8　槽式搅拌混合机

(4) 锥形双螺旋混合机　如图 6-9 所示，其混合容器为立式圆锥形容器，在锥形容器内置有 1~2 个螺旋推进器，螺旋推进器在容器内既有自转又有公转，被混合的固体粒子在推进器的自转作用下自底部上升，又在公转的作用下在容器内产生旋涡和上下的循环运动，使物料以双循环方式迅速混合，混合效率高。

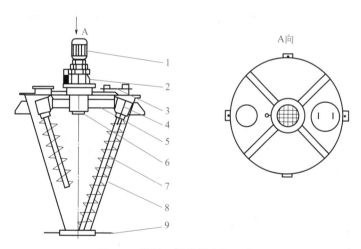

图 6-9　锥形双螺旋混合机示意图

1—电动机；2—变速器；3—筒盖；4—传动头；5—转臂；6—主传动箱；
7—螺旋桨；8—筒体；9—出料口

4. 影响混合的因素

(1) 充填量的影响　混合是靠物料的相对运动来达到混合均匀的目的，若装量过多，会使混合机工作负荷过高，而且还影响物料在混合机内的循环运动过程，从而造成混合质量的下降；若装量过少，则不能充分发挥混合机的效率，也不利于物料在混合机里的相对运动，从而影响到混合质量。为保证物料在混合机

> 问题提出
>
> 影响混合的因素有哪些？

内充分运动，需要留出相应的空间。

（2）**粒径的影响**　在混合操作中，物料各组分间的粒径大小相近时，物料容易混合均匀；相反，粒径相差较大时，由于粒子间的离析作用，物料不易混合均匀。所以当粒径相差较大时，应先将它们粉碎处理，力求各成分的粒子大小一致，然后再进行混合，混合效果将会得到改善。

（3）**粒子形态的影响**　粉末粒子的形态对能否混合均匀有一定的影响。不同形态粒子的最终混合水平取决于各种形态粒子的比例，其中接近球状形态的比例越高，流动性虽好，但离析作用容易发生，混合度低；远离球状形态（如圆柱状）的比例越高，有利于保持较高的混合度；但粒子形态差异越大越难混合均匀，而一旦混合均匀后就不易再分层。

（4）**粒子密度的影响**　相同粒径的粒子间的密度不同时，由于流动速度的差异造成混合时的离析作用，使得混合效果下降。当组分的堆密度有差异时，一般将堆密度小的先放于容器内，再加堆密度大的进行混合。这样可避免密度小的组分浮于上部或飞扬，而堆密度大的组分沉于底部而不易混匀。

（5）**混合比的影响**　当组分的比例量相差悬殊时，一般多采用"等量递增"法进行混合，即先将组分中的小量药物加入等容量的其他药物混合，如此倍量增加至全部混合均匀。

（6）**混合时间的影响**　一般来说，混合时间越长越均匀。但实验证明，任何流动性好、粒度不均匀的物料都有分离的趋势，如果混合时间过长，物料在混合机中被过度混合就会造成分离。因此混合时间要根据混合机的机型及物料的物理特性等因素来确定。

第三节　散　剂

一、散剂概述

1. 散剂的定义

散剂系指药物与适宜的辅料经粉碎、均匀混合制成的干燥粉末状固体。它可以是一种或数种药物均匀混合而制成，可外用也可内服。散剂除作为药物制剂直接应用于临床外，也是制备其他剂型如片剂、丸剂、胶囊剂、颗粒剂等的原料形态。散剂应用历史久远，这种古老的传统固体剂型，在化学药品中应用不多，但在中药制剂中仍有一定的应用。

2. 散剂的特点

散剂与其他固体制剂相比有以下优点：
① 粉碎程度大，比表面积大，易于分散、起效快。

M6-3　散剂的特点

② 外用覆盖面积大，可以同时发挥保护和收敛等作用。
③ 贮存、运输、携带比较方便。
④ 制备工艺简单，剂量易于控制，便于婴幼儿服用。

但散剂也存在一些缺点：
① 药物的比表面积大，化学活性高，不良气味及刺激性增加。
② 飞散性大，不利于劳动保护。
③ 容易吸潮，药物稳定性差。
④ 挥发性成分易散失等。

因此，一些腐蚀性强、易吸湿变质的药物不宜制成散剂。

3. 散剂的分类

散剂的分类方法很多，分为很多类型：
① 按组成药味的多少，可分为单散剂与复散剂。
② 按剂量情况，可分为分剂量散与不分剂量散。
③ 按医疗用途，可分为溶液散、煮散、吹散、内服散、外用散等。
④ 按药物性质，可分为含共熔成分散剂如痱子粉、含液体成分散剂如蛇胆川贝散、含毒性成分散剂如硫酸阿托品散、含浸膏散如姜黄浸膏散。

> **问题提出**
> 散剂按用途分为哪几类？有何特点？

4. 散剂的质量要求

① 一般内服散剂应通过六号筛，用于消化道溃疡病、儿科和外用散剂应通过七号筛，眼用散剂则应通过九号筛。
② 散剂一般应干燥、疏松、混合均匀、色泽一致。含毒性药、药物剂量小或贵重药的散剂，采用等量递增配研法混匀并过筛。
③ 用于深部组织创伤及溃疡面的外用散剂及眼用散剂应在清洁避菌环境下配制。
④ 散剂中可含有或不含辅料，根据需要可以加入矫味剂、芳香剂和着色剂等。

素质拓展

> 散剂是最古老的传统剂型之一，也是固体剂型中分散程度最大的制剂，药物粒径小，比表面积大，能较快地发挥局部药效。古人曰"散者散也，去急病用之"，外用散剂覆盖面积大，对外伤可同时发挥保护、收敛、促进伤口愈合等作用。

二、散剂的制备技术

一般散剂的生产工艺流程如图 6-10 所示。

散剂生产过程中应采取有效措施防止交叉污染，口服散剂生产环境的空气洁净度要求达到 D 级，外用散剂中用于表皮用药的生产环境要求达到 D 级，深部组织创伤和大面积体表创面用散剂应在清洁无菌的条件下制备，生产环境的洁净度要求达到 C 级。

> **问题提出**
> 散剂的生产工艺流程包含哪些步骤？

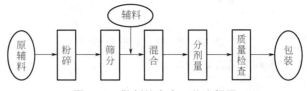

图 6-10 散剂的生产工艺流程图

1. 粉碎与过筛

制备散剂用的固体原辅料，一般均需进行粉碎与筛分处理。粉碎的目的是减少药物的粒径，增加比表面积，促进药物溶解吸收。筛分的目的是分离出符合规定细度的粉末，提高不同药物粉末混合的均匀度，降低药物粉末对创面的机械刺激性。《中国药典》2020 年版规定，供制备散剂的成分均应粉碎成细粉，一般散剂应通过六号筛，儿科及外用散剂应通过七号筛，眼用散剂应通过九号筛。

2. 称量与混合

按处方量准确称量处方中各成分，然后选择合适的混合方法、混合设备进行混合操作。

散剂的均匀性是散剂安全有效的基础，主要通过混合来实现，因此混合是散剂生产制备过程的关键环节。

3. 分剂量

分剂量是将混合均匀的散剂，按需要的剂量进行分装的过程。分剂量常用的方法有目测法、重量法和容量法。机械化生产时多采用容量法分剂量。

（1）目测法　根据目测，将散剂分成所需的若干等份。此法操作简便但误差大，常用于药房小量调配。

（2）重量法　将每个单剂量准确称量，分装。此法的特点是分剂量准确但操作效率低，常用于含有细料或毒剧药物的散剂分剂量。

（3）容量法　将散剂填入一定容积的容器中进行分剂量，容器的容积相当于一个剂量的散剂的体积。这种方法的优点是分剂量快捷，可以实现连续操作，常用于大生产。其缺点是分剂量的准确性会受到散剂的物理性质（如松密度、流动性等）、分剂量速度等的影响。

散剂定量分包机就是利用容量法分剂量的原理设计的，主要由贮粉器、抄粉匙、旋转盒及传送装置四部分组成，借电力传动。为了保证分剂量的准确性，应结合药物的堆密度、流动性、吸湿性等理化性质进行小试或中试放大实验。

视频扫一扫

M6-4 散剂的分剂量与包装

4. 包装

散剂的分散度大，易吸湿、风化，因此散剂包装与储藏的重点是防湿，因为吸湿后可出现潮解、结块、变质等不稳定现象，严重影响用药安全。应选用合适的包装材料和储藏条件有效延缓散剂的吸湿。

5. 制备散剂容易出现的问题和处理方法

(1) 混合不均匀 由于物料的密度、粒径、混合的比例不同以及混合设备的影响，导致散剂混合不均匀，出现色泽不一致等现象，影响产品的外观及疗效，因此混合时要综合考虑各方面因素，采取合适的混合方法及混合设备。

(2) 分剂量不准确 应结合物料的堆密度、流动性、吸湿性、吸附性以及分剂量方法及设备等因素，综合考虑。

(3) 吸潮结块 因散剂分散度大，易吸潮，因此要严格控制生产环境的湿度，防止吸潮。

6. 散剂的质量控制

> **问题提出**
> 散剂的质量控制从哪些方面进行？

(1) 外观均匀度 取供试品适量，置光滑纸上平铺约 $5cm^2$，将其表面压平，在亮处观察，应干燥、疏松、色泽均匀，无花纹与色斑。

(2) 粒度 取供试品 10g，精密称定，置七号筛，筛上加盖，并在下面配有密合的接收器，按《中国药典》2020年版粒度和粒度分布测定法检查，精密称定通过筛网的粉末重量，应不低于 95%。

(3) 水分 按《中国药典》（2020年版）中规定的干燥失重测定法测定，西药散剂含水量不得超过 2%；中药散剂不得超过 9%。

(4) 装量差异 单剂量包装的散剂，按《中国药典》（2020年版）散剂的装量差异检查法检查，即：取散剂 10 袋，分别称定每袋内容物的重量，每袋内容物的重量与标示装量（或平均装量）相比较，超过装量差异限度的散剂不得多于 2 袋，并不得有一袋超出装量差异限度的一倍；多剂量包装的散剂按最低装量法检查，应符合规定。凡规定检查含量均匀度的散剂，一般不再进行装量差异检查。

(5) 装量 多剂量包装的散剂，按照《中国药典》（2020年版）规定的最低装量法检查，应符合规定。

(6) 无菌 用于烧伤或创伤的局部用散剂，按照《中国药典》（2020年版）规定的无菌检查法检查，应符合规定。

(7) 微生物限度 除另有规定外，按照《中国药典》（2020年版）规定的微生物限度检查法检查，应符合规定。

三、散剂举例

1. 含小剂量药物的散剂

毒剧药品、麻醉药品、精神药品等特殊药品用药剂量小，称取、使用不方便，因此，常在这类药品中添加一定比例量的稀释剂制成倍散，以便于临床使用。常用的有五倍散、十倍散、百倍散和千倍散等。如十倍散即 1∶10 的倍散，是由 1 份药物加 9 份稀释剂均匀混合制成的。

倍散的比例可按药物的剂量来确定，如剂量在 0.01～0.1g 的可配成十倍散；如剂量在 0.01g 以下的，可配成百倍散或千倍散。配置倍散时，应采用等量递加法将药物和稀释剂混匀，为便于判断是否混合均匀，有时可加着色剂为药物染色。常用的着色剂有胭脂红、品红、亚甲基蓝等，使用浓度一般为 0.005%～0.01%。

倍散的稀释剂应无显著的药理作用，且本身性质较稳定。常用的有乳糖、淀粉、糊精、蔗糖及一些无机物如沉降碳酸钙、沉降磷酸钙、碳酸镁、白陶土等，其中以乳糖最为适宜。

例6-1 硫酸阿托品百倍散

【处方】硫酸阿托品　1.0g　　　　胭脂红乳糖（1%）　0.5g
　　　　乳糖　加至100.0g

【制法】先研磨乳糖使乳钵内壁饱和后倾出，再将硫酸阿托品与胭脂红乳糖置乳钵中研匀，再按等量递加的混合原则逐渐加入乳糖，充分研匀，待全部色泽均匀即得。

【作用与用途】抗胆碱药，常用于胃肠痉挛痛等。

【注解】①硫酸阿托品为胆碱受体阻断剂，可解除平滑肌痉挛，抑制腺体分泌，散大瞳孔。本品主要用于胃肠、肾脏、胆绞痛等。② 1%胭脂红乳糖的配制方法：取胭脂红置于乳钵中，加90%的乙醇10～20mL，研匀，再加少量乳糖研匀，至全部加入混合均匀，并于50～60℃干燥后，过筛即得。

2. 中药散剂

> **问题提出**
> 色泽深浅不一的药物混合时有哪些注意事项？

中药散剂的组成较为复杂，多数为复方散剂，配制的方法与散剂的一般制法基本相同。需要注意的是：处方中如果含有细料药或挥发性药材如牛黄、麝香等，应将其单独粉碎，以减少损耗；如含有色泽不一的药物混合时，一般应先加入色泽深的药物，后加入颜色浅的药物。

例6-2 冰硼散

【处方】冰片　50g　　　　硼砂（炒）　500g
　　　　朱砂　60g　　　　玄明粉　　　500g

【制法】取朱砂以水飞法粉碎成极细粉，干燥后备用。另取硼砂粉碎成细粉，与研细的冰片、玄明粉混合均匀，然后将朱砂与上述混合粉末按等量递增法混匀，过120目筛，分装，即得。

【作用与用途】用于咽喉疼痛，牙龈肿痛，口舌生疮。清热解毒，消肿止痛。

【注解】①朱砂属矿物药，主要含硫化汞，为暗红色粒状体，质重而脆，水飞法可获得极细粉。②组分的比例悬殊，采用等量递增法易于混合均匀。③本品为吹散剂，用于咽喉疼痛、牙龈肿痛、口舌生疮。

3. 含浸膏的散剂

浸膏有干浸膏（粉状）和稠浸膏（膏状）两种形态。如为干浸膏，可按固体药物加入的方法混合；如为稠浸膏，可先加少量乙醇共研，使稍微稀薄后，再加其他固体成分研匀，干燥，即得。

例 6-3　颠茄浸膏散

【处方】颠茄浸膏　10.0g　　　　　　　淀粉　90.0g

【制法】取适宜大小的滤纸，称取颠茄浸膏后黏附于杵棒末端，在滤纸背面加适量乙醇浸透滤纸，使浸膏自滤纸上脱落而留在杵棒末端，然后将浸膏移至乳钵中加适量乙醇研磨，再逐渐加入淀粉混合均匀，在水浴上加热干燥，研细，过筛，即得。

【作用与用途】具制酸、镇痛作用，用于胃肠痉挛引起的疼痛。

【注解】颠茄浸膏所含成分为胆碱受体阻断剂，可解除平滑肌痉挛，抑制腺体分泌。本品用于胃及十二指肠溃疡，胃肠道、肾、胆绞痛等。

第四节　颗粒剂

一、颗粒剂概述

1. 颗粒的定义

颗粒剂系指药物与适宜的辅料制成具有一定粒度的干燥颗粒状制剂。颗粒剂可直接吞服，也可分散在水中或其他适宜液体中服用，也可用水冲服。可直接用来治疗疾病，也可用来制备其他制剂，例如用来填充胶囊、压片等。颗粒用来制备其他制剂可以起到改善物料的流动性、可压性，减少粉尘飞扬等作用。其中，粒径范围在 105～500μm 的颗粒剂又称细（颗）粒剂。

颗粒剂与散剂相比，飞散性、附着性、团聚性、吸湿性等均较少；服用方便，根据需要可制成色、香、味俱全的颗粒剂；必要时对颗粒进行包衣，根据包衣材料的性质可使颗粒具有防潮性、缓释性或肠溶性等，但包衣时需注意颗粒大小的均匀性以及表面光洁度，以保证包衣的均匀性。但多种颗粒的混合物，如各种颗粒的大小或粒密度差异较大时易产生离析现象，会导致剂量不准确。另外，颗粒剂在贮存与运输过程中也容易吸潮。

2. 颗粒剂的特点

颗粒剂是目前应用较广泛的剂型之一，颗粒剂具有以下优点：

① 体积小，服用方便，根据需要可加入矫味剂、着色剂制成色、香、味俱佳的颗粒剂；

② 药物溶解或混悬于水中后饮用，有利于药物在体内的吸收、起效快；

③ 颗粒的飞扬性、吸附性、吸湿性比散剂要小，便于分剂量，更容易实现

> 问题提出
>
> 颗粒剂有哪些特点？

④ 性质稳定，易于存储、运输。因此，颗粒剂是一种颇具发展前景的剂型。

当然颗粒剂也存在一些缺点，如在存储和运输的过程中容易吸潮，因此应注意包装材料的选择与存储条件的控制。

3. 颗粒剂的分类

根据颗粒剂在水中分散状况可分为以下几类：

(1) 可溶颗粒剂 如左旋咪唑颗粒剂、头孢羟氨苄颗粒剂、板蓝根颗粒剂等。

(2) 混悬颗粒剂 含难溶性药物，在水中呈混悬状。如罗红霉素颗粒剂。

(3) 泡腾颗粒剂 含有泡腾崩解剂（枸橼酸或酒石酸与碳酸氢钠），加水冲化时，可产生大量二氧化碳气体，呈泡腾状，如维生素 C 泡腾颗粒剂。

采用包衣技术，颗粒剂又可分肠溶颗粒剂、控释颗粒剂、缓释颗粒剂等。以少量辅料及非糖甜味剂代替蔗糖而开发的无糖颗粒剂则适用于禁糖患者。

4. 颗粒剂的质量要求

颗粒剂应干燥，颗粒均匀，色泽一致，无吸潮、软化、结块、潮解等现象。符合《中国药典》2020 年版四部制剂通则中颗粒剂的各项要求。

5. 颗粒剂的处方

> **问题提出**
> 颗粒剂中的辅料主要有哪几类？

颗粒剂中的辅料主要有填充剂、黏合剂与润湿剂，根据需要可加入适宜的矫味剂、芳香剂、着色剂、分散剂和防腐剂等添加剂。制粒辅料的选用应根据药物性质、制备工艺、辅料的价格等因素来确定。

填充剂主要是用来增加制剂的重量或体积，有利于制剂成型，常用的有淀粉、糖粉、乳糖、微晶纤维素、无机盐类等。

润湿剂是指本身没有黏性，但能诱发待制粒物料的黏性，以利于制粒的液体。常用润湿剂有纯化水和乙醇。

黏合剂是指本身具有黏性，能增加无黏性或黏性不足的物料的黏性，从而有利于制粒的物质。常用作黏合剂的有：淀粉浆，常用浓度为 5%～10%，主要有煮浆和冲浆两种制法；纤维素衍生物，羧甲基纤维素钠（CMC-Na）、羟丙基纤维素（HPC）、羟丙基甲基纤维素（HPMC）、甲基纤维素（MC），以及聚维酮 K30（PVP）、聚乙二醇（PEG）、2%～10% 明胶溶液、50%～70% 蔗糖溶液等。

二、颗粒剂的制备技术

颗粒剂常采用湿法制粒生产工艺，其流程如图 6-11 所示。其中药物的粉碎、筛分、混合与散剂的制备过程相同，详见散剂的制备。

视频扫一扫

M6-5 颗粒剂的制备

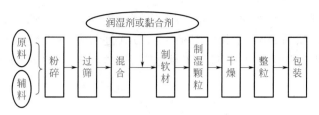

图 6-11 颗粒剂工艺流程图

1. 制粒

多数固体药物制剂的成型,都要经过"制粒"过程。所谓制粒技术,是把粉状、块状等固态物料或溶液、熔融物等液态物料制成一定形状与大小的粒状物的加工过程。通过制粒得到的产品称为颗粒。颗粒可能是最终产品也可能是中间产品,如在颗粒剂生产中颗粒是最终产品,而在片剂、胶囊剂生产中颗粒则是中间产品。因此,制粒的目的不同,对颗粒的质量要求也不同。如颗粒剂、胶囊剂的制粒过程以流动性好、防止黏着、提高混合均匀性、改善外观等为主要目的,而压片用颗粒,则以改善流动性和压缩成型性为主要目的。近年来,随着制药工业的发展,制粒技术也得到了很大的提高。

(1) 制粒的目的

① 改善流动性 粒径小于100μm的粉体流动性能差,适当的粒度及粒度分布有利于改善颗粒的流动性,使采用容积分剂量制备的固体药剂精确分装。

② 改善压缩性 良好的可压性可使物料受压时压力均匀传递,即在适当的压力下,压成硬度符合要求的片剂。

③ 调节堆密度,改善溶解性能 制剂中药物的溶出除与药物的溶解度有关外,还和其比表面积有关,因此,调整堆密度,有利于改善溶解性能。

④ 防止各组分离析和黏附 混合物各组分的粒度、密度存在较大差异时容易出现离析现象,粒径过小的粉体容易飞扬及黏附在器壁上。制粒后,可以改善和防止粉体离析、飞扬及黏附现象,有利于GMP管理。

(2) 制粒方法分类 根据制粒时采用的润湿剂或黏合剂的不同,制粒方法可分为两大类,即湿法制粒和干法制粒。

① 湿法制粒 系将液态润湿剂或黏合剂加入药物粉体中,使粉体表面润湿、粉粒间产生黏合力,借助于外加机械力的作用和液体架桥制成一定形状和大小的颗粒的方法。

② 干法制粒 系在原料粉末中不加入任何液体,靠压缩力的作用使粒子间距离接近而产生结合力,按一定大小和形状直接压缩成所需颗粒,或先将粉末压缩成片状或板状物后,重新粉碎成所需大小的颗粒。

(3) 湿法制粒的方法及设备 由于湿法制成的颗粒经过表面润湿,因此其表面光滑、外形美观、压缩性能好,在制药工业生产中应用最为广泛。挤压制粒、转动制粒、流化床制粒、高速搅拌切割制粒等均属于湿法制粒。不同的制粒技术所制得颗粒的大小、形状有所差异,应根据制粒目的、物料性质选择合适的制粒技术。

> **问题提出**
>
> 制粒的方法有几种?

① 挤压制粒　挤压制粒技术是先将物料混合均匀后加入润湿剂或黏合剂制成软材，然后将软材用强制挤压的方式通过具有一定大小的筛孔而制成颗粒的方法。常用的制粒设备有螺旋挤压式、旋转挤压式和摇摆挤压式，见图 6-12。

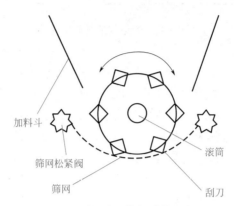

图 6-12　摇摆式颗粒机结构原理图

问题提出
简述制软材的操作步骤及标准。

在挤压制粒过程中，制软材是关键步骤，直接关系到所制颗粒的质量。首先根据物料的性质选择合适的润湿剂或黏合剂，以能制成适宜软材最小用量为原则；其次选择合适的揉混强度、混合时间、黏合剂温度。一般来说，揉混强度越大、混合时间越长、物料的黏性越大，制成的颗粒越坚硬。软材的质量往往靠经验来控制，即以"轻握成团，轻压即散"为准。

挤压制粒技术制得的颗粒为柱状，颗粒的大小由筛网的孔径大小来调节；颗粒的松紧程度可用不同黏合剂及其加入量来控制。

② 高速搅拌切割制粒　高速搅拌切割制粒是将原辅料和黏合剂加入容器内，靠高速旋转的搅拌器和切割刀的作用迅速完成混合、切割、滚圆并制成颗粒的方法。高速搅拌切割制粒机是近年来开发应用的新型制粒设备。图 6-13 为高速搅拌切割制粒机。

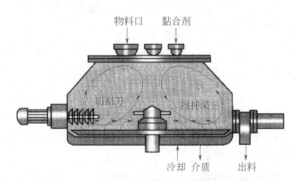

图 6-13　高速搅拌切割制粒机结构示意图

高速搅拌切割制粒机主要由容器、搅拌桨、切割刀所组成。搅拌桨的作用是把物料混合均匀、捏合制成软材，切割刀的作用是破碎大块软材。操作时，把药粉和各种辅料倒入容器中，盖上盖，先把物料搅拌混合均匀，然后分次加入黏合剂，在搅拌桨的作用下使物料混合、翻动、分散甩向器壁后向上运动，然后在切割刀的作用下将大块软材切割、绞碎，并在搅拌桨的共同作用下，使颗粒得到强大的挤压、滚动而形成致密且均匀的颗粒。

影响高速搅拌切割制粒的主要因素有：a. 黏合剂的种类、加入量、加入方式；b. 原料粉末的粒度（粒度小，有利于制粒）；c. 搅拌速率；d. 搅拌器的形状与角度、切割刀的位置等。

> **问题提出**
> 影响高速搅拌切割制粒的主要因素有哪些？

高速搅拌切割制粒和传统的挤压制粒相比，具有省工序、操作简单、快速等优点。改变搅拌桨的结构，调节黏合剂用量及操作时间，制得颗粒的密度、强度不同。强度高的颗粒适合于装填胶囊剂，松软的颗粒适合于压片。该设备的缺点是湿颗粒不能进行干燥。带有干燥功能的高速搅拌切割制粒机在完成制粒后，可通热风进行干燥，不仅节省人力、物力，而且减少人与物料的接触机会，符合 GMP 要求。

③ 流化床制粒　流化床制粒是采用流化技术，用热气流使固体粉末保持流化状态，再喷入黏合剂溶液，将粉末结聚成颗粒的方法，见图 6-14。由于粉粒呈流态化在筛板上翻滚，如同沸腾状，故又称为流化制粒或沸腾制粒。又由于此法将混合、制粒、干燥在同一台设备内一次性完成，还可称为一步制粒法。

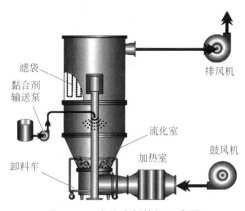

图 6-14　流化床制粒机示意图

操作时，首先将粉料混合，喷入黏合剂溶液，此时粉末被润湿，发生凝聚，形成颗粒；然后提高空气进口温度进行颗粒的干燥；再加入润滑剂，继续喷雾混合，即得成品。在制粒中，被流化的固相系由密度、粒度各异的数种物料组成，故流化室下部宜为锥形，可防止重粉不能流化的现象。气体分布器多采用孔板式，为防止漏粉，孔板开孔率为 5%～10%，孔径约在 0.5～1.5mm，并在孔板上衬一层 60～100 目不锈钢筛网。另外，被湿润的物料颗粒容易产生沟流，使空气短路，对流化不利，故流化室中料层的高度不宜太高，一般为 50～300mm。

流化床制粒与湿法制粒相比，具有简化工艺、设备简单、减少原料消耗、节约人力、减轻劳动强度、避免环境和药物污染，并可实现自动化等特点。此外，流化床制粒粒度均匀，松实适宜，故压出的片子含量均匀，片重差异小，崩解迅速，释放度好。流化床制粒法的缺点是能量消耗较大，对密度相差悬殊的物料的制粒不太理想。

④ 喷雾制粒技术 是将物料溶液或混悬液喷雾于干燥室内，在热气流的作用下使雾滴中的水分迅速蒸发以直接获得球状干燥细颗粒的方法。该法可在数秒内完成药液的浓缩与干燥，原料液的含水量可达 70%～80% 以上，并能连续操作。如以干燥为目的时称为喷雾干燥，以制粒为目的时称为喷雾制粒。该法采用的设备为喷雾干燥制粒机，其结构见图 6-15。

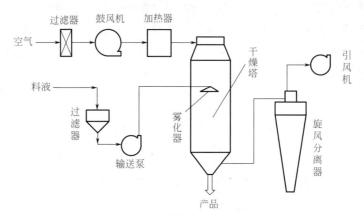

图 6-15 喷雾制粒机示意图

喷雾干燥制粒技术的特点：a. 由液体原料直接干燥得到粉状固体颗粒；b. 干燥速率快，物料受热时间短，适合于热敏性物料的制粒；c. 所得颗粒多为中空球状粒子，具有良好的溶解性、分散性和流动性；d. 设备费用高、能量消耗大、操作费用高、黏性大的料液易粘壁。

喷雾干燥制粒技术在制粒过程中易出现的问题及原因有：a. 粘壁，主要原因有药液浓度太高、干燥温度过高、药液的流量不稳定、设备安装不当（如气体通道与液体通道的轴心不重合、喷嘴轴线不在干燥腔的中心垂线上）等；b. 喷头堵塞，主要原因有药液未过滤或浓缩过浓、药液的黏度太大等；c. 结块，主要原因是干燥温度太低等。

⑤ 转动制粒技术 是指将物料混合均匀后，加入一定的润湿剂或黏合剂，在转动、摇动、搅拌作用下使药粉聚结成球形粒子的方法。经典的转动制粒设备为容器转动制粒机，即圆筒选择制粒机、倾斜转动锅。

这种转动制粒机多用于药丸的生产，但由于粒度分布较宽，在使用上受到一定的限制，操作过程多凭经验控制。

(4) 干法制粒的方法及设备 将物料粉末混匀后用适宜的设备压成大片，然后再破碎成大小适宜的颗粒，或直接将原料干挤压成颗粒的操作称为干法制粒。该法不添加任何液体黏合剂，靠压缩力的作用使粒子间产生结合力，因此，适用于热敏性物料、遇水易分解的药物。

干法制粒有滚压法和重压法两种。

① 滚压法 将药物和辅料混匀后，先通过特制的压块设备挤压成一定形状、

硬度适宜的块状物，再通过颗粒机破碎成一定粒径的颗粒。

② 重压法　又称大片法，是指药物和辅料混匀后，用较强压力的压片机压成直径一般为20mm左右的片坯，然后再粉碎成所需粒度的颗粒。本法由于压片机需用巨大压力，冲模等机械损耗率较大，细粉量多，目前很少应用。

2. 干燥

利用热能使物料中的水分汽化，最终获得干燥物品的工艺操作称为干燥。干燥在固体制剂生产中应用十分广泛，如将粉末状药物湿法制粒，经干燥所得的干颗粒可直接制成冲剂，也可进一步制成片剂或胶囊剂。干燥的目的在于提高产品稳定性，使药物具有一定的规格标准，以便于进一步加工处理。

> **问题提出**
> 影响干燥的因素有哪些？

(1) 物料中水分的性质

① 平衡水分与自由水分　物料中的水分分为平衡水分与自由水分。平衡水分系指在一定空气状态下，物料表面产生的水蒸气分压与空气中水蒸气分压相等时，物料中所含的水分。同样条件下，平衡水分是干燥所除不去的水分。自由水分系指物料中所含大于平衡水分的那一部分，或称游离水分，即在干燥过程中能除去的水分。各种物料的平衡含水量随空气中相对湿度（RH）的增加而增大，干燥器内空气的相对湿度必须低于干燥物品自身的相对湿度值。

② 结合水分和非结合水分　物料中的水分根据除去的难易程度划分为结合水分和非结合水分。结合水分系指主要以物理方式结合的水分，如动植物物料细胞壁内的水分、物料内毛细管中的水分、可溶性固体中的水分等。这些水分与物料性质有关，有结合水分的物料称为吸水性物料。非结合水分系指主要以机械方式结合的水分，与物料的结合力很弱，仅含非结合水分的物料称为非吸水性物料。结合水分仅与物料性质有关，平衡水分与物理性质及空气状态有关。

(2) 干燥速率及其影响因素　湿物料干燥时，有两个基本过程同时进行：一是热量由热空气传递给湿物料，物料表面上的水分即汽化，并通过物料表面处的气膜，向气流主体中扩散；二是由于湿物料表面处水分汽化的结果，物料内部与表面之间产生水分浓度差，于是水分即由物料内部向表面扩散。因此，在干燥过程中，同时进行着传热过程和传质过程，方向相反。干燥过程的主要目的是除去水分，其重要条件是必须具备传质和传热的推动力，湿物料表面水分蒸汽压力一定要大于干燥介质中水分蒸汽的分压。压差愈大，干燥过程进行得愈迅速。所以，干燥介质除应保持与湿物料的温度差及较低的含湿量外，尚需及时地将湿物料汽化的水分带走，以保持一定的汽化推动力。

① 干燥速率　是在单位时间、单位干燥面积上被干燥物料所能汽化的水分量，即水分量的减少值。

② 干燥速率的影响因素

a. 物料的性质　是决定干燥速率的主要因素，包括物料本身的结构、形状和大小、湿含量的结合方式等。一般颗粒状物料比粉末干燥快，结晶性物料和有组织细胞的药材比浸出液浓缩后的膏状物干燥快。过厚的膏状物铺层在干燥时易造成过热现象，可选用涂膜干燥方法。

b. 干燥介质的温度　温度越高，干燥介质与湿料间温度差越大，传热速率越高，干燥速率越快。但应在有效成分不破坏的前提下提高干燥温度。

c. 干燥介质的湿度和流速　干燥介质的相对湿度越低，湿度差越大，越易干燥。因此，烘箱或烘房内为避免相对湿度饱和而停止蒸发，常采用排风、鼓风装置加大空气流动更新，将汽化湿含量及时带走。流化干燥由于采用热气流加热，常先将气流本身进行干燥或预热，以达到降低相对湿度的目的。

d. 干燥速率　干燥过程中，表面水分首先蒸发，然后内部水分扩散至表面继续蒸发。若干燥速率过快，即一开始干燥温度过高，则物料表面湿含量很快蒸发，使表面的粉粒彼此黏着，甚至熔化结壳，阻碍内部水分的扩散和蒸发，使干燥不完全，形成"外干内湿"现象。因而应根据干燥方法的特点，适当地控制干燥速率。静态干燥温度宜缓缓升高，以使内部湿含量得以逐渐扩散到表面。而动态干燥因内部湿含量易扩散到表面，可适当提高干燥温度。

e. 干燥方法　静态干燥时（如烘箱、烘房等），气流掠过物料层表面，干燥暴露面积小，干燥效率差。因此，物料铺层的厚度要适宜并适时地进行搅动和分散，以提高干燥速率。动态干燥时（如沸腾干燥、喷雾干燥等），物料处于跳动状态或悬浮于气流之中，粉粒彼此分开，大大增加了干燥暴露面积，干燥效率高。

f. 压力　压力与蒸发速率成反比，因而减压是加快干燥的有效手段。

问题提出

常用的干燥方法有哪些？

(3) 干燥方法　干燥方法有多种，如按操作方式可分为间歇式、连续式；按操作压力可分为常压式、真空式；按热能传递方式可分为热传导干燥、对流干燥、辐射干燥、介电加热干燥等。下面介绍制药生产中常用的一些干燥技术。

① 常压干燥　是在常压状态下进行干燥的方法。例如厢式干燥器，此类干燥器操作简单，但是干燥效率低、干燥时间长、干燥温度高、干燥物难粉碎，主要用于耐热物料的干燥。

② 减压干燥　又叫真空干燥，是在负压状态下进行干燥的方法。具有干燥温度低、干燥速率快、设备密闭可防止污染和药物变质、产品疏松易于粉碎等优点，主要用于热敏性物料，也可用于易受空气氧化或有燃烧危险的物料。

③ 喷雾干燥　是以热空气作为干燥介质，采用雾化器将液体原料分散成小雾滴，吸收热空气的热量后迅速蒸发而获得干燥产品的方法。此法干燥速率快、干燥时间短；干燥温度低，避免物料受热变质；由液态直接得到干燥产品，省去蒸发、浓缩等操作；操作方便，易自动控制；产品疏松易溶，多为空心颗粒或粉末；生产过程处于密闭系统，适用于连续化大生产，并有利于 GMP 管理。

④ 沸腾干燥　又称流化干燥，是利用从流化床底部吹入的热空气流使湿颗粒向上悬浮，流化翻滚如"沸腾状"，热气流在悬浮的湿颗粒间流过，在动态下进行热量交换，带走水分，达到干燥的目的。此法具有以下特点：传热系数大，传热良好，干燥速率快；干燥床内温度均一，并能根据需要调节；物料的干燥时间可任意调节；可在同一干燥器内进行连续或间歇操作；沸腾干燥器物料处理量大，结构简单，操作维护方便。

⑤ 冷冻干燥　是指在低温高真空条件下，利用水的升华性除去水分得到干燥产品的一种方法。其原理是将需要干燥的药物溶液预先冷冻成固体，然后减

压，使水分在高真空和低温条件下，由冰直接升华成气体，从而使药物达到干燥的目的。干燥后得到的产品稳定、质地疏松，加水后能迅速溶解；同时产品质量轻、体积小、含水量低，可长期保存不变质，特别适用于受热易分解的药物。例如一些生物制品、酶、抗生素以及粉针剂常采用此法干燥。

此外，还有红外线干燥、微波干燥、吸湿干燥等干燥技术。

3. 整粒

将干燥好的颗粒进行整粒，根据不同制剂工艺要求除去过粗或过细的颗粒，如颗粒剂要求不能通过一号筛和能通过五号筛的总和不得超过供试量的15%。

4. 分剂量与包装

将各项质量检查符合要求的颗粒按照剂量装入适宜的分装材料中进行包装。

5. 制备颗粒剂容易出现的问题和处理方法

（1）粒度不均匀 颗粒过粗、过细，或粒度分布范围过大，主要原因是制粒方法不合适或者制粒条件没有控制好。

（2）颗粒硬度过大 主要原因是黏合剂黏性太强或者用量太多。

（3）装量差异不符 可能是由于颗粒粒度不均，细粉太多或者是颗粒流动性太差等原因造成的。

三、颗粒剂的质量控制

颗粒剂的质量检查，除主药含量外，《中国药典》2020年版四部制剂通则中还规定了外观、粒度、干燥失重、溶化性以及装量差异等检查项目。

（1）外观 颗粒剂应干燥、均匀、色泽一致，无吸潮、软化、结块、潮解等现象。

（2）粒度 除另有规定外，一般取单剂量包装颗粒剂5袋或多剂量包装颗粒剂1袋，称定重量，置药筛内保持水平状态，轻轻筛动3min，不能通过一号筛（2000μm）与能通过五号筛（180μm）的粉粒总和不得超过供试量的15%。

（3）干燥失重 除另有规定外，取供试品照《中国药典》（2020年版）干燥失重测定法测定，于105℃干燥至恒重，含糖颗粒剂宜在80℃减压干燥，减失重量不得超过2.0%。

（4）溶化性 除另有规定外，可溶性颗粒剂取颗粒10g，加热水200mL，搅拌5min，可溶性颗粒剂应全部溶化或轻微浑浊，但不得有异物。混悬颗粒剂应能混悬均匀。泡腾颗粒剂检查时，取单剂量包装泡腾颗粒剂6袋，分别置于200mL水中，水温15～25℃，应能迅速产生二氧化碳气体而呈泡沫状，5min内6袋颗粒均应分散或溶解在水中。

（5）装量差异 单剂量包装的颗粒剂，其装量差异应符合2020年版《中国药典》有关规定。即取供试品10袋（瓶），除去包装，分别精密称定每袋（瓶）内容物的重量，求出每袋（瓶）内容物的装量与平均装量。每袋（瓶）装量与平

> **小提示**
> 凡规定检查含量均匀度的颗粒剂一般不再检查装量差异。

均装量或标示量相比较,超出装量差异的颗粒剂不得多于2袋(瓶),并不得有1袋(瓶)超出装量差异限度1倍。

(6) 最低装量 多剂量包装的颗粒剂,按照最低装量检查法进行检查,应符合规定。

四、颗粒剂举例

例6-4 布洛芬颗粒剂

【处方】布洛芬　　　　　60g　　　微晶纤维素　　　15g
　　　　聚维酮(PVP)　　 1g　　　 糖精钠　　　　　2.5g
　　　　蔗糖粉　　　　　350g　　　羧甲基淀粉钠　　5g
　　　　香精　　　　　　适量

【制法】将布洛芬、微晶纤维素、蔗糖粉过60目筛后,置混合器内与糖精钠、羧甲基淀粉钠混合均匀。混合物用聚维酮的异丙醇溶液制粒,干燥,18目筛整粒,喷入香精,密闭片刻,分装,单剂量包装含布洛芬600mg。

【作用与用途】本品为解热镇痛类非处方药。用于缓解轻至中度疼痛如头痛、关节痛、偏头痛、牙痛、肌肉痛、神经痛、痛经。也用于普通感冒或流行性感冒引起的发热。

【注解】本品为混悬颗粒剂,布洛芬为主药,微晶纤维素和蔗糖粉为填充剂,羧甲基淀粉钠为崩解剂,聚维酮为黏合剂,糖精钠为矫味剂。

> 小提示
> 布洛芬颗粒剂具有抗炎、解热、镇痛作用。

第五节 胶囊剂

一、胶囊剂概述

1. 胶囊剂的定义

胶囊剂系指原料药物或与适宜辅料充填于空心硬质胶囊或密封于弹性软质囊材中制成的固体制剂。胶囊剂主要供内服,但也可用于直肠、阴道等部位。

胶囊剂是沿用已久的剂型,开始是手工制作,之后随着自动胶囊机的普遍使用,胶囊剂的生产及应用均有了较大发展。胶囊剂已普遍用于西药、中药和滋补剂,已成为仅次于片剂和注射剂的主要剂型。

2. 胶囊剂的特点

胶囊剂外观光洁、美观、便于识别,普遍被人们接受,另外还具有下列特点:

① 可掩盖药物的不良臭味、提高药物稳定性。因药物包裹于胶囊中,对具苦、臭味的药物有遮盖作用;对光敏感或遇湿热不稳定的药物有保护和稳

定作用。

② 药物吸收快，药物生物利用度高。胶囊剂在制备时可不加黏合剂和压力，所以在胃肠液中分散快、吸收好、生物利用度高。如口服吲哚美辛胶囊后血中达峰浓度的时间较同等剂量的片剂早 1h。

③ 可使液体药物固体化。含油量高或液态的药物难以制成片剂、丸剂时，可制成软胶囊剂。如维生素 E 等油溶性维生素类常做成胶丸。

④ 可延缓药物的释放速率和定位释药。先将药物制成颗粒，然后用不同释放速率的高分子材料包衣（或制成微囊），按需要的比例混匀装入空胶囊中，可制成缓释、控释、长效、肠溶等多种类型的胶囊剂。例如将酮洛芬先制成小丸，包上一层缓慢扩散的半透膜后装入空胶囊，当水分扩散至小丸后，在渗透压作用下，酮洛芬溶解，进入小肠缓慢释放，稳定血药浓度达 24h。

⑤ 可使胶囊具有各种颜色或印字，利于识别且外表美观。

由于制备胶囊壳的材料（以下简称囊材）为水溶性明胶，具有脆性和水溶性。若填充的药物是水溶液或者稀乙醇溶液，能使胶囊壁溶化；填充吸湿性强的药物会使胶囊壳变脆；填充风化性药物会使胶囊壳变软，因此这些药物不适合制成胶囊剂。

3. 胶囊剂的分类

胶囊剂按硬度可分为硬胶囊与软胶囊，按溶解与释放特性可分为缓释胶囊、控释胶囊与肠溶胶囊等。

(1) 硬胶囊 通称为胶囊，系指采用适宜的制剂技术，将原料药物或加适宜辅料制成的均匀粉末、颗粒、小片、小丸、半固体或液体等，充填于空气胶囊中的胶囊剂。如诺氟沙星胶囊、磷酸川芎嗪胶囊等。

(2) 软胶囊 系指将一定量的液体原料药物直接密封，或将固体原料药物溶解或分散在适宜的辅料中制备成溶液、混悬液、乳状液或半固体，密封于软质囊材中的胶囊剂。如维生素 A 软胶囊、尼群地平软胶囊等。

(3) 缓释胶囊 系指在规定的释放介质中缓慢地非恒速释放药物的胶囊剂。如吲哚美辛缓释胶囊、茶碱缓释胶囊等。

(4) 控释胶囊 系指在规定的释放介质中缓慢地恒速释放药物的胶囊剂。如盐酸地尔硫䓬控释胶囊、盐酸巴尼地平缓释胶囊等。

(5) 肠溶胶囊 系指用肠溶材料包衣的颗粒或小丸充填于胶囊而制成的硬胶囊，或用适宜的肠溶材料制备而得的硬胶囊或软胶囊。如阿司匹林肠溶胶囊、红霉素肠溶胶囊等。

> **小提示**
> 近年来出现植入胶囊、气雾剂胶囊、直肠和阴道胶囊。

4. 胶囊剂的质量要求

胶囊剂应整洁，不得有黏结、变形、渗漏或囊壳破裂等现象，并应无异臭，胶囊剂囊壳不应变质。符合《中国药典》2020 年版四部制剂通则中胶囊剂的各项要求。

视频扫一扫

M6-6 胶囊剂的制备

小提示

1874年开始硬胶囊工业化生产。

二、硬胶囊剂的制备技术

1. 硬胶囊剂

硬胶囊（通称为胶囊）系指将一定量的药物加辅料制成均匀的粉末或颗粒，或将药物直接充填于空心胶囊中制成。

空胶囊是由明胶、水及甘油按照一定比例制成的具有弹性的两节圆筒，分别称为囊体和囊帽，两者能互相紧密套合。根据需要还可加入着色剂、增塑剂、防腐剂、避光剂等辅料。

2. 硬胶囊剂的制备

硬胶囊剂的制备一般分为空胶囊的制备、填充物的制备、胶囊填充、胶囊抛光、分装和包装等过程，其生产工艺流程见图6-16。

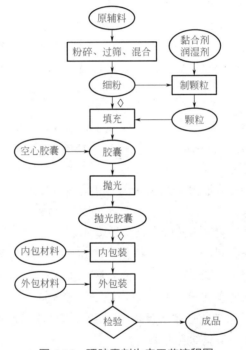

图6-16 硬胶囊剂生产工艺流程图

（1）空胶囊的制备

① 原材料的要求　生产空胶囊的主要材料明胶除应符合《中国药典》（2020年版）规定外，还应具有一定的黏度、胶冻力、pH等物理性质。

> **知识迁移**
>
> 明胶因水解的方法不同，分为用酸法工艺制备而得的A型明胶（等电点为pH8～9）和用碱法工艺制备而得的B型明胶（等电点为pH4.7～5）。实践证明，明胶类型对空胶囊的性质没有明显的影响。但是，明胶的来源不

同，其物理性质则有很大差异。如以骨骼为原料制成的骨明胶，质地坚硬、性脆、透明度较差；以猪皮为原料制成的皮明胶，则富有可塑性，透明度亦好，故采用优质骨明胶及皮明胶的混合胶则较为理想。

② 胶液的组成　生产胶囊除以明胶为主要原料外，常加入适量的附加剂，如增塑剂、遮光剂及防腐剂等，以改善囊壳的理化性质，增加胶囊的稳定性。由于明胶易吸湿又易脱水，为了增加空胶囊的坚韧性与可塑性，可适当加入少量附加剂如羧甲基纤维素钠（CMC-Na）、羟丙基纤维素（HPC）、油酸酰胺磺酸钠、山梨醇或甘油等；为了使蘸模后明胶的流动性减弱，可加入琼脂、石花菜等以增加胶液的胶冻力；为了使成品便于鉴别和美观，胶液中也可加入各种食用染料着色；少量十二烷基硫酸钠可增加空胶囊的光泽；对光敏感的药物，可加蔽光剂（2%～3%二氧化钛）制成不透光的空胶囊。为了防止胶囊在贮存过程中发生霉变，可加入尼泊金类作防腐剂。必要时亦可加芳香性矫味剂如0.1%乙基香草醛和不超过2%的香精油。

③ 空胶囊的制备　空胶囊一般由专门的胶囊厂生产，目前普遍采用的是将不锈钢制的栓模浸入明胶溶液形成囊壳的栓模法。该方法大致可分为溶胶、蘸胶、干燥、脱模、裁割、整理及灭菌等七个工序，亦可由自动化生产线来完成。空胶囊应在受控环境中生产，操作环境温度应为10～25℃，相对湿度为35%～45%，空气净化应达到B级。

④ 空胶囊的规格及选用　我国药用明胶硬胶囊的规格共分8个型号，但常用的是0～5号，其号数越大，容积越小（表6-3）。小容积胶囊为儿童用药或充填贵重药品。明胶硬胶囊的品种有透明、不透明及半透明3种，除透明的以外，其颜色有粉红、绿、黄、红等，也有上下两节不同颜色的胶囊。

问题提出

软胶囊和硬胶囊囊材有何区别？

表6-3　空胶囊的号数与近似容积

空胶囊号数	000	00	0	1	2	3	4	5
近似容积/mL	1.42	0.95	0.75	0.55	0.4	0.30	0.25	0.15

由于药物填充多用容积分剂量，而药物的密度、晶型、细度以及剂量不同，所占的容积也各不相同，故应按药物剂量、所占容积来选用合适的空胶囊。一般凭经验或试装后选用适当号码的空胶囊。也可根据物料的堆密度（ρ）与重量（g）计算得到，例如某固体物料0.6g，ρ为1.8g/mL，计算得0.6g该物料体积约为0.33mL，应该选用2号空胶囊。

(2) 充填物料的制备　药物通过粉碎至适当粒度就能满足硬胶囊剂的充填要求，可直接充填。但是，更多的情况是在药物中添加适量的辅料后，才能满足生产或治疗的要求。常用辅料有稀释剂，如淀粉、微晶纤维素、蔗糖、乳糖、氧化镁等；润滑剂如硬脂酸镁、硬脂酸、滑石粉、二氧化硅等。添加辅料可采用与药物混合的方法，亦可采用与药物一起制粒的方法，然后再进行充填。

① 药物为粉末时　当主药剂量小于所选用胶囊充填量的一半时，常须加入稀释剂如淀粉类、PVP 等。例如诺氟沙星胶囊一粒内含主药仅 0.1g，为增加其重量用淀粉 0.1g 作稀释剂。当主药为粉末或针状结晶、引湿性药物时，流动性差给填充操作带来困难，常加入润滑剂如微粉硅胶或滑石粉等，以改善其流动性。如遇主药质轻，密度小时，常采用 1%～2% PVP 乙醇溶液制粒，以便于填充。

② 药物为颗粒时　许多胶囊剂是将药物制成颗粒、小丸或小片后再充填入胶囊壳内的。以浸膏为原料的中药颗粒剂，引湿性强，富含黏液质及多糖类物质，可加入无水乳糖、微晶纤维素、预胶化淀粉、滑石粉等辅料以改善引湿性。

③ 药物为液体或半固体时　硬胶囊剂亦可填充液体或半固体药物。往硬胶囊内填充液体药物，需要解决液体从囊帽与囊体接合处泄漏的问题，一般采用增加填充物黏度的方法，可加入增稠剂如硅酸衍生物等使液体变为非流动性软材，然后灌装入胶囊中。

(3) 胶囊填充的工艺过程

① 胶囊填充机　大量生产时，普遍采用全自动胶囊填充机（见图 6-17）装填物料。全自动胶囊填充机的式样、型号很多，填充方式主要有插管式、柱塞式、活塞式等数种。

图 6-17　全自动胶囊填充机

> **小提示**
> 自动胶囊填充机可同时完成播囊、分离、充填、剔废、锁紧、出料、清洗等步骤。

知识迁移

硬胶囊药物填充机的填充方式

插管式采用空心计量管插入药粉斗，由管内的冲塞将管内药粉压紧，然后计量管离开粉面，冲塞下降，将孔里的药料压入胶囊体中。

柱塞式是用柱塞杆经多次将落入转换杯中的药粉夯实，达到所需填充量后，再将已达到定量要求的药粉充入胶囊体。这种填充方式特别适用于填充流动性差和黏性较强的药物。

活塞式是将药物微粒从料斗通过微粒盘，再进入可上下移动调节容积的计量管内定容。填充时计量管在微粒盘内上升至最高点时，管内的活塞上升，使微粒经专用通路进入胶囊体。

不同填充方式的填充机适应于不同药物的分装，可按药物的流动性、吸湿性、物料状态（粉状或颗粒状、固态或液态）选择填充方式和机型。

② 胶囊填充工作周期　胶囊填充机填充过程如下。

a. 胶囊的供给、整理与分离　由进料斗送入的胶囊，在整理排列定位后被送进套筒内，在此处使用真空把胶囊帽和胶囊体分开。

b. 胶囊体中填充药料　装有胶囊体的套筒向外移动，接受药粉、小丸、片剂或液体的填充。

c. 胶囊的筛选　损坏或不能分离的胶囊，在筛选站被排除，由一个特制的推杆把它们送到一回收容器中。

d. 帽体重新套合　装有胶囊体的套筒回到最初被打开的位置，此时胶囊帽和胶囊体排列成直线，使用可调控的机械指令，把胶囊精密地套合。

e. 胶囊成品排出机外　相应的推杆把套合好的胶囊输出，经滑槽送至成品桶。

f. 套筒的清洁　用压缩空气喷头，清理胶囊帽套筒和胶囊体套筒里残余的药粉，这些药粉由吸气管收集。

③ 封口与打光　空胶囊囊体和囊帽套合的方式有平口和锁口两种，锁口式胶囊密封性良好，不必封口；平口式胶囊需封口，封口的材料常用制备空胶囊时相同浓度的胶液（如明胶20%、水40%、乙醇40%），保持胶液50℃，将封腰轮部分浸在胶液内，旋转时带上定量胶液，于囊帽、囊体套合处封上一条胶液，烘干，即得。

封口后的胶囊应及时除粉打光，胶囊剂的抛光常使用胶囊抛光机，它利用毛刷或摩擦布以及吸尘器的工作，可除去附着于胶囊上的粉尘，以提高胶囊表面的光洁度。

3. 制备硬胶囊剂容易出现的问题和处理方法

① 套合不到位、锁口不整齐、有岔口或凹顶现象　主要是胶囊填充机没有调整好，应随时观察，及时调整。

② 装量差异太大　装量差异与多方面因素有关，如填充物的均匀性、流动性、填充方式等，应经常测定，及时调整。

③ 外观不光洁，有粉尘或有黏结等现象　可能是环境湿度不符合规定，应严格控制环境湿度。

问题提出

中药硬胶囊中容易出现哪些问题？如何应对？

4. 硬胶囊剂制备举例

例 6-5　复方感冒胶囊

【处方】对乙酰氨基酚　　2500g　　马来酸氯苯那敏　　30g
　　　　咖啡因　　　　　30g　　　维生素C　　　　　500g
　　　　10%淀粉浆　　　 适量　　 Eudragit L100　　 适量
　　　　食用色素　　　　适量　　 共制成　　　　　1000粒

【制法】① 上述各药物分别粉碎，过80目筛备用。

② 色淀粉浆的配制：取适量淀粉浆分为A、B、C三份，A用食用胭脂红制成红糊，B用食用柠檬黄制成黄糊，C不加色素为白糊。

③ 将对乙酰氨基酚分为三份，一份与咖啡因混匀后加入红糊制粒；一份与维生素C混匀后加入黄糊制粒；一份与马来酸氯苯那敏混匀后加入白糊制粒。65～70℃干燥，16目筛整粒。

④ 将白色颗粒用Eudragit L100的乙醇溶液包衣，低温干燥。

⑤ 将上述三种颗粒混合均匀后，填充入空硬胶囊内。共制成硬胶囊剂1000粒。

【作用与用途】适用于缓解普通感冒及流行性感冒引起的发热、头痛、四肢酸痛、打喷嚏、流鼻涕、鼻塞、咽痛等症状。

【注释】本品为复方制剂，常采用分别制粒的方法以防止填充不均匀，颗粒着色的目的是便于观察混合的均匀性。

三、软胶囊剂的制备技术

1. 软胶囊剂概述

软胶囊又称胶丸，系指将一定量的液体药物密封于软质囊材中形成的剂型。可用滴制法或压制法制备。

软胶囊应具有一定可塑性与弹性，其硬度与干明胶、增塑剂（甘油、山梨醇或两者的混合物）和水之间的重量比有关，以干明胶∶增塑剂∶水＝1∶（0.4～0.6）∶1 为宜。若增塑剂用量过低，则囊壁较硬；反之，则较软。

软胶囊可填充对明胶无溶解作用或不影响明胶性质的各种油类、液体药物，植物油一般作为药物的溶剂或分散介质。药物溶液含水分超过50%，或含低分子量的水溶性或挥发性的有机化合物如乙醇、丙酮、酸、胺以及酯等，均能使软胶囊软化或溶解；醛类可使明胶变性，因此均不能制成软胶囊剂。此类药物不宜制成软胶囊。

> **小提示**
> 选择软胶囊硬度时应考虑填充药物的性质及药物与软胶囊之间的相互影响。

2. 软胶囊剂的制备

可分为滴制法和压制法两种。生产软胶囊时，成型与填充药物是同时进行的。软胶囊剂的制备工艺流程如图6-18所示。

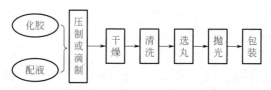

图 6-18　软胶囊剂的制备工艺流程图

（1）化胶　取明胶量1.2倍的水及胶水总量25%～30%（夏季可少加）的甘油，加热至70～80℃，混匀，加入明胶搅拌，熔融，保温1～2h，静置待泡沫上浮后，保温过滤、待用（滴丸所用基质除水溶性明胶外，还有非水溶性基质如PEG6000、硬脂酸等）。

（2）配液　将药物溶解或分散于适当的溶剂中制成溶液、混悬液或乳浊液。

（3）滴制法　滴制法是由具有双层滴头的滴丸机完成的，其工作原理见图6-19。配制好的明胶液和药液分别盛装于明胶液槽和药液槽内，经柱塞泵吸入并计量后，明胶液从外层、药液从内层喷头喷出形成双层液滴，两相必须在严格同心条件下有序同步喷出，才能使明胶液将药液包裹于中心，然后滴入与胶液不相溶的冷却液中，由于表面张力的作用冷缩成球状，再凝固成球形的软胶囊。

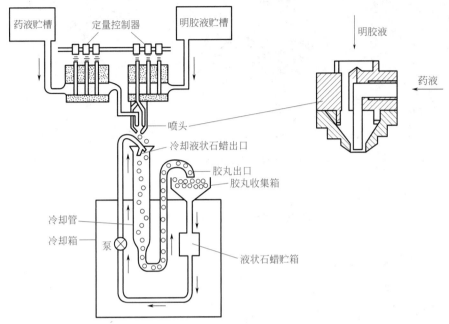

图6-19 滴制法制备软胶囊剂工作原理图

（4）压制法 压制法系将明胶、甘油、水等混合溶解为明胶液，然后再制成适宜厚度的胶皮，再将药物置于两块胶皮之间，用钢模压制而成。压制法可分为平板模式和滚模式，生产中普遍使用滚模式。

滚模式压囊机的工作原理见图6-20。先将明胶液送至左右两个明胶保温盒保温，经明胶盒底部的缝隙流出分别涂布在下方的两个旋转的胶皮鼓轮上经冷却形成胶皮，两边的胶皮再由胶皮导杆送入两个滚模的夹缝中，药液由贮液槽经导管定量注入楔形的喷体，借助供料泵的压力将胶皮和药液压入滚模的凹槽中，形成软胶囊，并且从胶皮上分离下来。成型的软胶囊被输送到干燥滚筒中进行干燥。剩下的胶皮边角部分被切割呈网状，俗称胶网。

（5）干燥 无论是压制法还是滴制法制备的软胶囊胶皮中还含有大量水分，未具备定型的效果，因此生产中必须进行干燥。因胶皮遇热易熔化，干燥过程应在常温或低于常温的条件下进行。干燥条件一般为：20～25℃、相对湿度20%左右。

3. 制备过程中容易出现的问题和处理方法

（1）崩解超限 胶皮在涂布过程中，厚度要适宜，太厚容易造成崩解超限。

（2）外观不符合要求 左右不对称，有粘连等现象。

（3）漏液 主要出现于压制法，可能是滚模间距太大，或者是胶皮没有预热等。

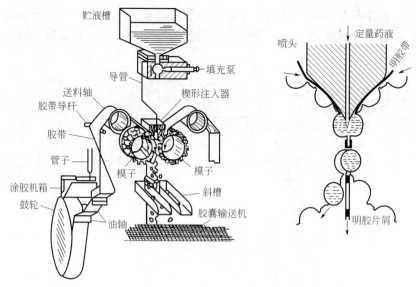

图 6-20 滚模式压囊机的工作原理图

4. 软胶囊剂制备举例

例 6-6　维生素 AD 胶丸

【处方】

维生素 A	3000U	维生素 D	300U
明胶	100 份	甘油	55～56 份
鱼肝油（或精炼油）	适量	纯化水	120 份

小提示：维生素 AD 胶丸长期过量服用会产生慢性毒性。

【制法】将维生素 A、维生素 D 溶于鱼肝油或植物油中，调整浓度使每丸含维生素 A 为标示量的 90.0%～120.0%，含维生素 D 为标示量的 85.0% 以上；另取明胶、甘油、纯化水制成胶浆，70～80℃保温 1～2h，消泡、过滤。以液状石蜡为冷却液，用滴制法制备，收集冷凝的胶丸，用纱布拭去黏附的冷却液，室温下冷风吹 4h，放于 25～35℃下烘 4h，再经石油醚洗涤两次（每次 3～5min），除去胶丸外层液状石蜡，用 95% 乙醇洗涤一次，最后经 30～35℃ 2h 烘干，筛选，质检，包装即得。

【作用与用途】补充维生素 A、维生素 D，防治夜盲、角膜软化、干燥、表皮角化及佝偻病、软骨病等。

【注释】本品采用滴制法制备；在制备胶浆时，可采取抽真空的方法以尽快除去胶浆中的气泡。

四、胶囊剂的质量控制

由于胶囊剂自身特点，对其进行质量控制时，还应考虑以下几点：

（1）**外观**　要求完整光洁，不得有黏结、变形、破裂现象，并应无异臭。

（2）**水分**　中药硬胶囊剂应进行水分检查。除另有规定外，不得过 9.0%。硬胶囊内容物为液体或半固体者不检查水分。

(3) 装量差异 照下述方法检查,应符合规定。

除另有规定外,取供试品 20 粒(中药取 10 粒),分别精密称定重量,倾出内容物(不得损失囊壳),硬胶囊囊壳用小刷或其他适宜的用具拭净;软胶囊或内容物为半固体或液体的硬胶囊囊壳用乙醚等易挥发性溶剂洗净,置通风处使溶剂挥尽,再分别精密称定囊壳重量,求出每粒内容物的装量与平均装量。每粒装量与平均装量相比较(有标示装量的胶囊剂,每粒装量应与标示装量比较),超出装量差异限度的不得多于 2 粒,并不得有 1 粒超出限度的 1 倍。胶囊剂的装量差异限度要求见表 6-4。

表 6-4 胶囊剂的装量差异限度要求

平均装量或标示装量	装量差异限度
0.30g 以下	±10%
0.30g 及 0.30g 以上	±7.5%(中药 ±10%)

(4) 崩解时限 除另有规定外,照崩解时限检查法检查,均应符合规定。详见表 6-5。凡规定检查溶出度或释放度的胶囊剂,一般不再进行崩解时限检查。

表 6-5 胶囊剂崩解时限指标

分类	取用量	指标
硬胶囊	除另有规定外,取供试品 6 粒。若有不符合规定的,另取 6 粒复试	应在 30min 内全部崩解
软胶囊		应在 1h 内全部崩解(可改在人工胃液中)
肠溶胶囊		盐酸溶液中检查 2h(不加挡板),不得有崩解或裂缝现象;取出吊篮,用少量水洗涤;人工肠液中检查(加挡板),1h 应全部崩解

(5) 微生物限度 以动物、植物、矿物质来源的非单体成分制成的胶囊剂、生物制品胶囊剂,照非无菌产品微生物限度检查:微生物计数法和控制菌检查及非无菌药品微生物限度标准检查,应符合规定。规定检查杂菌的生物制品胶囊剂,可不进行微生物限度检查。

> **小提示**
>
> 微生物限度检查包括细菌数、霉菌数和酵母菌数及控制菌检查。

(6) 溶出度 测定药物在规定介质中从胶囊剂溶出的速度和程度,一般以一定时间内溶出药物的百分率为限度标准。具体检测方法详见《中国药典》2020 年版四部 0931 项下检查。

 学习测试题

一、选择题

(一)单项选择题

1.《中国药典》中关于筛号的叙述,哪一项是正确的。( )

A. 筛号是以每英寸筛孔数表示的

B. 一号筛孔径最大，九号筛孔径最小

C. 十号筛孔径最大

D. 二号筛与200目筛的孔径相当

E. 以上都不对

2. 以下关于过筛过程的叙述，错误的是（　　）。

A. 含水量大的药物应先适当干燥再过筛

B. 为防止粉尘飞扬，过筛时应避免振荡

C. 加到药筛的物料不宜过多，以免在筛网上堆积过厚

D. 物料在筛网上运动速率越小，则过筛效果越好

E. 黏性、油性较强的药粉，应掺入其他药粉一同过筛

3. 散剂按组成的药味多少可分为（　　）。

A. 单散剂与复散剂　　　　　　B. 倍散与普通散剂

C. 内服散剂与外用散剂　　　　D. 分剂量散剂与不分剂量散剂

E. 一般散剂与泡腾散剂

4. 有关散剂特点的叙述，错误的是（　　）。

A. 粉碎程度大，比表面积大、易于分散、起效快

B. 外用覆盖面积大，可以同时发挥保护和收敛等作用

C. 贮存、运输、携带比较方便

D. 制备工艺简单，剂量易于控制，便于婴幼儿服用

E. 粉碎程度大，比表面积大，较其他固体制剂更稳定

5. 关于散剂的叙述，哪一条是正确的。（　　）

A. 散剂与其他固体制剂相比分散快、易奏效

B. 散剂即是颗粒剂

C. 散剂具有良好的防潮性

D. 散剂只能外用

E. 以上均不对

6. 一步制粒法指的是（　　）。

A. 挤出制粒法　　　　　　B. 高速搅拌制粒法

C. 转动制粒法　　　　　　D. 喷雾干燥制粒法

E. 流化制粒法

7. 颗粒剂的工艺流程为（　　）。

A. 制软材→制湿颗粒→分级→分剂量→包装

B. 制软材→制湿颗粒→干燥→整粒与分级→包装

C. 粉碎→过筛→混合→分剂量→包装

D. 制软材→制湿颗粒→干燥→整粒→包装

E. 制软材→制湿颗粒→干燥→整粒→压片→包装

8. 关于颗粒剂的特点，说法错误的是（　　）。

A. 包衣后具有防潮性、缓释性或肠溶性

B. 与散剂相比，团聚性、吸湿性较少

C. 颗粒剂不会产生离析现象
D. 服用方便
E. 颗粒剂不需要崩解

9. 颗粒剂的干燥失重除了另有规定外，不得超过（　　）。
A.1%　　　　　B.2%　　　　　C.3%　　　　　D.4%　　　　　E.5%

10. 制颗粒的目的不包括（　　）。
A. 增加物料的流动性　　　　　B. 避免粉尘飞扬
C. 减少物料与模孔间的摩擦力　　D. 防止药物的分层
E. 增加物料的可压性

11. 关于胶囊剂的叙述，错误的是（　　）。
A. 胶囊剂分硬胶囊剂与软胶囊剂两种
B. 可以内服也可以外用
C. 药物装入胶囊可以提高药物的稳定性
D. 可以弥补其他固体剂型的不足
E. 较丸剂、片剂生物利用度要好

12. 下列方法中，可用来制备软胶囊剂的是（　　）。
A. 泛制法　　　　　B. 滴制法　　　　　C. 塑制法
D. 凝聚法　　　　　E. 界面缩聚法

13. 制备空胶囊时加入的甘油是（　　）。
A. 成型材料　　　　B. 增塑剂　　　　　C. 胶冻剂
D. 溶剂　　　　　　E. 保湿剂

14. 制备肠溶胶囊剂时，用甲醛处理的目的是（　　）。
A. 增加弹性　　　　B. 增加稳定性　　　C. 增加渗透性
D. 改变其溶解性能　E. 杀灭微生物

15. 胶囊壳的主要原料是（　　）。
A. 西黄蓍胶　　　　B. 琼脂　　　　　　C. 着色剂
D. 羧甲基纤维素钠　E. 明胶

（二）多项选择题

1. 散剂的主要检查项目是（　　）。
A. 吸湿性　　　　　B. 粒度　　　　　　C. 外观均匀度
D. 装量差异　　　　E. 干燥失重

2. 下列哪几条符合散剂制备的一般规律。（　　）
A. 组分可形成低共熔混合物时，易于混合均匀
B. 含液体组分时，可用处方中其他组分或吸收剂吸收
C. 组分数量差异大者，采用等量递加混合法
D. 吸湿性强的药物，宜在干燥的环境中混合
E. 因摩擦产生静电时，可用润滑剂作抗静电剂

3. 干法制粒的方法有（　　）。
A. 重压法　　　　　B. 一步制粒　　　　C. 高速混合制粒

D. 滚压法　　　　　　　　E. 转动制粒法

4. 下列关于胶囊剂特点的叙述，正确的是（　　）。

A. 药物的水溶液与稀醇溶液不宜制成胶囊剂

B. 易溶且刺激性较强的药物，可制成胶囊剂

C. 有特殊气味的药物可制成胶囊剂掩盖其气味

D. 易风化与潮解的药物不宜制成胶囊剂

E. 吸湿性药物制成胶囊剂可防止遇湿潮解

5. 关于空胶囊的叙述，正确的是（　　）。

A. 空胶囊有 8 种规格，体积最大的是 5 号胶囊

B. 空胶囊容积最小者为 0.15mL

C. 空胶囊容积最大者为 1.42mL

D. 制备空胶囊含水量应控制在 12%～15%

E. 应按药物剂量所占体积来选用最小的胶囊

6. 下列关于软胶囊剂的叙述，正确的是（　　）。

A. 软胶囊又名"胶丸"

B. 可以采用滴制法制备有缝胶囊

C. 可以采用压制法制备无缝胶囊

D. 囊材中增塑剂用量不可过高，否则囊壁过软

E. 一般明胶、增塑剂、水的比例为 1.0∶（0.4～0.6）∶1.0

7. 制备硬胶囊囊壳需要加入（　　）等附加剂。

A. 助悬剂　　　　　B. 增塑剂　　　　　C. 遮光剂

D. 增稠剂　　　　　E. 防腐剂

8. 关于胶囊剂崩解时限要求，表述正确的是（　　）。

A. 硬胶囊应在 30min 内崩解

B. 硬胶囊应在 60min 内崩解

C. 软胶囊应在 30min 内崩解

D. 软胶囊应在 60min 内崩解

E. 肠溶胶囊在盐酸溶液中 2h 不崩解，但允许有细小的裂缝出现

二、简答题

1. 影响混合均匀度的因素有哪些？

2. 胶囊剂有何特点？哪些药物不适合制成胶囊剂？

第七章

片剂

学科素养构建

必备知识

1. 掌握片剂的定义、特点和质量要求；
2. 掌握片剂的常用辅料种类及作用；
3. 掌握片剂的制备方法；
4. 掌握影响片剂稳定性的因素；
5. 掌握包衣的目的、类型、包衣方法等。

素养提升

1. 学会片剂处方分析；
2. 能够制备片剂；
3. 能够进行片剂的包衣；
4. 能够判断片剂稳定性，并进行质量评定。

案例分析

患者，男，38岁，进食不洁食物后发生腹泻，伴有恶心、呕吐及下腹痛，大便每日6～8次，为糊状或稀水状，伴有黏液。血常规检查提示：白细胞计数、中性粒细胞百分比明显升高。粪常规：白细胞8～10/HP，红细胞3～5/HP。诊断：急性腹泻。医嘱：左氧氟沙星片，500mg，口服，1次/日。

分析 左氧氟沙星是喹诺酮类药物中的一种，具有广谱抗菌作用。左氧氟沙星片适用于细菌性痢疾、感染性肠炎、沙门菌属肠炎、伤寒及副伤寒等引起的肠道感染。

知识迁移

片剂作为一种常规制剂在药品市场非常常见，近年来，随着科学水平的不断提高，片剂生产技术、制备机械及片剂辅料的快速更新和发展，出现了高速压片机和多种新型辅料，实现了连续化、智能化的生产。缓释片、控释片、肠溶片、分散片、口崩片等新型片剂剂型满足了临床治疗的不同需要。本章就来学习片剂的定义、特点和常用的片剂辅料等知识，学会片剂的制备、质量分析及包衣技术。

> **问题提出**
> 片剂是否可以掰开服用？

> **问题提出**
> 片剂的生产工艺是什么？

> **素质拓展**
>
> 普通片剂在说明书中明确标明可以掰开服用的才可以掰开服用,像包衣片、薄膜衣片、肠溶片、缓(控)释片等需要保持片剂的完整性才能发挥药效,故不能掰开服用。

第一节 片剂的基本概念及辅料

一、片剂的基本概念

1. 片剂的定义

片剂系指药物与适宜辅料混匀后通过压片设备压制而成的圆片状或异形片状的固体制剂,主要供内服使用。片剂主要形状有圆柱形,也有异形,异形片剂常见的形状有椭圆形、三角形和菱形等,如图 7-1 所示。

视频扫一扫

M7-1 片剂概述

小提示
片剂是在丸剂使用基础上发展起来的,压片机的出现促进了片剂的发展。

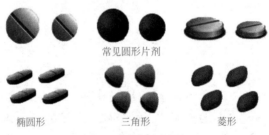

图 7-1 各类片剂的片形

2. 片剂的特点

片剂是目前临床应用最广泛的剂型之一,使用已遍及世界绝大部分国家和地区,2020 年版《中国药典》收载的剂型中片剂占 40% 以上,其优点有:

① 剂量准确。每片含量均匀,重量差异小,病人按片服用剂量准确。

② 质量稳定。干燥固体制剂受外界空气、水分影响小,必要时还可以包衣保护。

③ 服用方便。片剂体积小,易运输、携带和服用。

④ 便于识别。片面上可以压上主药名、含量或生产厂家缩写等标记,便于识别;片剂也可以通过特有的包衣颜色、几何形状和包装样式等予以区别。

⑤ 能满足治疗与预防用药的多种要求,可通过不同制剂技术和工艺制成不同类型的片剂,如包衣片、分散片、多层片、缓释片和控释片等,达到速效、定位、长效和恒速等目的。

但片剂也有不足，比如：

① 婴幼儿、昏迷病人及其他吞咽困难者不易吞服。

② 含挥发性成分的片剂，贮存较久时含量易下降。

③ 片剂辅料选用不当或贮存不当，会影响片剂的崩解度、溶出度和生物利用度。

3. 片剂的分类

片剂按制法不同，可分为压制片和模印片两类。现广泛应用的片剂大多是压制片剂。

按用途和用法的不同，片剂可分为口服片剂、口腔用片剂和其他途径应用的片剂。口服的普通片、包衣片、多层片、咀嚼片、可溶片、泡腾片、分散片等是应用最广的片剂，如未特指，通常所讨论的片剂均为口服压制片；口腔用片剂，如含片、舌下片、口腔贴片等；其他途径应用的片剂有阴道用片、植入片等。近年来还有口服速溶片，此类片剂吸收快，不用水送服亦易吞咽，适宜于吞咽固体制剂困难、卧床患者和老、幼患者服用。

M7-2 片剂的分类

问题提出

片剂除了口服外，是否有其他给药途径？

> **素质拓展**
>
> 硝酸甘油片需要舌下含服，通过黏膜吸收入血；泡腾片需要溶于水中，然后再服用其溶液；草珊瑚含片需要口内含服等。

4. 片剂的质量要求

片剂质量的一般要求为：

① 含量准确，重量差异小；

② 硬度适宜，应符合脆碎度的要求；

③ 色泽均匀，完整美观；

④ 在规定贮藏期内不得变质；

⑤ 一般口服片剂的崩解时间和溶出度应符合要求；

⑥ 符合微生物限度检查的要求。对于某些片剂另有各自的要求，如小剂量药物片剂应符合含量均匀度检查要求，植入片应无菌，口含片、舌下片、咀嚼片应有良好的口感等。

其他应符合《中国药典》2020 年版四部制剂通则中片剂的各项要求。

二、片剂的辅料

片剂是由药物和辅料两部分组成，片剂辅料是片剂中除主药外一切物质的总称，为非治疗性物质，也称赋形剂。为了保证片剂的质量，片剂辅料应具有填充作用、黏合作用、崩解作用和润滑作用等，因此片剂辅料主要包括填充剂、黏合剂、崩解剂和润滑剂等；同时，片剂在生产过程中还可以根据需要添加着色剂、矫味剂和包衣材料等辅料，但是所有片剂辅料都必须符合《中国药典》2020 年

> **小提示**
> 当片剂药物含有油性组分时，需加入吸收剂吸收油性物，使其保持干燥状态。
>
> 视频扫一扫
>
>
>
> M7-3 填充剂

版和国家药品标准的有关质量要求。

根据片剂辅料的主要作用不同，可分为以下几类。

1. 填充剂

填充剂包括稀释剂和吸收剂两类。稀释剂是指用来增加片剂的重量和体积，以利于片剂成型或分剂量的辅料。吸收剂是指片剂中含有较多的挥发油或其他液体成分时，须加入适当的辅料将其吸收后再加入其他成分的物质。通常情况下片剂的直径要求不小于6mm，主药含量根据具体的不同处方加入量不同，比如维生素、激素等药物加入量都不超过100mg，因此，针对此类药物需加入适当的填充剂方能成型。

片剂常用的填充剂以及常用填充剂性能比较分别见表7-1和表7-2。

表7-1　片剂常用的填充剂

辅料名称	特性
药用淀粉	药用淀粉来源于玉米淀粉和马铃薯淀粉，可压性差，弹性复原率高，压制的片剂硬度较差，一般与糊精、蔗糖合用
可压性淀粉	可压性淀粉具有一定的可压性、流动性和润滑性，可以粉末直接压片
糊精	糊精是淀粉水解的中间产物，不溶于乙醇，微溶于水，有较强的黏性，使用过量会出现颗粒过硬。糊精常与淀粉、糖粉配合使用作为片剂的填充剂，兼有黏合剂作用
糖粉	糖粉是结晶性蔗糖或甜菜糖经低温干燥后磨成的粉末，味甜，黏合力强，多用于口含片、咀嚼片、中草药或其他疏松或纤维性药物的填充剂和黏合剂。黏性强，易吸潮结块，因此，糖浆很少单独使用，常与淀粉浆按一定比例混合使用
乳糖	乳糖是由等分子葡萄糖及半乳糖组成的白色结晶性粉末。常用乳糖为α-乳糖，无吸湿性，可压性好，制成的片剂光洁美观，味甜，易溶于水，难溶于醇，性质稳定，可与大多数药物配伍使用。因其有良好的流动性和黏合性，粉末可以直接压片，也可以用淀粉、糊精和糖粉的混合物（8∶1∶1）作乳糖的替代物，但药物的溶出效果不及乳糖
甘露醇	甘露醇为白色、无臭、结晶性粉末或可自由流动的细颗粒，具有凉爽、甜味感，常用于咀嚼片、口含片。但价格较贵，常与蔗糖配合使用
无机钙盐	无机钙盐可作稀释剂和挥发油吸收剂

> **小提示**
> 常用的无机钙盐为硫酸钙、磷酸氢钙及药用碳酸钙。

表7-2　常用填充剂性能比较

辅料名称	优点	缺点
淀粉	价廉、易得	可压性差
预胶化淀粉	较好流动性、可压性	片剂硬度差
蔗糖	价廉、易得、味甜	有吸湿性（糖尿病、高血压、冠心病等患者不宜长期服用）
糊精	价廉、易得	黏性大，影响崩解
乳糖	可压性好	有配伍禁忌

续表

辅料名称	优点	缺点
微晶纤维素	流动性、可压性、崩解性好	有静电吸附现象
糖醇类	口感好	价格贵，流动性差
无机盐类	片剂外观好	有配伍禁忌，影响吸收

素质拓展

片剂主要的辅料之一淀粉，是玉米淀粉，吸收膨胀而不潮解，遇热易糊化。淀粉吸收液体药物时是吸收剂；使药物分散时又是稀释剂；使药物成型时是黏合剂；而在成型服用后，吸水膨胀崩解，又是崩解剂。

2. 润湿剂与黏合剂

润湿剂与黏合剂在片剂的制备过程中具有黏结固体粉末成型的作用。润湿剂是指可润湿药粉，诱发药物自身黏性的液体，但本身无黏性。在制粒过程中常用的润湿剂有纯化水和乙醇。黏合剂是指对无黏性或黏性不足的原料和辅料给予黏性的液体或固体物质，以便使原料和辅料黏结成颗粒。在制粒过程中常用的黏合剂有淀粉浆、糊精、糖浆和胶浆等。

片剂常用的润湿剂与黏合剂以及常用黏合剂使用浓度与性能比较分别见表 7-3 和表 7-4。

M7-4 润湿剂与黏合剂

表 7-3 片剂常用的润湿剂与黏合剂

辅料名称	特性
纯化水	是一种润湿剂，适用于耐热、遇水不易水解的药物。由于使用过程中被物料吸收较快，易发生润湿不均匀的现象，可使用低浓度的淀粉浆或乙醇代替
乙醇	是一种润湿剂，适用于黏性较强、易水解、受热易变质的药物。醇的浓度选择应根据原辅料的性质所决定，常用浓度为 30%～70%
淀粉浆	是片剂黏合剂中最常用的一种，适用于对湿热较稳定且本身不太松散的药物，常用浓度为 8%～15%，最常用浓度为 10%
糊精	属于干黏合剂，黏性较强，处方用量尽可能小于 50%，超过 50% 需用 40%～50% 的乙醇润湿
糖粉与糖浆	糖粉属于干黏合剂。糖浆属于液体黏合剂，常用浓度为 50%～70%，其黏合力较淀粉强，适用于纤维性强的或质地疏松的或弹性较大的药物，但强酸、强碱性药物能引起蔗糖的转化而产生引湿性，故不宜采用
胶浆	具有强黏合性，适用于可压性差的松散性药物或硬度要求大的口含片
纤维素衍生物类	羧甲基纤维素钠（CMC-Na）黏性较强，适用于可压性较差的药物，常用浓度为 1%～2%；微晶纤维素（MCC）可用作粉末直接压片黏合剂；羟丙基纤维素（HPC）可用作湿法制粒黏合剂，也可用作粉末直接压片黏合剂等
其他黏合剂	聚乙二醇（PEG）4000，具有水溶性，可用作注射用片、粉末直接压片的黏合剂；3%～5% 的聚乙烯吡咯烷酮（PVP）水溶液或醇溶液可用作可压性很差药物的黏合剂等

> **小提示**
> 物料可压性较差时可适当提高淀粉浆浓度至 20%。

表7-4 常用黏合剂使用浓度与性能比较

黏合剂	溶剂中质量浓度/%	优点	缺点
淀粉	8～15	价廉、易得	用量大易使药物含量降低
聚维酮	3～5	溶于水及乙醇	有吸湿性
羟丙基甲基纤维素	2～10	黏度大	使用不当会影响药物溶出
羧甲基纤维素钠	2～10	延缓金属离子变色	有吸湿性
明胶	2～10	加快药物溶出	与醛、醛糖、离子聚合物等有配伍禁忌
蔗糖	50～85	具有甜味	有吸湿性

拓展知识

淀粉浆的制备

由于淀粉价廉易得，黏性良好，因此是目前我国片剂中使用最多的黏合剂。常用浓度为8%～15%，最常用浓度为10%。那么淀粉浆是如何制备的呢？

淀粉浆的制备方法分为冲浆法和煮浆法两种：冲浆法是先将淀粉混悬于（1～1.5倍）水中，然后根据浓度冲入剩余的沸水，不断搅拌成糊状；另一种是煮浆法，是指将淀粉混悬于全部量水中，加热（加热过程中避免直火加热，以免焦化，可选用水浴或夹层容器加热）搅拌成糊状即可。

视频扫一扫

M7-5 崩解剂

问题提出

崩解剂的作用机制是什么？

3. 崩解剂

崩解剂指加入片剂中能促使片剂在胃肠液中迅速崩解成细小粒子的辅料。片剂制备时受压力的作用导致其在水中溶解或崩解需要一定时间，所以除了缓（控）释片以及某些特殊用途的片剂（如口含片、植入片、黏附片和长效片等）外，一般均需加入崩解剂。崩解剂多为亲水性物质，具有良好的吸水性和膨胀性，从而起到崩解作用。崩解剂的加入方法有：①内加法，是指崩解剂在制粒前加入，与黏合剂共存于颗粒内部，崩解较迟缓，但一经崩解，便成粉粒，有利于药物的溶出。②外加法，崩解剂加到经整粒后的干颗粒中，该法使崩解发生于颗粒之间，因而水易于透过，崩解迅速，但颗粒内无崩解剂，不易崩解成粉粒，故药物的溶出稍差。③内外加法，将崩解剂分成两份，一份按内加法加入，另一份按外加法加入，其中为提高崩解速度内加的崩解剂可适当多些，内外加法正因为集中了前两种方法的优点，所以崩解效率更高。

崩解剂的作用原理是经过润湿、虹吸等作用将水分引入药片内部，崩解剂遇水膨胀或产生气体膨胀，抵抗内聚力，从而使片剂崩解成小颗粒。崩解剂的作用机制有以下几种。

(1) 毛细管作用 崩解剂在片剂中形成易于润湿的毛细管通道,当片剂置于水中时,水能迅速地随毛细管进入片剂内部,使整个片剂润湿而崩解。常见的有淀粉及其衍生物、纤维素衍生物等。

(2) 膨胀作用 崩解剂吸水后膨胀,从而破坏片剂的结合力。崩解剂的膨胀能力可以用膨胀率(崩解增加的体积与崩解前体积的比值)表示,膨胀率越大,崩解效果越显著。比如羧甲基淀粉钠吸水后可以膨胀至原体积的300倍。

(3) 润湿热 有些药物在水中溶解时产生热,使片剂内部残存的空气及片内物料膨胀,促使片剂崩解。

(4) 产气作用 由于化学反应产生二氧化碳气体促使片剂崩解。比如泡腾片遇水后枸橼酸或酒石酸与碳酸氢钠发生反应产生二氧化碳气体,借助气体的膨胀而使片剂崩解。

片剂常用的崩解剂以及常用崩解剂性能比较分别见表 7-5 和表 7-6。

表 7-5　片剂常用的崩解剂

辅料名称	特性
干淀粉	是最常见的崩解剂,在 100～105℃活化,控制含水量在 8%～10%,适用于不溶性或微溶性药物的片剂,用量为干颗粒重的 5%～20%
羧甲基淀粉钠(CMS-Na)	白色无定形粉末,具有良好的吸水性和膨胀性,吸水后体积膨胀为原体积的 300 倍,用量一般为 1%～6%
低取代羟丙基纤维素(L-HPC)	吸水膨胀率为 500%～700%,用量一般为 2%～5%
泡腾崩解剂	是一种泡腾片专用崩解剂,常用的是由碳酸氢钠与枸橼酸组成的混合物。遇水时产生二氧化碳气体,使片剂在几分钟内迅速崩解
其他崩解剂	羟丙基淀粉(HPS)、交联聚乙烯吡咯烷酮(PVPP)、交联羧甲基纤维素钠(CCNa)等

> 小提示
> 泡腾片应避免受潮。

表 7-6　常用崩解剂性能比较

辅料名称	优点	缺点
干淀粉	价廉、易得	不适用于易溶于水的药物
羧甲基淀粉钠	崩解性能好	可压性差、有吸湿性
低取代羟丙基纤维素	崩解性能好	与碱性药物有配伍禁忌
交联羧甲基纤维素钠	崩解性能好	与强酸、金属盐有配伍禁忌
交联聚维酮	崩解性能好	有吸湿性
泡腾崩解剂	崩解性能好	仅用于泡腾片

> **素质拓展**
>
> 崩解速率：外加法＞内外加法＞内加法；溶出速率：内外加法＞内加法＞外加法。

4. 润滑剂

M7-6 润滑剂

问题提出
润滑剂的加入方法有哪几种？

润滑剂是指压片时为了能顺利加料和出片，并减少黏冲及降低颗粒与颗粒、药片与模孔壁之间的摩擦力，使片剂表面光洁美观而加入的辅料。具有润滑、抗黏附和助流的作用。润滑剂通常在压片前加入，用量一般不超过1%，其粒径要求小于0.15mm，即过100目以上的筛，因为粉末越细，比表面积越大，润滑性能越好。润滑剂按其作用不同可分为三类：

（1）**助流剂** 是指能改善颗粒表面粗糙性，增加颗粒流动性的辅料。其作用是保证颗粒顺利通过加料斗，进入模孔，便于均匀压片，以满足高速转动压片机所需的迅速、均匀填料的要求，保证片剂重量差异符合要求。

（2）**抗黏剂** 是指能减轻颗粒对冲模黏附性的辅料，其作用是防止压片物料黏着于冲模表面，确保冲面光洁。

（3）**润滑剂** 是指能降低颗粒（或片剂）与冲模孔壁之间摩擦力，改善力的传递和物料分布的辅料。其作用是增加颗粒的滑动性，使填充良好、片剂的密度分布均匀，确保推出片剂的完整。

片剂常用的润滑剂以及常用润滑剂、抗黏剂和助流剂性能比较分别见表7-7和表7-8。

表7-7　片剂常用的润滑剂

辅料名称	特性
硬脂酸镁	白色粉末，细腻轻松，有良好的附着性，为疏水性润滑剂；用量一般为0.3%～1%。用量过大易出现崩解迟缓或裂片；由于其具有一定碱性，故不适用于碱性不稳定的药物
滑石粉	白色粉末，不溶于水，助流性、抗黏着性好，用量一般为0.1%～1%，如使用不当，易导致崩解和溶出迟缓，故常与硬脂酸镁配合使用
微粉硅胶	白色无水粉末，无臭无味，比表面积大，流动性和可压性好，为优良的片剂助流剂，用量一般为0.1%～0.3%，特别适用于油类和浸膏等药物
氢化植物油	液态，润滑性能好，使用时常将其溶于热轻质液状石蜡或乙烷中，然后喷于颗粒上使其分布均匀，适用于在碱性润滑剂中不稳定的药物

表7-8　常用润滑剂、抗黏剂和助流剂性能比较

润滑剂	优点	缺点
硬脂酸镁	润滑性好	影响崩解；与镁离子有反应的药物有配伍禁忌
硬脂酸	润滑性良好	与碱性盐类药物有配伍禁忌
滑石粉	抗黏着性好	与季铵化合物有配伍禁忌

续表

润滑剂	优点	缺点
微粉硅胶	助流性好	质轻，易飞扬
氢化植物油	润滑性好	影响溶出；与强酸和氧化剂有配伍禁忌
聚乙二醇类	润滑性好	发热黏性增大

5. 其他辅料

（1）着色剂 着色剂可使片剂美观易于识别，常用药用色素，如苋菜红、柠檬黄和胭脂红等。用量一般不超过 0.05%。注意色素与药物的反应以及干燥中颜色的迁移。

（2）矫味剂 矫味剂可改善片剂的口味，常用的有芳香剂和甜味剂，主要应用于含片和咀嚼片，目的是缓和或消除药物不良臭味，增加适口性。

常用甜味剂性能比较见表 7-9。

表 7-9 常用甜味剂性能比较

名称	相对甜度	味感	稳定性
蔗糖	1	优良	相对稳定
葡萄糖	0.7	良好	相对稳定
木糖醇	0.6	清凉味甜	对热和 pH3～8 稳定
甜叶菊苷	300	后苦味	相对稳定
安赛蜜	200	极微后苦味	稳定
阿司帕坦	200	近蔗糖	对碱和热稳定
蔗糖素	600	近蔗糖	对光、热、酸和碱稳定

第二节 片剂制备

一、片剂的制备技术

片剂的制备技术是指将药物与辅料均匀混合后，按照容积分剂量的方法将物料填充于一定形状的模孔内，经加压而制成片剂的药物制备技术。要制备符合质量要求的片剂，用于压片的颗粒或粉末必须具备三个条件。①良好的流动性：能使流动、填充等操作顺利进行，减少片重差异；②可压性好：可保证不出现裂片、松片等现象；③润滑性好：片剂不黏冲，可保证片剂完整、光洁。

片剂的制备要考虑药物性质、临床用药要求和设备条件等因素，目前常用的

问题提出

常用的片剂制备方法有哪些？

视频扫一扫

M7-7 片剂的制备技术

制备方法有湿法制粒压片法、干法制粒压片法和直接压片法。

制备片剂的方法优缺点比较见表7-10。

表7-10 制备片剂的方法优缺点比较

压片方法	优点	缺点
湿法制粒压片法	颗粒流动性好	不适用于对湿热敏感的药物
干法制粒压片法	适用于对湿热敏感的药物	高压可能影响药物活性
直接压片法	工艺简便	对物料要求高

问题提出

哪些制粒方法不需要干燥？

二、湿法制粒压片法

1. 湿法制粒压片的意义

片剂制备方法中应用最广的是制粒压片，制粒的目的是：
① 增加物料的流动性，改善可压性；
② 增大药物松密度，使空气溢出，减少片剂松裂；
③ 减少各成分分层，使片剂中物料含量准确；
④ 避免粉尘飞扬及粉末黏附于冲头表面造成黏冲、挂模等现象。

2. 湿法制粒压片技术

湿法制粒压片法是指将药物和辅料通过粉碎、过筛、混合后制软材、制湿颗粒、干燥、整粒、压片等一系列操作单元制备片剂的方法。适用于对湿热稳定的药物。湿法制粒压片法的工艺流程如图7-2所示。

视频扫一扫
M7-8 片剂的制备-粉碎

视频扫一扫
M7-9 片剂的制备-过筛

视频扫一扫
M7-10 片剂的制备-混合

视频扫一扫
M7-11 片剂的制备-制粒

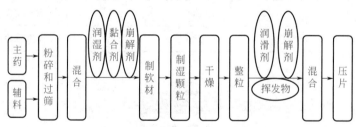

图7-2 湿法制粒压片法的工艺流程图

（1）原辅料的准备和处理 主药和辅料在投料前需要进行质量检查、鉴别和含量测定，合格的物料经干燥、粉碎后要求其通过80～100目筛，对于毒性药、贵重药和有色辅料应粉碎得更细一些，保证混合均匀，含量准确，然后按照处方称取药物和辅料，准备进行投料。

（2）制软材 软材是指按照处方称量好的原辅料粉碎混合均匀后，加入适当的黏合剂或润湿剂，形成干湿适度的塑性物料。加入黏合剂或润湿剂的量要适宜，加入量过少会出现黏性不足，导致细粉量过多；加入量过多会出现因过黏导致物料混合时强度大、时间长，制得的颗粒硬度大。因此，在生产、制备过程中黏合剂或润湿剂的加入量多凭经验掌控，以用手紧握能成团而不粘手、用手指轻压能裂开为度，即以"轻握成团，轻压即散"为准。

（3）制湿颗粒 将制好的软材通过筛网后制成湿颗粒，传统制湿颗粒的方法是挤压过筛制粒法，市场上常用的筛网有尼龙筛网、不锈钢筛网和镀锌筛网。目前对湿颗粒质量控制主要是依靠经验，具体方法是将湿颗粒置于手掌上颠动，应有沉重感、细粉少，颗粒大小均匀，无长条状。也可以使用挤压制粒设备进行制粒，常用的有摇摆式颗粒机、旋转挤压式制粒机、螺旋挤压式制粒机等。

> **小提示**
> 洋地黄片、含碘喉症片等温度过高可引起颗粒变色和药物变质。

片剂的重量、筛目数和冲头直径相互关系见表 7-11。

表 7-11 片剂的重量、筛目数和冲头直径相互关系表

片重 /mg	筛目数 / 目		冲头直径 /mm
	湿粒	干粒	
50	18	16～20	5～5.5
100	16	14～20	6～6.5
150	16	14～20	7～8
200	14	12～16	8～8.5
300	12	10～16	9～10.5
500	10	10～12	12

在实际生产过程中制颗粒除了采用挤压过筛制粒以外，应用更多的是运用联动操作来制备颗粒，比如流化床制粒、喷雾制粒和混合制粒等。

（4）湿颗粒的干燥 湿颗粒制成后，要立即进行干燥处理，目的是除去水分、防止结块或受压变形，干燥的温度由物料的性质决定。一般温度以控制在 50～60℃为宜；对湿热稳定的药物可适当提高温度，建议温度为 75～80℃；含结晶水的药物，干燥时间不宜过长，温度不宜过高，以免失去结晶水而影响药物质量。干燥时温度应逐渐升高，可采用程序升温，以免颗粒表面形成薄壳而影响内部水分的挥发，造成颗粒内湿外干。为了使颗粒受热均匀，湿颗粒堆积厚度不宜超过 2.5cm，并在干燥过程中间隔一定时间进行翻动。干燥的程度也要根据药物本身差异而定，一般含水量控制在 3% 左右；含水量过多易发生黏冲现象，过低则不利于压片。通常颗粒的含水量可用水分快速测定仪进行测定。

视频扫一扫

M7-12 片剂的制备-干燥

湿颗粒干燥的设备种类很多，常用的有箱式（如烘房、烘箱）干燥器、沸腾干燥器、微波干燥器和远红外干燥器等。

流化制粒和喷雾干燥制粒，它们在制粒的同时就得到了干燥颗粒，故不需要干燥。

（5）整粒 在干燥过程中，有些湿颗粒可能发生粘连、结块。因此，要将干燥后的颗粒特别是结块或粘连的颗粒分散开，使干颗粒粒径大小一致。小剂量制备时通常用过筛整粒。而生产过程中常用专用整粒机整粒，比如快速整粒机、摇摆式颗粒机等。

干颗粒除必须具备一定的流动性和可压性外，还要求达到：①主药含量符合规定要求；②含水量控制在 1%～3%；③为避免影响片剂外观和片重差异，细粉量控制在 20%～40%，含粉量过少易出现颗粒质硬、片面粗糙、重量差异超限；含粉量过多易出现松片和裂片现象；④颗粒硬度适中，颗粒过硬片面易产生斑点，颗粒过松药片易产生顶裂，一般以用手指捻搓时应立即粉碎，并无潮湿感为宜；⑤疏散度应适宜，疏散度是指一定容器的干颗粒其致密时重量与疏散时重量之差值，它与颗粒的大小、松紧程度和黏合剂用量多少有关，疏散度大表示颗粒较松，振摇后部分变成细粉，压片时易出现松片、裂片和片重差异大等现象。

> **素质拓展**
>
> 增加颗粒流动性的方法：在一定范围内适当增加粒径；控制颗粒的含湿量；添加少量细粉（1%～2%）；添加助流剂。

问题提出
总混时间是越长越好吗？

（6）特殊成分的加入和总混

① 润滑剂与崩解剂的加入　加入方法参照崩解剂的外加法或内外加法。一般将润滑剂干燥后过 100 目以上的筛，再将崩解剂及润滑剂与干颗粒一并加入混合设备中。

② 主药剂量小或对湿热不稳定的药物的加入　针对此类药物，需先将不含药物的空白干颗粒或将稳定性药物与辅料制成颗粒，然后将主药剂量小或对湿热不稳定的药物加入到整粒后的干颗粒中混匀。

③ 挥发油或挥发性物质的加入　为了避免挥发油或挥发性药物的挥发，可将其加入到润滑剂或颗粒混合后筛出的部分细粉中，或直接用 80 目筛从干颗粒中筛出适量的细粉吸收挥发油或挥发性成分，再与全部干颗粒总混。若挥发性成分是固体药物（比如薄荷、樟脑等）时，可用乙醇等溶剂溶解，或与其他成分混合研磨共熔后喷入干颗粒中，密闭数小时，使挥发性药物在颗粒中渗透均匀。

> **素质拓展**
>
> 总混主要是将干燥颗粒与润滑剂、外加的崩解剂等混匀，一般使用三维混合机或 V 形混合机等，混合时间过短或过长均不利于物料的混匀。

（7）压片　总混后测定片剂的主药含量，计算片重，调试设备直至达到要求后进行压片。片重计算方法，根据含量计算片重，计算方法如下：

$$每片颗粒重 = \frac{每片主药含量}{测得颗粒中主药的百分含量(\%)} \times 主药含量允许误差范围$$

$$片重 = 每片颗粒重 + 临压前每片加入的辅料重$$

大量生产时，因物料相对损失较少，所以常按颗粒重量计算片重：

$$片重 = \frac{干颗粒重 + 压片前加入的辅料重}{应压片数}$$

例 7-1 吲哚美辛片每片含主药量为 0.22g，测得颗粒中主药百分含量为 88%，试问吲哚美辛片片重范围是多少？

解：吲哚美辛片片重 $= \dfrac{0.22}{88\%} = 0.25g$

因为片重为 0.25g<0.3g，按照《中国药典》2020 年版四部制剂通则，吲哚美辛片的重量差异限度为 ±7.5%，故本品的片重范围应为 0.2313g～0.2687g。

例 7-2 欲制备每片含阿奇霉素 0.25g 的药片，今投料 100 万片，共制得干颗粒 357.8kg，在压片前又加入润滑剂硬脂酸镁 5.0kg，求阿奇霉素片片重应为多少？

解：阿奇霉素片片重 $= \dfrac{357.8 + 5}{1000000} \times 1000 = 0.36g$

故阿奇霉素片每片重应为 0.36g。

视频扫一扫

M7-13 片剂的制备-压片

三、干法制粒压片法

干法制粒压片法是指将药物与适宜辅料均匀混合后，用适宜的设备将物料压成块状或片状，再将其粉碎为大小合适的颗粒，最后将颗粒压制成片的制备方法。主要适用于对湿、热不稳定，且可压性、流动性均不好的药物。干法制粒压片法有滚压法和重压法两种。其工艺流程如图 7-3 所示。

问题提出

干法制粒压片法适合哪一类药物？

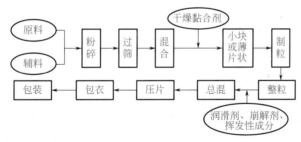

图 7-3 干法制粒压片法的工艺流程图

四、直接压片法

直接压片法是指将药物的细粉（或结晶）与适宜的辅料混合后，不制粒而直接压制成片的方法。本法工艺简单，有利于片剂生产的连续化和自动化，具有生产工序少、设备简单、辅料用量少、产品崩解或溶出较快等优点。适用于对湿热不稳定的药物，其工艺流程如图 7-4 所示。

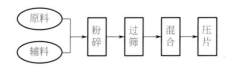

图 7-4 直接压片法的工艺流程图

第七章 片剂

> **素质拓展**
>
> 某些结晶性或颗粒性药物具有适宜的流动性和可压性,只需经粉碎、过筛选用适宜大小的颗粒,再加入适量的干燥黏合剂、崩解剂和润滑剂混合均匀,即可直接压片。如氯化钾、溴化钾、硫酸亚铁等无机盐和维生素 C 等有机药物,均可直接压片。

五、压片机的使用

压片机是指将各种颗粒状或粉状物料置于特定模具内,用冲头压制成片剂的机器。压片机是由冲模、加料机构、填充机构、压制机构和出片机构等组成,根据压制片剂的大小和形状不同应选择大小和形状适宜的模圈。目前常用的压片机有单冲压片机和旋转式多冲压片机,其压片过程基本相同,即填料、压片和出片。如图 7-5 所示。

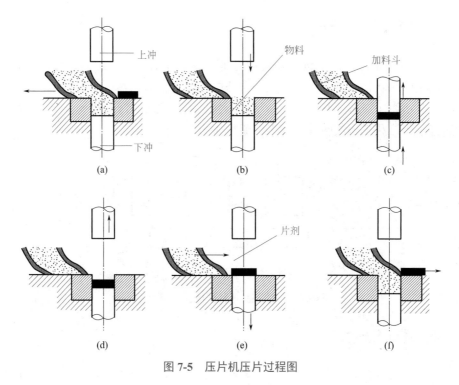

图 7-5　压片机压片过程图

1. 单冲压片机

> **问题提出**
> 压片机如何进行保养?

单冲压片机是由冲模、调节器、加料器等部件组成,冲头作垂直往返运动将颗粒状的物料压制成片剂的机器。

(1) 结构　单冲压片机是由冲模(包括一副上冲、下冲、模圈)、调节器(包括压力调节器、片重调节器、出片调节器)、加料装置(包括加料斗、饲粉器)、三个偏心轮和手轮等组成。是利用主轴上的三个偏心轮带动冲模及加料器等部件的作用，运行一周即完成充填、压片和出片三个程序，电动过程产量一般为80～100片/min，也可手摇，适用于新产品的试制或小量生产。其外观及结构如图7-6所示。

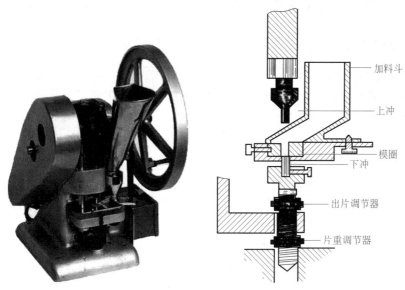

图7-6 单冲压片机外观及结构图

(2) **工作原理** 工作过程中填料、压片和出片自动连续进行。

(3) **压片过程**

① 上冲抬起，饲粉器移动到模孔之上。

② 下冲下降到适宜的深度（根据片重调节，使容纳的颗粒重等于片重），饲粉器在模孔上摆动，颗粒填满模孔。

③ 饲粉器由模孔上移开，使模孔中的颗粒与模孔的上缘相平。

④ 上冲下降并将颗粒压缩成片。

⑤ 上冲抬起，下冲随之上升到与模孔上缘相平时，饲粉器再次移到模孔之上将压制成的药片推开，同时进行第二次饲粉，如此反复进行。

(4) **单冲压片机的拆装**

① 安装 首先将设备配件擦拭干净，选择配套的上、下冲与模圈。

冲模的安装：安装下冲，安装模圈，安装模台，安装上冲；用手转动手轮，使上冲缓慢下降进入模孔中，观察有无碰撞或摩擦现象，若发生碰撞或摩擦，则松开模台固定螺钉（两只），调整模台固定位置，使上冲进入模孔中，再旋紧模台固定螺钉，直至上、下冲在模圈中能正常运行为止，然后安装加料斗和饲粉器。

调节器的调试：出片调节器调试确保药片正常出片，片重调节器调试确保药片重量合格，压力调节器调试确保药片硬度达标；投料试车，片剂合格后开始生产。

② 拆卸 使用结束后，拆下饲粉器和加料斗；冲模的拆卸：拆卸上冲，拆卸模台，拆卸模圈，拆卸下冲；最后清场并将上、下冲和模圈清洁干净后放入机油中保存。

> **问题提出**
> 使用单冲压片机进行压片时，若压出的片剂的片重偏小，应该如何调节？

> **问题提出**
> 以下图片中，哪个是上冲，哪个是下冲？

> **素质拓展**
>
> 左边的是上冲，上冲主要负责压力，故粗杆端长一些；右边的是下冲，下冲负责调节片重，故细杆端长一些。

2. 旋转式多冲压片机

旋转式多冲压片机是由均匀分布于旋转转台的多副模具按一定轨迹作垂直往复运动的压片机器。由于片剂的广泛使用，旋转式多冲压片机是最常见的制药设备之一。旋转式多冲压片机按转台转速分为中速（≤ 30r/min）、亚高速（约 40r/min）和高速（＞ 50r/min）三档；按转盘上的中模孔数分为 16 冲、19 冲、27 冲、33 冲、55 冲、75 冲等旋转式多冲压片机；根据出片轨道数不同又可以分为单轨道和双轨道压片机。我国制药企业常使用的旋转式多冲压片机有 ZP19、ZP33、ZP35 等型号。其饲粉方式相对合理，片重差异较小，由上、下相对加压，压力分布均匀，生产效率较高，所以旋转式多冲压片机在片剂生产中使用率非常高，其中 19 冲旋转式压片机最高产量可达 8 万～ 10 万片/h，35 冲旋转式压片机最高产量可达 15 万～ 18 万片/h，其外观如图 7-7 所示。

> **小提示**
> 55 冲双流程压片机生产能力高达 50 万片/h。

图 7-7　19 冲、35 冲旋转式多冲压片机外观图

（1）结构　旋转式多冲压片机大致可分为四个部分。①动力及传动部分：一个旋转的工作盘拖带上、下冲，经过加料斗完成填充、压片、出片等动作。②加料部分：在转盘中模上方固定的圆形锥底下料斗和月形栅式加料斗，保证物料的填充。③压制部分：由具有三层结构的转盘（上层为上冲转盘，中层为中模转盘，下层为下冲转盘）、上下导轨、上下齿轮、填充调节装置等组成，并由上、下冲的导轨和压轮控制上、下冲上下往复运动，从而压制出各种形状的片剂。④吸粉部分：指压片过程中通过吸气管回收中模上产生的飞粉和中模下漏的粉末，从而避免环境污染，保护设备的装置。

（2）工作原理　工作过程中圆盘轴旋转，带动上冲和下冲分别沿着上冲圆形凸轮轨道运动，同时中模也同步转动。以中模所处的位置沿圆周方向划分为填充区、压片区和出片区。在填充区，加料器向模孔填入过量的颗粒，当下冲上升至适当位置时将过量的颗粒推出，被刮料板刮离模孔进入下一填充区利用；在压片区，上冲和下冲靠固定在转盘上方及下方的导轨及压轮等作用将药物压制成片；在出片区，下冲上升将药片从中模孔内推出，然后被刮片板刮离圆盘并沿斜槽滑入接收器中。其结构和工作原理示意如图 7-8 所示。

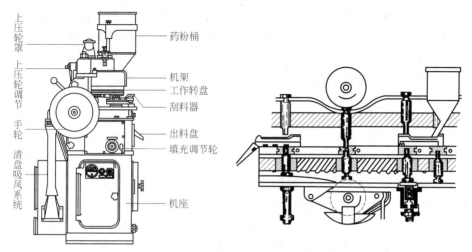

图 7-8　旋转式多冲压片机结构和工作原理示意图

（3）压片过程

① 充填　下冲移动到饲粉器之下时，颗粒填入模孔，当下冲下降至片重调节器上面时，上冲再上升到适宜高度，经刮料板将多余的颗粒刮去。

② 压片　当下冲移动至下压轮的上面、上冲移动到上压轮的下面时，两冲之间的距离最小，将颗粒压缩成片。

③ 推片　压片后，上、下冲分别沿轨道上升，当下冲移动至推片调节器的上方时，下冲上表面与转台中模的上缘相平，药片被刮片板推出模孔导入容器中。接下来如此反复进行。

3. 异形冲压片机

其主要特点是采用冲床结构，冲头的上下行程大，加料、厚度、压片均可单独调节，耗电少、产量高，并且操作简单，维修方便，容易更换各种规格（图 7-9）。

图 7-9　异形片冲模

4. 真空压片机

为了克服压片过程中经常出现的顶裂、裂片等问题，20世纪90年代出现了小型真空压片机。其主要特点是真空操作前可排出压片前粉末中的空气，有效地防止压片时的顶裂，这时真空度为重要参数，压力必须降至17.3kPa以下。真空压片可以提高片剂的硬度，因此可降低压缩压力。上冲进入冲模中进行压缩时粉尘飞扬少，可以进行长时间的安全操作；常压下压缩成型较困难的物料，在真空下结合力增加，并且在真空条件下物料的流动性增加，因此真空压片机更适合于填充性较差的物料的压片。

5. 高速压片机

高速压片机是一种先进的旋转式压片设备（图7-10），通常每台压片机有两个旋转盘和两个给料器，为适应高速压片的需要，采用自动给料装置，而且药片重量、压轮的压力和转盘的转速均可预先调节。压力过载时能自动卸压。片重误差控制在2%以内，不合格药片自动剔出，生产中药片的产量由计数器显示，可以预先设计，达到预定产量即自动停机。该机采用微电脑装置检测冲头损坏的位置，还有过载报警和故障报警装置等。其突出优点是产量高、片剂的质量优。

图7-10 高速压片机

六、制备过程中容易出现的问题和处理方法

视频扫一扫

M7-14 片剂制备过程中常见的问题

由于药物性质、处方组成、生产工艺、制备技术以及生产设备等诸多影响因素，在压片过程中可能出现某些问题，应针对具体问题进行具体分析，查找原因，找出解决方法。

常见问题如下：

1. 裂片

小提示

裂片

是指片剂经过振动或贮存时从顶部、底部或腰间裂开的现象，如果裂开的位置发生在片剂的顶部或底部称为顶裂，裂开的位置发生在腰间称为腰裂。产生裂片的原因有：①颗粒过干，含水量不足；②颗粒中细粉太多，片剂中的空气体积膨胀而导致裂片；③压片环境温度过低，相对湿度过低；④处方中黏合剂选择不当，黏性不足或用量不够；⑤处方中物料（如易脆碎、纤维或油性物料）可塑性差，结合力弱；⑥压片机压力过大或车速过快。解决办法是根据具体原因及时处理解决。

2. 松片

片剂硬度不够，在包装、运输过程中受震动即出现松散破碎的现象称为松片。主要原因是：①含纤维性药物或油类成分，使物料的结合力低，可压性差，压缩力不足而松片；②处方中黏合剂选择不当，黏性不足或用量不够；③所制备的颗粒过干、细粉过多、流动性差；④压片机的压力不够或冲头长短不齐等。解决办法是根据具体原因及时处理解决。

3. 黏冲

指冲头或冲模上黏着细粉，导致片面粗糙不平或有凹痕的现象。造成黏冲的主要原因有：①冲头表面粗糙、锈蚀、不洁、刻字太深或有棱角；②颗粒粗细悬殊；③药物或辅料易吸湿；④颗粒不够干燥或吸潮；⑤润滑剂选用不当、用量不足或混合不均匀；⑥黏合剂选用不当或由于黏合剂质量原因细粉太多（超过10%）等。解决办法是根据具体原因及时处理解决。

小提示
黏冲

4. 崩解迟缓

指片剂不能在药典规定的时限内完全崩解或溶解。其原因可能是：①疏水性润滑剂用量过多；②黏合剂的黏性太强或用量太大；③崩解剂选择或用量不当；④颗粒过粗、过硬；⑤压片压力过大和片剂硬度过大等。解决办法是根据具体原因及时处理解决。

5. 片重差异超限

指片重差异超过药典规定的允许范围。产生的原因可能有：①加料斗内的颗粒时多时少；②冲头、冲模吻合度不好，下冲升降不灵活；③颗粒内的细粉太多，颗粒大小相差悬殊；④双轨压片机两个加料器不平衡；⑤颗粒流动性不好，填充前后不一致；⑥车速太快等。解决办法是根据具体原因及时处理解决。

6. 变色和花斑

片剂表面颜色发生改变或出现色泽不一致的斑点现象，常见于有色片或中药片。产生的原因：①混料不匀；②药物引湿、氧化、变色；③有色颗粒松紧不一致；④压片机上有油污等。解决办法是根据具体原因及时处理解决。

7. 叠片

指两个片剂叠压成一片的现象。主要原因有：①由于黏冲或上冲卷边等原因致使片剂粘在上冲，同时颗粒再次填入模孔中又重复压一次出现叠片；②由于下冲上升位置太低，不能及时将片剂顶出，同时颗粒再次填入模孔中又重复压一次出现叠片。解决办法是根据具体原因及时处理解决。

8. 卷边

指冲头和模圈相碰，使冲头卷边，造成片剂表面出现半圆形的刻痕。解决办法是立即停车、检查，更换冲头以及重新调试机器。

9. 麻点

指片剂表面产生许多小凹点，主要原因有：①润滑剂和黏合剂用量不当；②颗粒引湿受潮；③颗粒大小不均匀；④粗粒或细粉量过多；⑤冲头表面粗糙或刻字太深等。解决办法是根据具体原因及时处理解决。

七、片剂的质量检查

M7-15 片剂的质量检查

片剂的质量好坏直接影响药效和用药的安全性。因此在片剂生产过程中，除了要对原辅料的选用、处方的设计、制备工艺的制定等采取适宜的措施外，还必须严格按照《中国药典》（2020年版）中的有关质量规定进行检查，经检查合格后方可用于临床。为了保证药品质量与用药安全、有效，对片剂进行以下质量检查。

1. 外观性状

应完整光洁，色泽均匀，无色斑，无异物，并在规定的有效期内外观保持不变。

2. 片重差异

应符合《中国药典》（2020年版）四部制剂通则中0101片剂的重量差异检查要求。如果药片间存在片重差异，意味着药片间主药含量不一致，那么药片就存在质量问题，并且对临床用药和治疗产生影响，所以药片在使用前必须进行重量差异检查。

具体的检查方法如下：取20片，精密称定总重量，求得平均片重后，再分别精密称定每片的重量，每片片重与平均片重比较（凡无含量测定的片剂，每片重量应与标示片重比较），按表7-12中规定，超出差异限度的药片不得多于2片，并不得有1片超出限度1倍。

表7-12 片剂重量差异限度检查要求表

平均片重或标示片重/g	重量差异限度
0.30g 以下	±7.5%
0.30g 及 0.30g 以上	±5%

糖衣片的片芯应检查重量差异并符合规定，包糖衣后不再检查重量差异。薄膜衣片应在包薄膜衣后检查重量差异并符合规定。

凡规定检查含量均匀度的片剂，一般不再进行片重差异检查。

> **素质拓展**
>
> 根据《中国药典》(2020年版)有关规定：0.3g的差异限度为±5%，故其限度为0.285～0.315g；其限度的一倍为0.270～0.330g，经对比，上述片重符合规定，片重差异合格。

> **想一想**
>
> 现有片剂标示重量为0.3g，小明检查片重数据如下：0.2955g、0.3010g、0.2988g、0.3016g、0.2995g、0.3006g、0.2992g、0.3011g、0.2989g、0.3070g、0.2940g、0.3110g、0.2958g、0.3053g、0.2976g、0.3047g、0.2938g、0.3115g、0.2889g、0.3102g，请判断其片重差异是否合格？

3. 硬度与脆碎度

片剂应有适宜的硬度和脆碎度，以免在包装、运输等过程中破碎或磨损。《中国药典》中虽然对片剂硬度没有作出统一的规定，但各生产企业往往根据本厂的具体情况制定了各自的内控标准。硬度测定的仪器有孟山都（Monsanto）硬度计，系通过一个螺旋对一个弹簧加压，由弹簧推动压板并对片剂加压，由弹簧的长度变化来反映压力的大小。

片剂脆碎度检查主要用于检查非包衣片的脆碎情况及其他物理强度，如压碎强度等。常用国产片剂四用测定仪或罗氏（Roche）测定仪进行测定。参照《中国药典》2020年版四部制剂通则0923片剂脆碎度检查方法，具体检查方法为：片重0.65g或以下者取若干片，使其总重量约6.5g；片重大于0.65g者取10片；用吹风机吹去脱落的粉末，精密称重，置圆筒中，转动100次，取出，同法除去粉末，精密称重，减失重量不得过1%，且不得检出断裂、龟裂及粉碎的片。本试验一般仅做1次。如减失重量超过1%时，应复检2次，3次的平均减失重量不得过1%，并不得检出断裂、龟裂及粉碎的片。

如供试品的性状或大小使片剂在圆筒中形成不规则滚动时，可调节圆筒的底座，使其与桌面成约10°的角，试验时片剂不再聚集，能顺利下落。

对由于性状或大小原因使片剂在圆筒中形成严重不规则滚动或特殊工艺生产的片剂，不适于本法检查，可不进行脆碎度检查。

对易吸水的制剂，操作时应注意防止吸湿（通常控制相对湿度小于40%）。

4. 崩解时限

崩解系指口服固体制剂在规定条件下全部崩解溶散或成碎粒，除不溶性包衣材料或破碎的胶囊壳外，应通过筛网。参照《中国药典》2020年版四部制剂通则0921崩解时限检查法。凡规定检查溶出度、释放度、融变时限或分散均匀性的制剂，不再进行崩解时限检查。常用的仪器装置为升降式崩解仪。其结构主要是一个可升降的吊篮，吊篮中有 6 根玻璃管（底部镶有直径 2mm 的筛网）。测定时，吊篮往复通过 37℃±1℃的水，其中的 6 个药片应在规定的时间内全部崩解溶散并通过筛网。其具体要求见表 7-13。

表 7-13　片剂的崩解时限检查要求表

片剂	崩解时限
普通压制片	15min
糖衣片	60min
薄膜衣片	30min
肠溶衣片	人工胃液中 2h 不得有裂缝、崩解或软化等
肠溶衣片	人工肠液中 1h 全部溶散或崩解并通过筛网
泡腾片	5min

小提示
很多片剂的体外溶出与体内吸收有相关性。

5. 溶出度

溶出度是指在规定条件下药物从片剂、胶囊剂或颗粒剂等制剂中溶出的速度和程度。凡检查溶出度的制剂，不再进行崩解时限的检查。常用的检查方法有篮法、桨法和小杯法。具体方法参照《中国药典》2020 年版四部制剂通则 0931 溶出度与释放度测定法。

片剂中除规定有崩解时限检查外，对以下情况还要进行溶出度的测定以控制或评定其质量：①含有在消化液中难溶的药物；②与其他成分容易发生相互作用的药物；③久贮后变为难溶性药物；④剂量小、药效强、副作用大的药物。

6. 发泡量

阴道泡腾片按照下述方法检查，应符合规定。检查法：除另有规定外，取 25mL 具塞刻度试管（内径 1.5cm，若片剂直径较大，可改为内径 2.0cm）10 支，按表 7-14 规定加一定量水，置 37℃±1℃水浴中 5min，各管中分别投入供试品 1 片，20min 内观察最大发泡量的体积，平均发泡体积不得少于 6mL，且少于 4mL 的不得超过 2 片。

表 7-14　阴道泡腾片发泡量检查要求表

平均片重	加水量
≤1.5g	2.0mL
>1.5g	4.0mL

7. 分散均匀性

分散片照下述方法检查，应符合规定。检查法：照崩解时限检查法（《中国药典》2020 年版四部制剂通则 0921）检查，不锈钢丝网的筛孔内径为 710μm，水温为15～25℃；取供试品6片，应在3min内全部崩解并通过筛网。

8. 微生物限度

以动物、植物、矿物来源的非单体成分制成的片剂，生物制品片剂，以及黏膜或皮肤炎症或腔道等局部用片剂（如口腔贴片、外用可溶片、阴道片、阴道泡腾片等），按照非无菌产品微生物限度检查：微生物计数法（《中国药典》2020年版四部制剂通则1105）和控制菌检查法（《中国药典》2020年版四部制剂通则1106）及非无菌药品微生物限度标准（《中国药典》2020年版四部制剂通则1107）检查，应符合规定。规定检查杂菌的生物制品片剂，可不进行微生物限度检查。

> **小提示**
> 化学药物的片剂不得检出大肠埃希菌。

第三节 片剂的包衣

片剂包衣是指在片剂（片芯）的表面包裹适宜包衣材料，使药物与外界隔离的操作。包有衣料的片剂又称包衣片，包衣的材料称为包衣材料或衣料。根据包衣材料的不同，包衣片剂通常可分为糖衣片、薄膜衣片和肠溶衣片三类。

> **素质拓展**
>
> 内部以坚硬的果仁为核心，先包裹巧克力（熔化状态），再包裹糖衣、有色糖衣，最后印字，类似于糖衣片的制备。

> **问题提出**
> 有一些巧克力豆外表层有不同的颜色，同时还有印字，内部含有果仁等内容物，请简述其制备过程？

一、片剂包衣的目的及要求

1. 片剂包衣的目的

① 包衣可掩盖片剂的不良臭味，增加患者用药的顺应性。如具有苦味的黄连素片、盐酸小檗碱片和氯霉素片等可包糖衣掩盖其苦味。

② 包衣可防潮、避光和隔绝空气，增加药物的稳定性。如易吸潮的氯化钾片、多酶片等可包薄膜衣以防片剂吸潮变质。

③ 包衣可控制药物释放的位置。如对胃有强刺激性的阿司匹林片，可制成肠溶衣片使其在小肠部位释放；又比如红霉素片遇酸不稳定，可将其制成肠溶衣片使其在小肠部位释放避免胃酸对药物的破坏。

④ 包衣可控制药物释放速率。如通过调整包衣膜的厚度和通透性改变阿米替林包衣片的释药速率，达到缓释的目的。

⑤ 包衣可避免药物的配伍变化。使有配伍变化的药物隔离，可将两种有化学性配伍禁忌的药物分别置于片芯和衣层，或制成多层片等方式从而达到隔离的目的。

M7-16 片剂的包衣

⑥ 包衣还具有改善片剂外观以及便于识别等作用。

2. 对片芯的要求

用于包衣的片芯，在弧度、硬度和崩解度等方面的要求与一般压制片有所不同。

(1) 弧度　片芯在外形上必须具有适宜的弧度，一般选用深弧度，尽可能减小棱角，以利于减少片重增加幅度，同时防止衣层包裹后在边缘处断裂。

(2) 硬度　片芯的硬度应较一般压制片高，不低于 $5kg/cm^2$，脆碎度应较一般压制片低，能承受包衣过程的滚动、碰撞和摩擦。

(3) 崩解度　为达到包衣片的崩解要求，片芯常选用崩解效果好而用量少的崩解剂，如羧甲基淀粉钠等。

3. 包衣的质量要求

片剂包衣后应达到的要求：
① 衣层应均匀、牢固，与主药不起任何作用；
② 衣层不影响药物的溶解和吸收；
③ 经过长时间贮存仍能保持光洁、美观、色泽一致并无裂片的现象；
④ 崩解时限应符合规定。

二、包衣材料及包衣过程

根据包衣材料的不同，包衣通常可分为包糖衣、包薄膜衣和包肠溶衣三类。

1. 包糖衣

> **问题提出**
> 糖衣的作用是什么？

糖衣片是指以蔗糖为主要包衣材料制成的包衣片。糖衣有一定的防潮、隔绝空气的作用；可掩盖药物的不良气味，改善片剂的外观和易于吞服。糖衣层能迅速溶解，对片剂崩解影响不大。其生产工艺如图 7-11 所示。

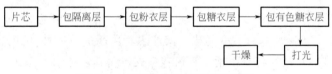

图 7-11　包糖衣的生产工艺流程图

片剂糖衣由里到外分五层，分别是隔离层、粉衣层、糖衣层、色糖层和蜡层。

(1) 包隔离层　是指在片芯外包起隔离作用的衣层。一般包 3～5 层，作用是避免药物与其他包衣材料相互作用和防止后续包衣过程中水分浸入片芯。用于隔离层的材料必须是不透水的材料，常见的有 10%～15% 明胶浆、15%～20% 虫胶乙醇溶液、10% 玉米朊乙醇溶液等。

(2) 包粉衣层　是将片芯边缘的棱角包圆的衣层。一般包 15～18 层，目的是消除片芯的棱角。常用糖浆［浓度 65%～75%（g/g）］、滑石粉（需过 100 目筛）。有时还用白陶土、糊精等。

(3) 包糖衣层 是在粉衣层外包糖衣，使片面平整、光滑和细腻。一般包 10～15 层。常用适宜浓度的蔗糖水溶液。

(4) 包有色糖衣层 在糖衣层表面用加入适宜色素的蔗糖溶液包有色糖衣，以增加片剂的美观和便于识别。一般包 8～15 层。常用色素为食用色素。

(5) 打光 是指在糖衣外涂上极薄的蜡层，使药片更光滑、美观以及具有防潮作用。常用的打光材料有川蜡、虫蜡等。

2. 包薄膜衣

薄膜衣片是指在片芯外包上极薄的高分子材料衣层，形成薄膜状的包衣片。包薄膜衣与包糖衣相比，具有以下优点：①包衣时间短，节省物料和劳动力成本；②片重增加较少；③物料和生产工艺可实现标准化，包衣操作易实现自动化。其生产工艺见图 7-12。

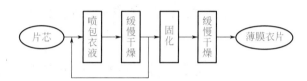

图 7-12 包薄膜衣的生产工艺流程图

包薄膜衣的材料由薄膜衣料、溶剂、增塑剂、着色剂和掩蔽剂组成。

(1) 薄膜材料

① 纤维素衍生物类 羟丙基甲基纤维素（HPMC），是目前应用较广泛、效果较好的薄膜衣材料；羟甲基纤维素（HPC）、羟乙基纤维素（HEC）、羧甲基纤维素钠（CMC-Na）、甲基纤维素（MC）等。

② 丙烯酸树脂Ⅳ 具有良好的成膜性，是较理想的薄膜衣料。

③ 其他 如聚乙烯醇缩乙醛二乙胺。

(2) 溶剂 用来溶解、分散成膜材料的溶剂，常用乙醇、丙酮等。

(3) 增塑剂 指能增加包衣材料塑性的添加剂。常用的水溶性增塑剂有丙二醇、甘油、PEG 等；非水溶性的有甘油三醋酸酯、邻苯二甲酸醋酸酯、蓖麻油、硅油等。

(4) 着色剂和掩蔽剂 加入着色剂可使片剂美观，易于识别，目前常用的着色剂为色素；加入掩蔽剂可提高片芯对光的稳定性，常用的掩蔽剂为二氧化钛（钛白粉）。

素质拓展

半薄膜包衣，是糖包衣工艺与薄膜包衣工艺的结合。该工艺先在片芯上包裹几层粉衣层和糖衣层，以消除片芯的棱角，然后再包上两三层薄膜衣层。半薄膜包衣工艺既能弥补薄膜包衣工艺不易掩盖片芯原有颜色和不易包裹片芯棱角的缺陷，又能克服包糖衣工艺使片剂体积增幅过大的缺点，具有衣层牢固、防潮性能好、包衣操作简便等优点。

3. 包肠溶衣

肠溶衣片是指在胃中保持完整而在肠道内崩解或溶解的包衣片剂。包肠溶衣的依据是药物的性质和用药的目的，常表现为：①为了防止胃酸或酶对某些药物的破坏或防止药物对胃的强烈刺激；②为了使药物如驱虫药、肠道消毒药等在肠内发生作用；③希望某些药物在肠道吸收或需要在肠道保持较长时间以延长药物作用。包肠溶衣在生产工艺上与包薄膜衣相同，但包衣材料不同。常用的肠溶衣材料有：①醋酸纤维素酞酸酯（CAP）；②丙烯酸树脂，是甲基丙烯酸与甲基丙烯酸甲酯的共聚物，常用的是 Eudragit L100 和 S100；③羟丙基甲基纤维素酞酸酯（HPMCP）。

三、包衣方法及设备

常用的包衣方法有：滚转包衣法、流化床包衣法和压制包衣法。

1. 滚转包衣法

是经典且广泛使用的包衣方法，可用于包糖衣、包薄膜衣和包肠溶衣等，常用设备是包衣锅和包衣机。

包衣锅是包衣的容器，一般用不锈钢或紫铜等性质稳定并有良好导热性能的材料制成，各部厚度均匀，表面光洁，常见有荸荠形和莲蓬形。包衣锅安装在减速器的涡轮轴上，由机器左后部的电动机带动，通过调节手轮可以改变减速器的角度，和改变包衣锅的倾斜度（从 0°～45° 可调），即调节角度。荸荠形包衣锅锅体的倾斜角度与水平成 30°～40°，使片剂在包衣锅中既能随锅的动力方向滚动，又能沿轴的方向运动，使混合效果更好。荸荠形包衣锅外观及结构如图 7-13 所示。

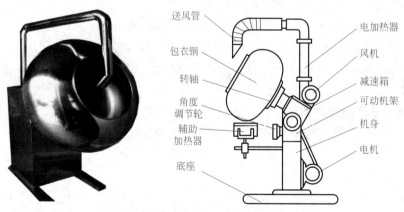

图 7-13 荸荠形包衣锅外观及结构示意图

包衣机通常是高效包衣机，其原理与传统的敞口包衣锅完全不同。敞口包衣锅工作时，热风仅吹在片芯表面，并被反射吹出，热交换仅限于表面层，且部分热量由出风口直接吹出而没被利用，浪费了一定的热量，而高效包衣机干燥时热风是穿过片芯间隙，并与表面水分或有机溶剂进行热交换，这样热源得到充分的利用，片芯表面的湿液充分挥发，因而干燥效率更高。高效包衣机外观及结构如图 7-14 所示。

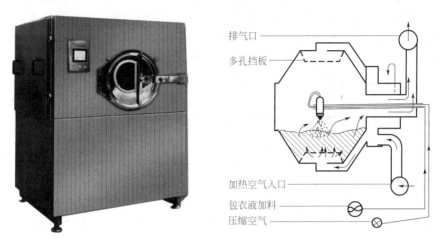

图 7-14　高效包衣机外观及结构示意图

2. 流化床包衣法

流化床包衣的基本原理与流化制粒相似，即将片芯置于流化床中，通入气流，使流化床内的片剂上下翻腾处于流化（沸腾）状态，悬浮于空气流中，同时，喷入包衣溶液，使其均匀地分布于片剂表面，通入热空气使溶剂迅速挥散，从而在片剂表面留下衣层。如此反复包衣，直至达到规定要求。

常用设备是流化包衣机，流化包衣机是一种利用喷嘴将包衣液喷到悬浮于空气中的片剂表面，以达到包衣目的的设备。在工作时，经预热的空气以一定的速度经气体分布器进入包衣室，从而使药片悬浮于空气中，并上下翻动。随后，启动雾化喷嘴将包衣液喷入包衣室，药片表面被喷上包衣液后，周围的热空气使包衣液中的溶剂挥发，并在药品表面形成一层薄膜。控制预热空气及排气的温度和湿度可对操作进行控制。流化包衣机的外观及结构如图 7-15 所示。

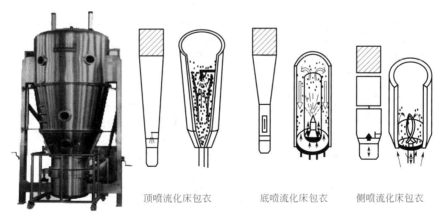

顶喷流化床包衣　　底喷流化床包衣　　侧喷流化床包衣

图 7-15　流化包衣机的外观及结构示意图

3. 压制包衣法

又称干法包衣，是用颗粒状包衣材料将片芯包裹后在压片机上直接压制成型的一种较新的包衣方法。通常是采用两台压片机联合压制包衣，两台压片机以特制的传动器连接配套使用。一台压片机专门用于压制片芯，另一台压片机专门用于压制衣层。该方法可以避免水分和高温对药物的不良影响，特点是生产流程短、自动化程度高、劳动条件好，但对压片机械的精度要求较高，目前国内采用较少，常见的干法包衣设备是压片机组。

四、包衣过程中容易出现的问题和处理方法

包衣片是片剂中常见的类型之一。包衣质量直接影响片剂的外观和内在质量。影响包衣质量的关键因素包括包衣片芯的质量（如脆碎度、硬度、外观、形态和水分等）、包衣设备的参数（如转速、温度和角度等）、包衣工艺条件和操作方法。如果包衣质量关键因素控制不好，就会在包衣过程中以及贮存时出现问题，因此，应结合常见问题分析原因，采取适当措施加以解决。

片剂包衣过程中可能出现的问题和解决方法。

1. 包糖衣容易出现的问题（见表 7-15）

表 7-15 包糖衣容易出现的问题表

常见问题	原因	解决措施
糖浆不粘锅	锅壁上蜡未除尽，可能出现粉浆不粘锅	应洗净锅壁或再涂一层热糖浆，撒一层滑石粉
粘锅	加糖浆过多，黏性大，搅拌不均匀	应将糖浆含量恒定，用量要控制，锅温不宜过低
片面不平	散粉太多、温度过高、衣层未干又包第二层	应改进操作方法，做到低温干燥，勤加料，多搅拌
色泽不均匀	片面粗糙、有色糖浆用量过少且未搅匀、温度过高、干燥太快、糖浆在片面上析出过快、衣层未干就加蜡打光	采用浅色糖浆，增加所包衣层数，"勤加少上"控制温度，严重者洗去衣层，重新包衣
龟裂与爆裂	糖浆和滑石粉用量不当、片芯太松、温度太高、干燥太快等	应控制糖浆和滑石粉用量，注意干燥温度和速度，严重者更换片芯
露边与麻面	衣料用量不当，温度过高或吹风过早	控制糖浆和粉料用量
膨胀磨片或剥落	片芯层与糖衣层未完全干燥，崩解剂用量过多	应干燥适度，控制胶浆或糖浆的用量

2. 包薄膜衣容易出现的问题（见表 7-16）

表 7-16　包薄膜衣容易出现的问题表

常见问题	原因	解决措施
起泡	固化条件不当，干燥的速度过快	应控制成膜条件，降低干燥温度和速度
皱皮	选择衣料不当，干燥条件不当	应更换衣料，改变成膜温度
剥落	衣料不当，两次包衣间隔时间太短	应更换衣料，延长包衣间隔时间，调节干燥温度和适当降低包衣溶液的浓度
花斑	增塑剂、色素等选择不当，干燥时溶剂将可溶性成分带到衣膜表面	调整包衣处方，调节空气温度和流量，减慢干燥速度

3. 包肠溶衣容易出现的问题（见表 7-17）

表 7-17　包肠溶衣容易出现的问题表

常见问题	原因	解决措施
不能安全通过胃部	衣料选择不当，衣层太薄，衣层机械强度不够	应选择适宜衣料，重新调整包衣处方
肠溶衣片肠内不溶解（排片）	选择衣料不当，衣层太厚，贮存变质	应查找原因，合理解决
片面不平，色泽不均匀，龟裂和衣层剥落等	原因与包糖衣相同	解决方法同包糖衣

第四节　片剂举例

例 7-3　复方阿司匹林片

【处方】乙酰水杨酸（阿司匹林）　　268g　　对乙酰氨基酚（扑热息痛）　　136g
　　　　咖啡因　　　　　　　　　　33.4g　　淀粉　　　　　　　　　　　　266g
　　　　16% 淀粉浆　　　　　　　　适量　　轻质液状石蜡　　　　　　　　0.25g
　　　　滑石粉　　　　　　　　　　15.0g　　共制　　　　　　　　　　　　10000片

【制法】将扑热息痛、咖啡因分别粉碎后过 100 目筛，再与三分之一处方量的淀粉混匀，然后加入 16% 淀粉浆制成软材（10~15min），过 16 目尼龙筛制粒，在 60~70℃ 温度下干燥，干颗粒过 12 目筛整粒，整粒后加入阿司匹林、剩余的淀粉（先在 100~105℃ 烘干）、吸附了轻质液状石蜡的滑石粉总混，再过 12 目筛，颗粒含量检测合格后，压片即得。

【作用与用途】本品用于镇痛或退烧。口服，成人 1~2 片/次，3次/日。

【注解】乙酰水杨酸、对乙酰氨基酚和咖啡因为主药，淀粉为填充剂，干淀粉为崩解剂，16%淀粉浆为黏合剂，轻质液状石蜡和滑石粉为润滑剂。注意：①阿司匹林遇水易水解成损伤胃黏膜的水杨酸和醋酸，并在湿润状态下遇金属离子易发生催化反应，因此应避免在湿法制粒时加入阿司匹林，同时过筛时应使用尼龙筛网，并且润滑剂不得使用硬脂酸镁，而是选用滑石粉；②本品三主药混合制粒和干燥时易产生低共熔现象，所以应分开制粒，同时避免了阿司匹林直接与水接触，保证了制剂的稳定性；③阿司匹林可压性极差，应采用高浓度的淀粉浆为黏合剂；④处方中加入液状石蜡，可促使滑石粉更容易吸附在颗粒表面，同时压片震动时不易脱落；⑤阿司匹林有一定的疏水性，必要时可加入适宜的表面活性剂如0.1%的吐温80等以加快片剂的润湿、崩解和溶出。

例7-4 红霉素肠溶片

【处方】红霉素　　10亿单位　　　　淀粉　　　　　　　575g
　　　　硬脂酸镁　36kg　　　　　　淀粉浆（10%）　　适量
　　　　共制　　　10000片

【制法】将红霉素粉与525g淀粉搅拌混匀，加淀粉浆搅拌使成软材，过14目筛制粒，80~90℃通风干燥，干粒加入硬脂酸镁和50g淀粉，经12目筛整粒，混匀，压片，包肠溶衣。

附【肠溶衣处方】Ⅱ号丙烯酸树脂　　　280g
　　　　　　　　蓖麻油　　　　　　　168g
　　　　　　　　苯二甲酸二乙酯　　　56g
　　　　　　　　聚山梨酯80　　　　　56g
　　　　　　　　85%乙醇　　　　　　5600mL
　　　　　　　　滑石粉　　　　　　　168g

【包衣方法】①取Ⅱ号丙烯酸树脂用85%乙醇泡开配制成5%树脂溶液，将滑石粉、苯二甲酸二乙酯、聚山梨酯80、蓖麻油等混合，研磨均匀后加入到5%Ⅱ号丙烯酸树脂溶液中，加入色素混匀后，过120目筛备用；②将红霉素片芯置包衣锅中，包六次粉衣层后，喷上述树脂液，锅温控制在35℃左右，在4h内喷完。

【作用与用途】抗菌药物，主要用于敏感菌引起的肺炎、败血症等。

【注解】红霉素为主药，淀粉为填充剂，硬脂酸镁为润滑剂，淀粉浆为黏合剂。注意：①红霉素压片时应经常检查设备运转情况，发现异常及时处理；②红霉素在酸性条件下不稳定，能被胃酸破坏，故需制成肠溶衣片或肠溶薄膜衣片；③压片过程中每15~30min称一次片重；④压片过程中注意物料量，保证加料斗内物料在一半以上；⑤红霉素片芯置于包衣锅内时，按一般包衣法包粉衣六层后，喷入包衣液，锅内温度控制在35℃左右，在4h内喷完。

例7-5 硝酸甘油片

【处方】乳糖　　　　88.8g　　　　　　糖粉　　　　　　　　　　　　　　38.0g
　　　　16%淀粉浆　适量　　　　　　　10%硝酸甘油乙醇溶液（硝酸甘油量）0.6g

硬脂酸镁　1.0g　　　　制成（每片含硝酸甘油0.5mg）　1000片

【制法】（1）制空白颗粒：将糖粉和乳糖混合均匀，加16%淀粉浆制成软材，过14目筛制成湿颗粒，置70～80℃干燥后用12目筛整粒。

（2）将硝酸甘油制成10%的乙醇溶液（按120%投料）拌于上述空白颗粒的细粉中（30目以下），过10目筛两次后，于40℃以下干燥50～60min，再与空白颗粒及硬脂酸镁混匀，压片即得。

【作用与用途】用于冠心病心绞痛的治疗及预防，也可用于降血压或治疗充血性心力衰竭。

【注解】乳糖、糖粉为填充剂，10%硝酸甘油乙醇溶液为主药，16%淀粉浆为黏合剂，硬脂酸镁为润滑剂。注意：①这是一种舌下吸收治疗心绞痛的小剂量药物片剂，不宜加入不溶性辅料（除微量的硬脂酸镁作润滑剂外）；②为防止混合不均匀造成含量均匀度不合格，采用主药溶于乙醇再加入（也可喷入）空白颗粒中的方法；③在制备过程中应注意防止振动、受热和吸入人体，以免造成爆炸以及操作者的剧烈头痛；④本品属于急救药，片剂不宜过硬，以免影响其舌下的速溶性。

素质拓展

多冲压片机操作规程

1. 操作前准备（以ZP-35B旋转式压片机为例）

取下"待用"和"已清洁"状态标志牌，挂上"正在运行中"状态标志牌。

（1）冲模的安装　按照生产工艺要求，领取冲模。拆下下冲装卸轨、料斗、加料器，打开左侧门装上手轮组件，将片厚调至5以上位置。

① 安装中模　将转台上中模紧固螺钉逐件旋出转台外圆1mm左右，以勿使中模装入时与螺钉的头部相碰为宜。中模放置要平稳，将打棒穿入上冲孔，用手锤轻轻打入。中模进入模孔后，其平面不得高出转台平面，然后将螺钉固紧。

② 安装上冲　将嵌舌往上翻起，把上冲杆插入孔内，冲杆头部进入中模后上下及转动均应灵活自如，转动手轮至冲杆颈部接触平行轨。上冲杆全部安装完毕后，将嵌舌扳下。

③ 安装下冲　按上冲安装的方法安装，安装完毕将下冲装卸轨装上，用螺钉紧固。全套冲模安装完毕，转动手轮，使转台旋转2周，检查上下冲杆进入中模孔及在轨道上运行有无碰撞和是否卡阻。注意下冲杆上升到最高点（出片处）时，应高出转台工作面0.1～0.3mm。拆下试车手轮，关闭右侧门。

（2）加料器的安装　将加料器组件装在加料器支承板上，然后将滚花螺钉拧上，再调整调节螺钉高低，使加料器底面与转台工作台面之间间隙为0.05～0.1mm，拧紧滚花螺钉。调整刮粉板的高低，使底平面与转台工作面贴平，拧紧刮粉板上的螺钉。

2. 开车

(1) 向各润滑点加油润滑。

(2) 接通操作台左侧电源,面板上电源指示灯点亮,压力/转速显示仪显示压力支承力,转速显示"0",其余元件应无指示。

(3) 连接好吸尘器接口,开启吸尘器。

(4) 将颗粒加入斗内,用手转动转盘使颗粒填入模孔内。

(5) 按动启动按钮,然后旋转变频调速电位器至低速。

(6) 按增压(减压)按钮,反复升降压力,将管道中残余空气排出,根据生产工艺设定压片压力。

(7) 根据出片的称重、厚度进行调节,使压出的片子符合工艺要求。

① 调节填充量 机器前面中间的左调节手轮控制后压轮压制的片重,右调节手轮控制前压轮压制的片重;当调节手轮顺时针方向旋转时,填充量减少,反之增加。

② 调节片剂厚度

a. 机器前面左端的调节手轮控制前压轮压制的片厚,右端的调节手轮控制后压轮压制的片厚;当调节手轮顺时针方向旋转时,片厚增大,反之片厚减小。

b. 上预压轮架固定不变,当压制片厚小于 2.5mm 时,用调整片垫在下预压轮架底部;当压制片厚大于或等于 2.5mm 时,拆下调整片。

③ 调节输粉量 当填充量调妥后,调整颗粒的流量。松开斗架侧面的滚花螺钉,旋转斗架顶部的滚花螺钉,调节料斗口与转台工作面的距离,或料斗上拦粉板的开启距离,从而控制颗粒的流量。调整后,将滚花螺钉拧紧。

(8) 旋动变频调速电位器把电机开到高速,进入正常生产。

(9) 每隔 15min 称重一次,必要时调整填充装置,以保证片重差异在允许范围内。

3. 操作结束

(1) 料斗内所剩颗粒较少时,应降低车速,及时调整填充装置。

(2) 料斗内接近无颗粒时,把变频电位器调至零位,然后关闭主电机。

(3) 待机器完全停下后,把料斗内所余物料放出,盛入规定容器。

(4) 卸掉液压压力、轮压力。

(5) 关闭吸尘器。

4. 劳动保护及安全

(1) 操作工作业前必须穿戴好指定的工作服。

(2) 压片过程中产生的粉尘由吸尘器捕吸。

(3) 机器运转时,禁止向运转部位伸手。

(4) 运转中如有跳片或停滞片时,切不可用手去取,以免造成伤手事故。

5. 异常情况处理

(1) 使用中如发现机器震动异常或发出不正常怪声,应立即停机报维修人员检查。

（2）在压片过程中，若发现片重差异变动较大时，其原因及处理方法如下：

① 冲头长短不齐易造成片重差异波动超标，故拆下冲头用卡尺将每个冲头检查合格后再用。如出现个别减少，因下冲运动失灵，致使颗粒的填充量较少，应检查个别下冲，清除障碍。

② 加料斗高低装置不合理。可调整加料斗位置和挡粉板的开启度，使加料斗中颗粒保持均匀流动，并使颗粒能均匀地加入模孔内。

③ 如使用的颗粒细小且有黏性、吸湿性及颗粒中偶有棉纱头、药片等异物混入，将导致流动不畅，致使加料斗、加料器堵塞或使加入模孔的颗粒减少，影响片重。若遇片重突然减轻时，应立即停机检查。

④ 颗粒引起片重变化的原因有：颗粒过湿、细粉过多、颗粒粗细相差过大以及颗粒中润滑剂不足，应提高颗粒质量。

6. 清场

压片结束后，按《ZP-35B 旋转式压片机清洁规程》进行设备清洗，整理好各项相关记录并挂上生产设备状态标志牌。

学习测试题

一、选择题

（一）单项选择题

1. 崩解剂选用不当，用量又少可发生（　　）。
   A. 黏冲　　　　　　　B. 裂片　　　　　　　C. 崩解迟缓
   D. 松片　　　　　　　E. 片重差异大

2. "轻握成团，轻压即散"是片剂制备工艺中哪一个单元操作的标准。（　　）
   A. 压片　　　　　　　B. 粉末混合　　　　　C. 制软材
   D. 包衣　　　　　　　E. 包糖衣

3. 不属于包衣目的的是（　　）。
   A. 避免配伍问题　　　B. 提高生物利用度　　C. 增加药物稳定性
   D. 定位释放　　　　　E. 防潮

4. 某药片每片含主药 0.1g，制成颗粒测得主药含量为 10%，则每片所需的颗粒重量应为（　　）。
   A. 0.1g　　　B. 1.0g　　　C. 1.1g　　　D. 10g　　　E. 10.1g

5. 压片过程中，出现（　　）现象，可导致压力过大而损坏机器。
   A. 卷边　　　B. 黏冲　　　C. 花斑　　　D. 裂片　　　E. 迭片

6. 包糖衣的工艺流程表述正确的是（　　）。
   A. 片芯→粉衣层→隔离层→糖衣层→色衣层→打光→干燥
   B. 片芯→隔离层→粉衣层→糖衣层→色衣层→打光→干燥
   C. 片芯→隔离层→糖衣层→粉衣层→色衣层→打光→干燥

D. 片芯→隔离层→粉衣层→糖衣层→打光→色衣层→干燥

E. 片芯→粉衣层→糖衣层→隔离层→色衣层→打光→干燥

7.《中国药典》崩解时限检查中，下列哪种制剂需作人工胃液和人工肠液的检查。（ ）

A. 片剂　　　B. 糖衣　　　C. 胶囊　　　D. 肠溶衣片　　　E. 微囊片

8. 下列有关片剂特点的叙述，错误的是（ ）。

A. 体积较小，其运输、贮存及携带、应用都比较方便

B. 片剂生产的机械化、自动化程度较高

C. 产品性状稳定，剂量准确，成本及售价都较低

D. 可以制成不同释药速率的片剂而满足临床医疗或预防的不同需要

E. 具有靶向作用

9. 下列哪种片剂是以碳酸氢钠与枸橼酸为崩解剂。（ ）

A. 泡腾片　　　B. 分散片　　　C. 缓释片　　　D. 舌下片　　　E. 植入片

10. 红霉素片是下列哪种片剂。（ ）

A. 糖衣片　　　B. 薄膜衣片　　　C. 肠溶衣片　　　D. 普通片　　　E. 缓释片

11. 不是用作片剂稀释剂的是（ ）。

A. 硬脂酸镁　　　B. 乳糖　　　C. 淀粉　　　D. 甘露醇　　　E. 硫酸钙

12. 下述片剂辅料中可作为崩解剂的是（ ）。

A. 淀粉糊　　　　　　B. 硬脂酸镁　　　　　　C. 羧甲基淀粉钠

D. 滑石粉　　　　　　E. 乙基纤维素

13. 对湿、热不稳定且可压性差的药物，宜采用（ ）。

A. 结晶压片法　　　　B. 干法制粒压片　　　　C. 粉末直接压片

D. 湿法制粒压片　　　E. 空白颗粒压片法

14. 压片时造成黏冲原因的表述中，错误的是（ ）。

A. 压力过大　　　　　B. 颗粒含水量过多　　　　C. 冲头表面粗糙

D. 颗粒吸湿　　　　　E. 润滑剂用量不当

15. 压片时表面出现凹痕，这种现象称为（ ）。

A. 裂片　　　B. 松片　　　C. 黏冲　　　D. 叠片　　　E. 麻点

16. 关于片剂包衣的叙述，错误的是（ ）。

A. 控制药物在胃肠道内的释放速率

B. 促进药物在胃肠内迅速崩解

C. 包隔离层是形成不透水的障碍层，防止水分侵入片芯

D. 掩盖药物的不良臭味

E. 肠溶衣可保护药物免受胃酸和胃酶的破坏

17. 在片剂的薄膜包衣液中加入蓖麻油作为（ ）。

A. 增塑剂　　　B. 致孔剂　　　C. 助悬剂　　　D. 乳化剂　　　E. 助溶剂

（二）多项选择题

1. 根据《中国药典》的规定，以下哪些方面是对片剂的质量要求。（ ）

A. 硬度适中　　　　　　　　　　　　B. 符合重量差异的要求，含量准确

C. 符合融变时限的要求　　　　D. 符合崩解度或溶出度的要求

E. 小剂量药物或作用比较剧烈的药物，应符合含量均匀度的要求

2. 包胃溶衣可供选用的包衣材料有（　　）。

A.CAP　　　B.HPMC　　　C.PVAP　　　D.Eudragit E　　E.PVP

3. 引起黏冲的原因是（　　）。

A. 润滑剂使用不当　　　B. 冲头表面粗糙　　　C. 颗粒含水量过多

D. 工作场所湿度过大　　　E. 冲头长短不一

4. 关于片剂中药物溶出度，下列哪种说法是正确的。（　　）

A. 亲水性辅料促进药物溶出

B. 药物被辅料吸附则阻碍药物溶出

C. 硬脂酸镁作为片剂润滑剂，用量过多时则阻碍药物溶出

D. 制成固体分散物促进药物溶出

E. 制成研磨混合物促进药物溶出

5. 崩解剂促进崩解的机制是（　　）。

A. 产气作用　　　　　　　　B. 吸水膨胀

C. 片剂中含有较多的可溶性成分

D. 薄层绝缘作用　　　　　　E. 水分渗入，产生润湿热，使片剂崩解

6. 片剂中药物含量不均匀的主要原因是（　　）。

A. 混合不均匀　　　　　　　B. 干颗粒中含水量过多

C. 可溶性成分的迁移　　　　D. 含有较多的可溶性成分

E. 疏水性润滑剂过量

7. 混合不均匀造成片剂含量不均匀的情况有以下几种。（　　）

A. 主药量与辅料量相差悬殊时，一般不易混合均匀

B. 主药粒子大小与辅料相差悬殊，极易造成混合不均匀

C. 粒子的形态如果比较复杂或表面粗糙，一旦混匀后易再分离

D. 当采用溶剂分散法将小剂量药物分散于大小相差较大的空白颗粒时，易造成含量均匀度不合格

E. 水溶性成分被转移到颗粒的外表面造成片剂含量不均匀

二、简答题

1. 简述片剂制备过程中制颗粒的目的。

2. 常用的崩解剂和黏合剂有哪些？

3. 包衣的目的有哪些？包衣的种类有哪些？

4. 简述片剂制备过程中常出现的问题。

第八章

滴丸剂及丸剂

学科素养构建

必备知识
1. 掌握滴丸剂及丸剂的定义和特点；
2. 掌握滴丸剂的常用基质；
3. 掌握丸剂的常用辅料；
4. 掌握滴丸剂及丸剂的制备方法；
5. 掌握滴丸剂及丸剂的质量检查。

素养提升
1. 能够分析滴丸剂及丸剂的处方；
2. 能够进行丸剂制备操作；
3. 能够正确使用滴丸机和中药丸机。

案例分析

问题提出
丸剂具有哪些优点？

患者，女，58岁，大便溏稀，经常消化不良易胀气，有时早起时口苦，舌头麻木、腰部酸软胀痛1个月，血液检验无感染，医师辨证为中气不足，用补中益气丸加以调理辅以疏肝利胆中药，并建议平时饮食注意忌辛辣油腻寒凉，1周后，该患者的病情得到好转。

分析 补中益气丸出自《脾胃论》。具有调补脾胃，益气升阳，甘温除热之功效。主治脾胃虚弱、中气下陷。症见食少腹胀、体倦乏力、动辄气喘、身热有汗、头痛恶寒、久泻、脱肛、子宫脱垂等症。临床上常用于素日少气乏力、饮食无味、舌淡苔白、脉虚者；脾胃气虚、身热多汗或素体气虚、久热不愈，以及气虚外感、身热不退者，亦可酌情使用；慢性胃炎、营养不良、贫血、慢性肝炎、慢性腹泻、慢性痢疾等症也可服用。

知识迁移

丸剂是我国应用最早的剂型之一，在《五十二病方》中便有丸剂制备、使用的记载。丸剂服后在胃肠道内崩解缓慢，逐渐释放药物，作用持久；对毒、剧、刺激性药物可延缓吸收，减弱毒性和不良反应。因此，临床治疗慢性疾病或久病体弱、病后调和气血者多用丸剂。

> **素质拓展**
>
> 丸剂相比普通片剂释药缓慢，作用缓和持久；丸剂还能容纳一定的半固体或液体药物，特别适用于贵重、具芳香性及不宜久煎的药物。

第一节 丸　剂

一、丸剂概述

1. 丸剂的定义

丸剂系指饮片细粉或药材提取物加适宜的黏合剂或其他辅料制成的球形或类球形制剂。传统中医药很早就有"丸者，缓也"的说法，中药丸剂作为我国传统剂型之一，应用历史久远，随着科学水平的不断提高，由传统的手工生产到机械化生产，并逐渐转为自动化、流水线生产。在《中国药典》2020 年版中收载丸类制剂 300 多种。目前市面上出现了浓缩丸、滴丸、微丸等新型丸剂，具有服用量小、疗效较好的优点。

M8-1 丸剂概述

2. 丸剂的分类

（1）按所使用的辅料不同分类

① 蜜丸　饮片细粉以蜂蜜为黏合剂制成的丸剂。如安宫牛黄丸、乌鸡白凤丸等。其中每丸重量在 0.5g（含 0.5g）以上的称大蜜丸，每丸重量在 0.5g 以下的称小蜜丸。

② 水蜜丸　饮片细粉以炼蜜和水为黏合剂制成的丸剂。如骨刺丸、苏合香丸等。

③ 水丸　饮片细粉以水［或根据制法用黄酒、醋、稀药汁、糖液（含 5% 以下炼蜜的水溶液）等］为润湿剂或黏合剂制成的丸剂。如木香顺气丸、香砂六君丸等。

④ 糊丸　饮片细粉以面糊或米糊为黏合剂制成的丸剂。如小金丸、控涎丸等。

⑤ 蜡丸　饮片细粉以蜂蜡为黏合剂制成的丸剂。如妇科通经丸等。

⑥ 浓缩丸　饮片或部分饮片提取浓缩后，与适宜的辅料或其余饮片细粉，以水、炼蜜或炼蜜和水为黏合剂或润湿剂制成的丸剂（相应地又分别被称为浓缩水丸、浓缩蜜丸和浓缩水蜜丸）。如逍遥丸、六味地黄丸等。

（2）按制法不同分类　分为泛制丸、塑制丸及滴制丸。

> **素质拓展**
>
> **丸剂的应用**
>
> 小颗粒的丸剂服用时，只需温开水送服；大蜜丸因丸大不能整丸吞下，应嚼碎后或分成小粒后再用温开水送服；若水丸质硬者，可用开水溶化后服。此外，部分中药丸剂为强疗效，可采用药饮送服，治疗胃痛、呕吐等症时，可采用生姜煎汤送服，以增强药效；痛经患者在服用艾附暖宫丸时，可用温热的红糖水送服，以增强药物散寒活血的作用；在服用补中益气丸治疗慢性肠炎时，可用大枣煎汤送服以增强药物补脾益气的作用；在服用大活络丸治疗中风偏瘫、口眼歪斜时，为了增加药物活血通络的功效，可用黄酒送服。

小提示
丸剂适用于慢性病用药物、调和气血用药物。

3. 丸剂的特点

中药丸剂是古老的传统剂型，其主要优点如下：
① 释药缓慢，作用缓和持久；
② 能较多地容纳半固体或液体药物；
③ 贵重、具芳香性及不宜久煎的药物宜制成丸剂使用；
④ 包衣丸剂可掩盖药物的不良臭味，还可提高药物的稳定性，增加美观；制法简便，所需设备较简单。

但是，丸剂也存在一些缺点，如丸剂的服用量大，小儿吞服困难，多数不适合急症用药；生物利用度较低；质量标准不完善，有效成分含量不稳定；制作技术不当时，其溶散时限难以控制，易受微生物污染而发生变质。

4. 丸剂的辅料

中药丸剂常用的辅料主要包括润湿剂、黏合剂、吸收剂或稀释剂等。

(1) 润湿剂 药材细粉本身有黏性时，仅需用润湿剂以诱导其黏性，使之黏结成丸。常用的润湿剂有水、酒、醋、水蜜以及药汁等。

① 水 系指纯化水。能润湿药粉中的黏液质、糖及胶类，诱发药粉的黏性。
② 酒 常用白酒与黄酒两种。酒能溶解药材中的树脂、油脂而增加药材细粉的黏性，但其黏性比经水润湿后的黏性程度低，若用水作润湿剂黏性太强、制丸有困难时，可以酒代替。此外，酒兼有一定的药理活性，具有舒筋活血功效的丸剂常用酒作润湿剂。
③ 醋 常用米醋（含乙酸量为3%～5%）。具有散瘀止痛功效的丸剂常用醋作润湿剂。醋还有助于药材中碱性成分的溶解，提高药效。
④ 水蜜 一般以炼蜜1份加水3份稀释而成，兼具润湿与黏合作用。
⑤ 药汁 处方中的某些药材不易制粉，可将其煎汁或榨汁作为其他药粉成丸的辅料，既有利于保存药性，提高药效，又节省了其他辅料的用量。

(2) 黏合剂 一些含纤维、油脂较多的药材细粉需加适当的黏合剂才能成型。常用的黏合剂有蜂蜜、米糊或面糊、药材清（浸）膏、糖浆等。

视频扫一扫

M8-2 丸剂的辅料

① 蜂蜜　为《中国药典》（2020年版）收载的药材。蜂蜜有滋补、润肺止咳、润肠通便、解毒调味的功效。同时，蜂蜜中的还原糖可防止药物氧化。但生蜂蜜中含有杂质、酶及较多的水分，黏性不足，成丸易虫蛀和生霉变质，服用后又会产生泻下等副作用。故生蜂蜜在使用之前必须加热炼制，以除去过多的水分，增加黏性，杀死微生物及破坏酶，制成炼蜜以达到保证其稳定性及纯化的目的。

炼蜜分为嫩蜜、中蜜、老蜜三种规格。

a. 嫩蜜　系指蜂蜜加热至 105～115℃，含水量在 18%～20%，相对密度为 1.34 左右。

b. 中蜜　系指嫩蜜继续加热炼至 116～118℃，含水量在 14%～16%，相对密度为 1.37 左右。

c. 老蜜　系将中蜜继续加热至 119～122℃，含水量在 10% 以下，相对密度为 1.40 左右。

操作时，生蜜加热沸腾至颜色无太大改变，蘸取炼蜜略有黏性，即为嫩蜜，适用于黏性较强的药粉制丸。加热沸腾至颜色呈浅红棕色，蘸取炼蜜拉丝 0.5～1cm，即为中蜜，适用于黏性适中的药粉制丸。加热沸腾至颜色为红棕色，蘸取炼蜜拉丝 2～3cm，即为老蜜，适用于黏性较差的药粉制丸。

> **素质拓展**
>
> **人造蜂蜜**
>
> 由于生产的发展，对蜂蜜的需要量日增，同时由于各种原因致使蜂蜜的质量不稳定，目前有用果葡糖浆代替蜂蜜生产蜜丸、糖浆剂、煎膏剂等。果葡糖浆又称人造蜂蜜，是由蔗糖水解或淀粉酶解而成，果葡糖浆与蜂蜜在外观指标、理化性质及所含的主要成分果糖和含量等方面均基本相似或略超过，并且果葡糖浆与蜂蜜同样具有镇咳、通便、抗疲劳的作用。

② 米糊或面糊　系以黄米、糯米、小麦及神曲等的细粉制成的糊，用量为药材细粉的 40% 左右，可用调糊法、煮糊法、冲糊法制备。所得的丸剂一般较硬，胃内崩解较慢，常用于含毒剧药和刺激性药物的制丸。

③ 药材清（浸）膏　植物性药材用浸出方法制备得到的清（浸）膏，大多具有较强的黏性。因此，可以同时兼作黏合剂使用，与处方中的其他药材细粉混合后制丸。

④ 糖浆　常用蔗糖糖浆或液状葡萄糖，既具有黏性，又具有还原作用，适用于黏性弱、易氧化药物的制丸。

(3) 吸收剂　中药丸剂中，外加其他稀释剂或吸收剂的情况较少，一般是将处方中出粉量高的药材制成细粉，作为浸出物、挥发油的吸收剂，这样可避免或减少其他辅料的用量。亦可用惰性无机物如氢氧化铝、碳酸钙、甘油磷酸钙、氧化镁或碳酸镁等作吸收剂。

二、丸剂的制备技术

M8-3 丸剂的制备

丸剂常用的制备方法主要包括塑制法和泛制法。

1. 塑制法

其中塑制法是将药材与适宜的辅料（主要是润湿剂或黏合剂）混合制成可塑性的丸块，再经搓条、分割及搓圆制成丸剂的方法。塑制法生产丸剂的一般工艺流程见图 8-1。

问题提出

塑制法适用于制备哪些种类的丸剂？

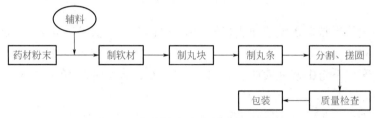

图 8-1 塑制法生产丸剂工艺流程图

（1）配料 按处方将已炮制合格的药材称好、配齐，通过粉碎、过筛（除另有规定外，供制丸剂用的药粉应为细粉或最细粉）、混合均匀后备用。

（2）合药 将已混合均匀的药粉加入适量炼蜜，充分混匀，使成软硬适宜、可塑性好的丸块的操作过程称为合药。

丸块的软硬程度及黏稠程度直接影响丸粒成型和在贮存中是否变形。优良的丸块应软硬适宜、里外一致，无可见性粉末，不粘手、不黏附器壁。

影响丸块质量的因素有：

① 炼蜜的程度 应根据处方中药材的性质、粉末粗细、含水量高低、当时的气温及湿度决定所需黏合剂的黏性强度，炼制蜂蜜。蜜过嫩则粉末黏合不好，丸粒表面不光滑；过老则丸块发硬，难以搓圆。

② 下蜜温度 应根据处方中药物的性质而定。除另有规定外，炼蜜应趁热加入药粉中；处方中含有树脂类、胶类及挥发性成分药物时，炼蜜应在 60℃ 左右加入。

③ 用蜜量 药粉与炼蜜的比例是影响丸剂质量的重要因素。一般比例是（1∶1）～（1∶1.5），但也有偏高或偏低的，主要取决于下列因素。a. 药粉的性质：黏性强的药粉用蜜量宜少，含纤维较多、黏性极差的药粉用蜜量宜多；b. 气候与季节：夏季用蜜量应少，冬季用蜜量宜多；c. 合药方法：手工合药用蜜量较多，机械合药用蜜量较少。

（3）搓丸条 丸块软材制成后必须放置一定时间，使炼蜜渗透到药粉内，诱发丸块的黏性和可塑性，有利于搓条和成丸。丸条一般要求粗细均匀，表面光滑，无裂缝，内里充实而无空隙，以便于分粒和搓圆。

（4）成丸 小量生产时，可将丸条等量裁切后用搓丸板做圆周运动使丸粒搓圆；或用带沟槽的切丸板分割、搓圆。

大量生产用的滚筒式轧丸机是由两个或三个表面有半圆形切丸槽的铜制滚

筒所组成的，滚筒的转速快慢不一，丸条在两滚筒之间切断并搓圆，必要时干燥即得。

目前，大生产多采用可以直接将丸块制成丸剂的机器制丸，整个过程全封闭操作，减少药物染菌的概率，并且性能稳定，操作简单，一次成丸无需筛选，无需二次整形。中药自动制丸机如图8-2所示，主要由加料斗、推进器、自控轮、导轮、制丸刀轮等组成。操作时，将混合均匀的药粉投入具有密封装置的药斗内，以不溢出加料斗又不低于加料斗高度的1/3为宜，通过进药腔的压药翻板，在螺旋推进器的挤压下，推出多条相同直径的药条，在导轮控制下，丸条同步进入相对方向转动的制丸刀轮中，由于制丸刀轮的径向和轴向运动，将丸条切割并搓圆，连续制成大小均匀的药丸。

图 8-2　中药自动制丸机设备图

2. 泛制法

泛制法是将药物粉末与润湿剂或黏合剂交替加入适宜的设备内，使药丸逐层增大的方法。泛制法制备丸剂的工艺流程如图8-3所示。

> **小提示**
> 泛制法常用于水丸、水蜜丸、糊丸、浓缩丸、微丸等的制备。

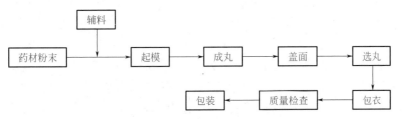

图 8-3　泛制法制备丸剂工艺流程图

（1）原料处理　按要求将处方中的药材粉碎成细粉，过五号或六号筛，混合均匀；需制成药汁的药材应按规定处理。

（2）起模　系将部分药粉制成大小适宜的丸模的操作过程，是制备水丸的关键环节。起模法是将少许药粉置泛丸匾或转动的包衣锅内，喷刷少量水或其他润湿剂，使药粉黏结形成小粒，再喷水、撒粉，配合撞、翻等泛丸动作，反复多次，使体积逐渐增大形成直径为0.5～1mm的圆球形小颗粒，经过筛分等即得丸模。也可使用软材过筛制粒的方法起模。

（3）**成丸**　系将丸模逐渐加大至接近成品的操作。操作时将丸模置包衣锅内，开动包衣锅，反复喷水润湿和加药粉，使丸粒的体积逐渐增大，直至形成外观圆整光滑、坚实致密、大小适合的丸剂。

（4）**盖面**　将成型后的丸剂经过筛选，剔除过大或过小的丸粒，置于包衣锅内转动，加入留出的药粉（最细粉）或清水或浆头（即将药粉或废丸加水混合制成的稠厚液体），继续滚动至丸面光洁、色泽一致、外形圆整。

（5）**干燥**　除另有规定外，水蜜丸、水丸、浓缩水蜜丸和浓缩水丸均应在80℃以下进行干燥；含挥发性成分或淀粉较多的丸剂（包括糊丸）应在60℃以下进行干燥；不宜加热干燥的应采用其他适宜的方法进行干燥。

（6）**筛选**　泛丸法制备的水丸大小常有差异，干燥后须经筛选，以保证丸粒圆整、大小均匀、剂量准确。

（7）**包衣与打光**　需要进行包衣、打光的丸剂在转动的包衣锅内不断滚动，经交替喷水或喷入适宜的黏合剂，撒入包衣物料（如朱砂、滑石、雄黄、青黛、甘草、黄柏、百草霜等），包衣物料可均匀地黏附在丸面上。包衣完成后，撒入川蜡，继续转动30min，即完成包衣和打光工序。

除水丸外，蜜丸、水蜜丸、糊丸和浓缩丸等都可根据需要进行包衣。衣层尚可选用糖衣、膜衣和肠溶衣，包衣方法与片剂相同。

> **素质拓展**
>
> 各类丸剂在制备方法与疗效方面的差别
>
> 蜜丸：以蜂蜜为黏合剂采用塑制法制备成丸，逐渐释放药物，作用缓和，多用于慢性病和需要滋补的疾患。
>
> 水蜜丸：常以炼蜜和水（蜜水）为黏合剂采用塑制法制备，也可用泛制法制备，节省蜂蜜，降低成本，有利于贮存，适用于补益剂制丸。
>
> 水丸：主要使用泛制法制备，黏合剂为水溶性的，服用后较易溶散，吸收、显效较快。水丸使用的黏合剂种类繁多，根据病情、中医辨证施治的要求酌情选用，以利于发挥药效。
>
> 浓缩丸：制备浓缩丸可用塑制法，也可用泛制法，操作与蜜丸和水丸相同。其特点是减少了体积、增强了疗效，服用、携带及贮存均较方便。
>
> 糊丸、蜡丸：以塑制法制备。糊丸在胃内溶散迟缓、释药缓慢，蜡丸在体内释放速度极慢，两者可延长疗效，并且可以防止药物中毒或防止药物对胃肠道的刺激性，适合于毒性、刺激性较强的药物制丸。

三、丸剂的质量检查与包装

1. 丸剂的质量检查

（1）**外观**　应圆整，大小、色泽应均匀，无粘连现象。大蜜丸和小蜜丸应细腻滋润，软硬适中。蜡丸表面应光滑无裂纹，丸内不得有蜡点和颗粒。

（2）水分 取供试品按照《中国药典》（2020 年版）四部水分测定法项下的方法检查。除另有规定外，蜜丸、浓缩蜜丸中所含的水分不得过 15.0%；水蜜丸、浓缩水蜜丸不得过 12.0%；水丸、糊丸和浓缩水丸不得过 9.0%。蜡丸不检查水分。

（3）重量差异

① 糖丸剂　除另有规定外，照下述方法检查：取供试品 20 丸，精密称定总重量，求得平均丸重后，再分别精密称定每丸的重量。每丸重量与标示丸重相比较（无标示丸重的，与平均丸重比较），按表 8-1 中的规定，超出重量差异限度的不得多于 2 丸，并不得有 1 丸超出限度 1 倍。

② 其他丸剂　除另有规定外，照下述方法检：以 10 丸为 1 份（丸重 1.5g 及 1.5g 以上的以 1 丸为 1 份），取供试品 10 份，分别称定重量，再与每份标示重量（每丸标示量 × 称取丸数）相比较（无标示重量的丸剂，与平均重量比较），按表 8-2 中的规定，超出重量差异限度的不得多于 2 份，并不得有 1 份超出限度 1 倍。

表 8-1　糖丸剂重量差异限度

标示丸重或平均丸重	重量差异限度
0.03g 及 0.03g 以下	±15%
0.03g 以上至 0.3g	±10%
0.3g 以上	±7.5%

表 8-2　按重量服用的丸剂重量差异限度

标示丸重或平均丸重	重量差异限度
0.05g 及 0.05g 以下	±12%
0.05g 以上至 0.1g	±11%
0.1g 以上至 0.3g	±10%
0.3g 以上至 1.5g	±9%
1.5g 以上至 3g	±8%
3g 以上至 6g	±7%
6g 以上至 9g	±6%
9g 以上	±5%

（4）装量差异　除糖丸外，单剂量包装的丸剂照下述方法检查应符合规定：取供试品 10 袋（瓶），分别称定每袋（瓶）内容物的重量，每袋（瓶）装量与标示装量相比较，应符合规定。超出装量差异限度的不得多于 2 袋（瓶），并不得有 1 袋（瓶）超出装量差异限度 1 倍。

（5）装量 以重量标示的多剂量包装丸剂照最低装量检查法检查，应符合规定。以丸数标示的多剂量包装丸剂不检查装量。

（6）溶散时限 除另有规定外，取供试品6丸，选择适当孔径筛网的吊篮（丸剂直径在2.5mm以下的用孔径约0.42mm的筛网，丸剂直径在2.5～3.5mm的用孔径为1.0mm的筛网，丸剂直径在3.5mm以上的用孔径约2.0mm的筛网），照《中国药典》（2020年版）四部崩解时限检查法片剂项下的方法加挡板进行检查。除另有规定外，小蜜丸、水蜜丸和水丸应在1h内全部溶散；浓缩丸和糊丸应在2h内全部溶散；微丸的溶散时限按所属丸剂类型的规定判定。如操作过程中供试品黏附挡板妨碍检查时，应另取供试品6丸，不加挡板进行检查。

上述检查应在规定时间内全部通过筛网，如有细小颗粒状物未通过筛网，但已软化无硬心者可作合格论。

蜡丸照崩解时限检查法片剂项下的肠溶衣片检查法检查，应符合规定。

除另有规定外，大蜜丸及研碎、嚼碎后或用开水、黄酒等分散后服用的丸剂不检查溶散时限。

（7）微生物限度 以动物、植物、矿物质来源的非单体成分制成的丸剂及生物制品丸剂照非无菌产品微生物限度检查法检查，微生物计数法和控制菌检查法及非无菌药品微生物限度标准检查应符合规定。生物制品规定检查杂菌的，可不进行微生物限度检查。

2. 丸剂的包装与贮存

> **问题提出**
> 蜜丸的包装和贮存方法有哪些？

丸剂制成后若包装与贮存条件不当，常引起丸剂霉烂、虫蛀及挥发性成分散失。各类丸剂的性质不同，其包装与贮存方法亦不相同。大、小蜜丸及浓缩丸常装于塑料球内，壳外再用蜡层固封或用蜡纸包裹，装于蜡浸过的纸盒内，盒外再浸蜡，密封防潮。含芳香挥发性药物或贵重细料药可采用蜡壳固封，再装入金属、帛或纸盒中。大蜜丸也可选用泡罩式铝塑材料包装。一般小丸常用玻璃瓶或塑料瓶密封，水丸、糊丸及水蜜丸等如为按粒服用，应以数量分装；如为按重量服用，则以重量分装。含芳香性药物或较贵重药物的微丸多用瓷制的小瓶密封。

除另有规定外，丸剂应密封贮存，蜡丸应密封并置阴凉干燥处贮存，以防止吸潮、微生物污染以及丸剂中所含的挥发性成分损失而降低药效。

四、中药制丸机操作规程

以WZ-120型卧式中药制丸机为例

1. 生产前准备

（1）检查方箱内油位是否在油镜的1/2～2/3位置。

（2）检查制丸刀是否对正，与刀轴之间不许松动。

（3）检查自控系统是否灵敏，推料系统是否正确。

（4）检查酒精系统是否正常，并通过酒精喷头对导条轮、导条架、制丸刀喷上少量酒精。

（5）打开电源开关及自控开关，启动推料电机使其空转 3～5min 后，方可投料。

2. 开机

（1）打开电源开关，启动推料开关，调整推料速度，加入药坨，待推出的药条光滑后启动上刀丸搓丸开关，调整好切丸速度，打开酒精喷头阀门。药条通过自控导轮经过分条架及条轮喂入导条架进入制丸刀中便可连续制成药丸。

（2）运行中要均匀向料斗中加料，以保证出条匀速，以免拉长拉断，造成丸形不均。

（3）各挂条挠度尽量一致。

（4）根据药条出条速度将"切丸调整旋钮"调到转速略高于出条速度并使药条下垂，药条在自控导轮下自动工作。

3. 停机

依次关闭推料开关、切丸开关、搓丸开关、酒精喷头阀门、电源。

4. 注意事项

（1）投料时严禁将异物投入料中，以免损伤推料系统及制丸刀。

（2）一旦有异物堵塞出条孔，不许用硬棒从下向上捅，以免损伤出条孔的精度，而造成出条速度不均。

（3）清洗时不许划伤出条孔的表面。

（4）拆装推进器及清洗时必须先关闭电源。

（5）严禁直接用手向"填料箱"内压药。

五、丸剂举例

例 8-1 牛黄解毒丸

【处方】人工牛黄　5g　　雄黄　50g　　石膏　200g
　　　　大黄　　　200g　黄芩　150g　 桔梗　100g
　　　　冰片　　　25g　 甘草　50g

【制法】以上八味，除人工牛黄、冰片外，雄黄水飞成极细粉；其余石膏等五味粉碎成细粉；将冰片、人工牛黄研细，与上述粉末配研，过筛，混匀。每 100g 粉末加炼蜜 100～110g 制成大蜜丸，即得。

【作用与用途】清热解毒。用于火热内盛，咽喉肿痛，牙龈肿痛，口舌生疮，目赤肿痛。

【注解】口服，一次 1 丸，一日 2～3 次。

例 8-2 六味地黄丸

【处方】熟地黄　160g　　山茱萸（制）　80g　　牡丹皮　60g
　　　　山药　　80g　　　茯苓　　　　60g　　　泽泻　　60g

【制法】以上六味，粉碎成细粉，过筛，混匀。每100g粉末加炼蜜35～50g与适量的水，泛丸，干燥，制成水蜜丸；或加炼蜜80～110g制成小蜜丸或大蜜丸，即得。

【用法与用量】主治滋阴补肾。用于肾阴亏损，头晕耳鸣，腰膝酸软，骨蒸潮热，盗汗遗精，消渴。

【注解】口服。水蜜丸一次6g，小蜜丸一次9g，大蜜丸一次1丸，一日2次。

第二节　滴丸剂

一、滴丸剂概述

1. 滴丸剂的定义

问题提出
滴丸剂的种类有哪些？
视频扫一扫

M8-4　滴丸剂概述

滴丸剂系指药物或药材提取物与基质用适宜方法混匀后，滴入不相混溶的冷凝液中，收缩冷凝而制成的球形制剂，药物可以溶解或乳化或混悬于基质中。由于新型基质和固体分散技术的应用，滴丸剂有了迅速的发展，目前有缓释型、控释型及鼻用、耳用、直肠用、眼用等滴丸种类（见图8-4）。

图8-4　滴丸剂示意图

滴丸剂通常厚度为0.1～0.2mm，不超过1mm，有透明和有色不透明之分，面积依临床应用部位而有差别，通常眼用滴丸面积为5mm×（10～15）mm，椭圆形或长方形；口服滴丸面积为10mm×10mm或15mm×15mm；外用滴丸较大，一般可达50mm×50mm。

> **素质拓展**

软胶囊属于胶囊剂，滴丸属于丸剂。软胶囊有囊壳将药液（或混悬液）密封于其中，滴丸中的药物是溶解或分散于基质中。软胶囊的制备方法有两种——压制法和滴制法，滴丸的制备方法为滴制法。虽然都为滴制法，但还是有区别的，软胶囊制备时，滴头出口处有两种液体（中心为药液，周边一圈为明胶液），滴入冷却液中后明胶胶凝形成胶囊壳，将其中的药液裹住；滴丸制备时，药物是均匀分散或溶解于受热熔化的基质中，滴头出口处为一种液体（即药物均匀分散或溶解在受热熔化的基质中形成的液体），滴入冷却液中后基质冷凝成固体状的丸剂。

2. 滴丸剂特点

（1）滴丸中的药物可高度分散于基质中，故起效迅速、生物利用度高、副作用小。

（2）将液体药物制成滴丸这种固体剂型，便于服用和运输。

（3）生产设备简单、操作容易，无粉尘，有利于环境和劳动保护，自动化程度高，生产条件易控制。

（4）基质尚有一定的保护作用，可增加易氧化及挥发性药物的稳定性。

（5）滴丸可根据需要制成内服、外用、缓释、控释或局部治疗等多种类型。

（6）目前可供选用的基质和冷却剂品种较少，滴丸含药量低，服用粒数多，故多用于剂量较小的药物。

> **素质拓展**

滴丸剂的发展

1933 年丹麦首次制成维生素甲丁滴丸后相继报道的有维生素 A、维生素 AD、维生素 ADB_1、维生素 ADB_1C、苯巴比妥及酒石酸锑钾等滴丸。但由于制备工艺、制造理论尚不成熟，不能解决生产上的问题，无法保证产品质量，因此滴丸剂型就销声匿迹了。

20 世纪 60 年代末我国药学工作者受到西药倍效灰黄霉素制成滴丸的启示，做了大量的研究工作后，滴丸剂的理论、应用范围和生产设备等有了很大的进展，使滴丸剂具备了工业化生产的条件。

1977 年我国药典开始收载滴丸剂型，使《中国药典》成为世界上第一个收载滴丸剂的药典。可以说，滴丸剂也成为我国独有的剂型。

现在，滴丸的种类繁多，有速效高效滴丸、缓（控）释滴丸、溶液滴丸、栓剂滴丸、硬胶囊滴丸、脂质体滴丸、包衣滴丸、肠溶滴丸、干包衣滴丸等。

3. 滴丸剂常用基质

滴丸中除主药以外的附加剂均称为基质，基质可赋予滴丸一定的形态，而冷凝液可影响滴丸的成型，因此基质和冷凝液的选择对滴丸剂的形成都至关重要。

(1) 基质的要求

① 不与主药发生化学反应，不影响主药的疗效和检测。

② 要求熔点较低，或加一定量的热水（60～100℃）能溶化成液体，而遇骤冷后又能凝固成固体，在室温下仍保持固体状态，且与药物混合后仍能保持上述物理性质。

③ 基质对人体安全，无毒无害。

(2) 基质的种类　滴丸基质包括水溶性基质和非水溶性基质。

① 水溶性基质有聚乙二醇（PEG）类（如 PEG4000、PEG6000 等）、硬脂酸钠、甘油明胶、泊洛沙姆等。

② 非水溶性基质有硬脂酸、单硬脂酸甘油酯、虫蜡、蜂蜡、氢化植物油等。

(3) 冷凝液的要求　冷凝液用来冷却滴出的液滴，使之在表面张力的作用下冷凝成固体丸剂。应根据基质的性质来选择冷凝液。

① 冷凝液性质稳定　与主药、基质不相混溶，也不发生化学反应，安全无害。

② 有适宜的相对密度　即与液滴的相对密度相近，使滴丸在冷凝液中缓慢下沉或上浮，充分凝固收缩，使丸形圆整。

③ 有适当的表面张力　使液滴与冷却剂间的黏附力小于液滴的内聚力而利于收缩成丸。

4. 常用的冷凝液

(1) 水溶性冷凝液　可用水或不同浓度的乙醇等，适用于脂肪性基质。

(2) 脂肪性冷凝液　可用液状石蜡、植物油、甲基硅油、煤油或它们的混合物，适用于水溶性基质。

二、滴丸剂的制备技术

滴丸剂一般采用滴制法，滴制法是将药物均匀分散在熔融的基质中，再滴入不相混溶的冷凝液中冷凝收缩成丸的方法，主要工艺流程见图 8-5。

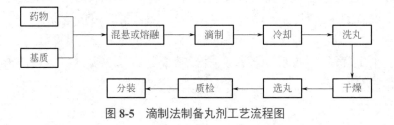

图 8-5　滴制法制备丸剂工艺流程图

1. 滴丸制备设备

实验室制备滴丸装置按液滴（滴丸）滴出和移动的方向通常有下沉式与上浮式两种。当滴丸的密度大于冷凝液时，应选择下沉式；反之选择上浮式。冷凝方式也可分为动态冷凝和静态冷凝两种。图 8-6 和图 8-7 为实验室制备滴丸的装置示意图，上面有调节滴速的活塞，有保持一定高度的溢出口、虹吸管或浮球，可在不断滴制与补充药液的情况下保持滴速不变。恒温箱包裹滴瓶及贮液瓶等，使药液在滴出前保持恒温，箱底开口，药液由滴头滴出。

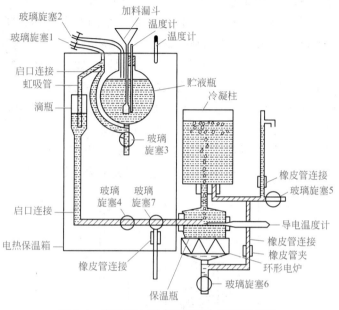

图 8-6 实验室上浮式制备滴丸装置示意图

问题提出

芳香油滴丸适宜采用哪种滴制方法？

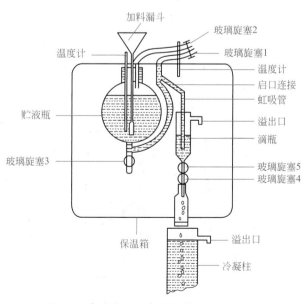

图 8-7 实验室下沉式制备滴丸装置示意图

2. 滴制

先将保温箱调至适宜温度（80～90℃），开启吸气管与吹气管（玻璃旋塞1、2），关闭出口（玻璃旋塞3），将药液在较高温度下经漏斗滤入贮液瓶中；关闭吸气管，由吹气管吹气，使药液经虹吸管进入滴瓶中，至液面淹没虹吸管的出口时停止吹气，待贮液瓶内的液面升至与液面平行时，关闭吹气管；开启吹气口，提高虹吸管内药液的高度，当滴瓶内的液面升至正常高度时，调节滴出口（玻璃旋塞4），使滴出速度为92～95滴/min。滴入预先冷却的冷凝液中冷凝，收集并除去附着的冷凝液，即得滴丸。

制备滴丸的设备为滴丸机，如图8-8所示，采用机电一体化紧密型组合方式，集药物调剂供应系统、动态滴制收集系统、循环制冷系统、电气控制系统于一体，符合GMP要求，主要由贮液瓶、滴瓶、保温装置和冷凝装置等部分组成。滴丸机其种类不一，型号多样。若按滴头数量可分为单滴头、双滴头和多滴头的滴丸机，可根据生产规模大小选择。滴丸机既可以制备小滴丸（70mg以下），又可以制备大滴丸（5mg以上）；药液通过油浴恒温加热；配有均质搅拌装置，搅拌速率无级调节；滴罐可以灵活拆卸以方便清洗；药液、油浴、制冷温度、气压、真空度数字显示；冷却柱及冷却液液面可灵活升降；冷却液上端加热（可

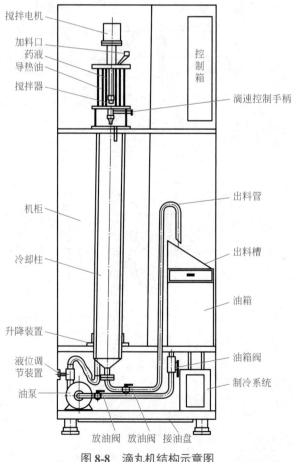

图8-8 滴丸机结构示意图

控），下端制冷（可控），温度梯度分布；气压、真空度灵活调节，可控制黏度较大与黏度较小的药液的滴制速度；简易滴丸装置配均质乳化装置、恒温控制装置、制冷机组。

3. 滴制过程的质量控制

滴丸的制备工艺对滴丸质量的影响因素较多，如配方、滴制温度、滴制速度、冷凝剂的选择等，甚至滴距、滴头口径、冷凝柱高度等都影响滴丸的质量。例如在滴制时，温度过高，冷凝液的黏滞度、表面张力下降，液滴在冷凝液中移动速度快，受到的重力或浮力大，成丸就不易形成圆球形而呈扁形；温度过低或者冷凝柱高度过小，液滴在未完全收缩前就凝固也会导致不圆整，甚至因气泡未逸出而产生空洞。而滴出口和冷凝液的距离过大，药液液滴也会跌散产生细粒。因此，滴丸的质量不能用一个指标来衡量。目前工艺研究中多用正交试验法和均匀设计法，采用成型性、丸重变异系数、外观质量（圆整度）和硬度等几项指标来评定工艺的优劣，进行工艺优选。

例 8-3　芸香油滴丸

【处方】芸香油　　835g　　　硬脂酸钠　　　100g
　　　　虫蜡　　　25g　　　　纯化水　　　　40mL

【制法】将以上 3 种物料放入烧瓶中，摇匀，加水后再摇匀，水浴加热回流，时时振摇，使熔化成均匀的溶液，移入贮液罐内。药液保持 65℃由滴管滴出（滴头的内径为 4.9mm、外径为 8.04mm，滴速约 120 丸/min），滴入含 1% 硫酸的冷却水溶液中，滴丸形成后取出，用冷水洗除吸附的酸液，用滤纸吸干水迹后即得。

【作用与用途】止咳平喘。用于喘息型慢性支气管炎、支气管哮喘等。

【注解】口服，一次 2~3 粒，一日 3 次，餐后服用。

4. 滴丸剂的质量检查

（1）外观　滴丸应大小均匀，色泽一致，无粘连现象，表面无冷凝液黏附。

（2）重量差异　滴丸剂的重量差异限度应符合规定。取供试品 20 丸，精密称定总重量，求得平均丸重后，再分别精密称定每丸的重量。每丸重量与标示丸重相比较（无标示丸重的，与平均丸重比较），按表 8-3 中的规定，超出重量差异限度的不得多于 2 丸，并不得有 1 丸超出限度 1 倍。

M8-6　滴丸剂的质量检查

表 8-3　滴丸剂重量差异限度

标示丸重或平均丸重	重量差异限度
0.03g 及 0.03g 以下	±15%
0.03g 以上至 0.1g	±12%
0.1g 以上至 0.3g	±10%
0.3g 以上	±7.5%

(3) 溶散时限　照崩解时限检查法，不加挡板检查，普通滴丸应在 30min 内全部溶散，包衣滴丸应在 1h 内全部溶散。如有细小颗粒状物未通过筛网，但已软化且无硬心者可按符合规定论。

5. 滴丸剂的包装与贮存

滴丸剂包装应严密。一般采用塑料瓶、玻璃瓶或瓷瓶包装，亦有用铝塑复合材料等包装的。除另有规定外，滴丸剂应密封贮存，防止受潮、发霉、虫蛀、变质。

三、实验用滴丸机操作规程

以 DWJ-2000 型滴丸试验机为例。

1. 生产前准备

（1）复核清场情况

① 检查生产场地是否无上一批生产遗留的软胶囊、物料、生产用具、状态标志等。

② 检查滴丸操作间的门窗、天花板、墙壁、地面、地漏、灯罩、开关外箱、出风口是否已清洁、无浮尘、无油污。

③ 检查是否无上一批生产记录及与本批生产无关文件等。

④ 检查是否有上一批生产的"清场合格证"，且是否在有效期内，证上所填写的内容齐全，有QA签字。

（2）接受生产指令

① 工艺员发"滴丸生产记录"、物料标签、"运行中"标志等。

② 仔细阅读"批生产指令"的要求和内容。

③ 填写"运行中"标志的各项内容。

（3）设备、生产用具准备

① 准备所需接丸盘、合适规格的筛丸筛、装丸胶袋、装丸胶桶、脱油用布袋等。

② 检查滴丸剂、离心机、接丸盘等生产用具是否已清洁、完好。

③ 按《滴丸剂操作规程》检查设备是否运行正常。

④ 检查滴头开关是否关闭。

⑤ 检查油箱内的液状石蜡是否足够。

⑥ 检查电子秤、电子天平是否计量范围符合要求，清洁完好，有计量检查合格证，在规定的使用期内，并在使用前进行校正。

⑦ 接入压缩空气管道。

2. 生产操作

（1）按《滴丸剂操作规程》设定"制冷温度""油浴温度"和"滴盘温度"，启动制冷、油泵、滴罐加热、滴盘加热。

（2）投料：打开滴罐的加料口，投入已调剂好的原料，关闭加料口（原料可以是固体粒状、粉末状，或在外部加热成液体状再投料均可）。

（3）打开压缩空气阀门，调整压力为 0.7MPa。如原料黏度小可不使用压缩空气。

（4）当药液温度达到设定温度时，将滴头用开水加热浸泡 5min，戴手套拧到滴罐下的滴头螺纹上。

（5）启动"搅拌"开关，调节调速旋钮，使搅拌器在要求的转速下进行工作。

（6）待制冷温度、药液温度和滴盘温度显示达设定值后，缓慢扭动滴缸上的滴头开关，打开滴头开关，使药液以约 1 滴/s 的速度下滴。

（7）试滴 30s，取样检查滴丸外观是否圆整，去除表面的冷却油后，称量丸重，根据实际情况及时对冷却温度、滴头与冷却液面的距离和滴速作出调整，必要时调节面板上的"气压"或"真空"旋钮，直至符合工艺规程为止。

（8）正式滴丸后，每小时取丸 10 粒，用洁净毛巾抹去表面冷却油，逐粒称量丸重，根据丸重调整滴速。

（9）收集的滴丸在接丸盘中滤油 15min，然后装进干净的脱油用布袋，放入离心机内脱油，启动离心机 2～3 次，待离心机完全停止转动后取出布袋。

（10）滴丸脱油后，利用合适规格的大、小筛丸筛，分离出不合格的大丸和小丸、碎丸，中间粒径的滴丸为正品，倒入内有干净胶袋的胶桶中，胶桶上挂有物料标志，标明品名、批号、日期、数量、填写人。

（11）连续生产时，当滴罐内药液滴制完毕时，关闭滴头开关，将"气压"和"真空"旋钮调整到最小位置，然后按（2）～（10）项进行下一循环操作。

3. 生产结束

（1）关闭滴头开关。

（2）将"气压"和"真空"旋钮调整到最小位置，关闭面板上的"制冷""油泵"开关。

（3）将盛装正品滴丸的胶桶放于暂存间。

（4）收集产生的废丸，如工艺允许、可循环再用于生产；否则用胶袋盛装，称量并记录数量，放于指定地点，作废弃物处理。

（5）清洁与清场

a. 连续生产同一品种时，在规定的清洁周期设备按《滴丸机清洁规程》进行清洁、生产环境按《D 级洁净区清洁规程》进行清洁；非连续生产时，在最后一批生产结束后按以上要求进行清洁。

b. 每批生产结束后按《滴丸机清场规程》进行清场，并填写清场记录。

（6）将本批生产的"清场合格证""中间产品递交许可证""准产证"贴在

批生产记录规定位置上。

（7）复查本批的批生产记录，检查是否有错漏记。

学习测试题

一、选择题

（一）单项选择题

1. 中药丸剂的优点是（　　）。
   A. 奏效快　　　　B. 生物利用度高　　　C. 作用缓和、持久
   D. 服用量大　　　E. 有效成分含量稳定

2. 属于滴丸剂水溶性基质的是（　　）。
   A. 虫蜡　　　　　B. 聚乙二醇类　　　　C. 硬脂酸
   D. 氢化植物油　　E. 二甲基硅油

3. 中药微丸的直径应小于（　　）。
   A.5mm　　　B.1cm　　　C.1.5cm　　　D.2.5mm　　　E.8mm

4. 含有大量纤维素和矿物性黏性差的药粉制备丸剂时应该选用的黏合剂是（　　）。
   A. 嫩蜜　　　　B. 中蜜　　　　C. 老蜜　　　　E. 蜂蜡　　　　D. 水蜜

5.《中国药典》（2020年版）规定水蜜丸、浓缩水蜜丸水分不得超过（　　）。
   A.6.0%　　　B.9.0%　　　C.12.0%　　　D.15.0%　　　E.20.0%

（二）多项选择题

1. 中药丸剂制备炼蜜的目的有（　　）。
   A. 杀死微生物　B. 增加甜味　C. 除去杂质　D. 破坏酶　　E. 增加黏性

2. 滴丸剂的特点是（　　）。
   A. 液体药物可制成固体滴丸剂
   B. 含药量大，服用量小
   C. 生物利用度高
   D. 生产设备简单，操作简便
   E. 可增强药物的稳定性

3. 滴丸剂基质的要求包括（　　）。
   A. 熔点较低　　　　　　B. 不与主药发生反应
   C. 对人体无害　　　　　D. 流动性较高
   E. 不影响主药的疗效与检测

4. 制备滴丸剂时的影响因素有（　　）。
   A. 滴制温度　　　　　B. 滴制速度　　　　C. 滴头口径
   D. 滴距　　　　　　　E. 冷凝柱的高度

5. 中药丸剂制备常用的黏合剂包括（　　）。
   A. 水　　　　　　　　B. 蜂蜜　　　　　　C. 米糊或面糊
   D. 糖浆　　　　　　　E. 酒或醋

二、简答题
    1. 写出滴丸剂生产的工艺。
    2. 中药丸剂的分类有哪些?
    3. 中药丸剂在制备时,针对不同性质的药材如何对炼蜜进行选择?

第九章

软膏剂、乳膏剂及凝胶剂

学科素养构建

必备知识
1. 掌握软膏剂、乳膏剂、凝胶剂的区别；
2. 掌握基质的选用原则；
3. 掌握软膏剂、凝胶剂制备技术；
4. 掌握不同基质的特点及选用原则；
5. 掌握乳膏剂制备方法。

素养提升
1. 能够判断软膏剂、乳膏剂和凝胶剂；
2. 能够正确选择合适的基质；
3. 能够正确分析处方；
4. 能够选择合适的基质；
5. 能够制备乳膏剂。

案例分析

问题提出
简述吲哚美辛乳膏的功效。

某次春季校运会，一学生脚踝扭伤，导致红肿疼痛。校医先对其伤处进行冷敷，然后取吲哚美辛乳膏适量涂于伤处，并用手轻揉局部，再热敷，使药物渗入皮肤缓解伤处疼痛。

分析 外用膏剂是一类专供外用的半固体或近似于固体的制剂，主要包括软膏剂、乳膏剂、贴膏剂、膏药等，另外还有一些特殊基质或特殊用途的糊剂、凝胶剂、眼用半固体制剂（包括眼膏剂、眼用乳膏剂及眼用凝胶剂等）、涂膜剂、贴剂等。外用膏剂广泛用于皮肤科和外科，具有保护润滑、局部治疗和全身治疗作用。外用膏剂应用较早，近代在其基质、制法及相似剂型的开发等方面有了较快的发展。

第一节 软膏剂

一、软膏剂概述

1. 软膏剂概念

软膏剂系指原料药物与油脂性或水溶性基质混合制成的均匀的半固体外用

视频扫一扫

M9-1 软膏剂

制剂，具有润滑皮肤、保护创面和局部治疗等作用。根据原料药物在基质中分散状态不同，可分为溶液型软膏剂和混悬型软膏剂。溶液型软膏剂为原料药物溶解（或共熔）于基质或基质组分中制成的软膏剂，如氢化可的松软膏；混悬型软膏剂为原料药物细粉均匀分散于基质中制成的软膏剂，如硫软膏、庆大霉素软膏。软膏剂根据基质的不同，可分为：油脂性软膏剂，如硫软膏；水溶性软膏剂，如利多卡因软膏。

软膏剂一般由药物、基质和附加剂组成，基质在软膏剂中主要作赋形剂，有时对药物的药效会产生影响；附加剂主要起增加药物和基质稳定性、保证或促进药效的作用。

2. 软膏剂的特点

（1）软膏剂具有热敏性和触变性，热敏性是指在遇热熔化时流动增加，触变性是指在施加外力时黏度降低，静止时黏度升高，从而阻止或减弱其流动性，这些性质能使软膏剂在长时间内紧贴、黏附或铺展在用药部位。

（2）软膏剂具有保护、润滑和局部治疗作用，如消肿止痛、收敛皮肤等，多用于慢性皮肤病，禁用于急性皮肤疾病。少数软膏中的药物经皮吸收后，也可以起到全身治疗作用。如硝酸甘油软膏用于治疗心绞痛。

3. 软膏剂的质量要求

软膏剂在生产和贮藏期间应符合下列有关规定：

（1）软膏基质应均匀、细腻，涂于皮肤或黏膜上应无刺激性。混悬型软膏剂中原料药物在基质中不溶，应预先用适宜的方法制成细粉，并确保粒度符合规定。

（2）软膏剂应具有适当的稠度，易涂布于皮肤或黏膜上，不融化，黏稠度随季节变化应很小。

（3）应无酸败、异臭、变色、离析、变硬及胀气等现象。

> **问题提出**
> 软膏剂用于大面积烧伤时应做哪些处理措施？

素质拓展

软膏剂的使用方法及注意事项

软膏剂临床应用时，应清洗、擦干皮肤后涂药，并轻轻按摩给药部位，使药物进入皮肤，直至其吸收。在皮肤病患处使用，注意：①不可多药联合应用；②避免接触眼睛及黏膜；③充分考虑患者的年龄、性别、皮损部位以及是否为儿童、孕妇或哺乳期妇女禁用等；④对局限性苔藓化肥厚皮损可采用封包疗法，以促进药物吸收，提高疗效；⑤用药量、用药次数应适宜，用药疗程应根据治疗效果确定，不宜长期使用。

二、软膏剂基质

基质是软膏剂的赋形剂和药物的载体，其质量直接影响软膏剂的质量及药物的释放和吸收。理想的软膏剂基质应具备以下质量要求：①性质稳定，不与主药和附加剂有配伍变化，应无酸败、异臭、变色、变硬及胀气等现象；②均匀细腻，涂于皮肤或黏膜上应无刺激性和过敏性，不影响皮肤的正常生理；③具有适当的稠度，易涂布于皮肤或黏膜上，不融化，黏稠度随季节变化应很小；④有良好的吸水性，能吸收伤口分泌液；⑤易于清洗，不污染衣物。

实际应用中，没有一种基质能完全符合上述质量要求。一般可根据所制备的软膏剂要求，采用将基质混合使用或添加适宜附加剂等方法获得理想基质。通常情况下，软膏剂的基质可分为油脂性基质和水溶性基质两种。

1. 油脂性基质

此类基质为不含水的疏水性基质，根据油脂性基质的来源和化学组成特点，主要分为油脂类、烃类、硅酮和类脂四大类。具有以下优点：①良好的润滑性、无刺激性；②涂于皮肤能形成封闭性油膜，促进皮肤水合和再生，对表皮增厚、角化、龟裂有软化保护作用；③能与大多数原料药物配伍，不易长菌；④药物释放缓慢；⑤可作为水不稳定药物的半固体制剂基质，提高药物的稳定性；⑥可作为乳膏基质的油相组成成分。但也存在不足：①油腻、不易洗除；②吸水性差，适用于慢性皮损、伤口愈合和某些感染性皮肤病的早期，不适用于有较多渗出液的皮损部位。

（1）油脂类 系指从动物或植物中提取，其化学组成为高级脂肪酸甘油酯及其混合物。因含有不饱和双键结构，在贮存中受温度、光线、空气等影响而易氧化酸败，生成物有刺激性。不及烃类基质稳定，可加抗氧剂和防腐剂改善。

来源于动物的油脂已很少应用。常用的为植物油类，如花生油、蓖麻油、橄榄油、棉籽油、杏仁油和桃仁油等，但不能单独作软膏基质，常与固体油脂性基质合用，调节基质的稠度、润滑性，如中药湿润烧伤膏的主要基质成分为麻油与蜂蜡。油脂类基质中含有不饱和脂肪酸甘油酯，遇光、空气、高温、长期贮存易氧化降解，需加入油溶性的抗氧剂，如丁基羟基茴香醚（BHA）、二丁基羟基甲苯（BHT）等。植物油催化加氢可获得饱和或接近饱和的脂肪酸甘油酯，称为氢化植物油，稳定性较植物油高。

（2）烃类 烃类是石油蒸馏后多种饱和烃的混合物。该类基质不易酸败，无刺激性，性质稳定，很少与主药发生作用，适用于保护性软膏，因能和多数脂肪油与挥发油互溶，也常用在乳膏中作油相。烃类基质主要包括凡士林、固体石蜡、液状石蜡和微晶蜡等。

常用的有两种。①凡士林：由液体和固体烃类组成的半固体混合物，有黄、白两种，后者为前者漂白而成，熔点为38～60℃。凡士林具有良好的封闭性和润滑性，可单独作软膏基质。凡士林的吸水量小，故不适用于有大量渗出液的患处。凡士林中加入适量羊毛脂、胆固醇或某些高级醇类可提高其吸水性能。蜂蜡、石蜡、硬脂酸、植物油等与凡士林合用，可调节凡士林黏稠度，改善其涂布性。②石蜡与液状石蜡：石蜡为无色或白色半透明的块状物，液状石蜡系从石油中制得的多种液状饱和烃的混合物，为无色澄清的油状液体。它们均可与多种植物油或挥发油混合，作为乳膏基质的油相组成，并调节基质稠度。液状石蜡与药物粉末共研磨，有利于药物与基质混匀。

（3）类脂类 类脂为高级脂肪酸与高级脂肪醇酯化而成，有类似脂肪的物理性质，但化学性质比脂肪稳定，并有一定的表面活性和吸水性，可改善凡士林的吸水性与渗透性，并可用作 W/O 型乳化剂。油脂性基质中常用的类脂成分为羊毛脂及其衍生物、蜂蜡和鲸蜡等。

常用的有两种。①羊毛脂：羊毛脂是从羊毛中获得，经纯化、除臭和漂白而制得，为淡黄色至棕黄色的蜡状物，有黏性和滑腻感，微弱臭，熔点为 36～42℃，主要由胆固醇、羊毛甾醇和脂肪醇等的脂肪酸酯组成。常用的羊毛脂包括无水羊毛脂和含水羊毛脂两种，无水羊毛脂含水量低，较黏稠，具有良好的吸水性和润滑性，可吸收约两倍其质量的水而形成 W/O 型乳膏基质。含水羊毛脂，即含 30% 水分的羊毛脂，黏性较无水羊毛脂小。羊毛脂类似皮肤脂质，有利于药物的透皮吸收，但有时会产生过敏反应。②蜂蜡与鲸蜡：蜂蜡为白色或淡黄色固体，无光泽，无结晶；无味，具特异性气味；其主要成分为棕榈酸蜂蜡醇酯，含有少量的游离高级醇及高级酸，具有一定的乳化性能，熔点为 62～67℃。鲸蜡主要成分为棕榈酸鲸蜡醇酯及少量游离高级脂肪醇类，熔点为 42～50℃。蜂蜡与鲸蜡不易酸败，为较弱的 W/O 型乳化剂，在 O/W 型乳膏基质中起稳定作用，并可替代部分其他油相成分以调节乳膏基质的稠度或提高其稳定性。

（4）硅酮类 硅酮类是不同分子量的聚二甲基硅氧烷的总称，简称硅油。为白色或淡黄色油状液体，无毒，对皮肤无刺激性，润滑而易于涂布，不妨碍皮肤正常功能，不污染衣物，在使用温度范围内黏度变化很小，为理想的疏水性基质。药物从硅油基质软膏中的释放和皮肤穿透性较油脂、羊毛脂及凡士林快，但成本较高。本品对眼睛有刺激性，不宜作眼膏基质。

>**问题提出**
>医用硅酮凝胶的主要成分是什么？

2. 水溶性基质

水溶性基质是由天然或合成的高分子水溶性物质组成。此类基质因不含油溶性成分，无油腻性，对皮肤和黏膜无刺激性，容易涂展和洗除，而且能与水溶液混合并吸收组织渗出液，多用于湿润、糜烂创面，也常用于腔道黏膜或制备防油保护性软膏。但水溶性基质润滑作用差，容易霉变，而且基质中的水分易蒸发导致软膏变硬，常需要加防腐剂及保湿剂。适用于亚急性皮炎、湿疹等慢性皮肤病。

（1）甘油明胶 是由甘油（10%～30%）、明胶（1%～3%）与水加热制成的。尤其适用于含维生素类的营养性软膏、化妆品，但容易被微生物破坏。本品温热之后易于涂布，可形成保护膜，且有一定的弹性，使用时较舒适。

（2）纤维素衍生物类 包括羧甲基纤维素钠（CMC-Na）、甲基纤维素（MC）等，羧甲基纤维素钠比较常用，为白色固体，在冷水、热水中均能溶解。由于其为阴离子型化合物，遇强酸、重金属离子及阳离子型药物可产生沉淀。甲基纤维素为固体，白色，溶于冷水，在热水中不溶。

(3) 聚乙二醇类 本品对人体无毒性、无刺激性，化学性质稳定，不易酸败和发霉；吸湿性好，可吸收分泌液，易洗除。本品与苯甲酸、鞣酸、苯酚等混合可使基质过度软化；可降低酚类防腐剂的防腐能力；长期使用可致皮肤干燥。不宜用于制备遇水不稳定的药物软膏。分子量在 300～6000 较为常用。常用的有 PEG1500 与 PEG300 等量的融合物及 PEG4000 与 PEG400 等量的融合物。

三、软膏剂的制备

> 问题提出
> 冻疮软膏的主要成分是什么？

1. 软膏剂的处方组成

软膏剂主要由原料药物和软膏基质组成，也可不含原料药物。其中不含药的软膏剂主要发挥保护或润滑作用，而含药的软膏剂主要发挥局部治疗作用，广泛应用于皮肤科及其他一些外科疾病的治疗。

2. 基质及药物处理

(1) 基质的预处理 油脂性基质若质地纯净可直接取用。若混有异物或在大量生产时，需加热滤过后再用。一般加热熔融后过数层细布或 120 目铜丝筛趁热滤过，再 150℃ 1h 干热灭菌并除去水分。

(2) 药物的加入方法

① 不溶性的固体药物应先粉碎成细粉，然后将药物细粉加液体成分研成糊状，再递加其余基质研匀；或先与少量基质研匀，再逐渐递加其余基质研匀；或将药物细粉在不断搅拌下加入到熔融的基质中，继续搅拌至冷凝即可。

② 药物可溶于基质某组分中时，一般油溶性药物溶于油相或用少量有机溶剂溶解，再与油脂性基质混合；水溶性药物可溶于水相中，然后再与水溶性基质混匀；或溶于少量水中，先用羊毛脂吸收，再与油脂性基质混合。

③ 半固体黏稠性药物，可直接与基质混匀，必要时先与少量羊毛脂或吐温类混合，再与凡士林等油脂性基质混匀。

④ 若药物有共熔性组分（如樟脑、薄荷脑）时，可先共熔再与冷至 40℃ 以下的基质混合。

⑤ 中药浸出物为液体（如流浸膏、煎剂）时，可先浓缩至稠膏状再加入基质中混匀。固体浸膏可先加溶剂使之软化或研成糊状后，再与基质混匀。

⑥ 挥发性、易升华的药物，遇热易结块的树脂类药物，应使基质温度降至 40℃ 以下时，再与药物混匀。

3. 软膏剂制备

软膏剂的制备方法主要有研合法和熔合法两种。可根据药物性质、软膏基质的组成、制备量和设备条件等选择合适的方法，以确保制得的软膏均匀、细腻、剂量准确，并保证疗效。

(1) 研合法制备软膏剂 将药物研细过筛后，先与部分基质或适宜液体研成糊状，再递加其余基质研匀。少量制备可用软膏刀、软膏板或在乳钵中研匀，大量生产时可用电动研钵、滚筒研磨机。本法适用于常温下药物能与基质混匀或对热不稳定的药物制备软膏。

（2）熔合法制备软膏剂 基质的熔点不同、常温下不能均匀混合的；药物在基质中能溶解或中药需用植物油加热提取的可用熔合法制备软膏。制备时先将熔点高的基质加热熔化，再依次加入熔点低的基质，若有杂质趁热用纱布或筛网滤过，最后加入液体成分和能在基质中溶解的药物。不溶性的药物可筛入熔融的基质中，不断搅匀至冷凝，也可先用液体成分研磨后加入。大量制备可用电动搅拌机混合。含不溶性药物粉末的软膏，可通过研磨机进一步研磨使其更细腻均匀。常用的设备有三滚筒软膏研磨机。

四、软膏剂包装贮存与质量检查

1. 软膏剂的包装贮存

常用的包装材料有金属盒、塑料盒等，大量生产时多采用锡、铝或塑料制的软膏管，使用方便，密封性好，不易污染。塑料管质地轻、性质稳定、弹性大而不易破裂，但对气体及水分有一定通透性，且不耐热、易老化。软膏剂的包装容器不能与药物发生理化反应，若锡管与软膏成分起作用时，可在锡管内涂一层蜂蜡与凡士林（6∶4）的融合物隔离。

软膏剂的贮存，除另有规定外，软膏剂应遮光密封，置25℃以下贮存，不得冷冻。贮存中不得有酸败、异臭、变色、变硬现象，软膏剂不得有油水分离及胀气现象，以免影响制剂的均匀性及疗效。

2. 软膏剂的质量检查

软膏剂的药剂学质量评价项目主要包括外观性状、装量、粒度及粒度分布、熔程、黏度、稠度、混合均匀度、刺激性、稳定性，药物的释放、穿透与吸收，无菌、微生物限度及含量测定等。

（1）外观性状 要求色泽均匀，质地细腻，无污物；易涂于皮肤，无粗糙感；无酸败、异臭、变色、变硬、离析及胀气等现象。

（2）装量 按照最低装量检查法，应全部符合规定。

（3）粒度及粒度分布 对于混悬型软膏剂或含饮片细粉的软膏剂，因原料药物在基质中不溶，应预先用适宜的方法制成细粉，并进行粒度及粒度分布检查。照粒度和粒度分布测定法测定，均不得检出大于180μm的粒子。

（4）熔程 一般软膏剂以接近凡士林的熔程为宜。烃类基质或其他油脂性基质或原料药物可照熔点测定法检查。

（5）黏度 黏度是半固体制剂的一个重要质量控制指标，可用黏度计或流变仪测定。

（6）稠度 软膏剂及其常用基质材料（如凡士林、羊毛脂、蜂蜡）等半固体制剂，应具有适当的稠度，易涂布于皮肤或黏膜上，不融化，黏稠度随季节变化应很小。为保证其批内和批间稠度的均匀性和涂展性，照锥入度测定法。

五、软膏剂举例

例 9-1　复方苯甲酸软膏

【处方】苯甲酸　120g　　水杨酸　60g　　液状石蜡　100g
　　　　石蜡　适量　　羊毛脂　100g　　凡士林　加至 1000g

【制法】取苯甲酸、水杨酸细粉（过 100 目筛），加液状石蜡研成糊状；另将羊毛脂、凡士林、石蜡加热熔化，经细布滤过，温度降至 50℃以下时加入上述药物，搅匀并至冷凝。

【附注】①本品用熔合法制备，处方中石蜡的用量根据气温而定，以使软膏有适宜稠度；②苯甲酸、水杨酸在过热基质中易挥发，冷却后会析出粗大的药物结晶，因此配制温度宜控制在 50℃以下。

例 9-2　冻疮软膏

【处方】樟脑　30g　　薄荷脑　20g　　硼酸　50g
　　　　羊毛脂　20g　　凡士林　880g

【制法】将硼酸过 100 目筛，与适量液状石蜡（约 10mL）研成细腻糊状；再将樟脑、薄荷脑混合研磨使共熔，并与硼砂糊混匀，最后将羊毛脂和凡士林加热熔化，待温度降至 50℃时，以等量递加法分次加入以上混合物中，边加边研，直至冷凝。

【注解】①本品为油脂性基质软膏，用于冻疮的治疗。②处方中樟脑与薄荷脑共研形成低共熔混合物而液化，且溶于液状石蜡，故加少量液状石蜡有助于分散均匀，使软膏更细腻。③樟脑、薄荷脑遇热易挥发，故待基质温度降至 50℃再加入。④处方中羊毛脂可促进药物在皮肤的扩散。

第二节　乳膏剂

一、乳膏剂概述

乳膏剂系指药物溶解或分散于乳状液型基质中形成的均匀半固体外用制剂。乳膏剂根据基质的不同，可分为水包油型乳膏剂（O/W）与油包水型乳膏剂（W/O）。

乳膏剂中因有水相存在，贮存过程可能发生霉变，需加入适宜抑菌剂，如羟苯酯类、氯甲酚、三氯叔丁醇等。此外，对遇水不稳定的药物，如金霉素、四环素等，不宜制备成乳膏剂。乳膏剂对皮肤的正常功能影响较小，随着透皮给药系统的研究进展和新型皮肤渗透促进剂的应用，乳膏剂的临床用药品种不断增加。

乳膏剂在生产和贮藏期间除符合软膏剂的有关质量规定外，还不得有油水分离现象；应避光密封，置于25℃以下贮存，不得冷冻。

二、乳膏剂的基质

乳剂型基质是由水相、油相与乳化剂在一定温度下乳化而成的半固体基质，由油相、水相、乳化剂、保湿剂、防腐剂等组成。

1. 水包油型乳剂基质

水包油型乳膏连续相为水，易涂布和洗除，无油腻感，色白如雪，故也称雪花膏。药物从O/W型乳膏基质中释放和透皮吸收较快，故临床应用广泛。常用于亚急性、慢性、无渗出的皮损和皮肤瘙痒症，忌糜烂、溃疡、水泡及化脓性创面；不宜用于分泌物较多的皮肤病，如湿疹，因其吸收的分泌物可重新进入皮肤（反向吸收）而使炎症恶化。O/W型乳膏剂在贮存过程中外相水分易蒸发而使之变硬，故需加入保湿剂，如甘油、丙二醇、山梨醇等，一般用量为5%～20%。常用水包油型乳化剂有一价皂类、高级脂肪醇硫酸酯、吐温类等。

2. 油包水型乳剂基质

油包水型乳膏因分散相为水，连续相为油，水分只能缓慢蒸发，对皮肤有缓和的冷爽感，故也称冷霜。W/O型乳膏可吸收部分水分或分泌液，具有良好的润滑性、一定的封闭性和吸收性；但不易洗除，且对温度敏感。常用乳化剂为多价皂（如镁皂、钙皂）、非离子型表面活性剂司盘类、蜂蜡、胆固醇、硬脂醇等。

三、乳膏剂的制备

乳膏剂主要由原料药物、乳膏基质和附加剂组成。乳膏剂中常用的附加剂有抑菌剂、保湿剂、溶剂、抗氧剂、增稠剂、芳香剂、渗透促进剂等。

乳化法中水、油两相的混合有3种方法。分散相加到连续相中，适合于含小体积分散相的乳膏剂；连续相加到分散相中，适用于多数乳膏剂制备；两相同时加入，不分先后，适用于连续或大批量生产。

乳膏剂制备的注意事项有以下几点。①乳膏中油相的预处理方法同软膏剂；②药物的加入方法：若药物溶于水相或油相，可在乳化前加入；若药物在水相和油相均不溶解，则在基质成型后，将药物适当分散均匀后再加入乳膏基质；③搅拌时尽量避免混入空气，乳膏中有气泡时，不仅容积增大，且可能导致乳膏贮存过程中的相分离和酸败；④乳膏制备过程应严格控制温度。若水相温度较低时加入油相，可能导致部分油相凝固，外观粗糙。大量生产时可用带加热夹层的真空均质乳化机。若制得的乳膏基质不够细腻，可在温度降至30℃时通过胶体磨或软膏研磨机研细。

四、乳膏剂举例

例 9-3 皮炎平乳膏

【处方】
醋酸地塞米松	0.75g	樟脑	10g
薄荷脑	10g	硬脂酸	45g
单硬脂酸甘油酯	22.5g	硬脂醇	50g
液状石蜡	27.5g	甘油	12.5g
丙二醇	10g	三乙醇胺	3.75g
羟苯甲酯	0.5g	羟苯丙酯	0.5g
纯化水	加至1000g		

【制法】将处方量的硬脂酸、单硬脂酸甘油酯、硬脂醇和液状石蜡在80℃水浴下熔化作为油相，备用；另将甘油、三乙醇胺、羟苯甲酯和羟苯丙酯溶于水中并加热至80℃作为水相；在搅拌下将水相缓慢加入油相，形成乳膏基质；再加入醋酸地塞米松的丙二醇溶液，搅拌；冷至50℃时加入研磨共熔的樟脑和薄荷脑，继续搅拌混匀即得。

【注解】①本品为O/W型乳膏，用于神经性皮炎、接触性皮炎、脂溢性皮炎以及慢性湿疹。②处方中部分硬脂酸与三乙醇胺反应生成一价皂作为O/W型乳化剂。③醋酸地塞米松为难溶性药物，以丙二醇为溶剂溶解后加入基质中。④樟脑和薄荷脑研磨可共熔，为防止樟脑、薄荷脑遇热挥发，待基质温度降至50℃再加入。

第三节 凝胶剂

一、凝胶剂概述

1. 凝胶剂定义及分类

M9-2 凝胶剂

凝胶剂系指原料药物与能形成凝胶的辅料制成的具凝胶特性的稠厚液体或半固体制剂。常用于皮肤及体腔如鼻腔、阴道和直肠等局部用药。按分散系统，可将凝胶剂分为单相凝胶和双相凝胶。

(1) 单相凝胶 是由有机化合物形成的凝胶剂，又分为水性凝胶和油性凝胶。水性凝胶基质一般由水、甘油或丙二醇与纤维素衍生物、卡波姆、西黄蓍胶、明胶、淀粉和海藻酸钠等组成；油性凝胶基质常由液状石蜡与聚氧乙烯或脂肪油与胶体硅、铝皂、锌皂构成。临床应用多为以水性凝胶为基质的凝胶剂。

(2) 双相凝胶 是由小分子无机物胶体微粒以网状结构存在于液体中形成的混悬型凝胶，具有触变性，属两相分散体系，如氢氧化铝凝胶剂。乳状液型凝胶剂又称乳胶剂，也属于双相凝胶。

2. 凝胶剂质量及贮藏要求

① 凝胶剂应均匀、细腻，在常温时保持凝胶状，不干涸或液化；
② 混悬型凝胶剂中胶粒应分散均匀，不应下沉、结块，且在标签上应注明"用前摇匀"；
③ 凝胶剂基质不应与药物发生理化反应；
④ 除另有规定外凝胶剂应遮光密封，宜置于25℃温度下贮存，并应防冻；
⑤ 用于烧伤治疗如为无菌制剂的，应符合无菌要求。

二、凝胶基质

凝胶基质分为水性凝胶基质和油性凝胶基质两类。大多数水性凝胶基质在水中溶胀形成水性凝胶而不溶解。此类基质的特点是不油腻，易涂布和清除，能吸收组织渗出液，不妨碍皮肤正常功能，黏滞度小，有利于药物释放。缺点是润滑性较差，易失水和霉变，常需加入保湿剂和防腐剂。常用的水性凝胶基质有卡波姆、纤维素衍生物和甘油明胶等。

问题提出：简述凝胶剂的优缺点。

1. 卡波姆

商品名为卡波普，属高分子聚合物，白色松散粉末，引湿性强，在水中能迅速溶胀，但不溶解。1%的水分散液的pH约为3.11，黏性较低。当加碱中和时，大分子逐渐溶解，黏度逐渐上升，在低浓度时可形成澄明溶液，在浓度较大时则形成透明凝胶。当pH为6～11时，黏度和稠度最大。卡波姆凝胶基质无油腻感，润滑性和涂展性好，特别适用于脂溢性皮肤病的治疗。盐类电解质可使卡波姆凝胶的黏性下降；碱土金属离子以及阳离子聚合物等均可与之结合形成不溶性盐；强酸可使卡波姆失去黏性，在配伍时注意避免。

2. 纤维素衍生物

该类为纤维素衍生化形成的在水中可溶胀或溶解的胶性物，调节适宜的稠度可形成水性凝胶基质。常用的纤维素衍生物有甲基纤维素（MC）、羧甲基纤维素钠（CMC-Na）和羟丙基甲基纤维素（HPMC）等，浓度为2%～6%。MC缓慢溶于冷水，不溶于热水，但湿润、放置冷却后可溶解；在pH为2～12范围内稳定，但加热和冷却会导致不可逆的黏度下降。CMC-Na可溶于冷水或热水，1%的水溶液pH约为6～8，当pH低于5或高于10时，其黏度显著下降；115℃热压灭菌30min，黏度也下降。纤维素类凝胶基质涂布于皮肤，黏性较强，易失水干燥而有不适感，常需加入约10%～15%甘油作保湿剂；贮存易长菌，需加入抑菌剂。MC凝胶中常加入硝酸苯汞、苯甲醇、三氯叔丁醇等作抑菌剂，但不能使用羟苯酯类，因MC与之易形成复合物。CMC-Na常用0.2%～0.5%的羟苯乙酯，不宜加硝（醋）酸苯汞或其他重金属盐作抑菌剂，也不宜与阳离子型药物配伍，否则会与CMC-Na形成不溶性沉淀物，从而影响防腐效果或药效，对基质稠度也会有影响。

3. 甘油明胶

由明胶、甘油及水加热制成。一般明胶用量为1%～3%，甘油为10%～30%。本品易涂布，涂后能形成一层保护膜，因本身有弹性，故使用时较舒适。

三、凝胶剂的制备

> **问题提出**
> 查阅资料，试述盐酸克林霉素凝胶剂的制备方法。

凝胶剂主要由原料药物、凝胶剂基质和附加剂组成。凝胶剂根据需要可加入保湿剂、抑菌剂、抗氧剂、乳化剂、增稠剂、芳香剂和透皮促进剂等附加剂。常采用溶胀胶凝法制备凝胶剂：将水溶性药物先溶于部分水或甘油中，必要时加热以加速溶解，其余处方成分按基质配制方法制成水性凝胶基质，再与药物溶液混匀，加水至全量搅匀即得。不溶于水的药物可先用少量水或甘油研细、分散后，再加入基质中混匀。

四、凝胶剂的质量控制与包装、贮藏

凝胶剂质量评价项目主要包括外观性状、装量、粒度及粒度分布、pH、黏度、稠度、混合均匀度、耐寒、耐热试验、失水情况、抗氧化性、刺激性、稳定性、药物释放与体内吸收、无菌、微生物限度、含量测定等。检测方法均与软膏剂或乳膏剂相似。

凝胶剂的包装材料同软膏剂和乳膏剂。应避光、密闭贮存，并应防冻。

五、凝胶剂举例

例9-4 硝酸咪康唑凝胶剂

【处方】
硝酸咪康唑	20.0g	卡波姆940	10.0g
甘油	80.0g	三乙醇胺	12.0g
乙醇	500.0mL	月桂氮酮	10.0mL
平平加O-15	60.0g	亚硫酸氢钠	0.5g
依地酸二钠	0.5g	纯化水	加至1000.0g

【制法】将亚硫酸氢钠、依地酸二钠在适量水中溶解，在搅拌下加入卡波姆，继续搅拌至其溶胀均匀；将硝酸咪康唑在乙醇中溶解，加入甘油、月桂氮酮、平平加O-15及剩余量的水，搅匀得硝酸咪康唑溶液，加入到上述卡波姆溶胀物中，搅拌均匀后，加入三乙醇胺，搅匀，即得无色透明的硝酸咪康唑凝胶。

【注解】(1)卡波姆形成的凝胶对光不稳定，易生长霉菌并迅速失去黏性，加入抗氧剂亚硫酸氢钠及金属络合剂依地酸二钠可提高其稳定性。

(2)硝酸咪康唑不溶于水，需加入适宜的增溶剂，本处方使用的增溶剂为平平加O-15，制备时先将硝酸咪康唑用乙醇溶解后，再加入甘油、平平加O-15，效果较好。

(3) 月桂氮酮是一种新型透皮吸收促进剂，与丙二醇合用可产生协同作用，效果更好。

(4) 卡波姆为水性凝胶基质，其分子中存在大量羧酸基团，为减少对皮肤、黏膜的刺激，其水溶液应用碱中和后使用，本处方使用三乙醇胺来中和调节 pH 并增强黏度。

学习测试题

一、选择题

（一）单项选择题

1. 用于改善凡士林吸水性、穿透性的物质是（　　）。
   A. 羊毛脂　　B. 二甲基硅油　C. 石蜡　　　D. 植物油　　E. 液状石蜡

2. 药物在以下基质中穿透力较强的是（　　）。
   A. 凡士林　　　B. 液状石蜡　　　C. O/W 型乳状液型基质
   D. 聚乙二醇　　E. 卡波姆

3. 水溶性软膏基质是（　　）。
   A. 羊毛脂　　　B. 液状石蜡　　　C. 聚乙二醇
   D. 凡士林　　　E. 二甲基硅油

4. 水性凝胶基质是（　　）。
   A. 羊毛脂　　B. 卡波姆　　C. 胆固醇　　D. 凡士林　　E. 液状石蜡

5. 油脂性软膏基质是（　　）。
   A. 甲基纤维素　　　　B. 卡波姆　　　　C. 凡士林
   D. 甘油明胶　　　　　E. 聚乙二醇

6. 组成中含有背衬材料的剂型是（　　）。
   A. 乳膏剂　　B. 凝胶剂　　C. 糊剂　　D. 贴膏剂　　E. 软膏剂

7. 乳膏剂的制备应采用（　　）。
   A. 研合法　　B. 熔合法　　C. 乳化法　　D. 分散法　　E. 聚合法

8. 糊剂一般含固体粉末在（　　）以上。
   A. 5%　　　B. 15%　　　C. 25%　　　D. 35%　　　E. 45%

9. 常用于 O/W 型乳状液型基质的乳化剂是（　　）。
   A. 硬脂酸钙　　　　B. 单硬脂酸甘油酯　　　　C. 脂肪酸山梨坦
   D. 十二烷基硫酸钠　　E. 羊毛脂

（二）多项选择题

1. 下列有关软膏剂、乳膏剂基质的叙述，正确的是（　　）。
   A. 油脂性基质能促进皮肤的水合作用
   B. 聚乙二醇类有较强的吸水性，久用可引起皮肤脱水干燥
   C. 乳状液型基质的穿透性较油脂性基质弱
   D. 有大量渗出液的患处不宜选用油脂性基质
   E. 水溶性基质释药快，无油腻性

2. 下列属外用膏剂的是（　　）。
   A. 乳膏剂　　　B. 糊剂　　　C. 凝胶剂　　　D. 贴膏剂　　　E. 软膏剂
3. 软膏剂的制备方法有（　　）。
   A. 研合法　　　B. 熔合法　　　C. 溶剂法　　　D. 乳化法　　　E. 挤压成型法
4. 有关熔合法制备软膏剂的叙述，正确的是（　　）。
   A. 药物加入基质中要不断搅拌至均匀
   B. 熔融时熔点低的基质先加，熔点高的后加，液体组分最后加
   C. 冬季可适量增加基质中石蜡的用量
   D. 熔合法应注意冷却速度不能过快
   E. 冷凝成膏状后应停止搅拌
5. 眼膏剂常用基质的组成和比例为（　　）。
   A. 黄凡士林8份　　　B. 羊毛脂1份　　　C. 液状石蜡1份
   D. 石蜡1份　　　E. 黄凡士林10份
6. 下列关于软膏剂的质量要求叙述正确的是（　　）。
   A. 软膏剂应均匀、细腻
   B. 易涂布于皮肤或黏膜上并融化
   C. 混悬型软膏剂应进行粒度检查
   D. 软膏剂不需进行装量检查
   E. 用于烧伤和严重创伤的应进行无菌检查
7. 可作为软膏剂透皮促进剂的有（　　）。
   A. 二甲基亚砜　　B. 氮酮　　　C. 月桂酸　　　D. 丙二醇　　　E. 尿素

二、简答题

1. 软膏剂的基质包括哪些种类？各类有何特点？如何应用？
2. 水杨酸软膏采用哪些基质？
3. 水杨酸软膏采用哪些方法制备？制备中应注意哪些问题？

第十章
膜剂、涂膜剂及栓剂

学科素养构建

必备知识

1. 掌握膜剂的定义和分类；
2. 掌握成膜材料与常用的附加剂；
3. 掌握膜剂的制备方法及质量检查；
4. 熟悉涂膜剂的定义及特点；
5. 掌握涂膜剂的制备方法。

素养提升

1. 学会膜剂处方分析，能够选择合适的成膜材料；
2. 能够制备膜剂和涂膜剂；
3. 能够进行膜剂和涂膜剂的质量检验。

案例分析

患者，男，39岁，近期经常熬夜，时有应酬，口腔的双颊及牙龈处出现白斑状痛点，到药店买药，药店营业员推荐了复方氯己定地塞米松膜。患者口服2天后，仍然未见好转。

分析 复方氯己定地塞米松膜为复方制剂，其组分为盐酸氯己定、维生素B_2、地塞米松磷酸钠、盐酸达可罗宁。复方氯己定地塞米松膜是口腔膜剂，不是口服膜剂，正确用法应该是洗净手指，剥去涂塑纸，取出药膜，视口腔溃疡面的大小贴在溃疡面上。

问题提出

膜剂具有哪些优点？

知识迁移

口腔速溶膜是指原料药物分散于成膜材料中制得的能在口腔内迅速溶解的薄膜片。口腔速溶膜的大小、形状、厚度类似于邮票，将其置于舌头上，不需喝水即可在唾液中快速溶解，释放药物，随正常吞咽动作咽下；期间药物被口腔黏膜吸收入血，可有效避免首过效应，起效迅速。患者使用方便，顺应性好，尤其适合儿童、老人及吞咽困难的患者。可添加矫味剂，掩盖药物的不良臭味，设计成儿童喜欢的水果口味，易消除儿童对服药的恐惧心理。

第一节 膜 剂

一、膜剂概述

1. 膜剂的概念

膜剂系指原料药物与适宜的成膜材料经加工制成的膜状制剂,供口服或黏膜用。膜剂是 20 世纪 60 年代开始研究并应用于临床的一种新剂型,其大小、形状和厚度等视用药部位的特点和含药量而定。目前盐酸克仑特罗口服药膜、壬苯醇醚阴道用药膜、蜂胶口腔膜、复方麻黄碱色甘酸钠鼻用膜等膜剂均在临床上应用。

2. 膜剂的分类

(1) 按剂型特点分类

① 单层膜　包括水溶性膜和水不溶性膜剂。

② 多层膜　由几层单层膜叠合而成,可避免或减少药物之间的配伍禁忌、掩盖药物的不良气味等。

③ 夹心膜　两层不溶性的高分子膜分别作为背衬膜和控释膜,中间夹着药物膜,起到控释的作用。

(2) 按给药途径分类

① 口服膜剂　如口服丹参膜、安定膜等。

② 口腔及舌下膜剂　包括口含膜、舌下膜和口腔贴膜。口腔贴膜治疗口腔溃疡时可以黏附在溃疡黏膜表面,起到定位释放的作用,并且可以保护黏膜。

③ 鼻腔用膜剂　鼻腔内给药可定位治疗鼻出血和鼻黏膜溃疡等。

④ 眼用膜剂　可用于眼部疾患,如青光眼、结膜炎、角膜炎等。

⑤ 阴道、宫颈用膜剂　用于避孕或治疗妇科疾病,如阴道炎、宫颈糜烂等。

⑥ 植入型膜剂　植入体内发挥长期治疗效果,是一种新兴的膜剂。

⑦ 经皮给药型膜剂　膜控释型及骨架控释型经皮给药膜剂可使药物长时间作用于人体,减少给药次数,延长给药时间间隔。

3. 膜剂的特点

> **问题提出**
> 简述膜剂的优缺点。

(1) 制备工艺简单,容易控制,有利于实现生产自动化和无菌操作。

(2) 生产中无粉尘飞扬,有利于劳动保护。

(3) 成膜材料用量少、体积小重量轻,应用、携带、运输较方便。

(4) 药物含量准确,稳定性好,采用不同的成膜材料可制成不同释药速率的膜剂。

(5) 多层复合膜可减少药物配伍变化。

(6) 载药量小,只限于小剂量药物。

4. 膜剂的质量要求

（1）成膜材料及辅料应无毒、无刺激性，性质稳定，与原料药物的兼容性良好。

（2）原料药物如为水溶性的，应与成膜材料制成具有一定黏度的溶液；如为水不溶性药物应粉碎成极细粉，并与成膜材料等均匀混合。

（3）膜剂的外观应完整光洁，厚度一致，色泽均匀，无明显的气泡。对于多剂量的膜剂，分格压痕应均匀清晰，并能按压痕撕开。

（4）膜剂所用的包装材料应无毒性，能够防止污染，方便使用，且不能与原料药物或成膜材料发生理化作用。

（5）除另有规定外，膜剂应密封贮存，防止受潮、发霉和变质。

二、膜剂成膜材料与附加剂

1. 成膜材料的质量要求

成膜材料是膜剂中药物的载体，其性能和质量对膜剂的成型、质量及药效有重要影响。理想的成膜材料应具备以下条件：①生理惰性，无毒、无刺激性、无不良臭味。②性质稳定，不降低药效，不影响主药的含量测定。③成膜和脱膜性能好，成膜后有足够的强度和柔韧性。④口服、腔道、眼用膜剂的成膜材料应具有良好的水溶性，或能逐渐降解；皮肤与黏膜用膜剂的成膜材料应能迅速、完全释放药物。⑤来源丰富，价格便宜。

2. 常用的成膜材料

(1) 天然高分子物质 明胶、阿拉伯胶、虫胶、琼脂、海藻酸及其盐、淀粉、糊精、玉米朊等。其中多数可降解或溶解，但成膜、脱膜性能较差，故常与其他成膜材料合用。

(2) 合成高分子物质 有聚乙烯醇（PVA）、乙烯-乙酸乙烯共聚物（EVA）、丙烯酸类共聚物、纤维素衍生物等。其中PVA是目前比较理想的成膜材料，对黏膜和皮肤无毒性、无刺激性。目前国内常用两种规格PVA，即PVA05-88和PVA17-88，其平均聚合度分别为500～600和1700～1800，醇解度为88%。EVA无毒性、无刺激性，成膜性能良好，膜柔软，强度大，常用于制备阴道、子宫等控释膜剂。

3. 膜剂的附加剂

膜剂的处方中除原料药物和成膜材料外，尚有其他的附加剂：①增塑剂，如甘油、山梨醇、丙二醇等；②遮光剂，如TiO_2；③着色剂，如色素；④填充剂，如$CaCO_3$、SiO_2、淀粉、糊精等；⑤表面活性剂，如聚山梨酯80、十二烷基硫酸钠、大豆磷脂等。此外，在制备工艺中尚需加入适宜的溶剂及脱膜剂，如液状石蜡、甘油、硬脂酸、聚山梨酯80等。

三、膜剂的制备方法

膜剂的制备方法主要有三种：匀浆制膜法、热熔成膜法和复合制膜法。

M10-1 膜剂的制备

1. 匀浆制膜法

将成膜材料溶解于水，滤过；加入主药，使之溶解或均匀分散于成膜材料溶液中；再涂膜、烘干、切割、包装，即可。匀浆制膜法少量制备时，可将含药成膜材料溶液倾于平板玻璃上，用推杆涂成宽厚一致的涂层；大量生产时，可用涂膜机涂膜。

2. 热熔成膜法

将药物细粉和成膜材料颗粒混合均匀，热压成膜，或冷却成膜。

3. 复合制膜法

以不溶性成膜材料 EVA 为外膜，分别制成具有凹穴的下外膜带和上外膜带；再将水溶性成膜材料如 PVA，用匀浆制膜法制成含药的内膜带，剪切后置于下外膜带的凹穴中，去除有机溶剂，再与上外膜带热封，即得。此法一般用于缓释膜剂的制备。

膜剂制备的注意事项：①不溶于水的主药应预先制成微晶或粉碎成细粉，再均匀分散于成膜材料中；②根据主药剂量，将膜剂剪成单剂量小格以分剂量；③膜剂的内包装材料常为纸或聚乙烯薄膜。

四、膜剂质量检查

（1）外观应完整光洁，厚度一致，色泽均匀，无明显的气泡。

（2）重量差异。除另有规定外，取膜剂供试品 20 片，精密称定总重量，求得平均重量，再分别精密称定各片的重量，每片重量与平均重量相比，按表 10-1 中的规定，超出重量差异限度的不得多于 2 片，并不得有 1 片超出限度 1 倍。

表 10-1 膜剂的重量差异限度

平均重量	重量差异限度
0.02g 以下至 0.02g	±15%
0.02g 以上至 0.20g	±10%
0.20g 以上	±7.5%

凡进行含量均匀度检查的膜剂，一般不再进行重量差异检查。

（3）无菌检查 眼膜剂按照《中国药典》（2020 年版）无菌检查法检查，应符合规定。

（4）微生物限度 按照《中国药典》（2020 年版）有关膜剂微生物限度要求

进行检查,应符合相关规定。

(5)其他酸度、溶化时限、有关物质、含量等均应符合各制剂项下的规定。

五、膜剂举例

例 10-1　复方替硝唑口腔膜

【处方】
替硝唑	0.2g	氧氟沙星	0.5g
羧甲基纤维素钠	1.5g	聚乙烯醇(17-88)	3.0g
甘油	2.5g	糖精钠	0.05g
纯化水	加至100g		

【制法】先将聚乙烯醇、羧甲基纤维素钠分别浸泡过夜、溶解,加甘油混匀,再将替硝唑溶于15mL热纯化水中,氧氟沙星溶于适量的稀醋酸中混匀,最后加入糖精钠,纯化水补至足量,搅匀,放置,待气泡除尽后,涂膜,干燥分格。每格含替硝唑0.5mg,氧氟沙星1mg。

【解析】①本品为黄白色薄片,局部用于口腔黏膜溃疡;②替硝唑、氧氟沙星为主药,聚乙烯醇、羧甲基纤维素钠为成膜材料,甘油为增塑剂,糖精钠为矫味剂;③氧氟沙星为白色至微黄色结晶性粉末,在水或甲醇中微溶或极微溶解,故加入适量的稀醋酸溶解。

第二节　涂膜剂

一、涂膜剂概述

1. 涂膜剂的定义

涂膜剂是指原料药物溶解或分散于含成膜材料的溶剂中,涂搽患处后形成薄膜的外用液体制剂。用时涂布于患处,有机溶剂迅速挥发,形成薄膜保护患处,并缓缓释放药物发挥治疗作用。一般用于无渗出液的损害性皮肤病,对过敏性皮炎、神经性皮炎、银屑病等皮肤病有较好的防治作用。

2. 涂膜剂的特点及质量要求

涂膜剂有制备工艺简单、不需特殊设备、使用方便、透气性好、易脱落、容易洗除等特点。

涂膜剂在生产与贮藏期间应符合以下规定:稳定,根据需要可以加入抑菌剂或抗氧剂;除另有规定外,涂膜剂应避光、密闭贮存,在启用后最多可使用4周;涂膜剂应进行装量检查、微生物限度检查,用于烧伤(除轻度烧伤)或严重创伤的涂膜剂应进行无菌检查。

> 问题提出
> 如何区分膜剂与涂膜剂?

二、涂膜剂的制备工艺

涂膜剂一般由药物、成膜材料及挥发性有机溶剂组成，必要时加入增塑剂。常用的成膜材料有聚乙烯醇、聚乙烯吡咯烷酮、聚乙烯醇缩甲乙醛、壳聚糖和纤维素衍生物等。挥发性有机溶剂常用乙醇、丙酮、乙酸乙酯、乙醚等。增塑剂常用甘油、丙二醇、三乙酸甘油酯等。

涂膜剂通常采用溶解法制备，先将成膜材料溶解，再与药物、附加剂等混合均匀。若药物可溶于溶剂，可先将药物溶解后与成膜材料溶液混合；若药物不溶于溶剂，应先加少量溶剂充分研磨后与成膜材料溶液混合；若为中药，应先以适宜方法提取制成乙醇提取液或提取物的乙醇-丙酮溶液再与成膜材料溶液混合。

三、涂膜剂举例

例10-2　复方鞣酸涂膜剂

【处方】鞣酸　5.0g　　间苯二酚　5.0g　　水杨酸　3.0g
　　　　苯酚　3.0g　　PVA-124　3.0g　　苯甲酸　3.0g
　　　　甘油　10.0mL　纯化水　40.0mL　乙醇　加至100mL

【制法】取PVA-124加入纯化水浸泡至充分膨胀，在水浴上加热使其完全溶解；另取鞣酸、间苯二酚、水杨酸、苯甲酸依次溶于适量乙醇中，加入苯酚及甘油，添加乙醇使成55.0mL，并搅匀；将上液缓缓加至PVA-124溶液中，随加随搅拌，并添加乙醇至100.0mL，搅匀，即得。

【解析】①本品用于治疗脚癣、甲癣、体癣及神经性皮炎；②鞣酸、间苯二酚、水杨酸、苯甲酸、苯酚为主药，PVA-124为成膜材料，甘油为增塑剂，纯化水、乙醇为溶剂；③苯酚易溶于甘油，且甘油可缓和苯酚的局部刺激性。

第三节　栓　剂

一、栓剂概述

1. 栓剂的定义

栓剂系原料药物与适宜基质制成供腔道给药的固体制剂，亦称"坐药"或塞剂。根据给药部位不同分为肛门栓、阴道栓、喉道栓、耳用剂和鼻用栓。

2. 栓剂的分类与特点

（1）根据给药部位不同　目前根据给药部位分为肛门栓、阴道栓、尿道栓等。最常用的是肛门栓和阴道栓，两者效果较为持久（图10-1）。

视频扫一扫

M10-2 认识栓剂

(a) 肛门栓外形　　　　(b) 阴道栓外形

图 10-1　不同栓剂外形图

> **问题提出**
> 与口服制剂相比，全身作用的栓剂有何优点？

肛门栓：形状有鱼雷形、圆锥形、圆柱形，其中鱼雷形较为常用，此形状的栓剂塞入肛门后，因括约肌收缩容易压入直肠内。

阴道栓：形状有鸭嘴形、球形、卵形，其中鸭嘴形较为常用，因为相同质量的栓剂，鸭嘴形表面积较大。

栓剂用法简便、剂量准确，适用于不能或者不愿口服给药的患者，尤其适宜于婴儿和儿童用药。但栓剂也有一些缺点，如吸收不稳定，应用时不如口服制剂方便。

(2) 根据制备工艺与释药特点分类

① 双层栓　一种是内外层含不同药物，另一种是上下两层，分别使用水溶性或脂溶性基质，将不同药物分隔在不同层内，控制各层的溶化，使药物具有不同的释放速率。

② 中空栓　可达到快速释药目的。中空部分填充各种不同的固体或液体药物，溶出速率比普通栓剂要快。

③ 缓（控）释栓　微囊型、骨架型、渗透泵型、凝胶缓（控）释型。

④ 泡腾栓剂　在栓剂中加入发泡剂，使用时产生泡腾作用，加速药物的释放，并有利于药物分布深入黏膜皱褶，尤其适于阴道栓。

3. 栓剂的基质

(1) 栓剂　主要由药物和基质组成，栓剂的基质应该具备如下要求：

① 室温时具有适宜的硬度，当塞入腔道时不变形、不破损。在体温下易软化、融化，能与体液混合或溶于体液。

② 与主药无配伍禁忌，无毒性、过敏及黏膜刺激性，不影响药物的含量测定。

③ 具有润湿或乳化能力，水值较高。

④ 熔点与凝固点相距较近，具有润湿与乳化能力，能混入较多的水。

⑤ 贮藏过程中不易霉变，理化性质稳定。

(2) 栓剂常用基质　分为油脂性基质和水溶性基质。

① 油脂性基质

a. 可可豆脂　一种由可可树种仁中得到的固体脂肪，可可豆脂在常温下为黄白色固体，嗅味佳，可塑性好，性质稳定，熔点为 30～35℃，可与多数药物配合使用。

b. 半合成脂肪酸甘油酯　天然植物油经水解、分馏所得 C12～C18 游离脂肪酸，部分氢化后再与甘油酯化而得到的甘油三酯、二酯、一酯混合物。主要有椰油酯、山苍子油酯、棕榈油酯、硬脂酸丙二醇酯。

② 水溶性基质　通常是亲水性半固体材料的混合物，在室温条件下为固体，而当用于病人时，药物会通过基质的熔融、溶蚀和溶出机制而释放出来。

a.甘油明胶　将明胶、甘油、水按一定比例在水浴上加热融化，蒸去大部分水，冷却经凝固后而制得。药物的溶出速率可随水、明胶、甘油三者的比例不同而改变。易滋生霉菌等微生物，需加入抑菌剂。

b.聚乙二醇　本品易溶于水，能缓慢溶解于体液中而释放药物，多用熔融法制备。PEG 遇体温不易融化，但能缓慢溶于直肠液中，对直肠黏膜有一定刺激性，为避免刺激性可加入约 20% 的水或在纳入腔道前先用水湿润，也可在栓剂表面涂蜡醇或硬脂醇薄膜。聚乙二醇类可用不同型号的 PEG 混合制成不同硬度的栓，熔点较好，稳定性好，适合不同药物的需要。

c.聚氧乙烯　聚氧乙烯（40）单硬脂酸酯类，商品名 Myri52，商品代号"S-40"；白色或淡黄色，无臭或稍具脂肪味的蜡状固体，可用作肛门栓和阴道栓，溶于水、乙醇和丙二醇，不溶于液状石蜡。

d.泊洛沙姆　商品名普朗尼克（Pluronic），熔点为 52℃，常用型号为 188 型。

③ 添加剂

a.硬化剂　若制得的栓剂在贮藏过程或使用过程中较软，可加入适量的硬化剂如白蜡、鲸蜡醇、硬脂酸、巴西棕榈蜡等。

b.增稠剂　当药物与基质混合时，因机械搅拌情况不良，或因生理上需要时，栓剂制品中可酌加增稠剂，常用作增稠剂的物质有氢化蓖麻油、单硬脂酸等。

c.吸收促进剂　大分子药物在直肠黏膜中吸收相对困难，加入吸收促进剂，可提高药物的生物利用度。为了增加全身吸收，可加入吸收促进剂以促进药物被直肠黏膜吸收，如表面活性剂、氨基酸乙胺衍生物、乙酰乙酸酯类、芳香族酸性化合物、脂肪族酸性化合物。

d.乳化剂　当栓剂处方中含有与基质不能混合的液相，特别是在此相含量较高时，可加入适量的乳化剂。

e.着色剂　有脂溶性着色剂和水溶性着色剂。采用水溶性着色剂时，必须注意加入水后对 pH 和乳化剂乳化效率的影响，还应注意控制脂肪的水解和栓剂中的色移现象。

f.防腐剂　当栓剂中含有植物浸膏或水性溶液时，可使用防腐剂及抗菌剂，如对羟基苯甲酸酯类。

> **问题提出**
> 栓剂制备过程中常用的基质有哪些？

二、栓剂的制备技术

1. 药物与基质的混合

栓剂中药物与基质应有适宜的比例，其加入的主要方法有如下几种：

(1) 不溶性药物　应粉碎成细粉或最细粉，能全部通过 6 号筛，与基质混匀。

(2) 脂溶性药物 挥发油或冰片等可直接溶解于已融化的油脂性基质中，若药物用量大而使基质的熔点降低或使栓剂过软，可加适量蜂蜡、鲸蜡调节硬度；或以适量乙醇溶解后加入水溶性基质中；或加乳化剂乳化分散于水溶性基质中。

(3) 水溶性药物 可直接与已融化的水溶性基质混匀；或加少量水用适量羊毛脂吸收后，与油脂性基质混匀；或将提取浓缩液制成干浸膏粉，直接与已熔化的油脂性基质混匀。

2. 栓剂的制法

按基质的不同类型，栓剂可用挤压成型和膜制成型法制备，小量制备栓剂一般分为热熔法、冷压法。另外还有一种搓捏法，只用于临时搓制。

(1) 冷压法 主要用于油脂性基质栓剂的生产。冷压法避免了加热对主药或基质稳定性的影响，不溶性药物也不会在基质中沉降。将药物与基质粉末置于冷容器内，混匀后装于制栓机的圆筒内，通过模型挤压成一定的形状。该法的优点是制得的栓剂外形美观，可以防止不溶性固体的沉降；缺点是操作缓慢，在冷压过程中容易搅进空气，空气既影响栓剂的重量差异又对基质和有效成分起氧化作用，不利于工业生产。

(2) 热熔法 此法应用广泛。操作流程如下：

① 熔化基质 采用水浴加热或蒸汽浴加热的方法熔化，为了避免过热，一般在基质熔融达 2/3 时停止加热而不断搅拌，利用余热将剩余基质熔化。

② 加入药物 按药物的性质以不同的方法将药物加入接近凝固点的基质中，若加入不溶性固体药物，应持续搅拌均匀，避免下沉。

③ 栓模处理 常用栓模如图 10-2 所示，为使栓剂成型后易于取出，在熔融物注入前，应先在模具内表面涂润滑剂，常用的润滑剂有两类：a. 脂肪性基质的栓剂常用肥皂、甘油各 1 份，与 95% 乙醇 5 份制成醇溶液；b. 水溶性基质栓剂则用液状石蜡或植物油等油性润滑剂。有的基质如可可豆脂或聚乙二醇类，可不用润滑剂。

> **问题提出**
> 制备栓剂时，其栓孔内所用的润滑剂有哪些？

(a) 鱼雷形栓剂栓模　　　　(b) 子弹形及扁鸭嘴形栓模

图 10-2 不同形状的栓模

④ 注模 待熔融的混合物降温至 40℃ 左右，或由澄清变浑浊时，倾入栓模中，并一次注完，以免发生液层凝固而断裂，倾入时应稍溢出模口，以确保凝固时栓剂的完整。

⑤ 冷却脱模　注模后可将模具于室温或冰箱中冷却，待完全凝固后，削去溢出部分，然后打开模具，推出栓剂，晾干，包装，即得。

3. 基质用量的计算

不同的栓剂处方用同一模型制得的容积是相同的，但其重量则随基质与药物密度的不同而有差别。为了正确确定基质用量以保证剂量准确，常需预测药物的置换价（DV）。置换价是指药物的重量和同体积基质重量之比。根据置换价可以对药物置换基质的重量进行计算。置换价（DV）的计算公式为：

$$DV = \frac{W}{G-(M-W)} \tag{10-1}$$

> **问题提出**
> 简述置换价计算的意义。

式中，W 为每枚栓剂中主药的重量；G 为每枚纯基质栓剂的重量；M 为每枚含药栓剂的重量。

根据求得的置换价，计算出每枚栓剂中应加的基质质量（E）为：

$$E = G - \frac{W}{DV} \tag{10-2}$$

式中，E 为每枚栓剂所需基质的理论用量；G 为每枚纯基质栓剂的重量；W 为每粒栓中主药的重量；DV 为置换价。

值得注意的是，同一种药物针对不同的基质有不同的置换价，所以，谈及药物的置换价时应指明基质类别。

三、栓剂的质量评价

1. 质量差异

按照《中国药典》（2020年版）的规定，取供试品 10 粒，精密称定总重量，求得平均粒重后，再分别精密称定各粒的重量。每粒重量与平均粒重相比较，超出重量差异限度的不得多于 1 粒，并不得超出限度 1 倍，重量差异限度应符合表 10-2 中的规定。

表 10-2　栓剂重量差异限度

平均粒重	重量差异限度
≤1.0g	±10%
1.0～3.0g	±7.5%
≥3.0g	±5%

2. 融变时限

融变时限是检查栓剂在规定条件下的融化或软化情况，《中国药典》（2020年版）规定的检查仪器装置是由透明的套筒与带金属圆盘的金属架组成。测定时，取供试品3粒，在室温放置1h后，用栓剂融变时限检查仪检测（见图10-3）。除另有规定外，脂肪性基质的栓剂3粒在30min内全部融化或软化或触压时无硬心；水溶性基质的栓剂3粒均应在60min内全部溶解，如有1粒不合格，应另取3粒复试，均应符合规定。

图10-3 融变时限检查仪

3. 微生物限度

除另有规定外，照非无菌产品微生物限度检查，微生物计数法和控制菌检查及非无菌药品微生物限度标准检查，应符合规定。

4. 药物的溶出速率和吸收实验

(1) 体外溶出速率实验 将待测栓剂置于微孔滤膜中，将栓剂浸入盛有介质并附有搅拌器的容器中，于37℃每隔一定时间取样测定，求出介质中的药物量，作为在一定条件下基质中药物溶出速率的参考指标。

(2) 体内吸收实验 可用家兔或狗等动物进行实验，计算药动学参数，计算出体内吸收的程度。

> **小提示**
> 直肠栓不得检出金黄色葡萄球菌、铜绿假单胞菌和大肠埃希菌。

四、栓剂的包装与贮存

1. 栓剂的包装

栓剂通常是内外两层包装。原则上要求每个栓剂都要包裹，不外露，栓剂之间有间隔，不接触，防止在运输和贮存过程中因撞击而破碎，或因受热而黏着、融化造成变形等。使用较多的包装材料是无毒的塑料壳，将栓剂装好并封入小塑料袋中即可。栓剂之间有间隔，不相互接触。

2. 栓剂的贮存

一般栓剂应于30℃以下密闭贮存和运输，防止因受热、受潮而变形、发霉、变质。脂肪性基质的栓剂最好在冰箱中（-2～2℃）保存。甘油明胶类水溶性基质的栓剂，既要防止受潮软化、变形或发霉、变质，又要避免干燥失水、变硬或收缩，所以应密闭，低温贮存。

五、栓剂药物吸收的途径与影响药物吸收的因素

1. 栓剂药物吸收的途径

栓剂中药物在直肠内的吸收途径一般有三条：①通过直肠上静脉，经门静脉进入肝脏首过作用后进入大循环；②通过直肠下静脉和肛门静脉，经髂内静脉绕过肝脏进入下腔静脉，直接入大循环，发挥全身作用；③药物通过直肠淋巴系统吸收。所以，直肠淋巴系统也是栓剂药物吸收的一条途径。

栓剂在直肠内的吸收途径与栓剂纳入肛门的深度有关。栓剂纳入肛门的深度愈靠近直肠下部，栓剂所含药物在吸收时不经肝脏的量亦愈多，其部位应在距肛门2cm处。据报道，一般由直肠给药约有50%～70%不经肝脏而直接进入体循环。阴道用栓剂给药后，由于阴道附近的血管几乎均与大循环相连，因此药物的吸收不经肝脏，且吸收速率较快。

2. 影响因素

(1) 生理因素 粪便充满直肠时对栓剂中药物的吸收要比无粪便时少，在无粪便存在的情况下，药物有较大的机会接触直肠和结肠的吸收表面，所以如期望得到理想的效果，可在应用栓剂前先灌肠排便。其他情况如腹泻、肠梗阻以及组织脱水等均能影响药物从直肠部位吸收的速度和程度。

(2) 药物因素 溶解度及粒度：为了提高药物在基质中的均匀性，可用适当的溶剂将药物溶解或者将药物粉碎成细粉后再与基质混合，从而提高药物的吸收。酸性药物中pK_a在4以上的弱酸性药物能迅速地被吸收、pK_a在3以下的吸收速率则较慢。碱性药物中pK_a低于8.5的弱碱性药物吸收速率较快，pK_a在9～12之间的吸收速率很慢。说明未解离药物易透过肠黏膜，而离子型药物则不易透过。如水杨酸的吸收率随pH上升而下降，像季铵盐等完全电离的药物亦不吸收。药物从直肠的吸收符合一级速率过程，且属被动扩散转运机制。

(3) 基质因素 栓剂纳入腔道后，首先必须使药物从基质释放出来，然后分散或溶解于分泌液中才能在使用部位产生吸收或疗效。药物从基质释放得快，则局部浓度大、作用强；反之则作用持久而缓慢。但由于基质性质的不同，释放药物的速率也不同。一般选择与药物溶解性相反的基质，有利于药物的释放，增加吸收。

(4) 吸收途径 同种药物，由于纳入肛门的深度不同，会由不同的吸收途径吸收。导致栓剂中药物的吸收途径和程度存在差异。

学习测试题

一、选择题

（一）单项选择题

1. 栓剂中含有的不溶性药物细粉要求全部通过（　　）。
   A. 二号筛　　B. 四号筛　　C. 六号筛　　D. 八号筛　　E. 九号筛

2. 发挥局部作用的栓剂是（　　）。
   A. 阿司匹林栓　　　　B. 对乙酰氨基酚栓　　　　C. 吲哚美辛栓
   D. 甘油栓　　　　　　E. 右旋布洛芬栓

3. 需要进行无菌检查的膜剂是（　　）。
   A. 口服膜剂　B. 阴道用膜　C. 眼用膜　D. 口腔用膜　E. 舌下膜

4. 置换价是（　　）。
   A. 基质的重量与同体积药物的重量之比
   B. 药物的重量与同体积基质的重量之比
   C. 药物的体积与同重量基质的体积之比
   D. 基质的体积与同重量药物的体积之比
   E. 药物的密度与基质的密度之比

5. 具有同质多晶型的栓剂基质是（　　）。
   A. 可可脂　　　　　　B. 氢化植物油　　　　C. 甘油明胶
   D. 聚乙二醇类　　　　E. 半合成脂肪酸甘油酯

6. 栓剂应进行的质量检查项目是（　　）。
   A. 可见异物　　　　　B. 脆碎度　　　　　　C. 细菌内毒素
   D. 融变时限　　　　　E. 无菌

7. 制备栓剂最常用的方法是（　　）。
   A. 模制成型法　　　　B. 挤压成型法　　　　C. 流涎法
   D. 冷压法　　　　　　E. 泛制法

8. 膜剂中加入二氧化钛的目的是（　　）。
   A. 矫味剂　　B. 抗氧剂　　C. 增塑剂　　D. 防腐剂　　E. 遮光剂

（二）多项选择题

1. 栓剂制备中，栓模孔内涂液状石蜡润滑剂适用的基质有（　　）。
   A. 可可脂　　　　　　B. 甘油明胶　　　　　C. 半合成脂肪酸甘油酯
   D. 硬脂酸钠　　　　　E. 泊洛沙姆

2. 属于水溶性栓剂基质的是（　　）。
   A. 甘油明胶　　　　　B. 聚氧乙烯 40 单硬脂酸酯
   C. 氢化植物油　　　　D. 聚乙二醇类　　　　E. 泊洛沙姆

3. 涂膜剂的组成包括（　　）。
   A. 药物　　　　　　　B. 成膜材料　　　　　C. 挥发性有机溶剂
   D. 增塑剂　　　　　　E. 崩解剂

4. 属于油脂性栓剂基质的物质有（　　）。
A. 可可脂　　　　　　B. 泊洛沙姆　　　　　　C. 半合成脂肪酸甘油酯
D. 聚乙二醇类　　　　E. 甘油明胶
5. 膜剂的给药途径包括（　　）。
A. 口服　　B. 注射　　C. 眼用　　D. 阴道用　　E. 口腔用
6. 发挥全身作用的直肠栓吸收时，可以避免肝脏首过效应的吸收静脉是（　　）。
A. 直肠上静脉　　　　B. 直肠中静脉　　　　C. 直肠下静脉
D. 肛管静脉　　　　　E. 门静脉

二、简答题

1. 热熔法制备栓剂应注意哪些问题？
2. 什么是栓剂的置换价？

第十一章

气雾剂、粉雾剂及喷雾剂

学科素养构建

必备知识

1. 掌握气雾剂、粉雾剂、喷雾剂的区别与特点；
2. 掌握气雾剂、粉雾剂的制备技术以及气雾剂质量标准；
3. 了解气雾剂的装置和吸收途径；
4. 掌握喷雾剂的制备方法。

素养提升

1. 能够区分气雾剂、粉雾剂、喷雾剂，能够分析各种剂型的特点；
2. 能够进行处方分析，能够分析制备过程中的问题；
3. 能够组装气雾剂的装置；
4. 能够制备喷雾剂。

案例分析

患儿，男，6 岁，因"哮喘"医师开具"布地奈德粉吸入剂 200μg，bid"。2 周后复诊，家长自述一直认真按医嘱用药，但患儿喘憋症状未有好转。经检查发现，患儿吸药时不能做到快速而深地吸气，影响了治疗效果。反复指导数次，患儿仍不能掌握吸药技术，故医师处方换用定量气雾剂加储雾罐给药，2 周后再次复诊，患儿病情明显得到控制。

分析 目前治疗哮喘药物的吸入装置主要有干粉吸入剂和定量气雾剂两种，吸入技术正确与否直接影响治疗效果。在使用前者时患者须快速而深地吸气，干粉吸入剂需要较强的吸气力，适合大于 5 岁的小儿。气雾剂加储雾罐方式无需特殊技巧，对小儿尤其适用。

——摘自用药安全经典案例回顾

> **问题提出**
> 对于粉雾剂和气雾剂，哪一种患者更容易精确控制用量？

> **问题提出**
> 气雾剂具有哪些优点？

知识迁移

1. 加强儿童吸入装置使用指导

由于儿童理解能力、执行能力较成人差，使用吸入装置时需更多指导和反复练习，有时须辅以相应的图片或文字说明，最好能现场演示操作方法，且复诊时一定要检查使用方法是否正确，以保证治疗效果。

2. 根据实际情况选择合适的吸入装置

干粉吸入剂在使用时须快速而深地吸气；按压式定量气雾剂手控揿压阀门喷药需与吸气动作协调配合，不适用于婴幼儿及不能协调配合的患儿，若不能配合则难以吸入预定剂量，应辅助储雾罐吸入。4 岁以下患儿首选气雾剂加储雾罐方式，不能正确掌握吸入装置使用方法的大龄儿童亦须选择此种方式。按压式定量气雾剂和干粉吸入剂均不适用于病情较重者。

> **素质拓展**
>
> 患者吸药前需张口、头略后仰、缓慢地呼气，直到不再有空气可以从肺中呼出。垂直握住雾化吸入器，用嘴唇包绕住吸入器口，开始深而缓慢吸气并按动气阀，尽量使药物随气流方向进入支气管深部，然后闭口并屏气 10s 后用鼻慢慢呼气。如需多次吸入，休息 1min 后重复操作。

第一节 气雾剂

一、气雾剂的定义

问题提出
简述气雾剂、喷雾剂与粉雾剂的区别。

气雾剂概念最早源于 1862 年 Lynde 提出的用气体的饱和溶液制备加压的包装。我国古代有使用燃烧香树脂、桉叶油等产生的气体治病。气雾剂是指药物与适宜抛射剂封装于具有特质阀门系统的耐压容器中制成的制剂。在使用时，借助抛射剂的压力将内容物以定量或非定量喷出，药物喷出多为雾状气溶胶，用于肺部吸入或直接喷至腔道黏膜、皮肤及空间消毒。

二、气雾剂的特点

（1）具有十分明显的速效作用与定位作用，药物可以直接到达作用部位或吸收部位。

（2）药物封装于密闭的容器中，保持清洁和无菌状态，减少了药物受污染的机会，而且停用后残余的药物也不易造成环境污染。此外，由于容器不透明，避免了与空气中的氧和水分直接接触，有利于提高药物的稳定性。

（3）使用方便，全身用药可减少药物对胃肠道的刺激性，并可避免肝脏的首过效应和胃肠道的破坏。

（4）药用气雾剂等装有定量阀门可控制给药剂量。

（5）气雾剂的包装需要耐压容器、阀门系统和特殊的生产设备，生产成本较高。

三、气雾剂的分类

1. 按分散系统分类

(1) 溶液型气雾剂 药物溶解在抛射剂中形成溶液,在喷射时抛射剂挥发,药物以液体或固体形式释放到作用部位。

(2) 混悬型气雾剂 药物的固体微粉分散在抛射剂中形成混悬液,喷出后抛射剂挥发,药物以固体微粒到达作用部位。

(3) 乳剂型气雾剂 药物水溶液与抛射剂形成乳剂,O/W 型在喷射时随着内相抛射剂的汽化而以泡沫形式喷出(又称泡沫气雾剂),W/O 型在喷射时随外相抛射剂的汽化形成液流。

2. 按给药途径分类

(1) 吸入气雾剂 系指含药溶液、混悬液或乳液,与合适的抛射剂或液化混合抛射剂共同封装于具有定量阀门系统和一定压力的耐压容器中,使用时借助抛射剂的压力,将内容物呈雾状物喷出,经口吸入沉积于肺部的制剂,通常也被称为压力定量吸入剂。揿压阀门可定量释放活性物质,药物分散成微粒或雾滴,经呼吸道吸入发挥局部或全身治疗作用。

(2) 非吸入气雾剂 如皮肤和黏膜用气雾剂。皮肤用气雾剂主要起保护创面、清洁消毒、局部麻醉及止血等作用。鼻用气雾剂系指经鼻吸入沉积于鼻腔的制剂。鼻黏膜用气雾剂多为蛋白多肽类药物的给药方式,可发挥全身作用。阴道黏膜用的气雾剂常用 O/W 型泡沫气雾剂,主要用于治疗微生物、寄生虫等引起的阴道炎。

(3) 外用气雾剂 是指用于皮肤和空间消毒的气雾剂。

3. 按气雾剂组成分类

(1) 二相气雾剂 即溶液型气雾剂,由药物与抛射剂形成的均匀液相和抛射剂部分挥发形成的气相所组成。溶液型气雾剂就是两相气雾剂,药物和抛射剂形成的均匀相为一相,抛射剂部分挥发形成的气相为另一相。

(2) 三相气雾剂 其中两相均是抛射剂,即抛射剂的溶液和部分挥发的抛射剂形成的液体,根据药物的情况,又有三种:①药物的水性溶液与液化抛射剂形成 W/O 型乳剂,另一相为部分汽化的抛射剂;②药物的水性溶液与液化抛射剂形成 O/W 型乳剂,另一相为部分汽化的抛射剂;③固体药物微粒混悬在抛射剂中成固、液、气三相。

M11-1 气雾剂的组成

四、气雾剂的吸收

1. 肺部的吸收

气雾剂主要通过肺部吸收,肺泡为药物的主要吸收部位,肺部吸收面积巨大,由于肺部具有巨大的可供吸收的表面积和十分丰富的毛细血管,而且从肺泡表面到毛细血管的转运距离极短,因此药物在肺部的吸收是非常迅速的。不仅如此,肺部对那些在胃肠道难以吸收的药物来说可能是一个很好的给药途径,吸收速率很快,不亚于静脉注射。见图 11-1。

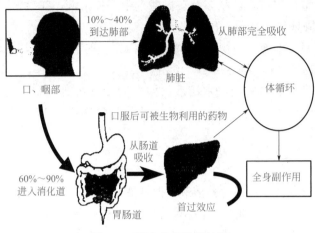

图 11-1　吸入性药物的处置

2. 影响药物在呼吸系统分布的因素

(1) 呼吸的气流　正常人每分钟呼吸 15～16 次,每次吸气量约为 500～600cm³,其中约有 200cm³ 存在于咽、气管及支气管之间,气流常呈湍流状态,呼气时可被呼出。当空气进入支气管以下部位时,气流速度逐渐减慢,多呈层流状态,易使气体中所含药物细粒沉积。药物进入呼吸系统的分布还与呼吸量及呼吸频率有关,通常粒子的沉积率与呼吸量成正比而与呼吸频率成反比。

(2) 微粒的大小　粒子大小是影响药物能否深入肺囊泡的主要因素,通常吸入气雾剂的微粒大小以在 0.5～5μm 范围内最适宜。

(3) 药物的性质　药物从肺部吸收是被动扩散,吸收速率与药物的分子量及脂溶性、吸湿性有关。小分子化合物易通过肺泡囊表面细胞壁的小孔,因而吸收快,而分子量大的糖、酶、高分子化合物等,肺泡囊难于吸收。

五、气雾剂的制备技术

气雾剂的制备过程可分为:容器阀门系统的处理与装配、药物配制、分装和充填抛射剂以及质量检查等。在制备过程中应严格在避菌环境下配制,易吸湿的药物应快速调配、分装。

1. 容器、阀门系统的处理与装配

(1) 玻瓶搪塑　先将玻璃洗净烘干,预热至 120～130℃,趁热浸入塑料黏浆中,使瓶颈以下黏附一层塑料浆液,倒置,在 150～170℃烘干 15min,备用。搪塑层要求能均匀紧密包裹玻璃瓶,外表平整、美观。

M11-2　气雾剂的制备

(2) 阀门系统的处理与装配 阀门的各种零部件应分别处理：

① 橡胶制品经蒸馏水冲洗干净后，可在 75% 乙醇中浸泡 24h，以除去色泽并消毒，干燥备用。

② 塑料、尼龙零件洗净再浸在 95% 乙醇中备用。

③ 不锈钢弹簧在 1%～3% 碱液中煮沸 10～30min，用水洗涤数次，然后用蒸馏水洗 2～3 次，直至无油腻为止，浸泡在 95% 乙醇中备用。

④ 铝盖：用热水冲洗干净后烘干备用。

2. 药物的配制与分装

> **问题提出**
> 简述气雾剂的组成。

按处方组成及要求的气雾剂的类型进行配制。溶液型气雾剂应制成澄清药液。

将药物与附加剂溶于抛射剂中，制成澄清溶液。但多数药物并不能完全溶解于抛射剂中，必须加入一定的潜溶剂，才能制得澄清的溶液，如加入适量用乙醇、丙二醇、聚乙二醇等作潜溶剂；混悬型气雾剂应将药物微粉化并保持干燥状态；乳剂型气雾剂应制成稳定的乳剂。

将药物、乳化剂、水或其他水性溶剂与抛射剂制成稳定的乳剂。其中抛射剂为内相，药液为外相，乳化剂为中间相。当打开阀门后，分散相中的抛射剂立即膨胀汽化，使乳剂呈泡沫状喷出。常用的乳化剂有吐温类或司盘类表面活性剂。

将上述分散体系配制后，经含量等质量检查，合格后定量分装于备用容器中，安装阀门，扎紧封帽。

3. 抛射剂的填充

(1) 压灌法 先将配好的药液（一般为药物的乙醇溶液或水溶液）在室温下灌入容器内，再将阀门装上并轧紧，然后通过压装机压入定量的抛射剂（最好先将容器内空气抽去）。液化抛射剂自进口经砂棒滤过后进入压装机。操作压力以 68.65～105.975kPa 为宜。压力偏低时，抛射剂钢瓶可用热水或红外线等加热，使达工作压力。当容器上顶时，灌装针头伸入阀杆内，压装机与容器的阀门同时打开，定量的液化抛射剂压灌入容器内。压灌法设备简单，损耗小，不用低温，但压力变化幅度大。目前我国多用此法生产。

(2) 冷灌法 药液借助冷灌法装置中热交换器冷却至 -20℃ 左右，抛射剂冷却至沸点以下至少 5℃。先将冷却的药液灌入容器中，随后加入已冷却的抛射剂（也可两者同时进入）。立即将阀门装上并轧紧，操作必须迅速完成，以减少抛射剂损失。冷灌法速度快，对阀门无影响，成品压力较稳定。但需制冷设备和低温操作，抛射剂损失较多。

六、气雾剂的质量评定

气雾剂应进行泄露和压力检查，置凉暗处贮存，避免暴晒、受热、敲打、撞击，确保使用安全。并进行如下相应检查：

(1) 每瓶总揿次 检查法：取供试品 4 瓶，除去帽盖，充分振摇，在通风橱内，分别揿压阀门连续喷射于已加入适量吸收液的容器内（注意每次喷射间隔 5s

并缓缓振摇），直至喷尽为止，分别计算喷射次数，每瓶总锨次不得少于其标示总锨次。

（2）**每揿主药含量** 检查法：取供试品1瓶，充分振摇，除去帽盖，试喷5次，用溶剂洗净套口，充分干燥后，倒置于已加入一定量吸收液的适宜烧杯中，将套口浸入吸收液液面下（至少25mm），喷射10次或20次（注意每次喷射间隔5s并缓缓振摇），取出供试品，用吸收液洗净套口内外，合并吸收液，转移至适宜量瓶中并稀释至刻度后，按各品种含量测定项下的方法测定，所得结果除以10或20，即为平均每揿主药含量。每揿主药含量应为每揿主药含量标示量的80%～120%。

（3）**雾滴（粒）分布** 除另有规定外，吸入气雾剂应检查雾滴（粒）大小分布，在生产过程中常用显微镜法或光阻、光散射及光衍射法进行测定，但产品的雾滴（粒）分布，则应采用空气动力学的雾滴（粒）直径大小分布来表示。

（4）**喷射速率** 非定量气雾剂照下述方法检查，喷射速率应符合规定。检查法：取供试品4瓶，除去帽盖，分别喷射数秒后，擦净，精密称定，将其浸入恒温水浴（25℃±1℃）中30min，取出、擦干，除另有规定外，连续喷射5s，擦净，分别精密称重，然后放入恒温水浴（25℃±1℃）中，按上法重复操作3次，计算每瓶的平均喷射速率（g/s），均应符合各品种项下的规定。

（5）**喷出总量** 非定量气雾剂检查喷出总量，应符合规定。取供试品4瓶，除去帽盖，精密称定，在通风橱内，分别连续喷于已加入适量吸收液的容器中，直至喷尽为止，擦净，分别精密称定，每瓶喷出量均不得少于标示装量的85%。

（6）**无菌** 用于烧伤、创伤或溃疡的气雾剂照无菌检查法检查，应符合规定。

（7）**微生物限度** 除另有规定外，照微生物限度检查法检查，应符合规定。

第二节 粉雾剂

一、粉雾剂的定义

M11-3 粉雾剂

粉雾剂（DPI）是指一种或一种以上的药物粉末装填于特殊的给药装置，以干粉形式将药物喷雾于给药部位，发挥全身或局部作用的一种药物剂型。

二、粉雾剂的特点

粉雾剂具有以下一些特点：①患者使用干粉吸入剂时，病人的吸气气流是粉末进入体内的唯一动力，故不存在协同困难的问题；②无抛射剂氟利昂，可避免对大气环境的污染和呼吸道刺激；③药物可以胶囊或泡囊形式给药，剂量准确，无超剂量给药危险；④不含防腐剂及酒精等溶剂，对病变黏膜无刺激性。

三、粉雾剂的分类

粉雾剂按用途可分为吸入粉雾剂、非吸入粉雾剂和外用粉雾剂三种。

(1) 吸入粉雾剂 是将微粉化的药物与适量辅料混匀，装入特制的容器内；使用时经患者主动吸入装置重新分散后，凭借患者的吸气气流将药物吸入呼吸道内的制剂。

(2) 非吸入粉雾剂 系药物或与载体以胶囊或泡囊形式，采用特制的干粉给药装置，将雾化药物喷至腔道黏膜的制剂。

(3) 外用粉雾剂 是指药物或适宜的附加剂封装于特制的干粉给药器具中，使用时借助外力将药物喷至皮肤或黏膜的制剂。

> **问题提出**
> 与吸入气雾剂相比，吸入粉雾剂有哪些优点？

四、吸入粉雾剂的组成

1. 药物与附加剂

将药物微粉化是吸入粉雾剂取得成功的关键，采用的粉碎方法有气流粉碎、球磨粉碎、喷雾干燥、超临界粉碎、水溶胶、控制结晶等。药物微粉化后，粉粒容易发生聚集。为了得到流动性和良好的粉末，使吸入的剂量更加准确，常常加入适宜的载体，如乳糖、木糖醇等，将药物附着其上。既可提高机械填充时剂量的准确度，当药物剂量较小时还可充当稀释剂。

2. 给药装置

合适的给药装置是肺部给药系统的关键部件。根据干粉的计量形式，吸入装置分三类：胶囊型、泡囊型与多剂量储库型。

(1) 胶囊型给药装置 药物干粉装于硬胶囊中，使用时将药物胶囊先装入吸纳器，然后稍加旋转，小针刺破载药胶囊，患者借助口含管深吸气即可带动吸纳器内的螺旋叶片旋转，搅拌药物干粉使之成为气溶胶微粒而吸入。

(2) 泡囊型给药装置 目前应用较多的是碟式吸纳器。药碟由8个含药的泡囊组成。使用时旋转外壳或推拉滑盘，每次转送一个泡囊，刺针刺破泡囊后，患者口含吸嘴深吸气将药物吸入。

(3) 储库型给药装置 是一种新型的吸入装置。包括三种干粉释放系统，即30剂盒式、16剂泡罩碟式释药系统和专门为生物技术产品设计的单剂量给药系统。储库多剂量型吸入器是将全部药粉置于装置内的储存腔中，通过操作装置分割每次药物剂量，患者无需用力吸气，对患者的协调要求低，吸入肺部的剂量重复性好。

五、粉雾剂的制备技术

粉雾的制备通常是将药物先微粉化，然后再加入载体和附加剂制成胶囊或泡囊。

1. 药物的微粉化

为了使微粉化的药物能很好地进入肺部，需要控制药物粉末粒径的大小。药物粒径以 0.5～5μm 为宜，药物粒径过大，不能顺利通过支气管；粒径过小，药物会随着患者气流呼出。药物粉末制备一般采用机械粉碎、喷雾干燥和沉淀结晶等方法，近年来，喷雾冷冻干燥、超临界流体等技术也用于粉雾剂的制备。

2. 载体

药物微粉化后，具有较高的表面自由能，易聚集成团，因此常加入大量的载体起稀释剂和改善微粉化药物流动性的作用。常用粒径 50～100μm 的载体与粒径 0.5～7μm 药物微粉混合，使药物微粉吸附于载体表面，载体的最佳粒径是 70～100μm。乳糖是较常用的载体，也是 FDA 唯一批准的粉雾剂载体。此外，卵磷脂和磷脂酰胆碱也是粉雾剂常用的载体，但此类载体成分复杂，使用时需要控制用量。环糊精、海藻糖、木糖醇也有望成为新型载体。

在选择载体时要考虑载体是否可用于吸入途径给药，同时还应该关注所选用的载体是否对呼吸道上皮细胞以及肺功能有潜在的危害。

3. 附加剂

粉雾剂的附加剂主要包括表面活性剂、分散剂、润滑剂和抗静电剂等，其主要作用是提高粉末的流动性。表面活性剂主要有泊洛沙姆，也作为抗静电剂，用来消除粉末的静电；润滑剂有苯甲酸钠、硬脂酸镁、胶体硅等，可以改善粉末的流动性和分散性。但是处方中附加剂的量一定要严格控制，量多不仅对呼吸道有刺激性，而且还会有副作用，量少则对制剂难于起到分散助流作用。

在粉雾剂生产期间，还需要对设备的差异进行全面控制。尤其是其中一些关键的制备工艺、工艺参数等，给吸入粉雾剂质量带来很大影响。

> **小提示**
> 吸入粉雾剂常用于治疗哮喘和慢性支气管炎；非吸入粉雾剂常用于治疗咽炎和喉炎。

六、吸入粉雾剂的质量要求

（1）吸入粉雾剂中的药物粒度大小应控制在 10μm 以下，其中大多数应在 5μm 左右。

（2）为改善吸入粉雾剂的流动性，可加入适宜的载体和润滑剂，所有附加剂均应为生理可接受物质，且对呼吸道黏膜或纤毛无刺激性。

（3）粉雾剂应置于凉暗处保存以保持粉末细度和良好流动性。

七、粉雾剂的质量检查

粉雾剂在生产贮藏期间应符合《中国药典》2020 年版四部中有关规定。主要检查项目有胶囊型、泡囊型粉雾剂含量均匀度、装量差异、排空率检查，均应符合规定。多剂量储库型吸入粉雾剂每瓶总吸次、每吸主药含量检查应符合规定。吸入粉雾剂应检查雾滴（粒）大小分布等。

第三节 喷雾剂

一、喷雾剂的定义

喷雾剂系指原料药物或与适宜辅料填充于特制的装置中，使用时借助手动泵的压力、高压气体、超声振动或其他方法将内容物呈雾状物释出，用于肺部吸入或直接喷至腔道黏膜及皮肤等的制剂。喷雾剂不含抛射剂，可弥补气雾剂的不足，但剂量不易控制，在实际使用时应视具体药物选择适宜的剂型。目前，临床应用较多的喷雾剂有口腔喷雾剂和鼻用喷雾剂两种。

M11-4 喷雾剂

二、喷雾剂的特点

（1）由于喷雾剂不含抛射剂，对大气环境无影响，目前已经成为氟氯烷烃类气雾剂的主要替代途径之一。

（2）由于喷雾剂的雾粒粒径较大，不适用于肺部吸入，多用于舌下、鼻腔黏膜给药。

（3）药物呈雾状直达病灶，形成局部浓度，减少疼痛，且使用方便。

问题提出
喷雾剂抛射药液的主要动力是什么？

三、喷雾剂的分类

（1）按使用方法分：单剂量和多剂量喷雾剂。
（2）按分散系统分：溶液型、乳剂型和混悬型喷雾剂。
（3）按给药途径分：吸入型、非吸入型和外用型喷雾剂。

四、喷雾剂的质量要求

（1）喷雾剂应在相关品种要求的环境下配制，如一定的洁净度、灭菌条件和低温环境等。

（2）根据需要可加入溶剂、助溶剂、抗氧剂、抑菌剂、表面活性剂等附加剂，在确定制剂处方时，抑菌剂的抑菌效力应符合抑菌效力检查法（《中国药典》2020年版四部通则1121）的规定。所加附加剂对皮肤或黏膜应无刺激性。

（3）喷雾剂装置中各组成部件均应采用无毒、无刺激性、性质稳定、与药物不起作用的材料制备。

（4）溶液型喷雾剂的药液应澄清；乳状液型喷雾剂的液滴在液体介质中应分散均匀；混悬型喷雾剂应将药物细粉和附加剂充分混匀、研细，制成稳定的混悬液。经雾化器雾化后供吸入用的雾滴（粒）大小应控制在 10μm 以下，其中大多数应为 5μm 以下。

（5）喷雾剂应标明：每瓶装量、主药含量、总揿次、每喷主药含量、贮藏条件等。

学习测试题

一、选择题

（一）单项选择题

1. 影响吸入气雾剂吸收的主要因素是（　　）。
   A. 药物的规格和吸入部位
   B. 药物的性质和规格
   C. 药物微粒的大小和吸入部位
   D. 药物的性质和药物微粒的大小
   E. 药物的规格

2. 以下哪项是吸入气雾剂中药物的主要吸收部位。（　　）
   A. 口腔　　　B. 气管　　　C. 咽喉　　　D. 肺泡　　　E. 鼻黏膜

3. 吸入气雾剂的微粒大多数应在（　　）。
   A. 0.3μm 以下　　　B. 0.5μm 以下　　　C. 5μm 以下
   D. 10μm 以下　　　E. 15μm 以下

4. 气雾剂中影响药物能否深入肺泡囊的主要因素是（　　）。
   A. 大气压　　　B. 抛射剂的用量　　　C. 粒子的大小
   D. 药物的脂溶性　　　E. 药物的分子量

5. 关于肺部吸收的叙述中，正确的是（　　）。
   A. 喷射的粒子越小，吸收越好
   B. 药物在肺泡中的溶解度越大，吸收越好
   C. 抛射剂的蒸气压越大，吸收越好
   D. 药物的脂溶性越小，吸收越好
   E. 喷射的粒子越大，吸收越好

6. 下列不是气雾剂组成的是（　　）。
   A. 药物与附加剂　　　B. 抛射剂　　　C. 耐压容器
   D. 阀门系统　　　E. 胶塞

7. 定量气雾剂每次用药剂量的决定因素是（　　）。
   A. 药物的量　　　B. 抛射剂的量　　　C. 附加剂的量
   D. 定量阀门的容积　　　E. 耐压容器的容积

8. 经肺部吸收的剂型是（　　）。
   A. 注射剂　　　B. 胶囊剂　　　C. 颗粒剂　　　D. 栓剂　　　E. 气雾剂

9. 吸入粉雾剂中药物粒度大小大多数应在（　）。
A.0.3μm 左右　　　　　　B.0.5μm 左右　　　　　　C.5μm 左右
D.10μm 左右　　　　　　E.15μm 左右

10. 下列哪一项不是喷雾剂的特点。（　）
A. 不含抛射剂，对大气环境无影响
B. 雾粒粒径较大，不适用于肺部吸入
C. 多用于舌下、鼻腔黏膜给药
D. 药物呈雾状直达病灶，且使用方便
E. 借助抛射剂将药物喷出

（二）多项选择题

1. 气雾剂按医疗用途可分为（　）。
A. 乳剂型　　　　　　B. 溶液型　　　　　　C. 空间消毒用
D. 呼吸道吸入用　　　E. 皮肤和黏膜用

2. 气雾剂的组成包括（　）。
A. 药物　　B. 附加剂　　C. 抛射剂　　D. 耐压容器　　E. 阀门系统

3. 喷雾剂的质量检查项目包括（　）。
A. 每瓶总喷次　　　　B. 每喷喷量　　　　C. 每喷主药含量
D. 递送剂量均一性　　E. 微细粒子剂量

4. 下列关于气雾剂特点表述正确的是（　）。
A. 具有速效和定位作用
B. 可以用定量阀门准确控制剂量
C. 药物可避免胃肠道的破坏和肝脏首过效应
D. 生产设备简单，生产成本低
E. 由于起效快，适合心脏病患者使用

5. 下列关于气雾剂的表述，错误的是（　）。
A. 按气雾剂的相组成可分为一相、二相和三相气雾剂
B. 二相气雾剂一般为混悬系统或乳剂系统
C. 按医疗用途可分为吸入气雾剂、皮肤和黏膜气雾剂及空间消毒用气雾剂
D. 是由患者主动吸入雾化药物的制剂
E. 吸入气雾剂的微粒大小以在 0.5～5μm 范围内为宜

二、简答题

1. 简述气雾剂的分类、特点和主要组成。
2. 抛射剂可分为几类？最常用的抛射剂有哪些？
3. 简述气雾剂的制备工艺。

第十二章

药物制剂的新剂型

学科素养构建

必备知识

1. 掌握药物包合技术的概念；
2. 掌握常用包合材料的性质和选用；
3. 掌握包合物的常用制备方法；
4. 了解包合技术的应用。

素养提升

1. 掌握典型包合物的处方及工艺分析；
2. 学会运用包合技术解决传统药物制剂存在的问题。

案例分析

患者，女性，58岁，乳腺癌术后化疗，医生采用紫杉醇注射液作为化疗药物，患者对药物顺应性较差，用药后出现恶心、呕吐、脱发、食欲不振等严重不良反应。于是医生将紫杉醇注射液更换为注射用紫杉醇脂质体，患者用药后不良反应减轻，提高了药物顺应性。

分析 紫杉醇难溶于水，必须在注射剂中加入聚氧乙烯蓖麻油以增加紫杉醇的水溶性，但该溶剂会引起不良反应，患者顺应性较差。注射用紫杉醇脂质体是一种新剂型，解除了由溶剂引起的超敏风险，且由于脂质体药物独特的药代动力学特性，在体内半衰期延长、血药浓度波动小，与紫杉醇注射液相比，注射用紫杉醇脂质体对血液系统、血压和肝功能的影响更小，药物不良反应更低。

素质拓展

药物制剂新技术与新剂型有广阔的应用前景，能更好地为人类的健康事业服务，随着社会的进步，应用也将越来越普遍，同学们有必要了解、熟悉部分药物制剂的新技术与新剂型。

第一节 包合技术

一、包合技术概述

1. 概念

包合技术系指一种分子被包嵌于另一种分子空穴结构内形成包合物的技术。包合物由主分子和客分子两种组分组成。

主分子即具有包合作用的外层分子，具有较大的空穴结构，足以将客分子容纳在内。可以是单分子如直链淀粉、环糊精；也可以是多分子聚合而成的晶格，如氢醌、尿素等。客分子为被包合到主分子空间中的小分子物质。主分子和客分子进行包合作用时，相互不发生化学反应，不存在化学键作用，包合是物理过程而不是化学过程。

2. 目的

药物作为客分子被包合后，其特点主要有：
（1）可使药物溶解度增大，稳定性提高。
（2）将液体药物粉末化，可防止挥发性成分挥发。
（3）掩盖药物的不良气味或味道，降低药物的刺激性与毒副作用。
（4）调节释药速率，提高药物的生物利用度等。

二、包合材料

常用的包合材料有环糊精、胆酸、淀粉、纤维素、蛋白质、核酸等，目前制剂中常用的是环糊精及其衍生物。

1. 环糊精

环糊精（CYD）系淀粉用嗜碱性芽孢杆菌经培养得到的产物，是由 6～12 个 D-葡萄糖分子以 1,4-糖苷键连接的环状低聚糖化合物，为水溶性的非还原性白色结晶性粉末。CYD 的立体结构是上窄、下宽、两端开口的环状中空圆筒形状，空洞外部和入口处为椅式构象的葡萄糖分子上的伯醇羟基，具有亲水性，空洞内部由碳氢键和醚键构成，呈疏水性，故能与一些小分子药物形成包合物。

常见 CYD 有 α、β、γ 三种，分别由 6 个、7 个、8 个葡萄糖分子构成，它们的空穴内径与物理性质都有较大的差异，以 β-CYD 为常用。CYD 包合药物的状态与 CYD 的种类、药物分子的大小、药物的结构和基团性质等有关。

环糊精所形成的包合物通常是药物在单分子空穴内包入，而不是在环糊精晶格中嵌入，客分子必须与主分子的空穴形状和大小相适应，大多数环糊精与药物可以达到摩尔比1∶1包合。被包合的有机药物应符合下列条件之一：药物分子的原子数大于5；如具有稠环，稠环数应小于5；药物分子量在100～400之间；水中溶解度小于10g/L，熔点低于250℃。无机药物大多不宜用环糊精包合。

> **问题提出**
> 常用的包合材料有哪些？

2. 环糊精衍生物

对β-CYD的分子结构进行修饰，将甲基、乙基、羟丙基、羟乙基、葡萄糖基等基团引入β-CYD分子中（取代羟基上的H），破坏了β-CYD分子内的氢键，改变其理化性质，更有利于容纳客分子。

（1）水溶性环糊精衍生物 常用的是葡萄糖基衍生物、羟丙基衍生物及甲基衍生物等。在CYD分子中引入葡萄糖基（用G表示）后其水溶性显著提高，葡萄糖基-β-CYD为常用的包合材料，包合后可提高难溶性药物的溶解度，促进药物吸收，降低溶血活性，可作为注射用的包合材料。二甲基-β-CYD（DM-β-CYD）既溶于水，又溶于有机溶剂，但刺激性也较大，不能用于注射与黏膜给药。

（2）疏水性环糊精衍生物 常用作水溶性药物的包合材料，以降低水溶性药物的溶解度，使其具有缓释性。如乙基-β-CYD微溶于水，比β-CYD的吸湿性小，具有表面活性，在酸性条件下比β-CYD稳定。

三、包合物的制备

1. 饱和水溶液法

将环糊精配成饱和水溶液，加入药物（难溶性药物可用少量丙酮或异丙醇等有机溶剂溶解）混合30min以上，药物与环糊精形成包合物后析出。水中溶解度大的药物，其包合物仍可部分溶解于溶液中，此时可加入有机溶剂，促使包合物析出。将析出的包合物过滤，用适当的溶剂洗净、干燥即得。此法亦称为重结晶法或共沉淀法。如檀香挥发油β-环糊精包合物的制备。

2. 研磨法

研磨法又称捏合法，是将β-CYD与2～5倍量的水混合、研匀，加入客分子药物（难溶性药物应先溶于有机溶剂中），充分研磨至糊状，低温干燥后，再用适宜的有机溶剂洗净，干燥即得包合物。如研磨法制备维A酸包合物。

3. 冷冻干燥法

此法适用于制成包合物后易溶于水，且在干燥过程中易分解、变色的药物。肉桂挥发油β-环糊精包合物采用冷冻干燥法制备，成品疏松，溶解度好，可制成注射用粉末。

此外，难溶性的药物还可以用喷雾干燥法制成包合物。喷雾干燥法制得的地西泮与β-环糊精包合物，增加了地西泮的溶解度，提高了生物利用度。

四、包合物的验证

药物与包合材料是否形成包合物,可根据药物的结构和性质,采用物相鉴别方法进行验证。

1. 扫描电子显微镜法

含药包合物和不含药包合物以及原料药通常由于晶格排列发生变化而导致形状有所不同。采用扫描电镜可直接观察它们微观结构的差别。

2. 薄层色谱法

通过观察色谱展开后斑点是否存在、斑点的位置及比移值(R_f 值)来判断包合物的形成。在相同的色谱条件下,由于被包合的药物其物理性质发生改变,导致薄层色谱斑点位置位移,甚至无展开斑点。

3. X射线衍射法

可用X射线衍射法比较结晶型药物粉末包合前、后衍射峰的变化情况来验证包合物是否形成。该法是利用结晶型药物的X射线衍射性质随药物结晶度改变而变化的特点进行判断的。各晶体物质在相同的角度具有不同的晶面间距,从而显示不同的衍射峰。如萘普生与β-CD的物理混合物的衍射峰与两物质单独衍射谱重叠,而萘普生β-CD包合物不显示衍射峰,表明包合物为无定形状态。因此,结晶度高的晶型药物所表现出的较强的特征衍射峰,经环糊精包合后,结晶程度下降或消失,在X射线衍射图谱上药物的特征衍射峰会消失或减弱。

4. 相溶解度法

因难溶性药物包合后溶解度增大,通过测定药物在不同浓度的CD溶液中的溶解度,以药物溶解度为纵坐标,环糊精溶解度为横坐标,绘制相溶解度曲线,可从曲线判断包合物是否形成,并得到包合物的溶解度数据。

5. 热分析法

热分析法是基于结晶性药物在熔化过程中吸热情况来定性和定量分析其结晶程度。一般来说,结晶性物质在熔点位置因吸热呈现典型的吸热峰,而在加热至很高温度时药物分解,可检测到药物分解的放热峰。热分析法以差示热分析法(DTA)和差示扫描量热法(DSC)较为常用。药物包合于环糊精后,药物的结晶程度减弱或消失,因此在热分析图谱上无法检测到药物结晶的吸热峰,通过比较原料药物与环糊精包合物的图谱以验证包合物是否形成,如图12-1所示。

6. 红外光谱法

药物分子结构决定了红外区吸收特征,可根据红外吸收峰的位移、吸收峰降低或消失等情况来判断包合物形成与否,主要应用于含羰基药物包合物的检测。

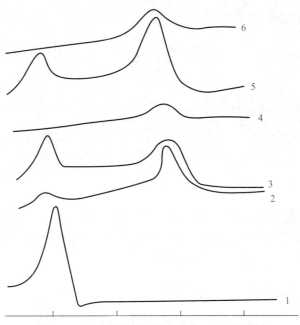

图 12-1　陈皮挥发油及其包合物 DTA 曲线图

1—陈皮挥发油；2—β-CD；3—物理混合物（1∶8）；4—包合物（1∶8）；
5—物理混合物（1∶4）；6—包合物（1∶4）

7. 核磁共振法

根据核磁共振（NMR）谱上原子的化学位移大小可推断包合物的形成。^{1}H-NMR 用于含有芳香环的药物测定，而不含芳香环的药物宜采用 ^{13}C-NMR 法。

8. 紫外分光光度法

主要根据紫外吸收形状如吸收峰位置和高度来判断包合物形成与否。如生姜挥发油及生姜挥发油与 β-CD 的物理混合物在 237nm 波长处有最大吸收峰，但将生姜挥发油与 β-CD 制成包合物后则此波长下的吸收峰消失，而表现出与 β-CD 类似的峰形，从紫外吸收峰位置的消失验证了能形成包合物。

9. 荧光光谱法

荧光光谱法是比较药物与包合物的荧光光谱，从曲线和吸收峰的位置和高度来判断包合物是否形成。

10. 圆二色光谱法

平面偏振光通过光学活性物质时，除了圆偏振光发生旋转外，还有偏振光被吸收的现象，导致左右旋转圆偏振光能量不同，此现象称为圆二色性。由于左右旋转圆偏振光的振幅不同，合成后沿椭圆轨迹运动，称为椭圆偏振光。以旋光度或椭圆率为纵坐标、波长为横坐标作图，若得具有峰尖和峰谷的曲线，称 Cotton 效应，曲线称为 Cotton 效应曲线，即圆二色光谱（circular dichroism spectroscopy），从曲线形状可判断包合与否。

第二节 微囊化技术

一、微囊化概述

1. 概念

微囊化技术又称为微型包囊技术,简称微囊化,系指利用天然的或合成的高分子材料(囊材)作为囊膜壁壳,将固态药物或液态药物(囊心物)包裹形成药库型微型胶囊的技术。微型胶囊简称为微囊。

2. 目的

药物微囊化后主要可以起到以下作用:①提高药物的稳定性;②制备缓释或控释制剂;③防止药物在胃肠道内失活或减少对胃肠道的刺激性;④掩盖药物的不良臭味;⑤使药物浓集于靶区,提高疗效,降低毒副作用;⑥使液态药物固体化,便于制剂生产应用和贮存;⑦减少复方制剂中的配伍禁忌;⑧可将活细胞或生物活性物质包囊。

M12-1 微囊制剂

二、囊心物与囊材

1. 囊心物

除了主药外,还可以包入为提高微囊化质量而加入的附加剂,如稳定剂、稀释剂及控制释放速率的阻滞剂或促进剂等。囊心物可以是固体也可以是液体,但微囊化的方法则应根据药物的不同性质(主要指溶解性)而定。例如,采用相分离-凝聚法时,囊心物一般不应是水溶性的固体或液体药物;采用界面聚合法时,囊心物则必须具有水溶性。

2. 囊材

指用于包囊所需的各种材料。囊材一般应符合下列要求:①性质稳定,能减少挥发性药物的损失,有适宜的释药速率;②无毒、无刺激性;③能与药物配伍,不影响药物的药理作用和含量测定;④有一定强度及可塑性,能完全包封囊心物;⑤有符合要求的黏度、渗透性、溶解性和吸湿性等。

目前常用的囊材分为三大类:

① 天然高分子材料,最常用的有明胶、阿拉伯胶、壳聚糖、海藻酸钠等。

② 半合成高分子囊材,常用的是纤维素衍生物,如羧甲基纤维素钠、邻苯二甲酸乙酸纤维素、甲基纤维素、乙基纤维素、羟丙基甲基纤维素、丁酸乙酸纤维素、琥珀酸乙酸纤维素等。

③ 合成高分子囊材,常用的合成高分子囊材有聚乙烯醇、聚乙二醇、聚碳酯、聚苯乙烯、聚酰胺、硅橡胶、聚乳酸(PLA)、聚维酮、聚甲基丙烯酸甲酯

（PMMA）等。

三、微囊的制备技术

> **问题提出**
> 微囊化的方法有哪些？

根据药物和囊材的性质、微囊的粒径、释放性能以及靶向性的要求，可选择不同的微囊化方法。归纳起来有物理化学法、物理机械法和化学法三大类。

1. 物理化学法

本法微囊化在液相中进行，囊心物与囊材在一定条件下形成新相析出，故又称相分离法（phase separation）。其微囊化步骤大体可分为囊心物的分散、囊材的加入、囊材的沉积和囊材的固化四步。

相分离法又分为单凝聚法、复凝聚法、溶剂－非溶剂法和液中干燥法等。单凝聚法和复凝聚法是当前对水不溶性的固体或液体药物进行微囊化最常用的方法，一般不需要特殊的生产设备。

（1）单凝聚法 是在高分子囊材溶液中加入凝聚剂以降低高分子材料的溶解度而凝聚成囊的方法。

① 基本原理和工艺流程 以一种高分子化合物为囊材，将囊心物分散在囊材的溶液中，然后加入凝聚剂，由于囊材胶粒上的水合膜中的水分子与凝聚剂结合，致使体系中囊材的溶解度降低而凝聚出来形成微囊。这种凝聚作用是可逆的，可利用这种可逆性使凝聚过程反复多次，直至制成满意的微囊。再利用囊材的某些理化性质，使形成的凝聚囊胶凝并固化，形成稳定的微囊。

② 成囊条件

a. 囊材：除明胶外，还有CAP、乙基纤维素、苯乙烯-马来酸共聚物等。

b. 凝聚剂：强亲水性物质的电解质如硫酸钠、硫酸铵水溶液或强亲水性的非电解质如乙醇、丙酮等。

c. 固化剂：利用囊材的理化性质，使囊材发生不可逆胶凝并固化的物质。

d. 影响高分子囊材胶凝的主要因素是浓度、温度和电解质。浓度增加、温度降低促进胶凝。

（2）复凝聚法 是利用两种带有相反电荷的高分子材料作为囊材，在一定条件下交联且与囊心物凝聚成囊的方法。

① 基本原理和工艺流程 以明胶-阿拉伯胶为囊材，采用复凝聚法制备液状石蜡微囊时，阿拉伯胶在水溶液中其分子链上含有—COOH和—COO$^-$，带有负电荷；而明胶水溶液中含有其相应的解离基团—COO$^-$和—NH$_3^+$，在等电点以上带有负电荷，在等电点以下带有正电荷。将药物与阿拉伯胶溶液制成乳剂，在40～50℃与等量的明胶溶液混合，此时明胶仅带有少量的正电荷，并不发生凝聚现象。若用醋酸调节pH至4.0～4.1时，则明胶（A型）全部带有正电荷，与带负电荷的阿拉伯胶互相交联，将药物包裹，形成微囊。

② 常用囊材 除常用明胶-阿拉伯胶外，还可用明胶-桃胶、明胶-邻苯二

甲酸乙酸纤维素、明胶-羧甲基纤维素、明胶-海藻酸钠等。明胶常与其他材料配对使用，是因为明胶不仅无毒，而且成膜性能好，价廉易得，能满足复凝聚法包囊工艺的要求。

（3）溶剂-非溶剂法 是在囊材溶液中加入一种对囊材不溶的溶剂（非溶剂），引起相分离，从而将药物包裹成囊的方法（图12-2）。

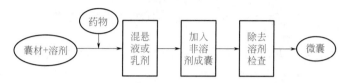

图12-2 溶剂-非溶剂法制备微囊工艺流程图

使用疏水囊材，要用有机溶剂溶解，疏水性药物可与囊材溶液混合；亲水性药物不溶于有机溶剂，可混悬或乳化在囊材溶液中。然后加入争夺有机溶剂的非溶剂，使材料降低溶解度而从溶液中分离，除去有机溶剂即得。

（4）液中干燥法 从乳状液中除去分散相中的挥发性溶剂以制备微囊的方法，亦称复乳法，是将制成的W/O/W型复乳除去其中的有机溶剂得到的能自由流动的干燥粉末状微囊（图12-3）。用于控制药物的释放速率。

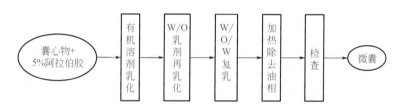

图12-3 液中干燥法制备微囊工艺流程图

2. 物理机械法

是将液体药物或固体药物在气相中进行微囊化的技术，主要有喷雾干燥法、喷雾冻结法和流化床包衣法等。

问题提出
物理机械法主要有哪几种方法？

（1）喷雾干燥法 可用于固态或液态药物的微囊化，粒径范围通常为5～600μm。工艺流程是先将囊心物分散在囊材的溶液中，再用喷雾法将此混合物喷入惰性热气流使液滴收缩成球形，进而干燥即得微囊（图12-4）。本法成品流动性好，质地疏松。

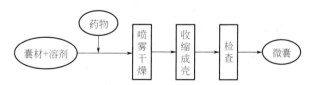

图12-4 喷雾干燥法制备微囊工艺流程图

（2）喷雾冻结法 将囊心物分散于熔融的囊材中，喷于冷气流中凝聚成囊的方法（图12-5）。常用的囊材有蜡类、脂肪酸和脂肪醇等，在室温均为固体，而在较高温下能熔融。

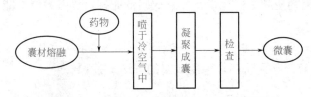

图 12-5　喷雾冻结法制备微囊工艺流程图

（3）流化床包衣法　利用垂直强气流使囊心物悬浮在包衣室中，囊材溶液通过喷雾附着于含有囊心物的微粒表面，通过热气流将囊材溶液挥去的同时将囊心物包成膜壳型微囊（图 12-6）。在药物微粉化包衣过程中加入适量的滑石粉或硬脂酸镁，可防止药物微粒之间的粘连。

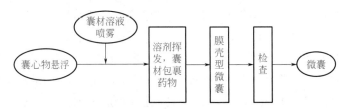

图 12-6　流化床包衣法制备微囊工艺流程图

3. 化学法

指利用液相中单体或高分子的聚合或缩合反应生成囊膜而制成微囊的方法。本法特点是不加凝聚剂，先将药物制成 W/O 型乳浊液，再利用化学反应交联固化。

（1）界面缩聚法　亦称界面聚合法，是在分散相（水相）与连续相（有机相）的界面上发生单体的聚合反应。

（2）辐射交联法　将明胶、PVA 等在乳剂状态以 γ 射线照射后发生交联，经处理得到球形镶嵌型微囊。再以微囊吸收药液中的药物，干燥后得到含有药物的微囊。该法工艺简单，成型容易，但缺点也较多，已不常用。

> **问题提出**
> 如何评价微囊的质量？

四、微囊的质量评价

微囊作为药物的中间载体，往往需要进一步加工成片剂、胶囊剂、注射剂、眼用制剂、气雾剂等，制成的制剂应符合《中国药典》2020 年版四部通则的规定。微囊自身需进行以下方面的质量评价。

1. 形态、粒度及其分布

通过对微粒形态的检测，可以了解微粒的外观形态及其结构，形态的检查，有利于制剂质量的控制。通常可采用光学显微镜、扫描电镜、投射电镜观察微球的形态，该法比较直观，能够提供清晰可视的照片，照片上应注明放大倍数和长度标尺。

微粒的粒径及其分布是一项十分重要的指标，传统的粒径检查方法是用带标尺的光学显微镜，随机测定不少于 500 个微粒的粒径，获得粒径的平均值及其分布的数据或图形。近年来，粒径及其分布多采用激光散射法测定。

2. 载药量与包封率

载药量（drug loading）系指微囊中所含药物的质量百分数。其检测方法一般采用合适的有机溶剂将微囊的囊壁溶解，再将药物分离或提取出来进行检测。所选择的溶剂应能使药物最大限度溶出，同时溶解最少量的囊材，且溶剂不干扰含量测定。载药量的计算公式如下：

$$载药量 = \frac{微囊中所含药物的量}{微囊的总量} \times 100\%$$

包封率（entrapment efficiency）系指微球中的药物占理论投药量的质量百分数，它是考量药物微囊化工艺好坏的一项重要指标。包封率的计算公式如下：

$$包封率 = \frac{系统中包封的药量}{系统中包封与未包封的总药量} \times 100\%$$

$$= \frac{液体介质中未包封的药量}{系统中包封与未包封的总药量} \times 100\%$$

包封率一般不得低于 80%。

3. 释药速率

微囊的释药速率应符合具体的临床要求，因此必须进行释药速率的测定，测定方法可采用《中国药典》2020 年版四部通则 0931 项下释放度测定法测定。若微囊制成缓释、控释、迟释制剂，则应符合缓释、控释、迟释制剂指导原则的要求。

4. 有机溶剂残留量

制备微囊过程中，一般都使用有机溶剂，如果在制备过程中未能完全除去，可能残留在微粒内部。因此，凡生产过程中引入有害有机溶剂时，应采用《中国药典》2020 年版四部通则 0861 项下残留溶剂测定法测定，残留量不得超过《中国药典》规定限度，凡药典中未规定限度者，可参考 ICH（国际人用药品注册技术协调会）。

5. 突释效应

药物在微囊中的情况一般有三种，即吸附、包入和嵌入。在进行体外释放试验时，吸附在微囊表面的药物会快速释放，称为突释效应（burst effect）。体外释放开始 0.5h 内的累积释放量要求低于 40%。若微囊产品分散在液体介质中贮存，应检查渗漏率，可由下式计算：

$$渗漏率 = \frac{产品在贮存一定时间后渗漏到介质中的药量}{产品在贮存前包封的药量} \times 100\%$$

第三节 缓释、控释制剂

一、缓释、控释制剂概述

1. 概念

问题提出：简述缓释、控释制剂的概念。

视频扫一扫

M12-2 缓释、控释制剂

根据《中国药典》2020年版,缓释、控释和迟释制剂的定义如下:

(1) 缓释制剂 系指在规定释放介质中,按要求缓慢地非恒速释放药物,与相应的普通制剂比较,给药频率比普通制剂减少一半或给药频率比普通制剂有所减少,且能显著增加患者顺应性的制剂。

(2) 控释制剂 系指在规定释放介质中,按要求缓慢地恒速或接近恒速释放药物,其与相应的普通制剂比较,给药频率比普通制剂减少一半或给药频率比普通制剂有所减少,血药浓度比缓释制剂更加平稳,且能显著增加患者顺应性的制剂。

缓释与控释制剂的主要区别在于缓释制剂是按时间变化先多后少地非恒速释放,而控释制剂是按零级释放规律释放,即其释药是不受时间影响的恒速释放,可以得到更为平稳的血药浓度,峰谷波动小,甚至吸收基本完全。缓释、控释制剂包括口服普通制剂,也包括眼用、鼻腔、耳道、阴道、直肠、口腔或牙用、透皮或皮下、肌内注射及皮下植入制剂,使药物缓慢释放吸收,避免肝门静脉系统的首过效应。

2. 缓释、控释制剂的特点

缓释、控释制剂与普通口服制剂相比较,主要有以下特点:

(1) 减少给药次数,使用方便,提高患者的顺应性。特别适用于需要长期服药的慢性疾病患者,如心血管疾病、心绞痛、高血压、哮喘等。

(2) 血药浓度平稳,避免或减少峰谷现象,有利于降低药物的不良反应。

(3) 减少用药的总剂量,可用最小剂量达到最大药效。

(4) 避免某些药物对胃肠道的刺激性。

(5) 缓释、控释制剂也有其不足

① 临床上难以灵活调节给药剂量,如遇到某种特殊情况(如出现较大不良反应),往往不能立刻停止治疗。

② 缓释、控释制剂的设计是基于健康人群的药物动力学依据,当药物在疾病状态的体内动力学特征有所改变时,临床上难以灵活调节给药方案。

③ 工艺复杂,产品成本较高,价格较贵。

二、缓释、控释制剂的载体材料

载体材料是调节药物释放速率的重要物质。使用适当的载体材料,可以使缓释和控释制剂中药物的释放速率和释放量达到设计要求，确保药物以一定速度输送到患部并在体内维持一定浓度，获得预期疗效，减小毒副作用。缓释、控释制剂中能够起缓（控）释作用的载体材料包括阻滞剂、骨架材料、包衣材料和增稠剂（表12-1）。

表12-1 缓、控释制剂中常用的载体材料

载体材料类型		常用载体材料
阻滞剂	疏水性强的脂肪、蜡类材料	动物脂肪、蜂蜡、巴西棕榈蜡、氢化植物油、硬脂醇、单硬脂酸甘油酯、乙酸纤维素酞酸酯（CAP）、丙烯酸树脂L及S型、羟丙基甲基纤维素酞酸酯（HPMCP）、乙酸羟丙基甲基纤维素琥珀酸酯（HPMCAS）等
骨架材料	不溶性骨架材料	乙基纤维素（EC）、聚甲基丙烯酸酯、聚氯乙烯、聚乙烯、乙烯-乙酸乙烯共聚物（EVA）、硅橡胶等
	溶蚀性骨架材料	动物脂肪、蜂蜡、氢化植物油、硬脂酸、硬脂醇、单硬脂酸甘油酯等
	亲水胶体骨架材料	甲基纤维素（MC）、羧甲基纤维素钠（CMC-Na）、羟丙基甲基纤维素（HPMC）、聚维酮（PVP）、卡波姆、海藻酸钠盐或钙盐、脱乙酰壳多糖等
包衣材料	不溶性高分子材料	乙酸纤维素（CA）、EC、EVA等
	肠溶性高分子材料	CAP、HPMCP、丙烯酸树脂L及S型、聚乙酸乙烯苯二甲酸酯（PVAP）、HPMCAS等
增稠剂	水溶性高分子聚合物	明胶、PVP、CMC-Na、聚乙烯醇（PVA）、右旋糖酐等

三、缓释、控释制剂的设计

缓释、控释制剂的设计，需要对药物进行全面、系统地考察和研究。主要包括以下几个方面。

1. 药物的选择

药物的半衰期通常是判断药物能否制成缓释、控释制剂的重要参数。半衰期适中的药物（$t_{1/2}$ 为 2～8h）一般比较适合制成缓释、控释制剂。半衰期太短的药物（$t_{1/2}$<1h，如呋塞米、左旋多巴等）不宜制成缓释、控释制剂。因为药物在体内消除很快，只有通过加大给药剂量才能维持治疗浓度，这会导致制剂单位重量或体积增加，造成制备困难并影响患者的顺应性。而半衰期较长的药物（$t_{1/2}$>24h，如苯妥英、地高辛和华法林等）本身已具有缓释效果，一般不必制成缓释制剂。

目前对适合制备缓释、控释制剂的药物无明确的界定，过去曾认为半衰期较短或较长、剂量较大、具有首过效应或抗生素等药物不宜制成缓释、控释制剂。但是随着缓释、控释制备技术的发展及新辅料的研发，这些药物也被开发成了缓

> **问题提出**
> 缓释、控释制剂设计主要包括哪几个方面？

释、控释制剂。如已经上市的头孢克洛缓释片、头孢氨苄缓释胶囊、庆大霉素缓释片；半衰期分别为22h和32h的非洛地平和地西泮也已经有每日1次的缓释片进入临床研究和应用。对于首过效应强的药物主要采取增加给药剂量或部分饱和肝药酶等策略，如盐酸普罗帕酮缓释胶囊采用的就是增加剂量的方式来提高生物利用度，普通片用法是每天3次，每片150mg，每日总剂量450mg；缓释胶囊的用法是每天2次，每粒325mg，每日总剂量650mg。一些成瘾性药物如咖啡因、可待因等也已经被制成缓释制剂以适应特殊医疗的需要。

但剂量很大、溶解吸收很差、药效剧烈、剂量需要精密调节的药物以及抗菌效果依赖峰浓度的抗生素，一般不宜制成缓释、控释制剂。

2. 药物的性质

（1）药物理化性质

① 药物的溶解度　药物的缓释、控释制剂多为固体制剂，需要考虑药物在胃肠道中的溶解和吸收，药物在吸收部位以溶液形式存在更易被吸收进入体内。通常水溶性较大的药物适合制成缓、控释制剂，溶解度较小的药物（<0.01mg/mL）本身具有缓释作用，将难溶性药物制成缓释、控释制剂时，因其溶出是药物释放和吸收的限速步骤，所以需要采取一定的技术提高药物的溶解度，如固体分散技术等，以改善药物的溶出及生物利用度。

② 解离常数 pK_a　大多数药物呈弱酸性或弱碱性，具有解离型和非解离型两种存在形式。通常非解离型更易通过生物膜。从胃到肠道pH逐渐升高，药物的解离状态会发生变化，影响药物的吸收。

③ 油水分配系数　药物口服后，需要跨过胃肠道的生物膜才能被吸收。药物的油水分配系数是评价其跨膜能力的一个重要参数。油水分配系数过高，药物脂溶性较大，会与生物膜产生较大的结合力，而不易进入血液循环。油水分配系数较小的药物亲水性强，不易与生物膜结合，也较难通过生物膜。只有油水分配系数适中的药物才可以较好地通过生物膜进入血液循环。

④ 稳定性　有些口服药物易被胃肠道酸、碱水解或者被胃肠道的酶降解。如果药物在胃中不稳定，可制成肠溶型制剂应用。如果药物在小肠中不稳定，药物释放后即被降解，造成生物利用度降低，则需要对药物的剂量、剂型或给药途径等进行重新设计。

（2）药物动力学性质

① 药物的吸收　缓释、控释制剂主要是通过调节药物的释放速率来控制药物的吸收，释药速率要慢于吸收速率。药物的吸收部位对口服缓释、控释制剂的研究也非常重要。药物最好在整个消化道中都有吸收，如果药物有特定的吸收部位或者是通过主动转运来吸收，则不利于制成缓释、控释制剂，应延长其在吸收部位的时间，制成胃或者肠道滞留型缓释、控释制剂，如胃漂浮制剂或生物黏附制剂。口服吸收不完全、吸收无规律或吸收易受影响的药物不宜制备成缓释、控释制剂。

② 药物蛋白或组织结合率　药物会与胃肠道或者血液中的蛋白质结合，通

常情况下结合型药物不能穿过生物膜，可视为无活性，但是药物蛋白结合物可缓慢释放出游离药物，产生长效作用。蛋白结合率高或表观分布容积大的药物，易造成药物在体内的蓄积，在设计缓释、控释制剂时需要考虑药物与蛋白质或组织结合的影响。

③ 代谢　某些药物长期服用后能诱导和抑制药物代谢酶的合成，这类药物若被设计成缓释、控释制剂应用能导致酶促或酶抑作用。另外，经肠壁代谢的药物，制成缓释、控释制剂时，肠壁中的酶类可降解药物使其生物利用度降低。采用药物和酶抑制剂联合给药的方式，可使药物吸收量增加，同时延长其治疗作用。

(3) 药效学性质　药效剧烈（治疗指数小）的药物如果制剂设计和制备工艺不周密，有可能造成批次间差异，或导致药物大量突释或释药过快，使血药浓度超过最低中毒浓度，引发药物毒副反应。因此，设计这类药物的缓释、控释制剂时需要精确控制药物的释放，并严格控制制备工艺。另外，血药浓度与药效没有相关性的药物不宜制成缓释、控释制剂。

3. 药物剂量

一般认为口服给药的单次最大剂量范围是 0.5～1.0g。由于制剂技术的发展及异形片的出现，目前有些上市制剂的剂量已经超过这个限度。

缓释、控释制剂剂量的设计可以依据普通制剂的用法和剂量进行设定。如某药物普通制剂每日 3 次、每次 10mg，若设计为缓释、控释制剂，可每日 1 次、每次 30mg。但是该法并不十分精确，欲得到更加合理的给药剂量需要根据药物的动力学参数，按照血药浓度和给药间隔进行计算，但这种方法涉及的影响因素较多。

4. 设计要求

(1) 生物利用度　为了保证缓释、控释制剂有较好的生物利用度，通常根据药物在胃肠道中的吸收速率控制药物在制剂中的释放速率。缓释、控释制剂的生物利用度一般为普通制剂的 80%～120%。如果药物的吸收部位在胃和小肠，可设计成每 12h 给药 1 次；如果药物在结肠也有吸收，可设计成每日 1 次。

(2) 峰谷浓度比值　缓释、控释制剂稳态时峰浓度和谷浓度之比应该小于普通制剂，也可用波动百分数表示。根据这一要求，半衰期短、治疗窗窄的药物，可设计为每 12h 给药 1 次；而半衰期长、治疗窗宽的药物可设计成每 24h 给药 1 次。

> **问题提出**
> 缓释、控释制剂的设计要求是什么？

四、缓释、控释制剂的制备

缓释、控释制剂类型很多，有骨架型缓释、控释制剂，包括骨架片（不溶性骨架片、生物溶蚀性骨架片、亲水凝胶骨架片）、缓释（控释）颗粒压制片、胃内滞留片、生物黏附片和骨架型小丸等；膜控型缓释、控释制剂，包括微孔膜包衣片、肠溶膜控释片、膜控释小片、膜控释小丸等；渗透泵型控释制剂；植入型给药剂型；经皮给药系统；脉冲式释药系统或自调式释药系统等。不同类型缓释、控释制剂的制备方法不同。

骨架型缓释、控释制剂是指药物和一种或多种惰性固体骨架材料通过压制或融合技术制成片状、小粒或其他形式的制剂。其中的胃内滞留片系指一类能滞留于胃液中，延长药物在消化道内的释放时间，改善药物吸收，有利于提高药物生物利用度的片剂。一般可在胃内滞留达 5～6h。此类片剂由药物和一种或多种亲水胶体及其他辅料制成，又称胃内漂浮片，实际上是一种不崩解的亲水性凝胶骨架片。为提高滞留能力，加入疏水性且相对密度小的酯类、脂肪醇类、脂肪酸类或蜡类，如单硬脂酸甘油酯、鲸蜡酯、硬脂醇、硬脂酸等。乳糖、甘露糖等的加入可加快释药速率，聚丙烯酸酯等的加入可减缓释药，有时还加入十二烷基硫酸钠等表面活性剂以增加制剂的亲水性。

膜控型缓释、控释制剂主要适用于水溶性药物，用适宜的包衣液，采用一定的工艺制成均匀的包衣膜，达到缓释、控释目的。包衣液由包衣材料、增塑剂和溶剂（或分散介质）组成，根据膜的性质和需要可加入致孔剂、着色剂、抗黏剂和遮光剂等。由于有机溶剂不安全，有毒，易产生污染，目前大多将水不溶性的包衣材料用水制成混悬液、乳状液或胶液，统称为水分散体，进行包衣。水分散体具有固体含量高、黏度低、成膜快、包衣时间短、易操作等特点，目前市场上有两种类型的缓释包衣水分散体：一类是乙基纤维素水分散体，商品名为 Aquacoat 和 Surelease；另一类是聚丙烯酸树脂水分散体，商品名为 Eudragit L 30D-55 与 Eudragit RL30D。

渗透泵片是由药物、半透膜材料、渗透压活性物质和推动剂等组成。常用的半透膜材料有乙酸纤维素、乙基纤维素等。渗透压活性物质（即渗透压促进剂）起调节药室内渗透压的作用，其用量多少关系到零级释药时间的长短，常用乳糖、果糖、葡萄糖、甘露糖。推动剂亦称为促渗透聚合物或助渗剂，能吸水膨胀，产生推动力，将药物层的药物推出释药小孔，常用分子量为 3 万～500 万的聚羟甲基丙烯酸烷基酯以及分子量为 1 万～36 万的 PVP 等。此外，渗透泵片中还可加入助悬剂、黏合剂、润滑剂、润湿剂等。

五、缓释、控释制剂释药原理

1. 溶出原理

问题提出
简述缓释、控释制剂的溶出原理。

根据 Noyes-Whitney 方程，通过减小药物的溶解度，增大粒径，以降低药物的溶出速率，达到长效作用。

① 制成溶解度小的盐或酯，如睾丸素丙酸酯以油注射液供肌内注射，药效约延长 2～3 倍。

② 与高分子化合物生成难溶性盐，如胰岛素制成鱼精蛋白锌胰岛素，药效可维持 18～24h。

③ 增加难溶性药物的粒径。如超慢性胰岛素中所含胰岛素锌晶粒，大部分超过 10μm，作用可长达 30h；晶粒不超过 2μm 的半慢性胰岛素锌，作用时间则

为 12～14h。

2. 扩散原理

药物溶解后从制剂中扩散出来进入体液，释药受扩散速率的控制。

(1) 包衣 将药物小丸或片剂用阻滞材料包衣。阻滞材料有肠溶材料和水不溶性高分子材料。如乙基纤维素为水不溶性包衣膜。

(2) 制成微囊 微囊膜为半透膜，囊膜厚度、微孔孔径等决定药物的释放速率。

(3) 制成不溶性骨架 如聚乙烯、聚乙烯乙酸酯、聚甲基丙烯酸酯、硅橡胶等水不溶性材料制备的骨架型缓释、控释制剂，药物的释放符合 Higuchi 方程。适于水溶性药物，药物释放完后，骨架随粪便排出体外。

(4) 增加黏度以减少扩散速率 主要用于注射液或其他液体制剂。如 CMC（1%）用于盐酸普鲁卡因注射液（3%），可使作用延长至约 24h。

(5) 制成植入剂 系由原料药物或与辅料制成的供植入人体内的无菌固体制剂。药效可长达数月甚至数年，如孕激素植入剂。一般采用特制的注射器植入、手术切开植入。

(6) 制成乳剂 水溶性药物以精制羊毛醇和植物油为油相，制成 W/O 乳剂型注射剂。在体内（肌内），水相中的药物向油相扩散，再由油相分配到体液，因此有长效作用。

3. 溶蚀与扩散、溶出结合

实际上，释药系统不只取决于溶出或扩散。如生物溶蚀型骨架系统、亲水凝胶骨架系统，不仅药物可从骨架中扩散出来，骨架本身也处于溶蚀的过程。

4. 渗透压原理

利用渗透压原理制成的控释制剂，能均匀恒速地释放药物，释药速率与 pH 值无关，在胃中与在肠中的释药速率相等。

5. 离子交换作用

药物结合于水不溶性交联聚合物组成的树脂上，与带有适当电荷的离子接触时，通过离子交换将药物游离释放出来。如阿霉素羧甲基葡聚糖微球在体内与体液中的阳离子进行交换，阿霉素逐渐释放发挥作用。

药物被包裹在高分子聚合物膜内，形成贮库型缓释、控释制剂，释药速率可通过不同性质的聚合物膜加以控制，以获得零级释药。贮库型制剂中所含药量比普通制剂大得多，药物贮库损伤破裂会导致毒副作用。

六、缓释、控释制剂的体内外评价方法

1. 体外释药行为评价

体外释放度试验是在模拟体内消化道条件下（如温度、介质、pH、搅拌速

> **问题提出**
>
> 简述缓释、控释制剂的体外评价方法。

率等),对制剂进行药物释放度试验,最后制订出合理的体外药物释放度,以监测产品的生产过程并对产品进行质量控制。体外释放度试验主要包括实验装置、释放介质、搅拌、取样时间等。

(1) 实验装置 USP43版共收录了7种装置用于释放度的测定。装置1为转篮法、装置2为桨法、装置3为往复筒法、装置4为流通池法,它们可用于缓(控)释制剂释放度的测定。装置5和6用于透皮给药系统释放度的测定。装置7为往复夹法,在缓(控)释制剂释放度的测定和透皮给药系统释放度的测定中均适用。《中国药典》2020年版共收录了5种方法,分别为篮法、桨法、小杯法、桨碟法和转筒法。

篮法和桨法是目前应用最多也是最成熟的方法。但桨法有一个缺点,即供试品会上浮,所以在《美国药典》43版有三项测定使用了防止上浮的辅助装置(不锈钢圈,Stainless Steel Spiral;六角线圈,Wire Helix等)。不同装置赋予释放介质不同的流体动力学性质,这与人体胃肠运动所造成的复杂的内容物运动形态相比,还有很大的差距。一般认为,用非循环介质的流通池法(装置4)更接近于人体的情况。但篮法和桨法经过长期的应用,一般还是首选方法。

(2) 释放介质 如果说实验装置是在模拟人体,那么释放介质则是在模拟胃肠道的内容物,但无论如何也只能是很粗略地模拟。

① 介质种类 在口服缓(控)释制剂的体外释放度测定中,溶剂种类的选择十分重要。通常情况下,水性介质(水、0.1mol/L的盐酸溶液和不同pH的缓冲盐溶液)为首选溶出介质。对于难溶性药物,可选用水性介质加适量表面活性剂或非挥发性有机溶剂(如丙二醇)以满足"漏槽条件",漏槽条件的生理学解释为:药物一旦释放出来,立即在体内被迅速吸收。另外,《英国药典》(BP)还规定事先应除去溶入的气体,《美国药典》(USP)规定介质中的气体应不影响释放度。

② 体积 释放介质的体积共有5种:250mL、500mL、750mL、900mL、1000mL,其中900mL和1000mL比较常用。除另有规定外,USP规定释放介质为900mL,BP规定为1000mL。选择释放介质体积的一个重要的标准是漏槽条件,即药物在释放介质中的浓度远小于其饱和浓度,这是在测定释放度时,需要控制的主要试验参数之一。

③ pH 生理pH在胃内为1~3.5,在小肠约为7,在结肠约为7.5。在释放度的测定中,常用人工胃液、人工肠液、0.1mol/L盐酸、pH6.8的磷酸盐缓冲液或pH4~8的缓冲液。通常先用低pH的人工胃液再换用高pH的人工肠液可以模拟制剂将要经历的体内pH变化,但在各pH区经历的时间却是无法确定的。药典一般规定低pH区所用的时间为2h,这显然是在模拟胃内的低pH环境。但这样的模拟只是一种比较粗糙的模拟,精确模拟pH环境是不现实的。

④ 温度与黏度 因为人体的体温一般为37℃,所以大多数口服缓(控)释制剂的释放度测定温度都选用37℃。进食状态下的胃肠道内液体往往具有一定黏度,因而会对释药系统的释放行为有很大影响。有时选择适宜黏度的释放介质,可能会获得比较理想的体内外相关性效果。例如,文献报道中有采用甲基纤

维素来增加介质黏度的报道。

⑤ 离子及离子强度　胃液中主要的离子是 H^+ 和 Cl^-，肠液中主要的离子是 HCO_3^-、Cl^-、Na^+、K^+、Ca^{2+}，释放度试验常使用的人工胃液即稀盐酸，而人工肠液则使用磷酸盐缓冲液，并未模拟肠内的离子环境。USP43 版中有的项目明确规定了缓冲盐的种类和含量。离子的种类及含量一方面可能会与控释辅料相互作用，直接影响释药系统的释药特性，这对于自身可以解离荷电的高分子材料作用最为显著；另一方面，离子的种类及含量还会导致介质的渗透压大小不同，从而影响水分向释药系统内部的渗透速度，最终影响释药系统的释药特性。

⑥ 表面活性　释放介质的表面活性对于药物及释药系统均有影响。胆汁中的胆盐、胆固醇和卵磷脂不仅可以增加难溶性药物的溶解速率和程度，获得较高的生物利用度，还可以提高水分对于释药系统的浸润性，使释药系统的释药开始时间缩短，从而减小释药初期的"时滞"。在体外试验中，使用十二烷基硫酸钠、聚山梨酯或其他表面活性剂来增加难溶性药物溶解度的报道很多。

(3) 搅拌　为了模拟胃肠道的运动，体外释放度测定中都规定了一定的搅拌速率和强度，一般为 25～150r/min（USP 规定搅拌速率的差异要保持在 ±4% 以内，BP 规定在 ±5% 以内），无特殊规定时，一般桨法为 50r/min，篮法为 100r/min。

(4) 取样时间　《中国药典》2020 年版四部对取样时间的规定如下：释药全过程的时间不应低于给药的间隔时间，累积释放量要求达到 90% 以上。除另有规定外，通常将释药全过程的数据作累积释放率－时间的释药曲线图，制订出合理的释放度检查方法和限度。缓释制剂从释药曲线图中至少选出 3 个取样时间点：第一点为开始 0.5～2h 的取样时间点，用于考察药物是否有突释；第二点为中间的取样时间点，用于确定释药特征；最后的取样点，用于考察释药量是否基本完全。控释制剂除以上 3 点外，还应增加 2 个取样时间点，此 5 点可用于表征体外控释制剂药物释放度，其释放百分率的范围应小于缓释制剂。如果需要，可以再增加取样时间点。应该引起注意的是，对于大多数口服缓（控）释制剂，胃肠道的有效吸收时间为 8～12h。因此在开发研制新的口服缓（控）释制剂时，体外释放度测定往往测到 8～12h，取样点应在初期设置多些，而在末期设置少些。但有些药物在结肠末端甚至直肠上部仍可以被吸收，这样的药物在制成一天给药一次的释药系统时，其体外释放度的测定往往可以测到 14～18h。

(5) 取样点　USP 规定取样的位置应在桨或转篮的顶部到液面这段距离的 1/2 处，而且应离容器内壁 1cm 以上；BP 规定在容器壁与转篮外部距离的 1/2 处及转篮中部的交叉处；《欧洲药典》（EP）规定桨法的取样点在搅拌叶的尖端和距离容器最低点 50～60mm 处。

2. 体内过程评价

缓（控）释制剂最终需要进行体内试验来评价，其意义在于：用动物或人体验证该制剂在体内的控制释放性能的优劣，并将体内数据与体外数据进行相关性考察，以评价体外试验方法的可靠性，同时通过体内试验进行制剂的体内动力学研究，求算各种动力学参数，给临床用药提供可靠的依据。

> **问题提出**
> 简述缓释、控释制剂的体内评价方法。

(1) 临床前药代动力学试验 对于试制的口服缓（控）释制剂，首先应进行动物试验，研究其单次给药和多次给药后的药代动力学特点，考察其缓释特征。在试验中原则上采用成年 Beagle 犬或杂种犬，体重差值一般不超过 1.5kg。参比制剂应为上市的被仿制产品或合格的普通制剂。

① 单剂量给药 采用自身对照或分组对照进行试验，每组动物数不应少于 6 只。禁食 12h 以上，在清醒状态下，按每只动物等量给药，给药剂量参照人体临床用药剂量。取血点设计参照有关的要求。血药浓度－时间数据可采用房室模型法或非房室模型法估算相应的药代动力学参数。至少应提供 AUC、t_{max}、c_{max}、$t_{1/2}$ 等参数，并与同剂量的普通制剂的药动学参数进行比较，阐述试验制剂吸收程度是否生物等效，试验制剂是否具有所设计的释药特征。

② 多剂量给药 对于缓（控）释制剂可采用自身对照或分组对照进行试验，每组动物数不应少于 6 只。每日 1 次给药时，动物应空腹给药；每日多次给药时，每日首次应空腹给药，其余应在进食前 2h 或进食后至少 2h 后给药，连续给药 4～5 天（7 个半衰期以上），在适当的时间（通常是每次给药前）至少取血 3 次，以确定是否达到稳态水平。最后一天给药一次，并取稳态时完整给药间隔的血样进行分析。采用模型法或非房室模型法计算药代动力学参数。提供 t_{max}、c_{max}、稳态药时曲线下面积（AUC_{ss}）、波动系数（DF）和平均稳态血药浓度（c_{av}）等参数，与被仿制药或普通制剂比较吸收程度，DF 及 c_{av} 是否有差异，并考察试验制剂是否具有缓（控）释释药特征。

(2) 人体生物利用度和生物等效性试验 生物利用度是指剂型中药物吸收进入人体血液循环的速度和程度。生物等效性是指一种药物的不同制剂在相同试验条件下，给以相同的剂量，反映其吸收速率和程度的主要动力学参数没有明显的统计学差异。缓（控）释制剂在完成临床前试验后，报经国家药审部门批准后，应进行人体生物利用度和生物等效性试验来进一步考察制剂在人体内的释药情况，生物利用度和生物等效性试验应在单次给药和多次给药达稳态两种条件下进行。

① 单次给药双周期交叉试验 旨在比较受试者于空腹状态下服用缓（控）释受试制剂与参比制剂的吸收速率和吸收程度的生物等效性，并确认受试制剂的缓（控）释药代动力学特征。

a. 参比制剂 应选用该缓（控）释制剂相同的国内外上市主导产品作为参比制剂；若是创新的缓（控）释制剂，则以该药物已上市同类普通制剂的主导产品作为参比制剂，据此证实受试制剂的缓（控）释动力学特征及与参比制剂在吸收程度方面的生物等效性。

b. 试验过程 与通常普通制剂给药方法相同。

c. 药代动力学参数与数据 各受试者受试制剂与参比制剂的不同时间点血药浓度，以列表和曲线图表示；计算各受试者的药代动力学参数并计算均值与标准差——$AUC_{0\sim t}$、$AUC_{0\sim \infty}$、c_{max}、t_{max}、F 值，并尽可能提供其他参数如吸收速率常数（K_a）、体内平均滞留时间（MRT）等。

d. 生物利用度及生物等效性评价 缓（控）释受试制剂单次给药的相对生

物利用度估算同普通制剂。缓（控）释受试制剂与相应参比制剂比较，AUC、c_{max}、t_{max} 均符合生物等效性的统计学要求，可认定两制剂于单次给药条件下生物等效；若缓释、控释受试制剂与普通制剂比较，AUC 符合生物等效性要求，而 c_{max} 明显降低，t_{max} 明显延长，K_a 显著延长，则显示该制剂具缓（控）释动力学特征。

② 多次给药双周期交叉试验　旨在比较缓（控）释受试制剂与参比制剂多次连续用药达稳态时，药物的吸收程度、稳态血药浓度及其波动情况。试验设计方法如下。

a. 服药方法　每日 1 次用药的缓（控）释制剂，受试者于空腹 10h 后晨间服药，服药后继续禁食 2h；每日 2 次（1 次/12h）的制剂，首剂于空腹 10h 后服药，并继续禁食 2h，第二剂应在餐前或餐后 2h 服药。每次用 150～200mL 温开水送服。以普通制剂作为参比制剂时，该参比制剂照常规方法服用，但应与缓（控）释受试制剂的剂量相等。

b. 采样点的设计　连续服药的时间达 7 个消除半衰期后，通过连续测定至少 3 次谷浓度，以证实受试者血药浓度已达稳态。谷浓度采样时间应安排在不同日的同一时间内。达稳态后最后一个给药间期内，参照单次给药采样时间点设计，测定血药浓度。

c. 药代动力学参数与数据　各受试者缓（控）释受试制剂与参比制剂不同时间点的血药浓度数据以及均数和标准差；各受试者至少连续 3 次测定稳态谷浓度（c_{min}）；各受试者在血药浓度达稳态后末次给药的血药浓度-时间曲线；c_{max}、t_{max} 及 c_{min} 的实测值；并计算末次剂量服药前与达 τ 时间点实测 c_{min} 的平均值；各受试者的 AUC_{ss}、c_{av}（$c_{av}= AUC_{ss}/\tau$，式中 AUC_{ss} 系稳态条件下用药间隔期 $0～\tau$ 时间的 AUC，τ 是用药间隔时间）；受试者血药浓度波动度 DF[DF=$(c_{max}-c_{min})/c_{av}\times 100\%$]。

d. 统计学分析与生物等效性评价　与缓（控）释制剂的单次给药试验基本相同。

3. 体内外相关性评价

(1) 概念及分类　体内-体外相关性，指由制剂产生的生物学性质或由生物学性质衍生的参数（如 t_{max}、c_{max} 或 AUC），与同一制剂的物理化学性质（如体外释放行为）之间建立合理的定量关系。

缓释、控释要求进行体内外相关性的试验，它应反映整个体外释放曲线与血药浓度-时间曲线之间的关系。只有当体内外具有相关性时，才能通过体外释放曲线预测体内情况。

体内外相关性可归纳为三种：①体外释放曲线与体内吸收曲线（即由血药浓度数据去卷积而得到的曲线）上对应的各个时间点分别相关，这种相关简称点对点相关，表明两条曲线可以重合；②应用统计矩分析原理建立体外释放的平均时间与体内平均滞留时间之间的相关，由于能产生相似的平均滞留时间可有很多不同的体内曲线，因此体内平均滞留时间不能代表体内完整的血药浓度-时间曲线；③一个释放时间点（$t_{50\%}$、$t_{90\%}$ 等）与一个药物动力学参数（如 AUC、c_{max}

或 t_{max}）之间单点相关，它只说明部分相关。

（2）体内外相关性方法 缓释、控释制剂的体内外相关性，系指体内吸收相的吸收曲线与体外释放曲线之间对应的各个时间点回归，得到直线回归方程的相关系数符合要求，即可认为具有相关性。

① 体内-体外相关性的建立

a. 基于体外累积释放率-时间的体外释放曲线　如果缓释、控释、迟释制剂的释放行为随外界条件变化而变化，就应该另外再制备两种供试品（一种比原制剂释放更慢，另一种更快），研究影响其释放快慢的外界条件，并按体外释放度试验的最佳条件，得到基于体外累积释放率-时间的体外释放曲线。

b. 基于体内吸收率-时间的体内吸收曲线　根据单剂量交叉试验所得血药浓度-时间曲线的数据，对体内吸收符合单室模型的药物，可获得基于体内吸收率-时间的体内吸收曲线，体内任一时间药物的吸收率（F_a）可按以下 Wagner-Nelson 方程计算：

$$F_a = \frac{c_t + k\mathrm{AUC}_{0\sim t}}{k\mathrm{AUC}_{0\sim\infty}} \times 100\% \tag{12-1}$$

式中，c_t 为 t 时间的血药浓度；k 为由普通制剂求得的消除速率常数。

双室模型药物可用简化的 Loo-Riegelman 方程计算各时间点的吸收率。

② 体内-体外相关性检验　当药物释放为体内药物吸收的限速因素时，可利用线性最小二乘法回归原理，将同批供试品体外释放曲线和体内吸收相吸收曲线上对应的各个时间点的释放率和吸收率进行回归，得直线回归方程。如直线的相关系数大于临界相关系数（$P<0.001$），可确定体内外相关。

总之，体内外相关性能够赋予体外释放度试验一定的体内意义，在一定的条件下能够替代生物等效性试验。因此，体内外相关性的研究对于口服缓（控）释制剂的开发和生产都具有十分现实的意义。

第四节 靶向制剂

一、靶向制剂概述

1. 靶向制剂的概念与特点

靶向制剂又称为靶向载体或靶向给药系统（DTDS），系指采用载体将药物通过循环系统浓集于或接近靶器官、靶组织、靶细胞和细胞内结构的一类新制剂。具有提高疗效并显著降低对其他组织、器官及全身毒副作用的优点。靶向制剂应该具备定位浓集、控制释药、无毒可生物降解三个要素。靶向制剂在提高药物的安全性、有效性、可靠性和患者用药顺从性方面有重要意义。

2. 靶向性评价

靶向性评价是靶向制剂研究开发过程中比较重要的一个环节，需要借助此评价证明靶向制剂是否优于普通制剂，靶向制剂是否在靶部位定位分布。最常用的定量评价方式是一次给药后，绘制血药浓度－时间曲线，获得药-时曲线下面积（AUC），进行比较。主要评价方法有以下几种。

(1) 平均时间相对药物蓄积量 平均时间相对药物蓄积量，也简称为"相对摄取率"（r_e）。

$$r_e = \frac{(AUC_0^\infty)_{i,TTDDS}}{(AUC_0^\infty)_{i,CDDS}} \quad (12-2)$$

式中，$(AUC_0^\infty)_i$为第i个靶部位（可以是组织、细胞、细胞器）药-时浓度曲线下面积；TTDDS 和 CDDS 分别表示受试的靶向制剂和普通制剂。此公式可评价靶向制剂和普通制剂对靶部位i的靶向性。当$r_e>1$时，表明 TTDDS 在i中药物浓度高于普通制剂。

相对摄取率只能对两种不同给药系统在同一组织中的相对量给出比较，但是对 TTDDS 在靶部位、非靶部位的药物分布情况，没有给出任何的信息。这些信息可以通过靶向效率t_e来获得。

(2) 靶向效率（t_e）

$$t_e = \frac{(AUC_0^\infty)_{靶}}{(AUC_0^\infty)_{非靶}} \quad (12-3)$$

靶向效率用于评价 TTDDS 在靶组织和非靶组织的药物分布情况。$t_e>1$说明 TTDDS 对靶器官比非靶器官有选择性。如果非靶组织有多个，总靶向效率为T_e。

$$T_e = \frac{(AUC_0^\infty)_{靶}}{\sum_{i=1}^n (AUC_0^\infty)_i} \quad (12-4)$$

式中，$\sum_{i=1}^n (AUC_0^\infty)_i$是包括靶组织在内的全部组织的药-时曲线下面积之和。

(3) 分布效率（r_{t_e}）

$$r_{t_e} = \frac{(t_e)_A}{(t_e)_B} \quad (12-5)$$

分布效率r_{t_e}用于比较 A、B 两个给药系统靶向性的差异。

(4) 平均质量靶向效率（t_{w_e}） 当靶组织与非靶组织的质量相差较多时，r_e和t_e不能对不同组织中药物分布的剂量分数给出真实的指示，这种情况下应该用t_{w_e}来对靶向性进行评价。

$$t_{w_e} = \frac{(AUC_0^\infty)_{靶} W_{靶}}{(AUC_0^\infty)_{非靶} W_{非靶}} \quad (12-6)$$

此公式也可以简化为：

问题提出

简述靶向性评价的方法。

$$t_{w_e} = \frac{(AUQ_0^\infty)_{\text{靶}}}{(AUQ_0^\infty)_{\text{非靶}}} \tag{12-7}$$

AUQ_0^∞ 为组织中药物质量-时间曲线下的面积，Q 为药物质量，c 为药物浓度，W 为组织的质量，$Q=cW$。

(5) 靶向指数（t_i） 称峰浓度比。

$$t_i = \frac{c_{TTDDS}}{c_{CDDS}} \tag{12-8}$$

公式可用于不同给药系统的靶向性评价，表示不同给药系统在第 i 个组织中，t 时间点时药物浓度之比。

而在靶器官和非靶器官的靶向指数公式为：

$$t_i = \frac{c_{\text{靶}}}{c_{\text{非靶}}} \tag{12-9}$$

这些靶向评价的方法都需要从靶部位取样进行药物浓度的测定。而近些年来出现的新型仪器如小动物活体成像仪，可以通过荧光标记或活体影像学方法，处理数据，不需取样便可对靶向性给出定性和定量评价。

二、脂质体制备技术

M12-4 脂质体概述

脂质体系指药物被类脂双分子层包封成的微小囊泡。在囊泡的内水相和磷脂双分子层中可以包裹水溶性药物和脂溶性药物。1965 年英国科学家在表征作为细胞膜表面模型的脂质体混悬液的时候，为确定脂质体表面积，在电子显微镜下，第一个看到脂质体混悬液的粒子具有球形的、自我封闭的、多层的特征。

当前脂质体的研究主要集中在以下四个领域：①模拟生物膜的研究，脂质体也被称为人工生物膜；②药物的可控释放和体内靶向性研究；③作为非病毒载体将基因向细胞内传递；④高档化妆品的基质。脂质体是多功能定向性的药物载体，它具有如下特点。

脂质体是良好的药物载体，寻找新的脂质体制备方法和载药技术，一直是药剂学家研究的一大热点。脂质体的制备方法有几十种，根据药物装载模式的不同，可将脂质体制备方法进行分类，脂质体的制备涉及两个重要的过程，脂质体的形成和药物的装载。如果这两个过程　步完成，则为被动载药技术。如果是先形成空白脂质体，再进行药物装载，则为主动载药技术。

1. 被动载药技术

被动载药技术，是脂质体的形成和药物的装载同时完成的方法或技术。要求药物与磷脂有较强的相互作用，即药物具有较好的脂溶性，磷脂双分子层和药物之间有较强的疏水力或同时存在疏水力和静电吸引力，否则包封率低、易渗漏、稀释时包封率显著下降。属于被动载药技术的方法有以下几类。

（1）薄膜分散法 薄膜分散法又称干膜（分散）法，由 Bangham 最早报道，系将磷脂、胆固醇等溶于适量的有机溶剂（如氯仿、脂溶性药物可加在有机溶剂中），置于茄形瓶中，减压蒸发除去溶剂，得到一层很薄的磷脂膜，加入缓冲溶液（水溶性药物可以溶解在其中）水化磷脂膜，即得脂质体。

如果薄膜分散法制得的脂质体包封率低、粒径不均一，可以采用反复冻融、超声、高压乳匀的方法进行解决。此法的缺点是使用有机溶剂、无法产业化生产。

（2）冷冻干燥法　冷冻干燥法系将磷脂、胆固醇等溶于正丁醇等有机溶剂中，冷冻干燥得到冻干粉末，水化后得脂质体。如果冻干溶剂改为正丁醇-水溶液，溶液中还应添加二糖，则冻干后得到的是糖/脂的固体分散体，该方法可以解决脂质体溶液的稳定性问题，且可以产业化生产。

（3）喷雾干燥法　喷雾干燥法系将磷脂、胆固醇等溶于乙醇等有机溶剂中，喷雾干燥得到粉末，水化后即得脂质体。这种方法适合饱和磷脂（合成磷脂或动物磷脂）。

（4）反相蒸发法　由 Szoka 提出，使用和水不混溶的有机溶剂（如乙醚、氯仿等）溶解脂类物质，之后将脂相溶液和水相溶液混合[体积比为（3∶1）～（6∶1）]，形成 W/O 乳剂。减压蒸发除去有机溶剂，就会得到凝胶态物质，进行强烈振荡，即可得到脂质体。

（5）二次乳化法　二次乳化法又称复乳法，此法第1步是将磷脂溶于有机溶剂，加入待包封药物的水溶液，乳化得到 W/O 初乳，第2步将初乳加入到10倍体积的水中混合，乳化得到 W/O/W 乳液，然后除去有机溶剂即可得到脂质体。如果在处方中加入三酰甘油，就会得到多囊脂质体。这类方法的最大缺陷就是有机溶剂较难从体系中完全除去。

（6）超临界流体技术　超临界流体技术制备脂质体可避免引入有机溶剂。最常用的超临界流体是 CO_2，在温度超过 31℃、压力大于 7.38MPa 时，CO_2 形成超临界流体。超临界 CO_2 溶解磷脂的能力和环己烷相似，兼具有液体的密度和气体的高扩散能力、低黏度。1994 年 Caster 等首次应用超临界流体技术制备脂质体，该技术有以下两种最常用的方法。

① 超临界溶液快速膨胀法　按具体操作过程的不同又可以分为：方法一，将磷脂、药物以及有机共溶剂（如乙醇）溶解到 SCF（超临界流体）中，然后注射到水中形成脂质体；方法二，将磷脂、药物、有机共溶剂、水溶解在 SCF 中，喷射到空气中形成脂质体。

② 超临界流体逆向蒸发法　SCRPE（超临界逆向蒸发法）类似于传统的有机溶剂逆向蒸发法，是将磷脂、胆固醇、7%乙醇混合均匀，密封于反应釜中，通入超临界的 CO_2（温度要高于磷脂的相变温度），在超临界状态下孵育数十分钟，水相通过高压泵缓慢输入到反应釜中，之后缓慢释放压力除去 CO_2，即得脂质体。该法制备牛血清白蛋白脂质体的包封率高（70%）、稳定性好。Feral Temelli 用 SCRPE 法制备脂质体，较薄膜分散法的粒径更小，而且有效改善了因膜不完整而引起的渗漏问题。

（7）乙醇注入法　乙醇注入法是将类脂质和脂溶性药物溶于乙醇中，然后把油相匀速注射到水相（含水溶性药物）中，搅拌挥尽有机溶剂，再乳匀或超声得到脂质体。交叉流注射技术，也是应用溶剂注入为基础的制备方法。

2. 主动载药技术

主动载药技术，又称主动包封法、遥控包封装载技术。该技术要求药物为弱酸或者弱碱，并且可以和脂质体的内相缓冲液生成较稳定的复合物或者沉淀。

采用主动载药制备方法制备空白脂质体时，脂质体包封的是特定的内相缓冲液。该方法分为 pH 梯度法、硫酸铵梯度法、醋酸钙梯度法。

(1) pH 梯度法 自 1986 年用 pH 梯度法使阿霉素特异性地向脂质体内聚集后，pH 梯度法在脂质体产业化方面做出了巨大的贡献，上市的蒽环类抗生素脂质体制剂有 2 个产品使用了该技术。该方法的操作过程为以下 3 个步骤。

① 制备空白脂质体 选择内相缓冲液。如果药物为碱性，内相缓冲液应为酸性缓冲液，外相缓冲液的 pH 应接近生理 pH。酸性缓冲液应为多元有机酸，如枸橼酸、酒石酸等，药物能够和有机酸根复合形成胶态沉淀。

② 创造内相、外相的梯度 可以用氢氧化钠或碳酸钠溶液为外相缓冲液，调节步骤"①"制得空白脂质体，使脂质体膜内外形成质子梯度，得到内部酸性、外部碱性的脂质体。一般 pH 差在 3 或以上，即可认为内相和外相中药物的浓度相差 1000 倍以上。

③ 将步骤"②"得到的已经形成梯度的空白脂质体和待包封的药物孵育，完成药物的装载。

(2) 硫酸铵梯度法 制备过程和 pH 梯度法有相似之处，首先使用硫酸铵缓冲液制备空白脂质体，之后采用透析法除去脂质体外相的硫酸铵，形成磷脂膜内外的硫酸铵梯度，然后在加热条件下完成药物的装载。硫酸铵梯度法的优势在于：在接近中性的条件下制备空白脂质体，不会引起过多的磷脂分子水解。

(3) 醋酸钙梯度法 硫酸铵梯度法适于制备弱碱性药物的脂质体。而弱酸类药物的包封，可以使用醋酸钙梯度法或者是内碱外酸的 pH 梯度法。醋酸钙梯度法的流程与前两种制备方法相似。

三、被动靶向制剂

被动靶向制剂即自然靶向制剂，它的靶向原动力来自于机体的正常生理活动。当静脉注射给药后，载药的微粒被单核吞噬细胞系统（MPS）的巨噬细胞摄取，根据机体组织生理学特性对不同大小微粒的滞留性不同，载药微粒选择性地聚集于不同部位，释放药物而发挥疗效。较大直径（7～30μm）的微粒通常被肺的最小毛细血管床以机械滤过方式截留，被单核白细胞摄取进入肺组织；100nm～3μm 的微粒，靶向肝、脾等器官；1μm 以下的微粒可以被淋巴集结然后迁移至肠系膜淋巴结；380nm 以下的粒子可以靶向实体瘤；粒径小于 50nm 的微粒，通过毛细血管末梢靶向骨髓、淋巴。

除粒径外，微粒表面电荷、疏水性等都会影响微粒的体内分布。微粒形状是一个影响微粒血液循环时间和分布至关重要的参数，但研究者常会忽略形态学对微粒体内行为的影响。Champion 和 Mitragotri 测量了不同形状的聚苯乙烯粒子与巨噬细胞的相互作用，并定义了一个与长度归一化曲率相关的无量纲形状依赖参数 Ω，研究表明椭圆形或球体粒子容易成功地被内在化，吞噬速率与 Ω 呈现负相关。该研究团队也证明了一种蠕虫样的聚苯乙烯粒子与同样体积大小的圆形粒子相比被大鼠肺泡巨噬细胞吞噬的程度更小。B.D. Discher 等的研究也证实改变粒子形状可以延长循环时间，影响粒子的分布。

四、主动靶向制剂

主动靶向制剂是利用修饰的载体，将药物定向输送并浓集于靶部位发挥药效的制剂。主动靶向制剂包括修饰的药物载体和靶向前体药物。

问题提出
简述主动靶向制剂的组成。

1. 修饰的药物载体

药物载体主要是脂质体、纳米粒、聚合物胶束等，实现靶向性的修饰物主要有聚乙二醇、抗体、受体配体、抗原、多肽、糖基等。

(1) PEG 修饰的药物载体 药物载体表面长循环修饰最广泛使用的方法就是 PEG 化。PEG 为线性、柔顺、亲水性的聚合物，其覆盖在载体表面，呈毛刷状、蘑菇状或烙饼状构象云，通过空间位阻而阻止血清蛋白和载体的结合，降低载体被网状内皮系统（RES）吞噬，延长载体在体内的循环时间。所以 PEG 修饰又称长循环修饰。PEG 聚合物分子量的大小及用量的多少、载体表面的 PEG 密度都会影响药物的体内循环时间。常用 PEG 的分子量为 2000g/mol、3400g/mol、5000g/mol、10000g/mol 和 20000g/mol，2kDa 的 PEG 修饰的多烯紫杉醇-羧甲基纤维素偶联纳米粒子，体内循环时间最长。此外，有长循环效果的修饰物还有聚乙烯吡咯烷酮、单唾液酸神经节苷脂（GM1）等。

目前靶向制剂的主要应用领域是抗肿瘤，实体瘤组织中存在内皮间隙较大、结构不完整的血管，再加上淋巴管缺乏致使淋巴液回流受阻，这使血液循环中的纳米粒子容易渗透进入肿瘤组织并长期滞留，这种现象称为"高渗透长滞留效应"（EPR 效应）。EPR 效应受粒子理化特性、肿瘤血管特征等的影响，其中 PEG 修饰可使纳米粒子体内循环时间延长，只有体内循环时间大于 6h 的纳米粒子才能很好地利用 EPR 效应靶向肿瘤。从某种意义上讲，PEG 修饰在一定程度上提高了粒子的 EPR 靶向性。

(2) 抗体修饰的药物载体 抗体，特别是单克隆抗体，是研究最多、最具有代表性的实现主动靶向给药的修饰手段。除了完整的单克隆抗体外，抗体的 Fab′ 片段也常被用于修饰药物载体，实现主动靶向性。抗表皮生长因子受体（EGFR）单抗修饰的纳米制剂，可用于肝癌和乳腺癌的靶向治疗；抗转铁蛋白受体（TFR）单抗，可用于脑靶向给药系统的构建。此外，抗 CD133 单抗修饰的载体可以主动靶向肿瘤干细胞。

(3) 配体修饰的药物载体 即通过配体与靶细胞表面的受体相结合而实现主动靶向性。配体与抗体比较有以下优点：分子量小、免疫原性小、价格低、性质稳定等。缺点是受体通常在靶细胞上过表达，特异性较抗体差一些。常用的配体有叶酸、多肽 RGD、麦胚凝集素、半乳糖及甘露糖衍生物、CAP、TTA1（可特异性与胶质瘤细胞高表达的肌腱蛋白 C 结合）等。

2. 靶向前体药物

靶向前体药物是以靶向性为目的而设计的前体药物。它是指经过化学结构修饰后得到的在体外无活性（或是活性药物被包裹于特定的材料中），在靶部位经酶或非酶的转化能释放出活性药物而发挥药效的化合物。

(1) 肿瘤靶向的前体药物　肿瘤细胞较正常细胞有更高浓度的磷酸酯酶和酰胺酶，可将抗肿瘤药物制成其磷酸酯或酰胺，在癌细胞内经酶解定位释放药物。

(2) 脑部靶向的前体药物　以二氢吡啶等为载体，设计合成载体前药偶联物（脂溶性强，能进入脑部），在脑部被 NADH-NAD$^+$ 氧化还原辅酶氧化生成吡啶季铵盐，水解后缓慢释放药物，实现脑靶向。NADH-NAD$^+$ 氧化还原辅酶在脑部和外周循环系统中存在差异；吡啶季铵盐难于透过血脑屏障，被"封锁"在脑内，这两点为实现脑靶向、降低外周毒性（尤其是肝毒性）提供了保障。以他克林为治疗药物，制备二氢吡啶载体前药 [N-（3-氨甲酰-1,4-二氢吡啶-1-）乙酰他克林]，可用于阿尔茨海默病的靶向治疗。

(3) 前体药物结肠靶向给药系统（POCSDDS）　母体药物通过与特异性可被酶（结肠特有的酶）生物降解的高分子材料结合后制备成前体药物，在结肠经过酶降解定位释放出活性药物，发挥局部或全身疗效。偶氮类前体药物是研究最多和应用最广的一类 POCSDDS。奥沙拉嗪是 5-氨基水杨酸（5-ASA）前药，在结肠微生物所分泌的偶氮还原酶的作用下产生两分子的 5-ASA 发挥治疗结肠炎的作用。这些前药必须依赖结肠菌群分泌的特异性酶降解释放出母药，达到靶向治疗作用，故把这些前药称为"菌群触发型前体药物"。

五、物理化学靶向制剂

物理化学靶向制剂是应用某些物理化学方法使药物浓集于靶部位并发挥药效的制剂。也称为物理化学条件响应型药物传递系统，即借助载体材料，能响应于体内或体外的物理化学条件，进而释放药物。还可以称为环境敏感型给药系统。

1. 磁靶向给药系统

应用磁性材料与药物制成磁导向制剂，在体外磁场引导下，通过血管到达特定靶区。常用的磁性物质是 Fe_3O_4、磁粉、超细磁粉、磁铁矿、磁流体等，常用的载体材料有明胶、白蛋白、壳聚糖、聚乳酸、聚碳酸酯、卵磷脂等。MTDDS 是近年来发展的一种新型而且比较有前景的肿瘤治疗方法，它较传统放、化疗对正常组织和生理功能的损伤更小。磁导向载体-阿霉素（MTC-DOC）技术已通过美国 FDA 认证。但该给药系统也存在一些问题，首先，临床上磁场不能提供足够的能量使磁性药物停留在靶部位且实验用和临床用的磁场不匹配（动物实验用的交变磁场多不符合人体电磁场的卫生标准）；其次，不能靶向深部肿瘤；再次，粒度不均一，存在堵塞正常组织血管的潜在危险。

2. pH 敏感给药系统

系利用病变部位和正常组织 pH 的差异而设计的靶向给药制剂。正常组织 pH 7.4、肿瘤组织 pH 6.5、内体性溶酶体 pH 5～6，设计药物在肿瘤组织、内体性溶酶体等低 pH 条件下敏感释药。也可以利用结肠较胃、小肠 pH 高的特性（胃液 pH 1.5～3.5、小肠液 pH 5.5～6.8、结肠液 pH 7～8），设计在高 pH 条件下敏感释药的口服结肠定位给药系统。

3. 热敏给药系统

用温度敏感的载体制成热敏感制剂，配合热疗的局部作用，使热敏感制剂在靶区释药。载体材料主要是具有较低临界溶解温度的聚合物、相变温度适宜的磷脂、两亲性平衡的聚合物、生物高分子和合成多肽等。

4. 栓塞给药系统

主要应用于肝癌和肾癌的治疗。基本原理是通过动脉插管将含药栓塞制剂输入靶组织，使肿瘤血管闭锁，阻断靶区（肿瘤）的血供和营养，起到栓塞和靶向化疗的双重作用，这种治疗方法也称为栓塞化疗。药物在栓塞部位缓慢释放，在肿瘤组织中维持较长时间的高浓度，提高化疗药物的疗效，降低对全身的毒副作用。栓塞制剂主要是粒径在 40～200μm 的微球，成球材料包括非生物降解的聚乙烯醇、乙基纤维素和可生物降解的明胶、白蛋白等。

5. 光敏给药系统

光敏给药系统是光敏感的高分子材料与药物制备成的光响应性制剂。由于内部存在对光敏感的基团，当受到光刺激时，光敏感基团会发生异构化或光降解，引起基团构象和偶极矩变化，从而控制药物释放。

其实，在靶向制剂设计和制备中，为了提高靶向的精准度，通常会同时利用两种或两种以上靶向机制，实现双重或多重靶向，避免发生脱靶效应。

学习测试题

一、选择题

（一）单项选择题

1. 关于固体分散体叙述错误的是（　　）。

A. 固体分散体是药物以分子、胶态、微晶等均匀分散于另一种水溶性、难溶性或肠溶性固态载体物质中所形成的固体分散体系

B. 固体分散体采用肠溶性载体，增加难溶性药物的溶解度和溶出速率

C. 利用载体的包蔽作用，可延缓药物的水解和氧化

D. 能使液态药物粉末化

E. 掩盖药物的不良臭味和刺激性

2. 下列不能作为固体分散体载体材料的是（　　）。
A. PEG 类　　　　　　B. 微晶纤维素　　　　C. 聚维酮
D. 甘露醇　　　　　　E. 泊洛沙姆

3. 下列可作为水溶性固体分散体载体材料的是（　　）。
A. 乙基纤维素　　　　B. 微晶纤维素　　　　C. 聚维酮
D. 丙烯酸树脂 RL 型　E. HPMCP

4. 不属于固体分散技术的方法是（　　）。
A. 熔融法　　　　　　B. 研磨法　　　　　　C. 溶剂-非溶剂法
D. 溶剂-熔融法　　　　E. 溶剂法

5. 将大蒜素制成微囊是为了（　　）。
A. 提高药物的稳定性
B. 掩盖药物的不良臭味
C. 防止药物在胃内失活或减少对胃的刺激性
D. 控制药物释放速率
E. 使药物浓集于靶区

6. 关于凝聚法制备微型胶囊下列哪种叙述是错误的。（　　）
A. 单凝聚法是在高分子囊材溶液中加入凝聚剂以降低高分子的溶解度而凝聚成囊的方法
B. 适合于水溶性药物的微囊化
C. 复凝聚法系指使用两种带相反电荷的高分子材料作为复合囊材，在一定条件下交联且与囊心物凝聚成囊的方法
D. 必须加入交联剂，同时还要求微囊的粘连愈少愈好
E. 凝聚法属于相分离法的范畴

7. 微囊的制备方法不包括（　　）。
A. 凝聚法　　　　　　B. 液中干燥法　　　　C. 界面缩聚法
D. 溶剂-非溶剂法　　　E. 薄膜分散法

8. 脂质体的制备方法不包括（　　）。
A. 注入法　　　　　　B. 辐射交联法　　　　C. 超声波分散法
D. 逆向蒸发法　　　　E. 薄膜分散法

9. 下列哪种属于膜控型缓（控）释制剂。（　　）
A. 渗透泵型片　　　　B. 胃内滞留片　　　　C. 生物黏附片
D. 溶蚀性骨架片　　　E. 微孔膜包衣片

10. 将挥发油制成包合物的主要目的是（　　）。
A. 防止药物挥发　　　B. 减少药物的副作用和刺激性
C. 掩盖药物的不良臭味　D. 能使液态药物粉末化
E. 能使药物浓集于靶区

（二）多项选择题

1. 下列可作为不溶性固体分散体载体材料的是（　　）。

A. 乙基纤维素　　　　　　B. PEG　　　　　　　C. 聚维酮
D. 丙烯酸树脂 RL 型　　　E. HPMCP

2. 关于微型胶囊的特点叙述正确的是（　　）。

A. 微囊能掩盖药物的不良臭味

B. 制成微囊能提高药物的稳定性

C. 微囊能防止药物在胃内失活或减少对胃的刺激性

D. 微囊能使药物浓集于靶区

E. 微囊使药物高度分散，提高药物的溶出速率

3. 下列可作为微囊囊材的有（　　）。

A. 微晶纤维素　　　　　　B. 甲基纤维素　　　　　C. 乙基纤维素
D. 聚乙二醇　　　　　　　E. 羧甲基纤维素

4. 骨架型缓、控释制剂包括（　　）。

A. 骨架片　　B. 压制片　　C. 泡腾片　　D. 生物黏附片　E. 骨架型小丸

5. HPMC 可应用于（　　）。

A. 亲水凝胶骨架材料　　　　B. 助悬剂　　　　　　C. 崩解剂
D. 黏合剂　　　　　　　　　E. 薄膜衣料

二、简答题

1. 固体分散体的释药原理有哪些？

2. 缓（控）释制剂与普通制剂比较有哪些特点？

实训部分（活页）

实训一　溶液型液体制剂的制备

实训二　混悬型液体制剂的制备

实训三　乳浊型液体制剂的制备

实训四　维生素C注射液的制备

实训五　吲哚美辛片的制备

实训六　滴丸剂的制备

实训七　软膏剂的制备

实训八　栓剂的制备

实训九　膜剂的制备

学习测试题参考答案

实训一 溶液型液体制剂的制备

溶液型液体制剂制备工作任务单

操作人员：		时间：
同组人员：		地点：

仪器	烧杯□ 试剂瓶□ 细口瓶□ 玻璃漏斗□ 滤纸□ 玻璃棒□ 量筒□ 研钵□ 容量瓶□ 移液管□ 普通天平□ 广泛 pH 试纸□ 恒温水浴箱□
试剂	薄荷油□ 滑石粉□ 轻质碳酸镁□ 活性炭□ 碘□ 碘化钾□ 硼砂□ 碳酸氢钠□ 甘油□ 液体酚□

处方：薄荷水剂	项目	I	II	III
	薄荷油	1mL	2mL	2mL
	滑石粉	10g		
	轻质碳酸镁		15g	
	活性炭			15g
	蒸馏水加至	1000.0mL	1000.0mL	1000.0mL

操作任务	取薄荷油，加 1.0g 滑石粉，在研钵中研匀，移至细口瓶中。 是□ 否□
	加入蒸馏水，加盖，振摇 10min。 是□ 否□
	反复过滤至滤液澄明，再由滤器上加适量蒸馏水，使成 1000mL，即得。 是□ 否□
	另用轻质碳酸镁、活性炭各 1.5g，分别按上法制备薄荷水。记录不同分散剂制备薄荷水观察到的结果。 是□ 否□

操作注意事项	本品为薄荷油的饱和水溶液（约 0.05%，mL/mL），处方用量为溶解量的 4 倍，配制时不能完全溶解。 是□ 否□
	滑石粉等分散剂，增大油与水的接触面，加速溶解过程；也具有吸附作用，吸附杂质和过剩的薄荷油，以利滤除。应与薄荷油充分研匀，以利加速溶解过程。 是□ 否□
	纯化水应是新沸放冷的纯化水。 是□ 否□

实验报告单	分散剂	pH	澄清度	嗅味
	I 滑石粉			
	II 轻质碳酸镁			
	III 活性炭			

处方：复方碘溶液	碘	1 g
	碘化钾	2 g
	蒸馏水加至	20mL

续表

溶液型液体制剂制备工作任务单		
操作任务	取碘化钾,加蒸馏水适量,配成浓溶液,再加碘溶解后,最后添加适量的蒸馏水,使全量成20mL,即得。	是□ 否□
操作注意事项	碘在水中溶解极微(1:2950),加入碘化钾作助溶剂。	是□ 否□
	要使碘能迅速溶解,宜先将碘化钾加适量蒸馏水配制成浓溶液,然后加入碘溶解。	是□ 否□
	碘具有腐蚀性,勿接触皮肤与黏膜。称量可用玻璃器皿或蜡纸,不宜用普通纸。	是□ 否□

实验报告单	项目	外观	性状
	复方碘溶液		

处方:复方硼酸钠溶液	硼砂	0.75 g
	碳酸氢钠	0.75 g
	液体酚	0.15 mL
	甘油	1.75 mL
	蒸馏水加至	50.0 mL

操作任务	取硼砂溶于约25 mL热蒸馏水中,放冷后加入碳酸氢钠使溶解。	是□ 否□
	取液体酚加入甘油中搅匀,加入上述溶液中,边加边搅拌,待气泡停止后,过滤,自滤器上添加蒸馏水使成50 mL,即得。	是□ 否□
操作注意事项	硼砂易溶于热蒸馏水,但碳酸氢钠在40℃以上易分解,故先用热蒸馏水溶解硼砂,放冷后再加入碳酸氢钠。	是□ 否□
	本品常用伊红着红色,以示外用不可内服。	是□ 否□

注释	本品含有由硼砂、甘油及碳酸氢钠经化学反应生成的甘油硼酸钠与酚,均具有杀菌作用。
	如将液体酚先溶于甘油中,再加入溶液,能使其均匀分布于溶液中;碳酸氢钠使溶液呈碱性反应,能中和口腔中的酸性物质,故也具有清洁黏膜的作用。常用水稀释5倍后作含漱剂。
	液体酚:固体苯酚(熔点41℃)在热水浴中熔化后加水10%即成液体酚。

实验报告单	项目	外观	性状
	复方硼酸钠溶液		

实训二 混悬型液体制剂的制备

混悬型液体制剂制备工作任务单

操作人员：　　　　　　　　　　　　　　　　　时间：

同组人员：　　　　　　　　　　　　　　　　　地点：

仪器	乳钵□ 具塞量筒或有刻度试管□ 烧杯□ 量筒□ 普通天平□
试剂	氧化锌（细粉）□ 甘油□ 甲基纤维素□ 西黄蓍胶□ 枸橼酸钠□ 碱式硝酸铋□ 樟脑醑□ 硫黄□ 硫酸锌□ 5%新洁尔灭溶液□ 吐温80□ 蒸馏水□

处方：氧化锌混悬剂	项目	Ⅰ	Ⅱ	Ⅲ	Ⅳ
	氧化锌	0.5g	0.5g	0.5g	0.5g
	50%甘油		1mL		
	甲基纤维素			0.1g	
	西黄蓍胶				0.1g
	蒸馏水加至	10mL	10mL	10mL	10mL

操作任务	有助悬剂的处方可先将助悬剂加少量水研磨成溶液后再加ZnO细粉。　　　　　是□ 否□
	称取氧化锌细粉（过120目筛），置乳钵中，加水研磨成糊状，转移至具塞量筒中，用适量蒸馏水稀释后塞住管口，同时振摇均匀。　　是□ 否□
	记录各管在5min、10min、30min、1h、2h后沉降容积比 H/H_0。　　是□ 否□
	试验最后将试管倒置翻转（即±180°为一次），记录放置1h后使管底沉降物分散完全的翻转次数。　　是□ 否□

操作注意事项	各处方配制时注意同法操作，与第一次加液量及研磨力尽可能一致。　　是□ 否□
	比较刻度试管或量筒，尽可能大小粗细一致。　　是□ 否□

实验报告单	沉降容积比与时间的关系				
	项目	Ⅰ	Ⅱ	Ⅲ	Ⅳ
	5min				
	10min				
	30min				
	1h				
	2h				
	沉降物质再分散翻转次数				

注释	氧化锌为亲水性药物，可被水润湿，加适量的分散剂研磨成糊状，使其分散。

续表

混悬型液体制剂制备工作任务单

电解质对混悬液的影响	项目	I	II
	碱式硝酸铋	1.0g	1.0g
	1%枸橼酸钠溶液		1.0mL
	蒸馏水加至	10mL	10mL

操作任务	
取碱式硝酸铋2.0g置乳钵中，加0.5mL蒸馏水研磨，加蒸馏水分次转移至10mL试管中，摇匀，分成2等份，一份加水至10mL，为处方I。	是□ 否□
另一份蒸馏水加至9mL，再加1%枸橼酸钠溶液1.0mL，为处方II。	是□ 否□
两试管振摇后放置2h。	是□ 否□
首先观察试管中沉降物状态，然后再将试管上下翻转，观察沉降物再分散状况，记录翻转次数与现象。	是□ 否□

实验报告单	项目	外观	沉降稳定性
	处方I		
	处方II		

处方：复方硫黄洗剂	项目	I	II	III
	沉降硫黄	3g	3g	3g
	硫酸锌	3g	3g	3g
	樟脑醑	25mL	25mL	25mL
	甘油	10mL	10mL	10mL
	5%新洁尔灭溶液		0.4mL	
	吐温80			0.25
	蒸馏水加至	100mL	100mL	100mL
	配量	20mL	20mL	20mL

操作任务	
处方I：取硫黄置乳钵内，加入甘油充分研磨，缓缓加入硫酸锌溶液（将硫酸锌溶于25mL水中过滤）。缓缓加入樟脑醑，最后加入适量蒸馏水使成全量，研匀即得。	是□ 否□
处方II：制法同处方I（加甘油后加5%新洁尔灭溶液）。	是□ 否□
处方III：制法同处方I（加甘油后加吐温）。	是□ 否□

操作注意事项	
用同样操作配制，观察疏水性药物中加入润湿剂的作用。	是□ 否□
樟脑醑为樟脑的乙醇溶液，应以细流缓缓加入，并急速搅拌，使樟脑不致析出大颗粒。	是□ 否□

续表

	混悬型液体制剂制备工作任务单		
实验报告单	项目	外观	沉降稳定性
	复方硫黄洗剂处方Ⅰ		
	复方硫黄洗剂处方Ⅱ		
	复方硫黄洗剂处方Ⅲ		
注释	硫黄为典型的疏水性药物，但能被甘油润湿，所以在制备时应先加入甘油与之充分研磨，使其充分润湿后再与其他液体研和，以利于硫黄的分散。		

实训三 乳浊型液体制剂的制备

乳浊型液体制剂制备工作任务单		
操作人员：		时间：
同组人员：		地点：
仪器	乳钵□ 试剂瓶□ 量筒□ 显微镜□ 普通天平□	
试剂	西黄蓍胶□ 阿拉伯胶□ 液状石蜡□ 尼泊金乙酯□ 氢氧化钙□ 麻油□ 亚甲基蓝□ 苏丹Ⅲ□	
处方：液体石蜡乳	液状石蜡　　　　　　　　　12mL 阿拉伯胶（细粉）　　　　　4g 西黄蓍胶（细粉）　　　　　0.5g 5% 尼泊金乙酯醇溶液　　　0.1mL 蒸馏水加至　　　　　　　　30mL	
操作任务	将西黄蓍胶粉与阿拉伯胶粉置于干燥乳钵中，加入液状石蜡，稍加研磨，使胶粉分散。	是□　否□
	加入水 8mL，不断研磨至发出噼啪声，即成初乳。	是□　否□
	再加入尼泊金乙酯醇溶液和适量蒸馏水，使成 30mL，研匀即得。	是□　否□
操作注意事项	干胶法简称干法，适用于乳化剂为细粉者；湿胶法简称湿法，所用的乳化剂可以不是细粉，但预先应能制胶浆（胶∶水为1∶2）。	是□　否□
	制备初乳时，干法应选用干燥乳钵，油相与胶粉（乳化剂）充分研匀后，按油∶胶∶水为3∶1∶2比例一次加水，迅速沿同一方向旋转研磨，否则不易形成O/W型乳剂，或形成后也不稳定。	是□　否□
	在制备初乳时添加水量过多，则外相水液的黏度较低，不利于油分散成油滴，制得的乳剂也不稳定，易破裂。	是□　否□
	湿法所用的胶浆（胶∶水为1∶2）应提前制好，备用。	是□　否□
	制备初乳时，必须待初乳形成后，方可加水稀释。	是□　否□
处方：石灰搽剂	氢氧化钙溶液　　　　　　　　10mL 麻油　　　　　　　　　　　　10mL	
操作任务	量取氢氧化钙饱和水溶液 10mL 和麻油 10mL，加盖振摇至乳剂生成。	是□　否□
操作注意事项	石灰搽剂是由氢氧化钙与植物油中所含的少量游离脂肪酸进行皂化反应形成钙皂（新生皂）作乳化剂，再乳化植物油而制成 W/O 型乳剂。	是□　否□

续表

乳浊型液体制剂制备工作任务单

乳剂类型鉴别	稀释法：取试管2支，分别加入液状石蜡乳和石灰搽剂各1滴，再加入蒸馏水5 mL，振摇混合，观察混匀情况，能在水中分散均匀、融为一体者为O/W型乳剂，否则为W/O型乳剂。　　　　是□　否□
	染色镜检法：用玻璃棒蘸取液状石蜡和石灰搽剂少许分别涂于载玻片上，用亚甲基蓝溶液（水溶性染料）和苏丹Ⅲ溶液（油溶性染料）分别染色一次，并在显微镜下观察着色情况，使亚甲基蓝均匀分散者为O/W型乳剂，使苏丹Ⅲ均匀分散者为W/O型乳剂，由此可判断乳剂所属类型。　　　　是□　否□

实验报告单	项目	液状石蜡乳剂	石灰搽剂
	外观鉴别		
	稀释法鉴别		
	染色法鉴别		

注释	液状石蜡乳剂是以阿拉伯胶为乳化剂，故为O/W型乳剂，必须在初乳形成后加水稀释。所制得的乳剂为乳白色，镜检油滴应细小均匀。
	石灰搽剂所采用的植物油用前应以干热法灭菌。
	石灰搽剂中所用的氢氧化钙应为饱和溶液。氢氧化钙饱和溶液制法： 1. 处方 　　　　氢氧化钙　　　　　　　　　　　　　3g 　　　　蒸馏水　　　　　　　　　　　　　1000mL 2. 制法 　　取氢氧化钙，置玻璃瓶内，加冷蒸馏水1000mL，密塞摇匀，时时剧烈振摇，放置1h，即得。同时可倾取上层澄明液应用。未溶解部分不适宜供第二次配制溶液用。本品须新鲜配制，露置空气中，即吸收CO_2生成$CaCO_3$，浮在上面。

实训四 维生素 C 注射液的制备

<table>
<tr><td colspan="2" align="center">维生素 C 注射液制备工作任务单</td></tr>
<tr><td>操作人员：</td><td>时间：</td></tr>
<tr><td>同组人员：</td><td>地点：</td></tr>
<tr><td>仪器</td><td>pH 计□ 分装灌注器□ 恒温水浴箱□ G3 垂熔玻璃漏斗□
量筒□ 安瓿（2mL）□ 熔封机□</td></tr>
<tr><td>试剂</td><td>维生素 C 原料□ 碳酸氢钠□ 焦亚硫酸钠□ 依地酸二钠□ 注射用水□</td></tr>
<tr><td>处方：
维生素
C 注射
液</td><td>维生素 C　　　　　　　　　　5.2 g
碳酸氢钠　　　　　　　　　　2.4 g
焦亚硫酸钠　　　　　　　　　0.2 g
依地酸二钠　　　　　　　　　0.005 g
注射用水加至　　　　　　　　100mL</td></tr>
<tr><td rowspan="6">操作
任务</td><td>空安瓿的处理：先将安瓿中灌入常水甩洗二次，再灌入蒸馏水甩洗二次。如安瓿清洁程度差，可用 0.1%盐酸灌入安瓿，100℃、30min 热处理后再洗涤。洗净的安瓿倒放在烧杯内，120～140℃烘干备用。
是□ 否□</td></tr>
<tr><td>其他用具的洗涤：垂熔玻璃漏斗、灌注器等玻璃用具，用重铬酸钾洗液浸泡 15min 以上，用常水反复冲洗至不显酸性，再用蒸馏水冲洗 2～3 次，注射用水冲洗一次。　　是□ 否□</td></tr>
<tr><td>乳胶管先用 0.5%～1%氢氧化钠溶液煮沸 30min，洗去碱液，再用 0.5%～1%盐酸煮沸 30min，洗去酸液，蒸馏水洗至中性再用注射用水煮沸即可。　　是□ 否□</td></tr>
<tr><td>药液的配制：取处方配制量 80%的注射用水，通入氮气（约 2～3min）使其饱和，加入依地酸二钠溶解，加维生素 C 使溶解，分次缓慢加入碳酸氢钠，并不断搅拌至无气泡产生，待完全溶解后，加焦亚硫酸钠溶解，调节药液 pH 值至 5.8～6.2，最后加用氮气饱和的注射用水至足量，药液用 3 号垂熔玻璃漏斗过滤。　　是□ 否□</td></tr>
<tr><td>灌封：按药典规定调节灌注器装量，以保证注射用量不少于标示量 2.0mL，调节封口仪的火焰，然后将药液灌装于 2mL 安瓿中，安瓿液面上通入氮气，随灌随封口。　　是□ 否□</td></tr>
<tr><td>灭菌与捡漏：封好口的安瓿，用 100℃流通蒸汽灭菌 15min，灭菌完毕立即将安瓿放入 1%亚甲基蓝溶液中，挑出药液被染色的安瓿，其余安瓿擦干，供质量检查用。　　是□ 否□</td></tr>
<tr><td rowspan="3">操作
注意
事项</td><td>注射剂在制备过程中应尽量避免微生物污染，对灌封等关键操作步骤，生产上多采用层流洁净空气技术，局部灌封处达到 A 级。要根据主药的性质及注射剂的规格选择适当的灭菌方法，以达到灭菌彻底又保证药物稳定的目的。　　是□ 否□</td></tr>
<tr><td>使用的安瓿必须符合国家标准 GB/T 2637—2016。　　是□ 否□</td></tr>
<tr><td>配液用的容器、用具使用前必须进行清洗，去除污染的热原。原辅料必须符合有关规定。原辅料纯度较高的可用"稀释法"配制，反之用"浓配法"。配液时将碳酸氢钠分次撒入维生素 C 溶液中，边加边搅拌，以防产生大量气泡使溶液溢出。配制过程中溶液不得接触金属离子。药液过滤，多采用砂滤棒→垂熔玻璃滤球→微孔滤膜（孔径 0.65～0.8μm）三级串联过滤。为了加快滤速，可用加压过滤、减压过滤或高位静压过滤。　　是□ 否□</td></tr>
</table>

续表

维生素 C 注射液制备工作任务单	
操作注意事项	用惰性气体饱和注射用水，可以驱除水中的氧，在惰性气流下灌封药液可以置换安瓿中的空气。但惰性气体使用时一般应先通过洗气装置，以除去其中微量杂质。二氧化碳和氮气的处理过程如下： 　　二氧化碳→浓硫酸（除水分）→ 10 g/L 硫酸铜溶液（除硫化物）→ 10g/L 高锰酸钾溶液（除去有机物）→注射用水（除可溶性杂质及二氧化硫）→纯净二氧化碳 　　氮气→浓硫酸（除水分）→碱性焦性没食子酸溶液（除氧气）→ 10g/L 高锰酸钾溶液（除去有机物）→注射用水（除可溶性杂质及二氧化硫）→纯净氮气 　　碱性焦性没食子酸溶液配制：氢氧化钠 160g 与焦性没食子酸 10g，溶于 300mL 蒸馏水中。 　　若惰性气体纯度较高，只需通过甘油、注射用水洗涤即可。通气时，一般 1～2mL 安瓿先灌药液，再通气；5～20mL 安瓿，先通气、灌药液，再通气。 　　　　　　　　　　　　　　　　　　　　　　　　　　　　　　　　　　是□　否□
	在灌装前，先调节灌注器装置，按药典规定适当增加装量，以保证注射用量不少于标示量。在灌装药液时，切勿将药液溅到安瓿颈部，或在回针时将针头上的药液沾到安瓿颈部，以免封口时产生焦头。 　　　　　　　　　　　　　　　　　　　　　　　　　　　　　　　　　　是□　否□
	本品的稳定性与灭菌时温度和加热时间密切相关。100℃灭菌 30min，主药含量减少 3%，而 100℃灭菌 15min，含量只减少 2%，故本品采用 100℃灭菌 15min。　　　　是□　否□
	注射剂质量检查与评定内容，除了检查澄明度外，在有条件时，还可按《中国药典》规定作下列检查项目：①装量；②含量测定；③热原；④颜色；⑤无菌。　　　　　　　　　　是□　否□

实验报告单	检查总支数	不合格支数						合格支数	合格率
		漏气	玻屑	纤维	白点	焦头	总数		

实训五 吲哚美辛片的制备

吲哚美辛片制备工作任务单			
操作人员：		时间：	
同组人员：		地点：	
仪器	压片机□ 片机四用仪□ 分析天平□ 普通天平□ 烘箱□ 药筛（80～120目）□ 尼龙筛（14～20目）□ 搪瓷盘□ 乳钵□			
试剂	吲哚美辛原料□ 乳糖□ 羧甲基淀粉钠□ 硬脂酸镁□ 乙醇□ 蒸馏水□			
处方： 吲哚美辛片	吲哚美辛　　　　　　　　　　　2.5g 乳糖　　　　　　　　　　　　　5.3g 羧甲基淀粉钠　　　　　　　　　0.15g 硬脂酸镁　　　　　　　　　　　0.05g 50%乙醇　　　　　　　　　　　适量			
操作任务	将吲哚美辛、乳糖、羧甲基淀粉钠按等量递加稀释法混合均匀，以50%乙醇适量作润湿剂制成软材。　　　　　　　　　　　　　　　　　　　　　　是□　否□			
	过20目筛制粒，60～80℃干燥。　　　　　　　　　　　　　　　　　　是□　否□			
	加硬脂酸镁混合，以φ5.5mm冲模压片。　　　　　　　　　　　　　　是□　否□			
操作注意事项	本片剂药物含量小，在与辅料混合时，宜采用等量递加稀释法混合均匀。　是□　否□			
	加润湿剂时，宜分次加，边加边搅拌，但速度要快，以免乙醇分散不均匀，造成局部软材过松或过黏。　　　　　　　　　　　　　　　　　　　　　　　　是□　否□			
质量检验操作任务	①药典规定，0.3g以下的药片的重量差异限度≤±7.5%；0.3g或0.3g以上者为≤±5%。超出重量差异限度的药片不得多于2片，并不得有1片超出限度的一倍。本片按限度≤±7.5%评定。 ②崩解时间：取药片6片，分别置于吊篮的玻璃管中，每管各加1片，吊篮浸入盛有（37±1）℃水的1000mL烧杯中，开动发动机按一定的频率和幅度往复运动（每分钟30～32次），从片剂置于玻璃管时开始计时，至片剂全部崩解成碎片并全部通过管底筛网止，该时间即为该片剂的崩解时间，应符合规定崩解时限。如有1片崩解不全，应另取6片复试，均应符合规定。 ③硬度试验：应用片剂四用仪进行测定。将药片垂直固定在两横杆之间，其中的活动横杆借助弹簧沿水平方向对片剂径向加压，当片剂破碎时，活动横杆的弹簧停止加压。仪器刻度标尺上所指示的压力即为硬度。测3～6片，取平均值。 ④溶出度试验：取本品按溶出度测定法操作。			
实验报告单	项目	平均片重/g	硬度/kg	崩解时限/min	崩解时限加挡板/min
	吲哚美辛				

续表

	吲哚美辛片制备工作任务单
注释	单冲压片机使用注意事项： ①接上电源时注意旋转方向，是否与转轮箭头方向一致，切勿倒转，否则将会损坏机件。 ②压片时不可用手在机台上收集药片，以免压伤。 ③机器负荷过大，卡住不能转动时，应立即停车，找出原因，如果是压力调得太大所致，应降低压力，卸去负荷，切勿使用强力转动手轮，以免损坏机器。
	片剂四用仪使用注意事项： ①硬度测定前检查指针是否在零位，如不在零位应使用"倒"挡开关使指针退回零位。硬度测定完毕，指针应回到零位，以免定力弹簧疲劳、损伤，造成误差。 ②电机在转动的情况下切勿随意拨动倒顺选择开关，以免烧毁电机。项目选择开关的拨动应在电机运转的情况下进行。关机后应将项目选择开关置于空挡，"倒、顺"选择开关应置于"倒"挡。

实训六 滴丸剂的制备

滴丸剂的制备工作任务单			
操作人员：			时间：
同组人员：			地点：
仪器	滴丸制备装置□ 电子天平□ 水浴锅□ 烧杯□ 称量纸□		
试剂	穿心莲内酯□ 聚乙二醇6000□ 纯化水□ 二甲基硅油□		
处方：穿心莲滴丸	穿心莲内酯		10 g	
^	聚乙二醇6000		30g	
^	纯化水		适量	
^	二甲基硅油		适量	
操作任务	取PEG6000在80～90℃水浴中加热熔化至澄明液体。		是□ 否□
^	将穿心莲内酯10g加入PEG6000的熔融液中，搅拌使分散溶解，混合均匀，90℃保温。		是□ 否□
^	将冷凝液二甲基硅油装入冷凝柱，将药物基质的熔融液倾入滴丸装置的滴瓶中，控制滴速，滴入冷却柱中成丸。		是□ 否□
^	待冷凝完后取出滴丸，沥净冷凝液，用滤纸吸去滴丸表面的二甲基硅油，放置自然干燥。		是□ 否□
操作注意事项	滴丸装置的滴瓶应注意保温，以使药物基质的熔融液在滴出前始终处于良好的流动状态。		是□ 否□
^	冷却柱中的冷凝液温度应恒定或采用梯度冷却，以保证冷却成型效果。		是□ 否□
^	滴速应控制在40滴/min。		是□ 否□
质量检验操作任务	①性状：滴丸应圆整均匀，色泽一致，无粘连现象，表面无冷凝介质黏附。 ②重量差异：取供试品20丸，精密称定总重量，求得平均丸重后，再分别精密称定每丸的重量。每丸重量与标示丸重相比较，超出重量差异限度不得多于2丸，并不得有1丸超出限度1倍。无标示丸重的，与平均丸重相比较。 ③装量差异：取供试品10袋（瓶），分别称定每袋（瓶）内容物的重量，每袋（瓶）装量与标示装量相比较，超出装量差异限度不得多于2袋（瓶），并不得有1袋（瓶）超出限度1倍。 ④溶散时限：按崩解时限检查法检查，但不锈钢丝网的塞孔内径应为0.42mm；除另有规定外，取供试品6粒，应在30min内全部溶散。如有1粒不能完全溶散，应另取6粒复试，均应符合规定。		
实验报告单	项目	色泽、形状	有无粘连现象	重量偏差	装量差异	溶散时限/min
^	实验Ⅰ					
^	实验Ⅱ					
^	实验Ⅲ					
注释	影响滴丸成型的主要因素有： ①物料的黏度与流体状况：黏度过大或流体很差无法自然滴制。 ②成型柱上端温度：温度过低，进入成型液中的滴丸表面快速凝固，无法通过表面张力收缩成丸；过高滴丸下降太快无法通过表面张力收缩成丸。 ③成型液的黏度：黏度过低，滴丸下降太快，无法通过表面张力收缩成丸；过高会产生粘连或无法沉降。 影响滴丸重量的因素有三点：滴嘴的大小；滴制速度；物料温度。		

实训七 软膏剂的制备

软膏剂制备工作任务单	
操作人员：	时间：
同组人员：	地点：

仪器	恒温水浴箱□ 研钵□ 软膏板□ 软膏刀□ 烧杯□ 玻棒□ 显微镜□
试剂	水杨酸□ 液状石蜡□ 凡士林□ 白凡士林□ 十八醇□ 单硬脂酸甘油酯□ 十二烷基硫酸钠□ 甘油□ 羟苯乙酯□ 石蜡□ 司盘40□ 乳化剂OP□ 羧甲基纤维素钠□ 苯甲酸钠□
处方：油脂性基质的水杨酸软膏	水杨酸　　　　　　　　　1g 液状石蜡　　　　　　　　适量 凡士林加至　　　　　　　20g
操作任务	取水杨酸置于研钵中，加入适量液状石蜡研成糊状，分次加入凡士林混合研匀即得。　　是□ 否□
操作注意事项	处方中的凡士林基质可根据气温以液状石蜡调节稠度。　　是□ 否□ 水杨酸需先粉碎成细粉，配制过程中避免接触金属器皿。　　是□ 否□
处方：O/W乳剂型基质的水杨酸软膏	水杨酸　　　　　　　　　1.0g 白凡士林　　　　　　　　2.4g 十八醇　　　　　　　　　1.6g 单硬脂酸甘油酯　　　　　0.4g 十二烷基硫酸钠　　　　　0.2g 甘油　　　　　　　　　　1.4g 羟苯乙酯　　　　　　　　0.04g 蒸馏水加至　　　　　　　20g
操作任务	取白凡士林、十八醇和单硬脂酸甘油酯置于烧杯中，水浴加热至70～80℃使其熔化。　　是□ 否□ 将十二烷基硫酸钠、甘油、羟苯乙酯和计算量的蒸馏水置另一烧杯中加热至70～80℃使其溶解。　　是□ 否□ 在同温下将水相以细流加到油相中，边加边搅拌至冷凝，即得O/W乳剂型基质。　　是□ 否□ 取水杨酸置于软膏板上或研钵中，分次加入制得的O/W乳剂型基质研匀，即得。　　是□ 否□

续表

软膏剂制备工作任务单			
处方：W/O 乳剂基质的水杨酸软膏	水杨酸		1.0g
	单硬脂酸甘油酯		2.0g
	石蜡		2.0g
	白凡士林		1.0g
	液状石蜡		10.0g
	司盘 40		0.1g
	乳化剂 OP		0.1g
	羟苯乙酯		0.02g
	蒸馏水		5.0mL
操作任务	取锉成细末的石蜡、单硬脂酸甘油酯、白凡士林、液状石蜡、司盘 40、乳化剂 OP 和羟苯乙酯于烧杯中，水浴上加热熔化并保持 80℃，细流加入同温的水，边加边搅拌至冷凝，即得 W/O 乳剂型基质。用此基质同上制备水杨酸软膏 20g。		是□ 否□
处方：水溶性基质的水杨酸软膏	水杨酸		1.0g
	羧甲基纤维素钠		1.2g
	甘油		2.0g
	苯甲酸钠		0.1g
	蒸馏水		16.8mL
操作任务	取羧甲基纤维素钠置于研钵中，加入甘油研匀，然后边研边加入溶有苯甲酸钠的水溶液，待溶胀后研匀，即得水溶性基质。用此基质同上制备水杨酸软膏 20g。		是□ 否□
操作注意事项	用 CMC-Na 等高分子物质制备溶液时，可先撒在水面上，放置数小时，切忌搅动，使慢慢吸水充分膨胀后，再加热即溶解。否则因搅动而成团，使水分子难以进入而导致很难溶解制得溶液。若先用甘油研磨而分散开后，再加水时则不结成团块，会很快溶解。		是□ 否□
实验报告单	项目	细腻度	黏稠性	涂布性	皮肤感觉
	油脂性基质的水杨酸软膏				
	O/W 乳剂基质的水杨酸软膏				
	W/O 乳剂基质的水杨酸软膏				
	水溶性基质的水杨酸软膏				

实训八 栓剂的制备

栓剂制备工作任务单	
操作人员：	时间：
同组人员：	地点：
仪器	栓模□ 蒸发皿□ 研钵□ 水浴□ 电炉□ 分析天平□ 普通天平□
试剂	吲哚美辛□ 可可豆脂□ 醋酸洗必泰□ 聚山梨酯□ 冰片□ 甘油□ 乙醇□ 明胶□ 蒸馏水□
处方： 吲哚美辛栓	吲哚美辛（100目）　　　　　　　　　　1g 可可豆脂　　　　　　　　　　　　　　适量 共制成肛门栓　　　　　　　　　　　　10粒
操作任务	称可可豆脂置蒸发皿内，在60℃水浴上加热熔化，加入吲哚美辛粉末，搅拌均匀，待稠度较大时倾入有润滑剂的栓模中，冷却至完全固化，削去溢出部分，脱模，质检，包装，即得。　是□ 否□
操作注意事项	吲哚美辛易氧化变色，故混合时基质温度不宜过高。　是□ 否□
	为了使药物与基质能充分混匀，药物与熔化的基质应按等体积递增配研法混合。　是□ 否□
	注模时如混合物温度太高会使稠度变小，所制栓剂易发生中空或顶端凹陷现象，故应在适当的温度下于混合物稠度较大时注模，并注至模口稍有溢出为止，且一次注完。　是□ 否□
	注好的栓模应在适宜的温度下冷却一定时间。冷却的温度偏高或时间太短，常发生粘模现象；冷却温度过低或时间过长，则又易产生栓剂破碎。　是□ 否□
处方： 洗必泰栓剂	醋酸洗必泰（100目）　　　　　　　　0.25g 聚山梨酯80　　　　　　　　　　　　1.0g 冰片　　　　　　　　　　　　　　　0.05g 乙醇　　　　　　　　　　　　　　　2.5g 甘油　　　　　　　　　　　　　　　32g 明胶　　　　　　　　　　　　　　　9g 蒸馏水加至　　　　　　　　　　　　50g 制成阴道栓　　　　　　　　　　　　10粒
操作任务	甘油明胶溶液的制备：称取处方量的明胶，置称重的蒸发皿中（连同使用的玻棒一起称重），加入相当于明胶量1.5～2倍的蒸馏水浸泡0.5～1h，使溶胀变软，加入处方量甘油后置水浴上加热，使明胶溶解，继续加热并轻轻搅拌至重量为49～51g。　是□ 否□
	栓剂的制备：将醋酸洗必泰与聚山梨酯80混匀，将冰片溶于乙醇中，在搅拌下将冰片乙醇溶液加至醋酸洗必泰混合物中，搅拌均匀。然后在搅拌下加至上述甘油明胶溶液中，搅拌，趁热灌入已涂有润滑剂的栓模内，冷却，削去模口上溢出部分，脱模，质检，包装，即得。　是□ 否□

栓剂制备工作任务单		
操作注意事项	甘油明胶由明胶、甘油和水三者按一定比例组成。甘油明胶多用作阴道栓剂基质,具有弹性,在体温时不熔融,而是缓慢溶于体液中释出药物,故作用缓和持久。其溶解速率与明胶、甘油和水三者比例有关,甘油和水的含量高时容易溶解。	是□ 否□
	醋酸洗必泰在水中微溶,在乙醇中溶解。处方中聚山梨酯80可以使醋酸洗必泰均匀分散于甘油明胶基质中。	是□ 否□
	明胶需先用水浸泡使之充分溶胀变软,再加热时才容易溶解。否则无限溶胀时间延长,且含有一些未溶解的明胶小块或硬粒。在加热溶解明胶及随后蒸发水分的过程中,均须轻轻搅拌,以免胶液中产生不易消除的气泡,使成品含有气泡,影响质量。	是□ 否□
	基质中蒸发水分需较长的时间,但必须控制含水量使蒸至处方量。水量过多栓剂太软,水量太少栓剂又太硬。	是□ 否□
质量检查	①外观:栓剂应完整光滑。 ②重量差异:栓剂的重量差异限度可按下法测定,取栓剂10粒,精密称定总重量,求得平均粒重后,再分别精密称定各粒的重量。每粒重量与平均粒重相比较,超出重量差异限度的栓剂不得多于1粒,并不得超出限度1倍。 栓剂平均重量与重量差异限度规定为:1.0g以下或1.0g为±10%;1.0g以上至3.0g为±7.5%;3.0g以上为±5%。 ③融变时限:采用融变仪测定。		
实验报告单	项目	外观	重量/g	重量差异限度	融变时限/min
	吲哚美辛栓				
	醋酸洗必泰栓				

实训九 膜剂的制备

膜剂制备工作任务单	
操作人员：	时间：
同组人员：	地点：

仪器	玻璃板□ 玻棒□ 尼龙筛（80目）□ 水浴锅□ 手术刀（片）□ 烘箱□ 烧杯□ 量筒□ 普通天平□
试剂	甲硝唑□ 聚乙烯醇（PVA17-88）□ 甘油□ 硝酸钾□ 吐温80□ 羧甲基纤维素钠（CMC-Na）□ 糖精钠□ 蒸馏水□
处方：甲硝唑口腔溃疡膜	甲硝唑　　　　　　　　　　　　　0.3g PVA17-88　　　　　　　　　　　 5g 甘油　　　　　　　　　　　　　　0.3g 蒸馏水　　　　　　　　　　　　　50mL
操作任务	取 PVA、甘油、蒸馏水，搅拌浸泡溶胀后于 90℃水浴上加热使溶，趁热用80目筛网过滤。　　是□　否□ 滤液放冷后加甲硝唑，搅拌使溶解，放置一定时间除气泡。　　是□　否□ 然后倒在玻璃板上用刮板法制膜，厚度约为 0.3mm，于 80℃干燥后切成 1cm² 的小片备用，每片含甲硝唑 1.6mg，药膜烫封在聚乙烯薄膜或铝箔中。　　是□　否□
操作注意事项	PVA在浸泡溶胀时应加盖，以免水分蒸发，难以充分溶胀。溶解后应趁热过滤，除去杂质，放冷后不易过滤。　　是□　否□ 药物与胶浆混匀后应静置除去气泡，涂膜时不宜搅拌，以免形成气泡。除气泡后应及时制膜，久置后，药物易沉淀，使含量不均匀。　　是□　否□ 玻璃板应光洁，可预先涂少量液状石蜡，再预热至 45℃，以利脱膜。　　是□　否□
处方：硝酸钾牙用膜	硝酸钾　　　　　　　　　　　　　1.5g 吐温80　　　　　　　　　　　　　0.2g CMC-Na　　　　　　　　　　　　3.0g 甘油　　　　　　　　　　　　　　0.3g 糖精钠　　　　　　　　　　　　　0.1g 蒸馏水　　　　　　　　　　　　　适量
操作任务	取 CMC-Na 加蒸馏水 60mL 浸泡，放置过夜，次日于水浴上加热。　　是□　否□ 另取甘油、吐温 80 混匀，加糖精钠、硝酸钾、蒸馏水 5mL，加热溶解后，在搅拌下倒入胶浆内，保温去泡，制膜，于 80℃ 15min 烘干。　　是□　否□
操作注意事项	硝酸钾、糖精钠应完全溶解于水中后再与胶浆混匀。　　是□　否□ 制膜后应立即烘干，以免硝酸钾等析出结晶，造成药膜中有粗大结晶及药物含量不均匀。　　是□　否□

实训部分（活页）

续表

膜剂制备工作任务单			
质量检查	①外观检查：膜剂外观应完整光洁，厚度一致，色泽均匀，无明显气泡。 ②重量差异检查：除另有规定外，取膜片 20 片，精密称定总重量，计算平均膜重后，再分别精密称定每片膜的重量。每片膜的重量与平均膜重相比较，超出重量差异限度如下表规定。 膜剂重量差异限度 	平均膜重	重量差异限度
---	---
≤0.02g	±15%
0.02g 以上至 0.2g	±10%
大于 0.2g	±7.5%				
实验报告单	名称	外观	平均膜重	重量差异
	甲硝唑口腔溃疡膜			
	硝酸钾牙用膜剂			

学习测试题参考答案

第一章 药物制剂工作基本知识

一、选择题

(一)单项选择题
1. B 2. D 3. B 4. C 5. C

(二)多项选择题
1. BCD 2. ABCE 3. CD 4. AC 5. AB

二、简答题(略)

三、分析题(略)

第二章 药物制剂的稳定性

一、选择题

(一)单项选择题
1. E 2. A 3. E 4. C 5. B 6. C 7. A 8. C 9. D 10. C

(二)多项选择题
1. BC 2. ABCDE 3. ABC 4. ABC 5. ABCDE 6. AC

二、简答题(略)

三、分析题(略)

第三章 液体制剂

一、选择题

(一)单项选择题
1. D 2. D 3. B 4. B 5. D 6. C 7. A 8. D 9. D 10. C 11. B 12. D
13. C 14. C 15. D 16. B 17. D 18. A 19. D 20. B

(二)多项选择题
1. ABCD 2. ABC 3. AD 4. AD 5. ABC 6. CD 7. ABD 8. ACD

9. ABCD   10. ABD

二、简答题（略）

三、处方分析题（略）

第四章　灭菌制剂与无菌制剂

一、选择题

（一）单项选择题

1. A   2. B   3. B   4. D   5. C   6. A   7. B   8. D   9. A   10. B

（二）多项选择题

1. ABCDE   2. ABCE   3. ACD   4. AD   5. ABCDE   6. BCD
7. ACD   8. CD   9. ABCD   10. ABCD

二、简答题（略）

三、处方分析题（略）

第五章　中药制剂

一、单项选择题

1. E   2. A   3. B   4. A   5. C   6. E   7. D   8. B   9. B   10. B   11. E   12. D
13. D   14. B   15. B   16. B   17. E   18. C   19. E

二、简答题（略）

第六章　散剂、颗粒剂及胶囊剂

一、选择题

（一）单项选择题

1. B   2. B   3. A   4. E   5. A   6. E   7. B   8. C   9. B   10. D   11. A   12. B   13. B
14. D   15. E

（二）多项选择题

1. ABCDE   2. BCDE   3. AD   4. ACD   5. BCDE   6. ADE   7. BCD   8. AD

二、简答题（略）

第七章 片剂

一、选择题

（一）单项选择题
1. C 2. C 3. B 4. B 5. E 6. B 7. E 8. A 9. C 10. A
11. C 12. B 13. A 14. C 15. D 16. B 17. A

（二）多项选择题
1. ABDE 2. BDE 3. ABCD 4. ABCD 5. ABCE 6. AC 7. ABD

二、简答题（略）

第八章 丸剂与滴丸剂

一、选择题

（一）单项选择题
1. C 2. B 3. D 4. C 5. C

（二）多项选择题
1. ACDE 2. ACDE 3. ABCDE 4. ABCDE 5. ABCDE

二、简答题（略）

第九章 软膏剂、乳膏剂及凝胶剂

一、选择题

（一）单项选择题
1. A 2. C 3. C 4. B 5. C 6. E 7. C 8. C 9. D

（二）多项选择题
1. ABDE 2. ABCDE 3. AB 4. ADE 5. ABC 6. ACE 7. ABCDE

二、简答题（略）

第十章 膜剂、涂膜剂及栓剂

一、选择题

（一）单项选择题
1. C 2. D 3. C 4. B 5. A 6. D 7. A 8. E

（二）多项选择题
1. BDE 2. ABDE 3. ACDE 4. AC 5. ACDE 6. CD

二、简答题（略）

第十一章　气雾剂、粉雾剂及喷雾剂

一、选择题

（一）单项选择题
1. D　2. D　3. C　4. C　5. B　6. E　7. D　8. D　9. C　10. E
（二）多项选择题
1. CDE　2. ABCDE　3. ABCDE　4. ABC　5. ABD

二、简答题（略）

第十二章　药物制剂新剂型

一、选择题

（一）单项选择题
1. B　2. B　3. C　4. C　5. B　6. B　7. E　8. B　9. E　10. A
（二）多项选择题
1. AD　2. ABCD　3. BCE　4. ADE　5. ABDE

二、简答题（略）

参考文献

[1] 孟胜男，胡容峰.药剂学.北京：中国医药科技出版社，2016.

[2] 崔福德.药剂学.7版.北京：人民卫生出版社，2015.

[3] 张健泓.药物制剂技术.3版.北京：人民卫生出版社，2018.

[4] 张健泓.药物制剂技术实训教程.北京：化学工业出版社，2014.

[5] 方亮.药剂学.8版.北京：人民卫生出版社，2016.

[6] 国家药典委员会.中华人民共和国药典（2020版）.北京：中国医药科技出版社，2020.

[7] 李忠文.药剂学.3版.北京：人民卫生出版社，2018.

[8] 陆丹玉，封家福，王利华.药物制剂技术.南京：江苏凤凰科学技术出版社，2018.

[9] 于广华，毛小明.药物制剂技术.2版.北京：化学工业出版社，2015.

[10] 鄢海燕，刘元芬.药剂学.南京：江苏凤凰科学技术出版社，2018.

[11] 潘卫三.药剂学.北京：化学工业出版社，2019.

[12] 栾淑华，刘跃进.药物制剂技术.2版.北京：科学出版社，2015.

[13] 杨瑞虹.药物制剂技术与设备.北京：化学工业出版社，2015.

[14] 丁立，邹玉繁.药物制剂技术.北京：化学工业出版社，2016

[15] 杜月莲.药物制剂技术.北京：中国中医药出版社，2013.

[16] 凌沛学.药物制剂技术.2版.北京：中国轻工出版社，2014.